U0626680

ENGINEERING TURBULENCE

工程湍流

刘士和 刘 江 罗秋实 张细兵 著

科学出版社

北京

内 容 简 介

　　本书系统地阐述了工程湍流的特点、内容、理论与数值模拟技术；详细介绍了固定边界条件下的湍流边界层、绕体流动、分离流动，可动边界条件下的植被湍流与水沙两相流，湍流中温度、浓度与异质粒子输运，水气两相流中的水气分界面、明渠掺气水流、高速挑流水舌、强迫掺气水流；以大量实例说明工程湍流的数值模拟与应用，融入作者多年来的学术研究成果。

　　本书将湍流基础理论与实际工程中的湍流问题相结合，旨在为解决实际工程中的湍流问题提供理论依据与解决途径，可作为水利、土建类有关学科的研究生教材，也可作为与此相关的设计与科研工作的参考书。

图书在版编目（CIP）数据

工程湍流／刘士和等著. ——北京：科学出版社，2011

ISBN 978-7-03-029333-6

Ⅰ．工… Ⅱ．刘… Ⅲ．湍流－研究生－教材 Ⅳ.0357.5

中国版本图书馆 CIP 数据核字（2010）第 207866 号

责任编辑：王 倩／责任校对：邹慧卿
责任印制：徐晓晨／封面设计：耕者设计工作室

科 学 出 版 社 出版
北京东黄城根北街 16 号
邮政编码：100717
http://www.sciencep.com

北京京华虎彩印刷有限公司印刷
科学出版社发行　各地新华书店经销

*

2011 年 1 月第 一 版　开本：787×1092　1/16
2017 年 4 月第二次印刷　印张：20
字数：480 000

定价：168.00 元
（如有印装质量问题，我社负责调换）

前　　言

　　湍流是自然界与工程技术中普遍存在的一种流体运动状态，研究其结构特征和运动规律具有重要的理论与工程应用价值。湍流是十分复杂的多尺度不规则流动，个别简单的湍流问题可以应用理论分析近似地获得其流动特性，但实际工程中的湍流多表现为复杂边界条件下的多相体系流动。针对如何在湍流基础理论研究成果基础上构建工程湍流的新体系，做到既吸取湍流基础理论研究成果用于加深对实际工程中流动问题的认识，又直接以实际工程中的湍流问题为研究对象，建立满足实际需要的描述工程湍流运动的数学模型、数值计算方法，为解决工程中的湍流问题提供理论依据，本书进行了一些探索。

　　本书除对湍流的基本理论进行简要介绍外，重点对水利水电工程领域中的工程湍流问题进行了比较系统的介绍。全书共 10 章：第 1 章为概述，介绍了工程湍流的特点、研究方法与内容；第 2 章为工程湍流运动的基本方程，详细介绍了单相湍流运动、湍流场中的散粒体运动及低浓度两相流运动的基本方程；第 3 章为湍流的统计理论，包括关联函数、湍谱分析、局部各向同性湍流与湍流的快速畸变理论等；第 4 章为湍流的模式理论，介绍了单相湍流与低浓度两相湍流的模式理论，并对目前应用较多的低浓度水沙两相湍流的平面二维数学模型与模式理论进行了介绍；第 5 章为工程湍流的数值模拟技术，重点介绍了网格生成技术、控制方程离散与求解及随机模拟技术，并对我们开发的河流数值模拟系统（River Simulation System，RSS）计算软件进行了简要介绍；第 6 章为固定边界上的湍流运动，介绍了湍流边界层、绕体流动与分离流动，并对水利水电领域中的一些典型工程湍流实例进行了介绍；第 7 章为可动边界上的湍流运动，介绍了植被上的湍流运动与水沙两相湍流，加入了我们在河床阻力与水沙两相流三维数值模拟方面的最新成果；第 8 章为湍流中异质粒子的运动，对异质粒子在湍流场中的跟随性问题与气流中溅抛水滴的运动进行了介绍；第 9 章为湍流中的标量输运，对均匀湍流与切变湍流中的被动标量输运、天然河道中的温度与浓度输运分别进行了介绍；第10章为水气两相流，介绍了水气分界面、明渠掺气水流、高速挑流水舌与强迫掺气水流。

在撰写本书过程中，除借鉴国内外一些已有研究成果外，还加入了作者的部分研究成果，试图使本书具有如下特点：①力求清晰，尽可能系统介绍工程湍流的基本特点、基本理论及数值模拟技术；②力求较深入地探讨水利水电工程中比较典型的工程湍流运动特性；③强调实用可读。

本书第1、3章由武汉大学刘士和执笔，第6、8、10章由水利部淮河水利委员会刘江执笔，第5章由水利部黄河水利委员会罗秋实执笔，第4、7、9章由水利部长江水利委员会张细兵执笔，第2章由刘士和、罗秋实共同执笔。限于作者水平和现阶段对工程湍流的认识，书中资料引用难免挂一漏万，甚至有不少不妥之处，衷心希望读者批评、指正。

作　者

2010 年 7 月

目　　录

第1章 概　　述

1.1　工程湍流的特点

　　实际工程中的流动绝大多数均处于湍流运动状态。严格来讲，均应以湍流理论为基础进行研究。经过众多学者的努力，湍流的基础理论研究取得了丰硕成果，为加深人们对湍流机理的认识，进而采用各种措施来预报和控制湍流提供了很好的基础[1~5]，然而一方面，因实际工程中的流动太过复杂，且受现有研究手段的限制，运用已有湍流理论去解决实际工程中的流体力学问题还存在着诸多困难。另一方面，实际工程中的一些流体力学问题，如水利水电工程中的高速水流问题、水沙两相流问题等，不借助湍流理论，不能很好地得到解决。所谓工程湍流，针对的正是直接服务于工程的湍流理论，它一方面吸取湍流基础理论研究的成果，用于加深对实际工程中流动特性的认识，另一方面又直接以实际工程中的湍流为研究对象，在满足工程实际需要的同时，通过对湍流运动的深化研究来更好地认识、了解研究对象的特点，进而采用相应的措施去更加准确地预报与控制工程流动。

　　不同的工程领域存在的工程湍流虽然各具个性[6,7]，但也有着以下共同的特点：

　　（1）流动多尺度。工程湍流的多尺度包含以下两方面的内容：流动特征多尺度，流体组成多尺度。

　　流动特征多尺度主要指结构多尺度。从物理空间来看，湍流是由随机分布在流场中的包含着从含能涡到耗散涡之间的大小不一的涡体所产生的，尺度不同的涡体的脉动周期与含能也不相同。工程湍流不仅具有一般湍流的不规则性、扩散性、能量耗损及大雷诺数几个基本特征，而且因实际工程中的流动边界往往极不规则，而湍动的产生和维持又极大地依赖于流动的边界条件，因此，工程湍流中的结构多尺度问题要更加复杂。

　　流体组成多尺度主要指工程湍流多属多相湍流，具有热、质交换及边界可动的特点。

　　（2）流动描述的精细程度应以满足实际工程的需要为标准。实际工程中对流动特征量要求的精度与工程流动的特点、工程的重要性等因素有关。对某些工程湍流问题，仅需要获得比较低阶的统计量即可；而对另一些问题，则需要获得更高阶的统计量。

　　（3）处理方法上强调宏观控制。根据工程流动的特点，通过量阶比较对其控制方程进行简化与求解；或通过因次分析建立相应的关系式，进而通过实验确定相应的系数，均是工程湍流研究处理问题的重要手段。随着湍流模式理论研究的发展与计算机技术的不断进步，数学模型计算越来越成为研究工程湍流问题的主要手段之一。

1.2　工程湍流的研究方法与内容

工程湍流的研究方法有理论分析、原型观测、模型试验、数值计算等。目前，通过复合模型技术来研究工程湍流问题正处于逐步发展阶段。本书主要讨论水利水电工程中的工程湍流理论与数值模拟问题，其内容包括：

（1）工程湍流理论与数值模拟技术。本书对湍流的统计理论、模式理论与工程湍流的数值模拟技术分别进行了介绍。虽然湍流的直接数值模拟与大涡模拟人们已研究颇多，但在现阶段要将其应用于工程湍流研究还很困难，因此未予介绍。

（2）固定边界与可动边界上的湍流运动。正是因为有不同类型的边界约束才形成了水利水电工程中特征相异的工程湍流形态：如固定边界条件下的湍流边界层流动、绕体流动、分离流动；柔性边界上的流动；水沙两相流等。其中，水沙两相流不仅边界可动（河床存在冲淤变形），水流中挟带的泥沙与床沙还存在交换。

（3）湍流的输运特性。主要讨论湍流中的温度、浓度输运与异质粒子运动。

（4）水气两相湍流。主要讨论水气分界面附近的流动特性以及自然掺气与强迫掺气条件下的水气两相流问题。

参 考 文 献

1　是勋刚．湍流．天津：天津大学出版社，1994

2　张兆顺，崔桂香，许春晓．湍流理论与模拟．北京：清华大学出版社，2005

3　蔡树棠，刘宇陆．湍流理论．上海：上海交通大学出版社，1993

4　Batchelor G K. The Theory of Homogeneous Turbulence. Cambridge：Cambridge University Press，1953

5　Frisch U. Turbulence. Cambridge：Cambridge University Press，1995

6　梁在潮．工程湍流．武汉：华中理工大学出版社，1999

7　周力行．多相湍流反应流体力学．北京：国防工业出版社，2002

第 2 章　工程湍流运动的基本方程

本书探讨的是不可压缩牛顿型流体的工程湍流运动。下面分单相湍流运动、散粒体运动及低浓度两相流运动三方面分别加以介绍。

2.1　单相湍流运动的基本方程

2.1.1　Navier-Stokes 方程与湍流

Navier-Stokes 方程（以下简称 N-S 方程）是描述不可压缩牛顿型流体运动的基本方程，其形式为

$$\frac{\partial u_i}{\partial t} + \frac{\partial (u_i u_j)}{\partial x_j} = f_i - \frac{1}{\rho} \frac{\partial p}{\partial x_i} + \nu \frac{\partial^2 u_i}{\partial x_j \partial x_j} \tag{2.1.1}$$

$$\frac{\partial u_i}{\partial x_i} = 0 \tag{2.1.2}$$

式（2.1.1）和式（2.1.2）中，ρ、ν 分别表示流体的密度和运动粘性系数；f_i 是质量力强度；u_i、p 分别表示流体速度和压强。

给定流动的初始条件与边界条件后，式（2.1.1）和式（2.1.2）的解就确定了某一流动[1]。然而因一般情况下 N-S 方程初边值问题解的存在性与唯一性尚未完全得到证明，只有在很苛刻的条件下，N-S 方程解的存在性与唯一性才有证明。例如，当质量力有势时，数学上已经证明，N-S 方程的解具有以下的存在性与唯一性[1~3]：

（1）定常的 N-S 方程的边值问题至少有一个解，但只有当雷诺数不大时解才是稳定的。

（2）非定常平面或轴对称流动的初边值问题，在一切时刻都有唯一解。

（3）一般三维非定常流动的初边值问题，只有当雷诺数很小时才在一切时刻都有唯一解。

（4）任意雷诺数的三维非定常流动的初边值问题，只有在某一时间区间内解是唯一的，该时间区间与雷诺数和流动的边界有关，且雷诺数愈大，存在唯一解的区间愈小。

综上所述，在雷诺数较小时，N-S 方程存在唯一的确定性解，也即定常与非定常层流解，这与流动的实际情况是相符的。

如不满足解的唯一性条件，N-S 方程可能存在分岔解。例如同轴旋转的两圆柱面间的粘性流体流动（Taylor 问题）、不同温度的两平行平板间粘性流体的热对流问题（Bernard 问题）在一定的条件下存在定常分岔解。此外，牛顿型流体定常流动的不稳定性还可以导致周期性分岔解的出现。例如，平行平板间由压差驱动的定常层流流动

和层流边界层流动在一定的条件下有周期性分岔解（Tollmien-Schlichting 波）。由此表明：不稳定的层流运动可以用 N-S 方程的分岔解描述。

由于湍流是由各种不同尺寸的涡体运动组成，在流体处于湍流运动的条件下，N-S 方程还能否描述湍流问题呢？也即确定性的非线性偏微分方程是否可能有长时间的不规则渐近解？对此问题数学家们正在寻求明确的答案。现有的研究成果表明：非线性常微分方程组的初值问题可能有长时间的不规则解，或称混沌解。这种不规则解具有以下特征：

（1）对于给定的某种初始状态，解轨迹在 $t \to \infty$ 时是不规则的振荡型，从解的时间序列来看类似于宽频带的湍流脉动。

（2）初始状态相差很小的两个解轨迹，在 $t \to \infty$ 时相差很大（在混沌理论中称为蝴蝶效应）。从流动现象上来看，在湍流状态下，在系综中不同流动事件的长时间行为之间不存在确定性关系。

有限维非线性动力系统渐近解的不规则性非常接近湍流行为，但从理论上把有限维非线性动力系统理论推广到属于无限维非线性动力系统的偏微分方程的初边值问题还有很大困难。然而，通过湍流研究的实践也可以推测：在大雷诺数情况下，N-S 方程的初边值问题具有不规则的渐近解。一个证据是 Lorenz 奇怪吸引子解，Lorenz[4] 在 N-S 方程有限维近似解中发现，当雷诺数很大时，其存在长时间的不规则振荡解，他称这种解为奇怪吸引子，正是 Lorenz 的研究揭开了近代混沌理论研究的序幕。另一个证据是用超级计算机数值求解 N-S 方程的实验。在一些简单几何边界流动的数值实验中（如槽道流、边界层流），可以模拟出时间、空间上的不规则解，并由这些解的系综统计或时间平均得到与物理实验相同的湍流统计特性。因此，湍流研究的实践使人们相信 N-S 方程可以用来描述牛顿型流体的湍流运动。

综上所述，随着雷诺数的增加，流动由层流向湍流过渡的现象是 N-S 方程初边值问题解的性质在变化。层流是小雷诺数条件下 N-S 方程初边值问题的唯一解；随着雷诺数的增加，出现过渡流动，它是 N-S 方程的分岔解；高雷诺数的湍流则是 N-S 方程的渐近（$t \to \infty$）不规则解。无论是层流还是湍流，不可压缩牛顿型流体的运动都可用 N-S 方程来描述。

2.1.2　雷诺平均运动与脉动运动方程

根据雷诺假定，湍流的物理量（流速 u_i、压强 p 等）可用其系综（或时间）平均值与脉动值之和来表示，即

$$u_i = \bar{u}_i + u'_i \tag{2.1.3a}$$

$$p = \bar{p} + p' \tag{2.1.3b}$$

将式（2.1.3）分别代入式（2.1.1）和式（2.1.2），经过整理，即可得到流体湍流运动的如下控制方程：

（1）时均运动方程。

$$\frac{\partial \bar{u}_i}{\partial x_i} = 0 \tag{2.1.4a}$$

$$\frac{\partial \bar{u}_i}{\partial t} + \frac{\partial (\bar{u}_i \bar{u}_j)}{\partial x_j} = f_i - \frac{1}{\rho} \frac{\partial \bar{p}}{\partial x_i} + \nu \frac{\partial^2 \bar{u}_i}{\partial x_j \partial x_j} + \frac{\partial}{\partial x_j}(-\overline{u'_i u'_j}) \qquad (2.1.4b)$$

（2）脉动运动方程。

$$\frac{\partial u'_i}{\partial x_i} = 0 \qquad (2.1.5a)$$

$$\frac{\partial u'_i}{\partial t} + \bar{u}_j \frac{\partial u'_i}{\partial x_j} + u'_j \frac{\partial \bar{u}_i}{\partial x_j} + \frac{\partial}{\partial x_j}(u'_i u'_j - \overline{u'_i u'_j}) = f_i - \frac{1}{\rho} \frac{\partial p'}{\partial x_i} + \nu \frac{\partial^2 u'_i}{\partial x_j \partial x_j} \qquad (2.1.5b)$$

式（2.1.4）和式（2.1.5）中 $-\overline{u'_i u'_j}$ 为雷诺应力，其为单位面积上脉动动量通量的平均值，物理意义为通过单位面积的单位流体因动量交换而引起的应力。

2.1.3　雷诺应力与湍动能输运方程

由式（2.1.5）出发可得雷诺应力与湍动能 $k = \frac{1}{2}\overline{u'_i u'_i}$ 的控制方程为

$$\frac{\partial \overline{u'_i u'_j}}{\partial t} + \bar{u}_k \frac{\partial \overline{u'_i u'_j}}{\partial x_k} = G_{ij} + \Phi_{ij} + D_{ij} - E_{ij} \qquad (2.1.6a)$$

$$\frac{\partial k}{\partial t} + \bar{u}_j \frac{\partial k}{\partial x_j} = G_k + D_k - \varepsilon \qquad (2.1.6b)$$

式（2.1.6a）右边第一项表示雷诺应力的产生项，第二项为压强应变项，第三项为扩散项，第四项则为耗散项；式（2.1.6b）右边第一项表示湍动能的产生项，第二项为扩散项，第三项则为耗散项。以上各项的表达式如下：

（1）产生项。

$$G_{ij} = -\left(\overline{u'_i u'_k} \frac{\partial \bar{u}_j}{\partial x_k} + \overline{u'_j u'_k} \frac{\partial \bar{u}_i}{\partial x_k} \right) \qquad (2.1.7a)$$

$$G_k = -\overline{u'_i u'_j} \frac{\partial \bar{u}_i}{\partial x_j} \qquad (2.1.7b)$$

产生项表示平均切变场与雷诺应力相互作用对于雷诺应力或湍动能增长率的贡献。

（2）压强应变项。

$$\Phi_{ij} = \overline{\frac{p'}{\rho}\left(\frac{\partial u'_i}{\partial x_j} + \frac{\partial u'_j}{\partial x_i} \right)} \qquad (2.1.8)$$

压强应变项也称再分配项。对不可压缩流体，因 $\frac{\partial u'_i}{\partial x_i} = 0$，故 $\Phi_{ii} = 0$，也即再分配项对湍动能的增长率没有贡献，其作用只是在湍流脉动速度各个分量之间起调节作用。

（3）扩散项。

$$D_{ij} = -\frac{\partial}{\partial x_k}\left(\overline{u'_i u'_j u'_k} + \frac{\overline{p' u'_i}}{\rho}\delta_{jk} + \frac{\overline{p' u'_j}}{\rho}\delta_{ik} - \nu \frac{\partial \overline{u'_i u'_j}}{\partial x_k} \right) \qquad (2.1.9a)$$

$$D_k = -\frac{\partial}{\partial x_j}\left(\overline{u'_i u'_i u'_j} + \frac{\overline{p' u'_j}}{\rho} - \nu \frac{\partial k}{\partial x_j} \right) \qquad (2.1.9b)$$

扩散项以散度的形式出现，如果在流动的边界上没有湍动能输运，则扩散项对全流场的湍动能没有贡献。

（4）耗散项。

$$E_{ij} = 2\nu \overline{\frac{\partial u'_i}{\partial x_k} \frac{\partial u'_j}{\partial x_k}} \tag{2.1.10a}$$

$$\varepsilon = \nu \overline{\frac{\partial u'_i}{\partial x_j} \frac{\partial u'_i}{\partial x_j}} \tag{2.1.10b}$$

研究雷诺应力与湍动能输运方程中各项的平衡关系是湍流基础理论中的专门内容。如果平均速度场是均匀场，也即 $\frac{\partial \overline{u_i}}{\partial x_j} = 0$，那么就没有湍动能生成，而湍动能的耗散总是存在的。因此，在均匀的平均速度场中湍动能将一直衰减，换句话讲，必须通过平均切变场才能由平均场向湍流脉动输送能量。

对式（2.1.6a）所给出的雷诺应力控制方程，虽然补充了 6 个方程，但这组方程中又引入了新的高阶统计量 $\overline{u'_i u'_j u'_k}$、$\overline{p'u'_i}$、$\overline{\frac{p'}{\rho}\left(\frac{\partial u'_i}{\partial x_j} + \frac{\partial u'_j}{\partial x_i}\right)}$ 等，导致平均运动方程和雷诺应力方程联立仍然是不封闭的，而且包含了更多的高阶统计量。值得说明的是，用统计方法导出的方程组永远是不封闭的，越是高阶的统计方程含有的未知项也越多。因此，运用湍流统计理论来预测平均场时，必须对未知的统计量做合理的假设，这些假设构成了湍流模式理论，将在第 4 章中介绍。

2.1.4 标量输运方程

在有温差或不同物质组成的流体湍流中，温度或不同物质的浓度也随流体脉动做不规则的变化，这时除了流体的平均动量输运外，还有平均的温度输运或浓度输运。由于温度或浓度是标量，其相应的平均输运方程称为标量输运方程。在标量输运过程中，如果温度或浓度场与速度场是解耦的，也即标量场是由速度场确定的，不存在标量场对速度场的反馈作用，这种标量输运过程称为被动标量（passive scalar）输运。在被动标量输运的近似下，湍流中标量输运的基本方程如下：

$$\frac{\partial u_i}{\partial x_i} = 0 \tag{2.1.11a}$$

$$\frac{\partial u_i}{\partial t} + \frac{\partial(u_i u_j)}{\partial x_j} = f_i - \frac{1}{\rho}\frac{\partial p}{\partial x_i} + \nu \frac{\partial^2 u_i}{\partial x_j \partial x_j} \tag{2.1.11b}$$

$$\frac{\partial \theta}{\partial t} + u_j \frac{\partial \theta}{\partial x_j} = D \frac{\partial^2 \theta}{\partial x_j \partial x_j} + \dot{q}_\theta \tag{2.1.11c}$$

式（2.1.11a~c）即被动标量输运的控制方程，其中，式（2.1.11c）中右边第一项是分子扩散项，第二项是源汇项。

如果 θ 是温度，则 D 是热传导系数，$Pr = \frac{\nu}{D}$ 称做普朗特数。温度输运中的源汇项 $\dot{q}_\theta$ 包括由流动的粘性耗散输入的源项和其他热源，如化学反应、热辐射等输入的源项。如果只有流动的粘性耗散，则 $\dot{q}_\theta = \frac{\nu}{c_p}\frac{\partial u_i}{\partial x_j}\frac{\partial u_i}{\partial x_j}$。值得说明的是，在不可压缩流体运动中分子粘性产生的热源很小，常常可忽略不计，但在高马赫数的流动中这一项不可忽略。

如果 θ 是浓度，则 D 是质量扩散系数，$Sc = \dfrac{\nu}{D}$ 称做施密特数。

在式 （2.1.11c） 中引入雷诺假设

$$u_i = \bar{u}_i + u'_i \tag{2.1.12a}$$

$$\theta = \bar{\theta} + \theta' \tag{2.1.12b}$$

对式 （2.1.11c） 求平均，并不计平均过程中源项的变化，得到标量平均输运方程和标量脉动输运方程分别为

$$\frac{\partial \bar{\theta}}{\partial t} + \bar{u}_j \frac{\partial \bar{\theta}}{\partial x_j} = D \frac{\partial^2 \bar{\theta}}{\partial x_j \partial x_j} - \frac{\partial \overline{u'_j \theta'}}{\partial x_j} + \dot{q}_\theta \tag{2.1.13}$$

$$\frac{\partial \theta'}{\partial t} + \bar{u}_j \frac{\partial \theta'}{\partial x_j} + u'_j \frac{\partial \bar{\theta}}{\partial x_j} + \frac{\partial}{\partial x_j}(u'_j \theta' - \overline{u'_j \theta'}) = D \frac{\partial^2 \theta'}{\partial x_j \partial x_j} \tag{2.1.14}$$

式中，$\overline{u'_j \theta'}$ 称为标量通量。

2.2　散粒体运动的基本方程

2.2.1　散粒体运动的判别

对于挟有颗粒的两相流，其颗粒输运形式有两类：一是以散粒体的形式输运，二是以颗粒群的形式输运。颗粒群与散粒体的主要区别在于颗粒群需要考虑颗粒与流体、颗粒与颗粒之间的相互作用，而散粒体则为颗粒各自的独立运动。因此，随着颗粒相体积浓度的不同，可将挟有颗粒的两相流运动划分为如下几类：①当颗粒相体积浓度足够低时，颗粒在流体中呈散粒体形式运动，颗粒的存在对流体运动无影响。②当颗粒相体积浓度达到某一临界值后，颗粒与流体之间存在相互作用，此后随着颗粒相体积浓度的进一步增加，颗粒相中的颗粒与颗粒之间也出现相互作用，但整个流体中的颗粒相体积浓度仍足够低，不足以改变混合体的本构关系，此时的两相流可视为低浓度两相流。③随着颗粒相体积浓度的进一步增加，混合体的本构关系改变，应采用其他模型 （如高含沙水流中的宾汉型流体本构关系） 来描述其运动特性。

在利用两相流理论描述颗粒群 （低浓度两相流） 的输运过程中，颗粒之间的相互作用可概括为如下三类[5]：①颗粒之间的相互碰撞；②颗粒表面边界层之间的相互作用；③特别密集的颗粒群中颗粒之间的相互挤压。

文献 ［5］ 认为：颗粒群运动与散粒体运动的判别，应以上述第二类相互作用是否存在为依据。这是考虑到即使是散粒体，随着颗粒的随机运动，颗粒之间仍可能存在着相互碰撞，因此，不宜以第一类相互作用是否存在作为判别两相流是否以颗粒群形式运动的依据。赵世来[6]认为，散粒体与颗粒群之间的判别标准，最好以颗粒外部势流之间是否存在相互作用为依据。下面分别以颗粒表面边界层之间是否存在相互作用及颗粒外部势流之间是否存在相互作用为基础来建立散粒体颗粒运动与低浓度两相流的判别标准，并对此两种标准进行比较。

1. 颗粒表面边界层之间的相互作用

分别以 u 与 u_p 表示流体与颗粒运动的速度，当两者之间的相对速度 $u_r = u - u_p$ 足够大之后，颗粒周围即出现相对绕流运动，并在颗粒表面上形成边界层。引用球形颗粒绕流边界层的研究成果[7]，对等容直径为 d_p 的非球形颗粒，其在运动粘性系数为 ν 的流体中以相对速度 u_r 运动时，边界层在发生分离前的厚度 δ 为

$$\frac{\delta}{d_p}\sqrt{\frac{u_r d_p}{\nu}} = \frac{3}{\sqrt{2}}\varphi_1 \tag{2.2.1}$$

式中，φ_1 为考虑颗粒非球形的修正系数。定义相对雷诺数 $Re_d = \dfrac{u_r d_p}{\nu}$，则边界层的厚度变为

$$\delta = \frac{3}{\sqrt{2}}\varphi_1 d_p Re_d^{-0.5} \tag{2.2.2}$$

如果两个颗粒表面之间的边界层不存在相互作用，则两颗粒之间的距离 l 应满足如下的几何条件[5]

$$l > d_p + 2\delta \tag{2.2.3}$$

如以 S_V 表示混合体中颗粒的体积浓度，则对等容直径为 d_p 的均匀颗粒，在立方体排列的条件下，有

$$S_V = \frac{\frac{1}{6}\pi d_p^3}{l^3} \tag{2.2.4}$$

图 2.2.1 给出了均匀颗粒呈立方排列时颗粒之间的无量纲中心距 l/d_p 随体积浓度 S_V 的变化[8]。由图可知：当 S_V 为 1% 时，中心距 l 约为 4 倍的颗粒等容直径；当 S_V 为 5%

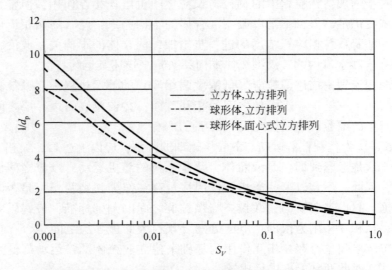

图 2.2.1　均匀颗粒呈立方排列时颗粒之间的无量纲中心距 l/d_p 随体积浓度 S_V 的变化

时，l 减小到约 2.5 倍的颗粒等容直径；而当 S_V 为 10% 时，l 则进一步减小到约 2 倍左右的颗粒等容直径。将式（2.2.2）和式（2.2.4）代入式（2.2.3），得到相应的判别标准为

$$S_V < S_{VC1} = \frac{\pi}{6} \left(\frac{1}{1 + 3\sqrt{2}\varphi_1 Re_d^{-0.5}} \right)^3 \tag{2.2.5}$$

由式（2.2.5）可知：S_{VC1} 随着相对雷诺数 Re_d 的增加而增加，在 $Re_d \to \infty$ 的极限情况下，有 $S_{VC1} \to \frac{\pi}{6}$。以水沙两相流为例，如取泥沙密度 $\rho_p = 2650 \mathrm{kg/m^3}$，则相应的临界含沙量 $\rho_p S_{VC1}$ 达到 $1387 \mathrm{kg/m^3}$，以此值作为判别水沙运动是否呈散粒体运动的标准显然不合适。

2. 颗粒外部势流之间的相互作用

式（2.2.1）是对单个颗粒在无穷远单向来流条件下得到的，如果颗粒表面的边界层之间存在相互作用，则其外部势流之间必然也存在相互作用，换句话来讲，在颗粒表面的边界层之间存在相互作用之前，其外部势流之间即可能存在相互作用。分别以 u 与 u_b 表示上游来流及颗粒顶部的势流流速，以 ε 表示势流流速改变的临界值，则相互作用的判别标准可表示为

$$\frac{u_b - u}{u} < \varepsilon \tag{2.2.6}$$

将绕球流动简化为二维流动，由连续性条件，得到

$$ul = \varphi_2 u_b (l - 2\delta - d_p) \tag{2.2.7}$$

式中，φ_2 为将三维绕球流动简化为二维流动的修正系数。将式（2.2.7）代入式（2.2.6），得到

$$l > \frac{\varphi_2(1 + \varepsilon)}{\varphi_2(1 + \varepsilon) - 1}(d_p + 2\delta) \tag{2.2.8}$$

显然式（2.2.8）所要求的颗粒间距要远远低于文献 [5] 所述的式（2.2.3）。将式（2.2.2）和式（2.2.4）代入式（2.2.8），得到相应的判别标准为

$$S_V < S_{VC2} = \frac{\pi}{6} \left(\frac{\varphi_2(1 + \varepsilon) - 1}{\varphi_2(1 + \varepsilon)} \right)^3 \left(\frac{1}{1 + 3\sqrt{2}\varphi_1 Re_d^{-0.5}} \right)^3 \tag{2.2.9}$$

以式（2.2.9）为判别标准，如果颗粒的体积浓度 $S_V < S_{VC2}$，则可将相应的两相流体运动按散粒体运动形式来描述，否则至少应按低浓度两相流来描述。

为估算 S_{VC2} 的量阶，取 $\varphi_1 = \varphi_2 = 1$，$\varepsilon = 1\%$，图 2.2.2 给出了 S_{VC2} 随相对雷诺数 Re_d 的变化。由图可知：相对雷诺数 Re_d 越大，S_{VC2} 也越大。以式（2.2.9）为判别条件，在 $Re_d \to \infty$ 的极限情况下，有

$$S_{VC2} \to \frac{\pi}{6} \left(\frac{\varphi_2(1 + \varepsilon) - 1}{\varphi_2(1 + \varepsilon)} \right)^3 = 0.51 \times 10^{-6} \tag{2.2.10}$$

因此，当两相混合体中颗粒相的体积浓度小于 10^{-6} 量级时，可认为属散粒体运动。

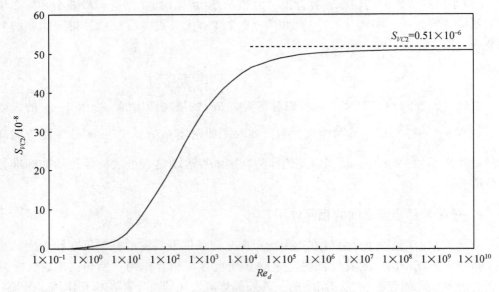

图 2.2.2　S_{VC2} 随相对雷诺数 Re_d 的变化

2.2.2　异质粒子在流体中运动的受力情况

1. 受力组成

密度为 ρ_p、等容直径为 d_p 的异质粒子在密度为 ρ、时均运动速度为 u_i、涡量为 Ω_k 的切变流中运动，其所受的力包括有效重力 F_{gi}、阻力 F_{Di}、附加质量力 F_{Mi}、压强梯度力 F_{Pi} 及升力 F_{Li} 等，且有[8]

$$F_{gi} = \frac{1}{6}\pi(\rho_p - \rho)d_p^3 g_i \tag{2.2.11a}$$

$$F_{Di} = C_D\frac{1}{8}\pi\rho d_p^2|u - u_p|(u_i - u_{pi}) \tag{2.2.11b}$$

$$F_{Mi} = \frac{\pi}{6}C_{vm}\rho d_p^3\left(\frac{du_{pi}}{dt_p} - \frac{du_i}{dt_p} + (u_{pl} - u_1)\frac{\partial u_i}{\partial x_1}\right) = \frac{1}{6}\pi C_{vm}\rho d_p^3\left(\frac{du_i}{dt} - \frac{du_{pi}}{dt}\right) \tag{2.2.11c}$$

$$F_{Pi} = \frac{1}{6}\pi\rho d_p^3\frac{du_i}{dt} \tag{2.2.11d}$$

$$F_{Li} = \frac{1}{6}\pi C_L\rho d_p^3\varepsilon_{ijk}(u_j - u_{pj})\Omega_k \tag{2.2.11e}$$

式（2.2.11）中未考虑各项分力之间的耦合、异质粒子与边界之间的相互作用，也未考虑 Basset 力等的影响。式中 C_D、C_L 和 C_{vm} 分别为阻力系数、升力系数和附加质量力系数；$|u - u_p| = \sqrt{(u_1 - u_{pl})(u_1 - u_{pl})}$。对在液体中运动的气泡的升力系数，在局部均匀（颗粒尺寸比未扰液流的非均匀长度尺度小得多）与弱切变的假设下，Auton[9] 得到

$C_L = 0.53$。下面仅对阻力系数进行讨论。

2. 阻力系数

1）刚性球体粒子的阻力系数

对于刚性球体颗粒，其阻力系数 C_D 随相对雷诺数 $Re_d\left(=\dfrac{|u-u_p|d_p}{\nu}\right)$ 而变化，其变化难以用一个简单函数来表示，原因在于流体绕球流动过程中球表面边界层和尾流情况颇为复杂。对于绕球流动，根据流动形态可将阻力曲线分为如下四个区域：

Ⅰ区（$Re_d < 10$）：球表面为不脱体的层流边界层，尾流无脉动现象，C_D 随 Re_d 的增加近似按直线规律下降。

Ⅱ区（$10 \leqslant Re_d \leqslant 500$）：在 $Re_d \approx 10$ 附近，层流边界层发生分离，球体附近流线卷曲，直到形成固定的涡环。随着 Re_d 的增加，涡的尺度与强度也进一步增加。在 $Re_d \approx 100$ 时，涡旋系统延伸到球体后约一倍球体直径处。到 $Re_d \approx 150$ 时，涡旋系统开始振荡。随着 Re_d 的继续增加，分离点向上游移动，C_D 随 Re_d 的增加而缓慢下降。

Ⅲ区（$500 < Re_d \leqslant 1.8 \times 10^5$）：在 $Re_d \approx 500$ 附近，涡旋系统离开球体形成尾流（该雷诺数称为下临界雷诺数），涡环继续形成且脱离球体。在球表面上，层流边界层分离点基本上保持在从前滞点算起约 83° 的地方。在此区内 C_D 随 Re_d 的变化不大。

Ⅳ区（$Re_d > 1.8 \times 10^5$）：球表面上的边界层从层流转换为湍流，边界层分离点后移（其分离点约在从前滞点算起约 140° 的地方），这不仅使尾流范围减小，而且导致球体下游部分的压强升高，从而使阻力系数减小。

Stokes 曾对均匀来流的绕球流动进行过研究，在 $Re_d < 1$ 的情况下，得到 Stokes 阻力公式

$$C_{D,S} = \frac{24}{Re_d} \tag{2.2.12}$$

Newton 也曾对球体在不可压缩粘性流体中以较大速度做匀速运动的问题进行过实验研究，得到了流体作用于球体上的阻力，由此得到 Re_d 很大（$500 < Re_d < 2 \times 10^5$）时的阻力系数为

$$C_{D,N} = 0.44 \tag{2.2.13}$$

经过大量实验，人们得到了无限、静止、等温、不可压缩流体中单个刚性球体做匀速运动时阻力系数与雷诺数的关系，称之为标准阻力曲线。经过对标准阻力曲线进行拟合，得到了应用较广的阻力曲线表达式如式（2.2.14）所示。

$$C_D = \begin{cases} \dfrac{24}{Re_d} & Re_d \leqslant 0.2 \\[2mm] \dfrac{24}{Re_d}(1 + Re_d^{0.687}) & 0.2 < Re_d \leqslant 800 \\[2mm] 0.44 & Re_d > 800 \end{cases} \tag{2.2.14}$$

式（2.2.14）总体上来看与标准阻力曲线吻合较好，但在 $Re_d = 0.2$ 与 $Re_d = 800$ 两点的阻力系数却不连续。为解决这一问题，我们建议采用如下形式的阻力系数公式：

$$C_D = \frac{4}{3C_2} \frac{\left(1 + \dfrac{1}{C_1} Re_d\right)^2 - 1}{Re_d{}^2} \qquad (2.2.15)$$

式中，C_1、C_2 为待定系数，其取值如下：

当 $Re_d \leqslant 50$ 时，

$$C_1 = \frac{120}{11} \approx 10.9093, \quad C_2 = \frac{11}{1080} \approx 1.0185 \times 10^{-2}$$

当 $50 < Re_d < 2 \times 10^5$ 时，

$$C_1 = 64.7727, \quad C_2 = 7.2227 \times 10^{-4}$$

图 2.2.3 给出了式 (2.2.14)、式 (2.2.15) 及标准阻力曲线。

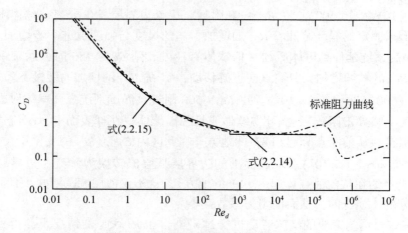

图 2.2.3　标准阻力曲线及其拟合曲线

2）泥沙颗粒的阻力系数

河流中泥沙的形状并非球体，而是形态各异：常见的砾石、卵石外形比较光滑，有圆球状的，有椭球状的，也有片状的；沙类和粉土类颗粒外形不规则，尖角和棱线比较明显；而粘土类颗粒一般都是棱角峥嵘，外形十分复杂。对等容直径为 d_p、沉速为 ω 的颗粒，由有效重力与阻力平衡得到

$$\frac{1}{6}\pi(\rho_\mathrm{p} - \rho)g d_\mathrm{p}^3 = \frac{1}{2}C_D \rho \frac{1}{4}\pi d_\mathrm{p}^2 \omega^2 \qquad (2.2.16)$$

因而

$$C_D = \frac{4}{3}\frac{\rho_\mathrm{p} - \rho}{\rho}\frac{g d_\mathrm{p}}{\omega^2} \qquad (2.2.17)$$

张瑞瑾[10]曾对泥沙沉速与阻力系数进行过较系统的研究，参照其研究成果，如采用式 (2.2.15) 来计算泥沙颗粒的阻力系数，我们建议 C_1、C_2 取值如下：

当 $Re_d \leqslant 50$ 时，

$$C_1 = 13.9529, \quad C_2 = 0.0056$$

当 $50 < Re_d < 2 \times 10^5$ 时，

$$C_1 = 38.951, \quad C_2 = 7.1846 \times 10^{-4}$$

3）气泡的阻力系数

研究表明，多数气泡的直径在 2~8mm。较小的气泡基本上呈球形，较大的气泡则近似为包角约 100° 而底部扁平的瓜皮帽形或弹头形。对于水中的空气气泡，直径 2.4mm 是大、小气泡的分界值，直径大于 2.4mm 的气泡是大气泡。

气泡在水流中由静止状态而上升时，在初始阶段处于加速状态。随着速度的增加，气泡所受阻力也相应增加，当气泡所受阻力最终与浮力相平衡时，气泡将匀速上升，此时气泡上升速度称为气泡上升终速。气泡上升终速 V_t 随当量直径 d_p 的变化见图 2.2.4。

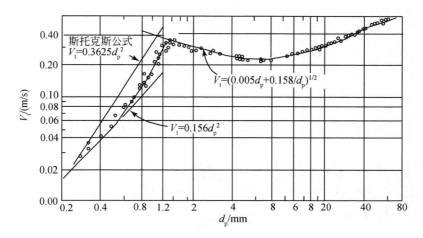

图 2.2.4　气泡上升终速随当量直径的变化

Rosenberg[11] 对水中空气气泡的形状与上升终速进行了试验研究。研究成果表明，如果以气泡直径和上升终速构成雷诺数 Re_p，则直到 $Re_p = 400$，气泡仍为球形；若 Re_p 继续增加，气泡将变成椭球体，直到 $Re_p > 4 \times 10^3$，气泡进一步变成弹头形。

如果气泡处于切变流中，微小气泡在上升过程中有可能因气泡尾流间相互卷吸而使小气泡"集聚"成大气泡，而大气泡也有可能因水流切变的作用而"撕裂"成小气泡。由于"集聚"与"撕裂"作用同时存在，当气泡的表面张力与流体的切应力相平衡时，Hinze[12] 推测水流中可能存在某种临界尺寸的气泡，其直径将不再发生变化。临界直径的估算式为

$$d_{95} = 0.725\left(\left(\frac{\sigma}{\rho}\right)^3 \varepsilon^2\right)^{\frac{1}{5}} \tag{2.2.18}$$

式中，ρ 为水体的密度；ε 为单位质量流体的湍动能耗散率；σ 为表面张力系数；d_{95} 为气泡直径，等于或小于该直径的气泡中挟带了流体中全部空气总量的 95%。

对于密度为 ρ_p、当量直径为 d_p 的气泡，其上升终速 V_t 与阻力系数 C_D 之间存在如下关系：

$$C_D = \frac{4}{3}\frac{\rho_p - \rho}{\rho}\frac{g d_p}{V_t^2} \tag{2.2.19}$$

2.2.3 散粒体运动的基本方程

如前所述，在颗粒体积浓度足够低的条件下，各颗粒可视为在流场中相互独立地运动。在有效重力、阻力、附加质量力、压强梯度力与升力等的共同作用下，密度为 ρ_p、等容直径为 d_p 的粒子在密度为 ρ、平均运动速度为 u_i、涡量为 Ω_k 的切变流中运动的基本方程为

$$\frac{1}{6}\pi\rho_p d_p^3 \frac{du_{pi}}{dt_p} = F_{gi} + F_{Di} + F_{Mi} + F_{Pi} + F_{Li} \tag{2.2.20}$$

将式（2.2.11）代入式（2.2.20），得到

$$\frac{du_{pi}}{dt_p} = \frac{3\rho}{2\rho_p + \rho}\left(\frac{du_i}{dt} + \frac{2}{3}C_L\varepsilon_{ijk}(u_j - u_{pj})\Omega_k - \frac{C_D}{2d_p}|u_p - u|(u_{pi} - u_i)\right)$$
$$+ \frac{2(\rho_p - \rho)}{2\rho_p + \rho}g_i \tag{2.2.21}$$

2.3 低浓度两相流运动的基本方程

将低浓度两相流体视为颗粒与流体占据同一空间且相互渗透的拟流体（拟连续介质），下面对不考虑流体与颗粒的温度变化，不考虑相变作用的不可压缩低浓度两相流的基本方程进行介绍。

2.3.1 相间相互作用分析

设低浓度两相流由流体相及 M 组非均匀颗粒所构成的颗粒相组成，以 d_k 表示第 k 相颗粒的等容直径；以 ρ 和 ρ_{pk} 分别表示流体和第 k 相颗粒的材料密度；以 u_i 和 u_{ki} 分别表示流体和第 k 相颗粒在 i 方向的运动速度。下面首先对流体与颗粒之间的相互作用和颗粒与颗粒之间的相互作用分别加以讨论，其次介绍低浓度两相流运动的基本方程。

1. 流体与颗粒之间的相互作用

流体与颗粒之间的相互作用主要反映在流体相与粒子相之间存在阻力、附加质量力及压强梯度力，单位体积内第 k 相颗粒所受的阻力 F_{Di}、附加质量力 F_{Mi} 与压强梯度力 F_{pi} 分别为

$$F_{Di} = F_D\rho_k(u_{ki} - u_i) \tag{2.3.1a}$$

$$F_{Mi} = F_M\rho_k\left(\frac{du_{ki}}{dt} - \frac{du_i}{dt}\right) \tag{2.3.1b}$$

$$F_{Pi} = F_P\rho_k\left(\frac{du_i}{dt} - g_i\right) \tag{2.3.1c}$$

式中，

$$F_D = \frac{18\nu}{d_k^2}\frac{\rho}{\rho_{pk}}\frac{1}{f(Re_k)} \tag{2.3.2a}$$

$$F_M = C_{vm} \frac{\rho}{\rho_{p_k}} \tag{2.3.2b}$$

$$F_P = \frac{\rho}{\rho_{p_k}} \tag{2.3.2c}$$

式中，C_{vm} 为附加质量力系数，而 $f(Re_k)$ 则为

$$f(Re_k) = C_{Dk} \times \left(\frac{24}{Re_k}\right)^{-1} \tag{2.3.3}$$

2. 颗粒与颗粒之间的相互作用

当需计及颗粒与颗粒之间的相互作用时，流体中颗粒相的体积浓度已足够高，此时一方面要考虑颗粒之间因碰撞而引起的动量变化，同时还要考虑湍动引起的动量变化，可采用如下形式来描述因颗粒与颗粒之间的相互作用而引起的单位体积内第 k 相颗粒的作用力

$$F_{pk,i} = \rho_k \nu_{\mathrm{Tkj}} \left(\frac{\partial u_{ki}}{\partial x_j} + \frac{\partial u_{kj}}{\partial x_i}\right) \tag{2.3.4}$$

式中，ν_{Tkj} 为颗粒的扩散系数。

2.3.2　一般控制方程及其简化形式

以 ϕ 与 ϕ_k 分别表示低浓度两相流中流体相与第 k 相颗粒的体积浓度，根据定义，可得两相混合体的密度 ρ_{m}、速度 u_{mi}、压强 p_{m} 分别为

$$\rho_{\mathrm{m}} = \rho\phi + \sum_k \rho_k = \rho + \sum_k \phi_k(\rho_{pk} - \rho) \tag{2.3.5a}$$

$$\rho_{\mathrm{m}} u_{\mathrm{mi}} = \rho\phi u_i + \sum_k \rho_{pk}\phi_k u_{ki} \tag{2.3.5b}$$

$$p_{\mathrm{m}} = p + \sum_k \phi_k(p_k - p) \tag{2.3.5c}$$

此外，根据浓度的定义，有

$$\phi + \sum_k \phi_k = 1 \tag{2.3.6}$$

1. 混合物总体的控制方程

根据连续介质力学，可得混合物总体的控制方程为

$$\frac{\partial \rho_{\mathrm{m}}}{\partial t} + \frac{\partial(\rho_{\mathrm{m}} u_{\mathrm{mi}})}{\partial x_i} = 0 \tag{2.3.7}$$

$$\frac{\partial(\rho_{\mathrm{m}} u_{\mathrm{mi}})}{\partial t} + \frac{\partial(\rho_{\mathrm{m}} u_{\mathrm{mi}} u_{\mathrm{mj}})}{\partial x_j} = \rho_{\mathrm{m}} f_i - \frac{\partial p_{\mathrm{m}}}{\partial x_i} + \frac{\partial \tau_{\mathrm{m},ij}}{\partial x_j} \tag{2.3.8}$$

式中，

$$\rho_{\mathrm{m}} u_{\mathrm{mi}} u_{\mathrm{mj}} = \rho\phi u_i u_j + \sum_k \rho_{pk}\phi_k u_{ki} u_{kj} \tag{2.3.9}$$

$$\tau_{\mathrm{m},ij} = \mu\left(\frac{\partial u_i}{\partial x_j} + \frac{\partial u_j}{\partial x_i}\right) + \sum_k \mu_k\left(\frac{\partial u_{ki}}{\partial x_j} + \frac{\partial u_{kj}}{\partial x_i}\right) \tag{2.3.10}$$

2. 各相的控制方程

对式（2.3.7）、式（2.3.8）进行分解，即可得到流体相与第 k 相颗粒运动的控制方程：

（1）流体相。

$$\frac{\partial(\rho\phi)}{\partial t} + \frac{\partial(\rho\phi u_i)}{\partial x_i} = 0 \tag{2.3.11}$$

$$\frac{\partial(\rho\phi u_i)}{\partial t} + \frac{\partial(\rho\phi u_i u_j)}{\partial x_j} = \rho f_i - \frac{\partial}{\partial x_i}(\phi p) + \frac{\partial}{\partial x_j}\left(\mu\left(\frac{\partial u_i}{\partial x_j} + \frac{\partial u_j}{\partial x_i}\right)\right) - \sum_k F_{fk,i} - \sum_k F_{pk,i}$$

$$\tag{2.3.12}$$

（2）第 k 相颗粒。

$$\frac{\partial(\rho_{pk}\phi_k)}{\partial t} + \frac{\partial(\rho_{pk}\phi_k u_{ki})}{\partial x_i} = 0 \tag{2.3.13}$$

$$\frac{\partial(\rho_{pk}\phi_k u_{ki})}{\partial t} + \frac{\partial(\rho_{pk}\phi_k u_{ki} u_{kj})}{\partial x_j} = (\rho_{pk} - \rho_w)\phi_k g_i - \frac{\partial}{\partial x_i}(\phi_k p_k)$$

$$+ \frac{\partial}{\partial x_j}\left(\mu_k\left(\frac{\partial u_{ki}}{\partial x_j} + \frac{\partial u_{kj}}{\partial x_i}\right)\right) + F_{fk,i} + F_{pk,i} \tag{2.3.14}$$

式中，$F_{fk,i}$ 为流体相与第 k 相颗粒之间的相互作用力；$F_{pk,i}$ 为其他颗粒相与第 k 相颗粒之间的相互作用力。

3. 控制方程的简化

对低浓度两相流，由于 $\sum_k \phi_k \ll 1$，从而有 $\phi \approx 1 - \sum_k \phi_k \approx 1$，可进行如下简化处理：①忽略所有颗粒相对压强的贡献；②忽略颗粒相的分子粘性效应。经简化得到不可压缩低浓度两相流的控制方程：

（1）流体相。

$$\frac{\partial u_i}{\partial x_i} = 0 \tag{2.3.15}$$

$$\frac{\partial u_i}{\partial t} + \frac{\partial u_i u_j}{\partial x_j} = f_i - \frac{1}{\rho}\frac{\partial p}{\partial x_i} + \frac{\partial^2 u_i}{\partial x_j \partial x_j} + \sum_k F_D \frac{\rho_{pk}}{\rho}\phi_k(u_{ki} - u_i)$$

$$+ \sum_k \frac{\rho_{pk}}{\rho}\phi_k\left(F_M \frac{du_{ki}}{dt} - (F_M + F_P)\frac{du_i}{dt}\right) - \sum_k \frac{F_{pk,i}}{\rho} \tag{2.3.16}$$

（2）第 k 相颗粒。

$$\frac{\partial\phi_k}{\partial t} + \frac{\partial(\phi_k u_{ki})}{\partial x_i} = 0 \tag{2.3.17}$$

$$\frac{\partial(\phi_k u_{ki})}{\partial t} + \frac{\partial(\phi_k u_{ki} u_{kj})}{\partial x_j} = \frac{\rho_{pk} - \rho}{\rho_{pk}}\phi_k f_i - F_D\phi_k(u_{ki} - u_i)$$

$$- \phi_k\left(F_M \frac{du_{ki}}{dt} - (F_M + F_P)\frac{du_i}{dt}\right) - \frac{F_{pk,i}}{\rho_{pk}} \tag{2.3.18}$$

式（2.3.15）~式（2.3.18）即构成了一般低浓度两相流的控制方程，其为耦合模型。实际工程中的低浓度两相流运动非常复杂，为便于工程计算，下面对一般低浓度两相流的控制方程在一定的限制条件下再进行简化。

不失一般性，下面以河道中的水沙两相流为例进行分析，选取坐标系如下：x_1、x_2分别沿着河道的纵向与横向，x_3取为垂直方向（与重力方向相平行，且以向上的方向为正向）。类似文献［13］，采用 Lagrange 描述方法，以 w_{ki} 表示水流相和第 k 相泥沙相的速度差，也即

$$w_{ki} = u_{ki} - u_i + \omega_k \delta_{i3} \qquad (2.3.19)$$

式中，ω_k 为第 k 相泥沙的沉降速度，联立式（2.2.16）和式（2.3.1a），得到

$$\rho_{pk} F_D \omega_k = (\rho_{pk} - \rho) g \qquad (2.3.20)$$

应用式（2.3.20）将第 k 相颗粒运动方程式（2.3.18）改写为

$$\frac{dw_{ki}}{dt} + A w_{ki} + G_{ki}(t) = 0 \qquad (2.3.21)$$

式中，

$$A = \frac{\rho_{pk} F_D}{\rho_{pk} + C_{Vm} \rho} \qquad (2.3.22a)$$

$$G_{ki}(t) = \frac{(\rho_{pk} - \rho) \dfrac{du_i}{dt} + \dfrac{F_{pk,i}}{\phi_k}}{\rho_{pk} + C_{Vm} \rho} \qquad (2.3.22b)$$

由（2.3.22b）可知，w_{ki} 在如下条件下等于零：① $\dfrac{du_i}{dt} = 0$，如对近似为明渠均匀流的河段；② $F_{pk,i} = 0$，即可以不考虑泥沙颗粒之间的相互作用。在以上条件下，一般低浓度水沙两相流的控制方程还可进一步简化为[14]：

（1）水流连续方程。

$$\frac{\partial u_i}{\partial x_i} = 0 \qquad (2.3.23)$$

（2）水流运动方程。

$$\frac{\partial u_i}{\partial t} + \frac{\partial u_i u_j}{\partial x_j} = f_i - \frac{1}{\rho} \frac{\partial p}{\partial x_i} + \nu \frac{\partial^2 u_i}{\partial x_j \partial x_j} + \sum_{k=1}^{M} \left(\frac{\rho_{pk}}{\rho} - 1 \right) \phi_k f_i \qquad (2.3.24)$$

（3）第 k 相泥沙的连续方程。

$$\frac{\partial \phi_k}{\partial t} + \frac{\partial \phi_k u_i}{\partial x_i} = \frac{\partial \phi_k}{\partial x_i} \omega_k \delta_{i3} \qquad (2.3.25)$$

式（2.3.23）~式（2.3.25）即构成了低浓度水沙两相流控制方程的简化形式。式（2.3.25）在河流动力学中称为泥沙扩散方程[10]，注意在该方程中不对下标 k 求和。

下面进一步从浮力流动的控制方程出发来推导低浓度两相流的控制方程。为此，引入布辛涅斯克近似，认为：①两相流密度的变化并不显著地改变流体的性质；②在运动方程中，两相流密度变化对惯性力项、压强项和粘性项的影响可忽略不计，但其对质量力项的影响不能忽略。注意到当流体挟带颗粒后，其密度变为

$$\rho_m = \rho + \Delta \rho \qquad (2.3.26)$$

比较式（2.3.5a）和式（2.3.26），有

$$\Delta\rho = \sum_k \phi_k(\rho_{pk} - \rho) \qquad (2.3.27)$$

按照布辛涅斯克近似，质量力项的改变为

$$\rho_m f_i = \rho f_i + \Delta\rho f_i \qquad (2.3.28)$$

将式（2.3.28）代入不可压缩流体的运动方程式（2.1.1），也可得到与布辛涅斯克近似相应的低浓度两相流的运动方程，其与式（2.3.24）完全一致。

2.3.3　雷诺平均运动方程与脉动运动方程

对水利水电工程中的两相湍流，尤其是水沙两相湍流，与气固两相流不同，由于水、沙两种物质的密度属于同一量级，在运动方程中必须考虑附加质量力的影响。在式（2.3.15）～式（2.3.18）中引入雷诺假设，即可得到相应的雷诺平均运动方程与脉动运动方程，但其形式过于复杂，下面仅对水沙两相湍流控制方程的简化形式（2.3.23）～式（2.3.25）给出相应的雷诺平均运动方程与脉动运动方程。根据雷诺假设，有

$$u_i = \bar{u}_i + u'_i \qquad (2.3.29a)$$

$$p = \bar{p} + p' \qquad (2.3.29b)$$

$$\phi_k = \overline{\phi}_k + \phi'_k \qquad (2.3.29c)$$

将式（2.3.29）代入式（2.3.23）～式（2.3.25）中，通过平均化处理，得到相应的低浓度水沙两相湍流的雷诺平均方程如下：

（1）流体连续方程。

$$\frac{\partial \bar{u}_i}{\partial x_i} = 0 \qquad (2.3.30)$$

（2）流体运动方程。

$$\frac{\partial \bar{u}_i}{\partial t} + \frac{\partial \overline{u_i u_j}}{\partial x_j} = f_i - \frac{1}{\rho}\frac{\partial \bar{p}}{\partial x_i} - \frac{\partial \overline{u'_i u'_j}}{\partial x_j} + \nu\frac{\partial^2 \bar{u}_i}{\partial x_j \partial x_j} + \sum_{k=1}^{M}\left(\frac{\rho_{pk}}{\rho} - 1\right)\overline{\phi}_k f_i \qquad (2.3.31)$$

（3）第 k 相颗粒的连续方程。

$$\frac{\partial \overline{\phi}_k}{\partial t} + \frac{\partial \overline{\phi_k u_i}}{\partial x_i} = -\frac{\partial \overline{\phi'_k u'_i}}{\partial x_i} + \frac{\partial \overline{\phi}_k}{\partial x_i}\omega_k \delta_{i3} \qquad (2.3.32)$$

相应的脉动运动方程则为：

（1）流体连续方程。

$$\frac{\partial u'_i}{\partial x_i} = 0 \qquad (2.3.33)$$

（2）流体运动方程。

$$\frac{\partial u'_i}{\partial t} + \bar{u}_j\frac{\partial u'_i}{\partial x_j} + u'_j\frac{\partial \bar{u}_i}{\partial x_j} + \frac{\partial}{\partial x_j}(u'_i u'_j - \overline{u'_i u'_j}) = f_i - \frac{1}{\rho}\frac{\partial p'}{\partial x_i} + \nu\frac{\partial^2 u'_i}{\partial x_j \partial x_j}$$

$$+ \sum_{k=1}^{M}\left(\frac{\rho_{pk}}{\rho} - 1\right)\phi'_k f_i \qquad (2.3.34)$$

（3）第 k 相颗粒的连续方程。

$$\frac{\partial \phi'_k}{\partial t} + \bar{u}_j \frac{\partial \phi'_k}{\partial x_j} + u'_j \frac{\partial \bar{\phi}_k}{\partial x_j} + \frac{\partial}{\partial x_j}(u'_j \phi'_k - \overline{u'_j \phi'_k}) = \frac{\partial \phi'_k}{\partial x_i} \omega_k \delta_{i3} \qquad (2.3.35)$$

2.3.4 雷诺应力输运方程

从式（2.3.34）和式（2.3.35）出发，也可得到与低浓度水沙两相湍流控制方程的简化形式式（2.3.23）~式（2.3.25）相应的雷诺应力输运方程为

$$
\begin{aligned}
\frac{\partial \overline{u'_i u'_j}}{\partial t} + \bar{u}_l \frac{\partial \overline{u'_i u'_j}}{\partial x_l} = & -\left(\overline{u'_j u'_l}\frac{\partial \bar{u}_i}{\partial x_l} + \overline{u'_i u'_l}\frac{\partial \bar{u}_j}{\partial x_l}\right) + \nu \frac{\partial^2 \overline{u'_i u'_j}}{\partial x_l \partial x_l} \\
& -\frac{\partial}{\partial x_l}\left(\overline{u'_i u'_j u'_l} + \overline{\frac{p'}{\rho}(u'_j \delta_{il} + u'_i \delta_{jl})}\right) + \overline{\frac{p'}{\rho}\left(\frac{\partial u'_i}{\partial x_j} + \frac{\partial u'_j}{\partial x_i}\right)} \\
& -2\nu \overline{\frac{\partial u'_i}{\partial x_l}\frac{\partial u'_j}{\partial x_l}} + \sum_{l=1}^{M} \frac{\rho_{pl} - \rho}{\rho}(\overline{u'_i \phi'_l}f_j + \overline{u'_j \phi'_l}f_i) \quad (2.3.36)
\end{aligned}
$$

与单相湍流的雷诺应力输运方程式（2.1.6a）相比，式（2.3.36）多出了右边最后一项，反映的是浓度场对雷诺应力的影响。

2.3.5 粒子相通量输运方程

从式（2.3.34）和式（2.3.35）出发，还可得到与低浓度水沙两相湍流控制方程的简化形式式（2.3.23）~式（2.3.25）相应的粒子相通量 $\overline{u'_i \phi'_k}$ 的输运方程为

$$
\begin{aligned}
\frac{\partial \overline{u'_i \phi'_k}}{\partial t} + \bar{u}_l \frac{\partial \overline{u'_i \phi'_k}}{\partial x_l} = & -\left(\overline{u'_i u'_l}\frac{\partial \bar{\phi}_k}{\partial x_l} + \overline{\phi'_k u'_l}\frac{\partial \bar{u}_i}{\partial x_l}\right) - \nu \frac{\partial^2 \overline{u'_i \phi'_k}}{\partial x_l \partial x_l} \\
& -\frac{\partial}{\partial x_l}\left(\overline{u'_i u'_l \phi'_k} + \overline{\frac{p' \phi'_k}{\rho}}\delta_{il}\right) + \overline{\frac{p'}{\rho}\frac{\partial \phi'_k}{\partial x_i}} + \frac{\partial}{\partial x_l}\left(\overline{\nu \phi'_k \frac{\partial u'_i}{\partial x_l}}\right) \\
& + \omega_k \overline{u'_i \frac{\partial \phi'_k}{\partial x_l}}\delta_{l3} + \sum_{l=1}^{M} \frac{\rho_{pl} - \rho}{\rho}\overline{\phi'_l \phi'_k}f_i \quad (2.3.37)
\end{aligned}
$$

参 考 文 献

1 张兆顺，崔桂香，许春晓. 湍流理论与模拟. 北京：清华大学出版社，2005

2 Ladyzhenskaya O A. 粘性不可压缩流体动力学的数学问题. 张开明译. 上海：上海科学技术出版社，1961

3 Temam R. Navier-Stokes Equations. North-Holland：Theory and numerical analysis（3rd ed.），1984

4 Lorenz E N. Deterministic nonperiodic flow. Journal of the Atmospheric Science，1963：130 ~ 141

5 Soo S L. Fluid Dynamics of Multiphase Systems. Blaisdell Publishing Company，1967

6 赵世来. 基于两相流理论的低浓度挟沙水流运动数值模拟. 武汉：武汉大学博士学位论文，2007

7 Schlichting H. Boundary layer theory. New York：McGraw-Hill，1960

8 梁在潮等. 多相流与紊流相干结构. 武汉：华中理工大学出版社，1994

9 Thomas N H et al. Entrapment and transport of bubbles by transient large eddies in multiphase turbulent shear flows. International Conference on the Physical Modeling of Multi-phase Flow. BHRA Fluid Engineering ROYAUME-UNI，1983

10 张瑞瑾. 河流泥沙动力学. 北京：中国水利水电出版社, 1998

11 Rosenberg B. David Taylor Model Basin Report (727), 1953

12 Hinze J O. Fundamentals of the hydrodynamic mechanism of splitting in dispersion processes. Am. Inst. Chem. Eng. J., 1955, 1 (3)：289~295

13 蔡树棠. 悬沙理论中长期有争议的三个问题. 中国力学学会第二届全国流体力学学术会议论文集. 北京：科学出版社, 1983

14 Liu Shihe, Zhao Shilai, Luo Qiushi. Simulation of low-concentration sediment-laden flow based on two-phase flow theory. Journal of Hydrodynamics, 2007, Ser. B, 19 (5)：653~660

第 3 章　湍流的统计理论

3.1　湍流的统计描述

　　湍流的脉动无论在时间还是在空间上都是变化非常剧烈的随机运动，湍流的统计理论就是将经典的流体力学与统计方法结合起来研究湍流的理论[1]。

　　要完全了解一个具体的湍流流动，就必须知道所有可能在任意若干个时间 – 空间点上的任意若干个流动要素的联合概率分布，这对于一般的湍流甚为困难，人们只能从最简单的湍流运动开始。Taylor G I. 在 1935 年首先引进了一种最简单的理想化的湍流模型：均匀各向同性湍流。对这种湍流，理论处理上可以得到巨大的简化，现有湍流统计理论中的绝大部分成果都属于均匀各向同性湍流。

　　均匀性和各向同性性是两个不同的概念。从数学表述上来看，均匀性是指湍流的一切统计平均性质与空间位置无关，而各向同性则意味着湍流的一切统计平均性质与空间方向无关，各向同性必须以均匀性为前提。均匀湍流是一种理想化的湍流模型，从理论上来讲，这种湍流只有在无界流场中才有可能存在。例如，在固壁处，流体速度必须满足无滑移的边界条件，近壁处的湍流脉动受到固壁约束，具有和远离固壁处的湍流脉动不同的统计特性，因此，固壁附近的湍流场不可能是均匀的。但从另一角度来看，虽然严格意义上的各向同性湍流并不存在，但在远离地面的大气、远离海面、海岸和海底的浩瀚海洋，远离水面、河岸和河底的河流中以及圆管中轴线附近的湍流可以近似认为是各向同性的。况且任何适用于一般湍流的理论，首先必须在最简单的特殊情形适用，因此，对各向同性湍流的研究也构成了对一般湍流研究的基础。

　　湍流研究最大的困难是不封闭性。为满足工程湍流研究的需要，人们提出了众多的湍流模式，以对工程湍流的各种（尤其是二阶）统计特征量进行模拟，形成了湍流的模式理论，其虽然在增进人们对湍流机理的了解方面提供的贡献有限，但却为解决实际工程问题发挥了巨大的作用。湍流的统计理论与模式理论正相反，其目标是从最基本的物理守恒定律出发来研究湍流的基本机理。随着计算机技术与实验技术的不断发展，随着以直接数值模拟技术为代表的湍流数值模拟技术的不断完善，研究湍流基本机理的有效途径越来越多[2]，但在湍流统计理论研究中所建立起来的一系列基本概念与方法仍在被广泛应用。

3.2　关　联　函　数

　　关联函数，也称相关函数，是湍流统计理论中最重要的基本概念，其定义为几个

不同时间 – 空间点上的若干个脉动量的乘积平均值。从物理意义上来看，关联函数表示不同时间 – 空间点的脉动量之间的相关程度。这种相关程度一般都用它们被相应脉动量的均方根值相除后所得到的无量纲关联系数来衡量，显然其值恒小于等于1。

关联函数一般反映的是脉动量的空间 – 时间相关性质，但也可细分为空间关联函数和时间关联函数两类，前者描述的是同一时刻两个空间点上脉动量的相关程度，后者描述的则是同一空间点两个不同时刻脉动量之间的相关程度。如果两个脉动量是完全无关的独立随机量，则它们之间的关联系数为零，如当两点距离充分远时即如此。如果两个脉动量密切相关，则关联系数就会有较高的值，如当两点处于同一个涡结构的范围内。因此，根据某点附近关联函数等值线的变化可大致估计涡结构的形态与范围。

3. 2. 1　空间关联函数

1. 一般空间关联函数

最常见的空间关联函数是定义在同一时刻两个不同空间点 A、B 上的如下几个：

两点压强速度的关联　　$P_i = \overline{p_A u_{Bi}}$

两点二阶速度关联　　　$R_{ij} = \overline{u_{Ai} u_{Bj}}$

两点三阶速度关联　　　$S_{ij,k} = \overline{u_{Ai} u_{Aj} u_{Bk}}$

两点二阶涡量关联　　　$F_{ij} = \overline{\omega_{Ai} \omega_{Bj}}$

式中，下标 A 和 B 分别表示相应于 A、B 两点的速度、涡量或压强（为方便表述起见，本章中所有脉动量均省去了右上角表示脉动量的符号 "'"）；下标 i、j 和 k 可取 1、2、3 中任意一个数，因此，以上关联函数在一般情况下具有多个独立分量。

从概率论的观点来看，要完全描述湍流运动，就必须确定在任意若干个时空点上的任意 n 个随机量的联合概率密度分布函数。这些联合概率密度分布函数，又唯一地决定于由这 n 个随机量组成的，所有各阶关联函数的完整集合。以 A、B 两点的速度分量 u_{Ai} 与 u_{Bj} 的联合概率密度分布函数 $P(u_{Ai}, u_{Bj})$ 为例，其相应的傅里叶变换函数，也即特征函数为

$$\Pi(k,l) = \frac{1}{(2\pi)^2} \iint P(u_{Ai}, u_{Bj}) \exp(i(u_{Ai}k + u_{Bj}l)) \mathrm{d}u_{Ai} \mathrm{d}u_{Bj} \qquad (3.2.1)$$

若将此特征函数在 (k, l) 空间的原点展开成泰勒级数，则有

$$\Pi(k,l) = \Pi(0,0) + \left.\frac{\partial \Pi}{\partial k}\right|_{(0,0)} k + \left.\frac{\partial \Pi}{\partial l}\right|_{(0,0)} l + \frac{1}{2}\left.\frac{\partial^2 \Pi}{\partial k^2}\right|_{(0,0)} k^2$$

$$+ \left.\frac{\partial^2 \Pi}{\partial k \partial l}\right|_{(0,0)} kl + \frac{1}{2}\left.\frac{\partial^2 \Pi}{\partial l^2}\right|_{(0,0)} l^2 + \cdots \qquad (3.2.2)$$

式 (3.2.2) 中各项系数可通过对式 (3.2.1) 求导而得，也即

$$\left.\frac{\partial^{m+n}\Pi}{\partial k^m \partial l^n}\right|_{(0,0)} = \frac{i^{m+n}}{(2\pi)^2} \iint u_{Ai}^m u_{Bj}^n P(u_{Ai}, u_{Bj}) \exp(i(u_{Ai}k + u_{Bj}l)) \mathrm{d}u_{Ai} \mathrm{d}u_{Bj}$$

$$= \frac{i^{m+n}}{(2\pi)^2} \overline{u_{Ai}^m u_{Bj}^n} \qquad (3.2.3)$$

而它们正是按平均法则定义的 u_{Ai} 与 u_{Bj} 的 $m+n$ 阶关联函数。由此可见，$P\,(u_{Ai},u_{Bj})$ 由 u_{Ai} 与 u_{Bj} 的各阶关联函数来唯一地确定，其中，最重要的当然是 u_{Ai} 与 u_{Bj} 的头几阶关联函数，如 $\overline{u_{Ai}u_{Bj}}$，$\overline{u_{Ai}^2 u_{Bj}}$，…一般来讲，所得到的关联函数越多，对湍流场的了解也就越充分。

2. 不可压缩各向同性湍流的关联函数

利用湍流场的各向同性及不可压缩流体运动的连续方程可使前述关联函数得到极大的简化。在各向同性湍流场中，n 点的关联函数只和 n 点的几何构形有关，而 n 点的几何构形则由 $n-1$ 个相对向量 $\boldsymbol{r}_1$，$\boldsymbol{r}_2$，…，$\boldsymbol{r}_{n-1}$ 完全确定。因此，各向同性湍流场中 n 阶关联的一般表达式为

$$R_{i_1 i_2 \cdots i_n} = R_{i_1 i_2 \cdots i_n}\,(\boldsymbol{r}_1,\,\boldsymbol{r}_2,\,\cdots,\,\boldsymbol{r}_{n-1}) \tag{3.2.4}$$

1）两点二阶速度关联

各向同性湍流场中两点二阶速度关联函数是 $R_{ij}(\boldsymbol{r}) = \overline{u_i(\boldsymbol{x})u_j(\boldsymbol{x}+\boldsymbol{r})}$，根据代数不变量定理，其表达式为

$$R_{ij}\,(\boldsymbol{r}) = A_1\,(\boldsymbol{r})\,r_i r_j + B_1\,(\boldsymbol{r})\,\delta_{ij} \tag{3.2.5}$$

由式（3.2.5）可知：各向同性湍流场中两点二阶速度关联函数只有两个独立函数。为确定这两个函数，通常选取两个特定几何构形的相关，即两点纵向（沿着 $\boldsymbol{r}$ 的方向）相关 R_{ll} 和两点横向（垂直于 $\boldsymbol{r}$ 的方向）相关 R_{nn}，见图 3.2.1。根据式（3.2.5）有

$$R_{ll}(\boldsymbol{r}) = A_1 r^2 + B_1 \tag{3.2.6a}$$

$$R_{nn}(\boldsymbol{r}) = B_1 \tag{3.2.6b}$$

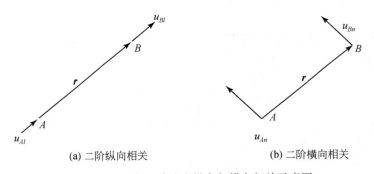

(a) 二阶纵向相关　　　　　　　　(b) 二阶横向相关

图 3.2.1　两点二阶速度纵向与横向相关示意图

由式（3.2.6）可得

$$A_1 = \frac{R_{ll}\,(\boldsymbol{r}) - R_{nn}\,(\boldsymbol{r})}{r^2} \tag{3.2.7a}$$

$$B_1 = R_{nn}\,(\boldsymbol{r}) \tag{3.2.7b}$$

因此，各向同性湍流场中两点二阶速度关联函数可表示为

$$R_{ij}(\boldsymbol{r}) = (R_{ll}(\boldsymbol{r}) - R_{nn}(\boldsymbol{r}))\frac{r_i r_j}{r^2} + R_{nn}(\boldsymbol{r})\delta_{ij} \tag{3.2.8}$$

此外，不可压缩各向同性湍流场中二阶速度关联函数还应满足连续方程$\dfrac{\partial R_{ij}}{\partial r_j} = 0$，即

$$\frac{\partial R_{ij}}{\partial r_j} = \frac{\partial}{\partial r}\left(\frac{R_{ll} - R_{nn}}{r^2}\right)\frac{r_j}{r}r_i r_j \frac{R_{ll} - R_{nn}}{r^2}(r_j\delta_{ij} + 3r_i) + \frac{\partial R_{nn}}{\partial r}\frac{r_j}{r}\delta_{ij}$$

$$= \frac{2r_i}{r^2}\left(\frac{r}{2}\frac{\partial R_{ll}}{\partial r} + R_{ll} - R_{nn}\right) = 0 \tag{3.2.9}$$

要使上式成立，必须

$$R_{nn} = R_{ll} + \frac{r}{2}\frac{\partial R_{ll}}{\partial r} \tag{3.2.10}$$

将式（3.2.10）代入式（3.2.7），得到不可压缩各向同性湍流场中二阶速度关联函数的表达式为

$$R_{ij}(\boldsymbol{r}) = -\frac{1}{2}\frac{\partial R_{ll}(r)}{\partial r}\frac{r_i r_j}{r^2} + \left(R_{ll}(r) + \frac{r}{2}\frac{\partial R_{ll}(r)}{\partial r}\right)\delta_{ij} \tag{3.2.11}$$

由此可见，在满足流动连续性的条件下，不可压缩各向同性湍流场中二阶速度关联函数只存在一个独立函数，即只要知道纵向相关或横向相关中的任何一个，即可得到二阶速度关联函数。

在整理实验成果的过程中，式（3.2.10）颇为有用。在目前的测量技术水平下，很难通过实验得到一般湍流准确的空间相关函数。然而，在均匀湍流中，单点脉动速度的时间序列及其时间相关却很容易实测到，在引入泰勒冻结假设（见3.2.2节）后将时间相关转换为二阶纵向相关。有了二阶纵向相关，由式（3.2.10）就可以推算出二阶横向相关。

如以$\overline{u^2}$表示均匀湍流的湍动强度，定义函数f、g如下：$R_{ll}(r) = \overline{u^2}f(r)$，$R_{nn}(r) = \overline{u^2}g(r)$，则式（3.2.7）变为

$$A_1 = \overline{u^2}\frac{f(r) - g(r)}{r^2} \tag{3.2.12a}$$

$$B_1 = \overline{u^2}g(r) \tag{3.2.12b}$$

同时，由式（3.2.10）可知：函数f、g还应满足

$$f + \frac{r}{2}\frac{\partial f}{\partial r} - g = 0 \tag{3.2.13}$$

则式（3.2.11）还可进一步改写为

$$R_{ij}(\boldsymbol{r}) = \overline{u^2}\left(-\frac{1}{2r}\frac{\partial f}{\partial r}r_i r_j + \left(f + \frac{r}{2}\frac{\partial f}{\partial r}\right)\delta_{ij}\right) \tag{3.2.14}$$

下面对二阶速度关联函数的应用讨论如下：

（1）泰勒微尺度。

湍流微尺度λ定义如下：

$$\lambda = \left(-\frac{\partial^2 f}{\partial r^2}\bigg|_{r=0}\right)^{-0.5} \tag{3.2.15}$$

注意到如将函数f与g在$r = 0$附近展开成泰勒级数，并代入式（3.2.13），比较该

式两边含 r^2 项的系数，得到

$$2\left.\frac{\partial^2 f}{\partial r^2}\right|_{r=0} = \left.\frac{\partial^2 g}{\partial r^2}\right|_{r=0} \tag{3.2.16}$$

因此，利用微尺度 λ 可将 f 与 g 展开成

$$f = 1 - \frac{1}{2}\left(\frac{r}{\lambda}\right)^2 + \cdots \tag{3.2.17a}$$

$$g = 1 - \left(\frac{r}{\lambda}\right)^2 + \cdots \tag{3.2.17b}$$

如作函数 f 与 g 在 $r=0$ 处的曲线，则其在横轴上的截距分别为 $\sqrt{2}\lambda$ 与 λ。设想湍流场是由一定尺度的涡运动所组成的，则处在同一涡结构内的两点上的脉动速度之间具有很强的相关性，而不在同一涡结构内的两点上的脉动速度之间则相关甚弱。因此，可把 λ 理解为一种代表性的涡的长度尺度，下面还将进一步证明 λ 还可理解为与湍动能粘性耗散相联系的小尺度涡的长度尺度，称其为湍流耗散尺度，由于这一尺度最早是由 Taylor G I. 所引进，所以也称泰勒微尺度。

（2）湍动能耗散率。

如前所述，湍动能耗散率 ε 定义为

$$\varepsilon = \nu\,\overline{\frac{\partial u_i}{\partial x_m}\frac{\partial u_i}{\partial x_m}} \tag{3.2.18}$$

下面利用二阶速度关联函数来计算此项。首先，考虑两点 A、B 速度微商的关联

$$\overline{\frac{\partial u_{Ai}}{\partial x_{Am}}\frac{\partial u_{Bj}}{\partial x_{Bn}}} = \frac{\partial^2}{\partial x_{Am}\partial x_{Bn}}\overline{u_{Ai}u_{Bj}} = -\frac{\partial^2}{\partial r_m\partial r_n}R_{ij} \tag{3.2.19a}$$

当 $r\to 0$ 时，上式就变成同一点的速度微商的乘积，也即

$$\lim_{r\to 0}\overline{\frac{\partial u_{Ai}}{\partial x_{Am}}\frac{\partial u_{Bj}}{\partial x_{Bn}}} = \overline{\frac{\partial u_{Ai}}{\partial x_{Am}}\frac{\partial u_{Aj}}{\partial x_{An}}} = -\left(\frac{\partial^2}{\partial r_m\partial r_n}R_{ij}\right)_{r=0} \tag{3.2.19b}$$

将函数 f 的前两项展开式代入式（3.2.14），得到

$$R_{ij} = \overline{u^2}\left((1 + f''_0 r^2)\delta_{ij} - \frac{1}{2}f''_0 r_i r_j\right) \tag{3.2.20a}$$

$$\frac{\partial R_{ij}}{\partial r_m} = \overline{u^2}\left(2f''_0 r_m\delta_{ij} - \frac{1}{2}f''_0(r_i\delta_{mj} + r_j\delta_{mi})\right) \tag{3.2.20b}$$

$$\frac{\partial^2 R_{ij}}{\partial r_m\partial r_n} = \overline{u^2}f''_0\left(2\delta_{ij}\delta_{mn} - \frac{1}{2}(\delta_{mi}\delta_{jn} + \delta_{in}\delta_{mj})\right) \tag{3.2.20c}$$

再将指标 i 与 j，m 与 n 收缩，即得

$$\overline{\frac{\partial u_i}{\partial x_m}\frac{\partial u_i}{\partial x_m}} = \delta_{ij}\delta_{mn}\overline{\frac{\partial u_i}{\partial x_m}\frac{\partial u_j}{\partial x_n}} = -15\,\overline{u^2}f''_0 = 15\,\frac{\overline{u^2}}{\lambda^2} \tag{3.2.21}$$

由此可见，各向同性湍流的湍动能耗散率可表示为

$$\varepsilon = 15\nu\,\frac{\overline{u^2}}{\lambda^2} \tag{3.2.22}$$

此外，湍流脉动涡量的平方的平均值也可用 λ 来表示，其为

$$\overline{\omega^2} = \frac{1}{2}\overline{\omega_k\omega_k} = \varepsilon_{kmn}\varepsilon_{kpq}\overline{\frac{\partial u_n}{\partial x_m}\frac{\partial u_q}{\partial x_p}} = \overline{\frac{\partial u_m}{\partial x_n}\frac{\partial u_m}{\partial x_n}} - \overline{\frac{\partial u_m}{\partial x_n}\frac{\partial u_n}{\partial x_m}} = 15\,\frac{\overline{u^2}}{\lambda^2} \tag{3.2.23}$$

2）两点二阶压强速度关联

因速度是一阶张量，而压强是标量，所以两点二阶压强速度关联函数是一阶张量，其在均匀湍流中只是 r 的函数，即

$$P_i = R_{pi} = A_0 r_i \qquad (3.2.24)$$

另一方面，对不可压缩流动，有

$$\frac{\partial P_i}{\partial r_i} = \frac{\partial}{\partial r_i} \overline{p_A u_{Bi}} = \overline{p_A \frac{\partial u_{Bi}}{\partial r_i}} = \overline{p_A \frac{\partial u_{Bi}}{\partial x_{Bi}}} = 0 \qquad (3.2.25)$$

由此得到

$$\frac{\partial P_i}{\partial r_i} = \frac{\partial A_0}{\partial r} r + 3A_0 = 0 \qquad (3.2.26)$$

进而有

$$A_0(r) = \frac{c}{r^3} \qquad (3.2.27)$$

由于当 $r=0$ 时压强与速度的关联不可能为无穷大，故必有 $c=0$。因此，在各向同性湍流中，压强与速度的关联为零。

3）两点三阶速度关联

在各向同性湍流中，两点三阶速度关联函数的一般形式为

$$S_{ij,k} = A_2 r_i r_j r_k + B_2 r_k \delta_{ij} + C_2 (r_i \delta_{jk} + r_j \delta_{ik}) \qquad (3.2.28)$$

由此可见：各向同性湍流中两点三阶速度关联函数只有 A_2、B_2 和 C_2 三个独立函数。为确定这些函数，通常选定三个特定几何构形的相关函数作为独立关联函数，其分别为：三阶纵向相关、三阶横横纵相关和三阶横纵横相关，见图 3.2.2。三个特定几何构形的相关函数的定义如下：

（1）三阶纵向相关。

$$S_{ll,l}(\boldsymbol{r}) = \overline{u_l(\boldsymbol{x}) u_l(\boldsymbol{x}) u_l(\boldsymbol{x}+\boldsymbol{r})} = A_2 r^3 + (B_2 + 2C_2) r \qquad (3.2.29a)$$

（2）三阶横横纵相关。

$$S_{nn,l}(\boldsymbol{r}) = \overline{u_n(\boldsymbol{x}) u_n(\boldsymbol{x}) u_l(\boldsymbol{x}+\boldsymbol{r})} = B_2 r \qquad (3.2.29b)$$

（3）三阶横纵横相关。

$$S_{nl,n}(\boldsymbol{r}) = \overline{u_n(\boldsymbol{x}) u_l(\boldsymbol{x}) u_n(\boldsymbol{x}+\boldsymbol{r})} = C_2 r \qquad (3.2.29c)$$

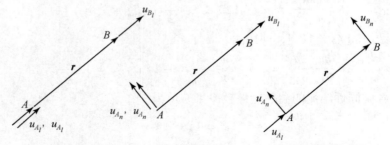

(a) 三阶纵向相关　　　(b) 三阶横横纵向相关　　　(c) 三阶横纵横向相关

图 3.2.2　典型的两点三阶速度相关（u_l 平行于 $\boldsymbol{r}$；u_n 垂直于 $\boldsymbol{r}$）

引用（3.2.29）将两点三阶速度关联函数改写为

$$S_{ij,k} = \frac{S_{ll,l} - S_{nn,l} + 2S_{nl,n}}{r^3} r_i r_j r_k + \frac{S_{nn,l}}{r} r_k \delta_{ij} + \frac{S_{nl,n}}{r}(r_i \delta_{jk} + r_j \delta_{ik}) \tag{3.2.30}$$

再利用连续性条件，有

$$\frac{\partial S_{ij,k}}{\partial r_k} = 0 \tag{3.2.31}$$

根据式（3.2.31），对式（3.2.30）进行微分，得到

$$\frac{\partial S_{ij,k}}{\partial r_k} = \left(\frac{2(S_{ll,l} - S_{nn,l} - 2S_{nl,n})}{r} - \frac{2S_{nl,n}}{r} + \frac{\partial S_{ll,l}}{\partial r} - \frac{\partial S_{nn,l}}{\partial r} \right) r_i r_j$$

$$+ \left(\frac{2S_{nl,n} + 2S_{nn,l}}{r} + \frac{\partial S_{nn,l}}{\partial r} \right) \delta_{ij} = 0 \tag{3.2.32}$$

要使以上等式成立，含有 $r_i r_j$ 与 δ_{ij} 的项其前面的系数必须为零，由此得到两个方程

$$\frac{2(S_{ll,l} - S_{nn,l} - 2S_{nl,n})}{r} - \frac{2S_{nl,n}}{r} + \frac{\partial S_{ll,l}}{\partial r} - \frac{\partial S_{nn,l}}{\partial r} = 0 \tag{3.2.33a}$$

$$\frac{2S_{nl,n} + 2S_{nn,l}}{r} + \frac{\partial S_{nn,l}}{\partial r} = 0 \tag{3.2.33b}$$

将式（3.2.33）两式相加，得到

$$S_{nl,n} = \frac{1}{4} \left(2S_{ll,l} + r \frac{\partial S_{ll,l}}{\partial r} \right) \tag{3.2.34}$$

将式（3.2.34）代入式（3.2.33b），又可以得到

$$\frac{1}{2} \left(\frac{2S_{ll,l}}{r} + \frac{\partial S_{ll,l}}{\partial r} \right) + \frac{2S_{nn,l}}{r} + \frac{\partial S_{nn,l}}{\partial r} = 0 \tag{3.2.35}$$

也即

$$\frac{1}{r^2} \frac{\partial}{\partial r} \left(r^2 \left(\frac{S_{ll,l}}{2} + S_{nn,l} \right) \right) = 0 \tag{3.2.36}$$

对式（3.2.36）进行积分，利用 $r = 0$ 处 $S_{ll,l}$ 与 $S_{nn,l}$ 都有限的条件，得到

$$S_{nn,l} = -\frac{1}{2} S_{ll,l} \tag{3.2.37}$$

将式（3.2.34）和式（3.2.37）代入式（3.2.30），可将 $S_{ij,k}$ 仅通过一个纵向相关函数 $S_{ll,l}$ 来表示为

$$S_{ij,k} = \frac{S_{ll,l} - r \frac{\partial S_{ll,l}}{\partial r}}{2r^3} r_i r_j r_k - \frac{S_{ll,l}}{2r} r_k \delta_{ij} + \frac{2S_{ll,l} + r \frac{\partial S_{ll,l}}{\partial r}}{4r} (r_i \delta_{jk} + r_j \delta_{ik}) \tag{3.2.38}$$

下面对两点三阶纵向速度相关函数 $S_{ll,l}$ 在 $r = 0$ 附近的性质进行讨论。为此，将 u_{B1} 展开成 r_1 的泰勒级数，则

$$S_{ll,l} = \overline{u_{A1}^2 u_{B1}} = \overline{u_{A1}^2 \left(u_{A1} + \frac{\partial u_{A1}}{\partial x_1} r_1 + \frac{1}{2!} \frac{\partial^2 u_{A1}}{\partial x_1^2} r_1^2 + \frac{1}{3!} \frac{\partial^3 u_{A1}}{\partial x_1^3} r_1^3 + \cdots \right)}$$

$$= \overline{u_{A1}^3} + \overline{u_{A1}^2 \frac{\partial u_{A1}}{\partial x_1}} r_1 + \frac{1}{2} \overline{u_{A1}^2 \frac{\partial^2 u_{A1}}{\partial x_1^2}} r_1^2 + \frac{1}{3!} \overline{u_{A1}^2 \frac{\partial^3 u_{A1}}{\partial x_1^3}} r_1^3 + \cdots \tag{3.2.39}$$

由于各向同性，式（3.2.39）中所有关于 r_1 的偶次方项的系数均为 0；又由于均匀性，关于 r_1 的一次方项的系数也为 0，这是因为

$$\overline{u_{A1}^2 \frac{\partial u_{A1}}{\partial x_1}} = \frac{1}{3} \frac{\overline{\partial u_1^3}}{\partial x_1} = 0$$

因此，$S_{ll,l}$ 的泰勒级数是从 r^3 开始的，也即

$$S_{ll,l}(r) = \frac{1}{6} S_{ll,l}^{(3)}(0) r^3 + \frac{1}{120} S_{ll,l}^{(5)}(0) r^5 + \cdots \qquad (3.2.40)$$

其曲线形状如图 3.2.3 所示，图中用函数 $h(r)$ 来描述两点三阶纵向速度关联函数，其定义为 $S_{ll,l}(r) = (\overline{u^2})^{3/2} h(r)$，则由式（3.2.40）有

$$h(r) = \frac{1}{6} h^{(3)}(0) r^3 + \frac{1}{120} h^{(5)}(0) r^5 + \cdots \qquad (3.2.41)$$

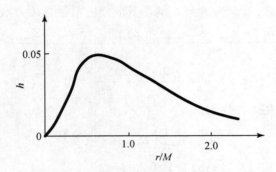

图 3.2.3　两点三阶纵向速度关联函数示意图

3.2.2　时间关联函数

考虑流场中某一固定空间点上两个不同时刻 t' 与 $t'+\tau$ 的脉动速度 u 之间的关联，假定湍流是准定常的，则该统计平均值仅为两时间间隔 τ 的偶函数。定义无量纲的欧拉时间关联函数 $R_E(\tau)$ 为

$$R_E(\tau) = \frac{\overline{u(t') u(t'+\tau)}}{\overline{u^2}} \qquad (3.2.42)$$

其有如下形式的泰勒展开式

$$R_E(\tau) = 1 + \frac{1}{2} \left(\frac{\partial^2 R_E}{\partial \tau^2} \right)_{\tau=0} \tau^2 + \frac{1}{4!} \left(\frac{\partial^4 R_E}{\partial \tau^4} \right)_{\tau=0} \tau^4 + \cdots \qquad (3.2.43)$$

根据上式中含 τ^2 项的系数，可以定义一个时间尺度 τ_E，使得

$$\frac{1}{\tau_E^2} = -\frac{1}{2} \left(\frac{\partial^2 R_E}{\partial \tau^2} \right)_{\tau=0} \qquad (3.2.44)$$

它是脉动速度中出现的变化最快的时间尺度的代表，由于其与泰勒微尺度 λ 之间的密切关系，通常被称为欧拉耗散时间尺度。

欧拉时间关联函数 $R_E(\tau)$ 与前述（欧拉）空间关联函数 $f(r)$ 是同一湍流场特性的不同描述，两者之间是否存在一定的联系？现有研究成果表明，只有在均匀湍流

的情形可以导出两者之间的近似关系, 对于一般情形, 至今还不清楚它们之间究竟存在何种关系。

以 U 与 u_1 分别表示均匀湍流场中沿流向 x_1 的时均速度与脉动速度, 假定 $U \gg |u_1|$, 则可近似认为在流场中某一固定空间点上所观测到的 $u_1(t)$ 的时间变化, 是由经过这一点的 x_1 上不随时间变化的脉动速度 $u\left(\dfrac{x_1}{U}\right)$, 以平均速度 U 快速移过此点所引起的, 这一假设被称为泰勒冻结假设。在此假设下, 空间关联中的变量 r 与时间关联中的变量 τ 之间存在如下关系

$$r = U\tau \tag{3.2.45}$$

$$f(r) = \frac{\overline{u_1(x_1)u_1(x_1+r)}}{\overline{u_1^2}} = \frac{\overline{u_1(t')u_1(t'+\tau)}}{\overline{u_1^2}} = R_{\mathrm{E}}(\tau) \tag{3.2.46}$$

因此, 空间纵向积分长度尺度 L_f 与积分时间尺度 T_{E} 之间也存在如下关系

$$L_f = \int_0^\infty f(r)\,\mathrm{d}r = U\int_0^\infty R_{\mathrm{E}}(\tau)\,\mathrm{d}\tau = UT_{\mathrm{E}} \tag{3.2.47}$$

式 (3.2.47) 中 L_f 可用来反映湍流中大涡体的尺度, 而 T_{E} 则为速度脉动中变化最慢的时间尺度。此外, 泰勒微尺度 λ 与欧拉耗散时间尺度 τ_{E} 之间也有如下关系

$$\frac{1}{\lambda^2} = -\left(\frac{\partial^2 f}{\partial r^2}\right)_{r=0} = -\left(\frac{\partial^2 R_{\mathrm{E}}}{\partial \tau^2}\right)_{\tau=0}\frac{1}{U^2} = \frac{1}{(U\tau_{\mathrm{E}})^2} \tag{3.2.48a}$$

或

$$\lambda = U\tau_{\mathrm{E}} \tag{3.2.48b}$$

3.3　湍　谱　分　析

人们常把湍流运动描述为由许多不同尺度的涡体运动叠加而成, 而这些不同尺度的涡体运动, 又可看成是具有不同波长或频率的简谐运动, 因此, 湍流运动也可视为这些简谐波的叠加。

湍流运动可在两种空间内进行分析, 其一为物理空间, 关联 (相关) 函数是空间坐标与时间的函数; 其二为波数空间 (频谱空间), 谱函数是波数与时间的函数。这两种分析方法是互相平行和完全等价的, 傅里叶变换是将这两种分析方法联系起来的纽带。

3.3.1　一维湍谱分析

对于湍流场中某一固定点上两个不同时刻 t' 与 $t'+\tau$ 的脉动速度 u 的欧拉时间关联函数 $R_{\mathrm{E}}(\tau)$, 其傅里叶变换为

$$F(m) = \int_{-\infty}^{+\infty} R_{\mathrm{E}}(\tau)\,\mathrm{e}^{-i2\pi m\tau}\,\mathrm{d}\tau \tag{3.3.1}$$

其傅里叶逆变换为

$$R_{\mathrm{E}}(\tau) = \int_{-\infty}^{+\infty} F(m)\,\mathrm{e}^{i2\pi m\tau}\,\mathrm{d}m \tag{3.3.2}$$

当 $\tau = 0$ 时，有

$$R_{\mathrm{E}}(\tau) = \overline{u^2} \tag{3.3.3}$$

将式 (3.3.3) 代入式 (3.3.2)，得到

$$\overline{u^2} = \int_{-\infty}^{\infty} F(m)\,\mathrm{d}m \tag{3.3.4}$$

由此可见，$F(m)\,\mathrm{d}m$ 是频率位于 m 与 $m + \mathrm{d}m$ 区间的波所具有的湍动能，而 $F(m)$ 则是相应的能量密度，也称能谱密度函数，所有频率的谐波分量对能量贡献的总和即构成了湍动能。

3.3.2 三维湍谱分析

1. 两点二阶速度关联函数的湍谱分析

两点二阶速度关联函数 $R_{ij}(\boldsymbol{r}, t)$ 的傅里叶变换为

$$\boldsymbol{\Phi}_{ij}(\boldsymbol{k}, t) = \frac{1}{(2\pi)^3} \iiint_{-\infty}^{+\infty} R_{ij}(\boldsymbol{r}, t)\,\mathrm{e}^{-ik_m r_m}\,\mathrm{d}\boldsymbol{r} \tag{3.3.5}$$

其相应的逆变换为

$$R_{ij}(\boldsymbol{r}, t) = \iiint_{-\infty}^{+\infty} \boldsymbol{\Phi}_{ij}(\boldsymbol{k}, t)\,\mathrm{e}^{ik_m r_m}\,\mathrm{d}\boldsymbol{k} \tag{3.3.6}$$

在各向同性湍流中，由于 $R_{ij}(\boldsymbol{r}, t)$ 是关于坐标 r 的实的偶函数，因此，$\boldsymbol{\Phi}_{ij}(\boldsymbol{k}, t)$ 也是关于波数 k 的实的偶函数，且有

$$R_{ij}(\boldsymbol{0}, t) = \overline{u_i u_j} = \iiint_{-\infty}^{+\infty} \boldsymbol{\Phi}_{ij}(\boldsymbol{k}, t)\,\mathrm{d}\boldsymbol{k} \tag{3.3.7}$$

也即 $\boldsymbol{\Phi}_{ij}$ 代表了三维波数空间中对能量张量或雷诺应力张量 $\overline{u_i u_j}$ 的贡献密度，故将其称之为能谱张量，通过此式可将速度关联张量与能谱张量联系起来。

在各向同性湍流中，R_{ij} 是各向同性的二阶张量，$\boldsymbol{\Phi}_{ij}$ 也必然是各向同性的二阶张量。根据代数不变量理论，其一般形式应为

$$\boldsymbol{\Phi}_{ij}(\boldsymbol{k}, t) = A_3(k, t)k_i k_j + B_3(k, t)\delta_{ij} \tag{3.3.8}$$

式中，A_3、B_3 均为 k 的偶函数。由于 R_{ij} 满足连续方程 $\dfrac{\partial R_{ij}}{\partial r_j} = 0$，能谱张量 $\boldsymbol{\Phi}_{ij}$ 也必然满足正交性条件，即

$$k_j \boldsymbol{\Phi}_{ij} = 0 \tag{3.3.9}$$

将式 (3.3.8) 代入式 (3.3.9)，得到

$$B_3(k, t) = -k^2 A_3(k, t) \tag{3.3.10}$$

如令

$$-A_3(k, t) = \frac{E(k, t)}{4\pi k^4} \tag{3.3.11}$$

则可将 $\boldsymbol{\Phi}_{ij}$ 表示为

$$\boldsymbol{\Phi}_{ij}(\boldsymbol{k}, t) = \frac{E(k, t)}{4\pi k^4}(k^2 \delta_{ij} - k_i k_j) \tag{3.3.12}$$

下面讨论 $E(k,t)$ 的物理意义。

在式 (3.3.12) 中将指标 i、j 收缩并除以 2，则得三维空间中的能量密度为

$$\frac{1}{2}\Phi_{ii}(\boldsymbol{k},t) = \frac{E(k,t)}{4\pi k^2} \tag{3.3.13}$$

因此，能量密度仅为 $k = \sqrt{k_i k_i}$ 的函数，具有球对称性，如果对其在半径为 k 的球面上积分，则有

$$\oiint\limits_{S(k)} \frac{1}{2}\Phi_{ii}\mathrm{d}S(k) = \oiint\limits_{S(k)} \frac{E(k,t)}{4\pi k^2}\mathrm{d}S(k) = E(k,t) \tag{3.3.14}$$

由此可见：$E(k,t)$ 代表在半径为 k 的球面上的能量密度总和，相应的湍动能则为

$$\frac{1}{2}\overline{u_i u_i} = \frac{1}{2}R_{ii}(\boldsymbol{0},t) = \iiint_{-\infty}^{+\infty} \frac{1}{2}\Phi_{ii}\mathrm{d}\boldsymbol{k} = \int_0^{+\infty}\left(\oiint\limits_{S(k)}\frac{1}{2}\Phi_{ii}\mathrm{d}S(k)\right)\mathrm{d}k$$

$$= \int_0^{+\infty} E(k,t)\mathrm{d}k \tag{3.3.15}$$

综上所述，$E(k,t)$ 描述了湍动能在各个波数（相应于各种旋涡尺度）上的分布情况，称其为能谱函数。

下面对两点二阶速度关联函数中的 $f(r,t)$ 与能谱函数之间的关系进行分析。为此，对式 (3.2.14) 收缩指标，并定义过渡函数 $D(r,t)$ 为

$$D(r,t) \equiv R_{ii}(\boldsymbol{r},t) = \overline{u^2}(3f+rf') = \overline{u^2}\frac{1}{r^2}\frac{\partial}{\partial r}(r^3 f(r,t)) \tag{3.3.16}$$

对式 (3.3.16) 进行积分，得到

$$\overline{u^2}f(r,t) = \frac{1}{r^3}\int_0^r r^2 D(r,t)\mathrm{d}r \tag{3.3.17}$$

而对式 (3.3.6) 收缩指标，并在三维波数空间中取以 $\boldsymbol{r}$ 的方向为极轴方向的球坐标系进行积分，得到

$$D(r,t) = \iiint_{-\infty}^{+\infty} \frac{E(k,t)}{2\pi k^2}\mathrm{e}^{ik_m r_m}\mathrm{d}\boldsymbol{k} = \frac{1}{2\pi}\int_0^{+\infty}\int_0^{\pi}\int_0^{2\pi}\frac{E(k,t)}{k^2}\mathrm{e}^{ikr\cos\theta}k^2\sin\theta\mathrm{d}\varphi\mathrm{d}\theta\mathrm{d}k \tag{3.3.18}$$

对上式进行积分，最后得到

$$D(r,t) = 2\int_0^{+\infty} E(k,t)\frac{\sin(kr)}{kr}\mathrm{d}k \tag{3.3.19}$$

因此，函数 $rD(r,t)$ 与 $\dfrac{E(k,t)}{k}$ 构成一维正旋傅里叶变换关系，其逆变换式也可从式 (3.3.5) 收缩指标再积分得到，其为

$$E(k) = \frac{1}{\pi}\int_0^{+\infty} D(r,t)kr\sin(kr)\mathrm{d}r \tag{3.3.20}$$

将 $\overline{u^2}f(r,t)$ 与 $D(r,t)$ 的关系式 (3.3.16) 和式 (3.3.17) 分别代入式 (3.3.19) 和式 (3.3.20)，经过积分，最后得到

$$\overline{u^2}f(r,t) = 2\int_0^{+\infty} E(k,t)(kr)^{-2}\left(\frac{\sin kr}{kr} - \cos kr\right)\mathrm{d}k \tag{3.3.21}$$

$$E(k,t) = \frac{1}{\pi}\int_0^{+\infty} \overline{u^2} f(r,t)(kr)^2 \left(\frac{\sin kr}{kr} - \cos kr\right) \mathrm{d}r \tag{3.3.22}$$

这就是 $\overline{u^2}f(r,t)$ 与 $E(k,t)$ 之间的变换关系。

下面再讨论 $E(k,t)$ 在 $k=0$ 附近的性质。由式 (3.3.12) 可知,如要求 Φ_{ij} 在 $k=0$ 处有限,则能谱函数 $E(k,t)$ 在 $k=0$ 处的泰勒级数展开式中必须至少从 k^2 项开始。如果还要求 Φ_{ij} 在 $k=0$ 处解析,及在三维波数空间中沿任意方向的微商都存在且相等,则要求 $E(k)$ 在 $k=0$ 处的泰勒级数展开式中必须至少从 k^4 项开始。因此,$E(k,t)$ 的展开式可写成

$$E(k,t) = J_0 k^4 + \cdots \tag{3.3.23}$$

如果将式 (3.3.22) 中有关 $E(k)$ 的表达式中的因式 $\left(\frac{\sin kr}{kr} - \cos kr\right)$ 展开成泰勒级数

$$\frac{\sin kr}{kr} - \cos kr = \sum_{n=1}^{+\infty} \frac{(-1)^{n+1} 2n}{(2n+1)!}(kr)^{2n} \tag{3.3.24}$$

将式 (3.3.24) 代入式 (3.3.22),得

$$E(k,t) = \sum_{n=1}^{+\infty} \left(\frac{(-1)^{n+1}}{\pi} \frac{2n}{(2n+1)!}\int_0^{+\infty} \overline{u^2}f(r,t) r^{2(n+1)} \mathrm{d}r\right) k^{2(n+1)} \tag{3.3.25}$$

式中,第一项即 k^4 项的系数为

$$J_0 = \frac{1}{3\pi}\overline{u^2}\int_0^{+\infty} r^4 f(r,t)\mathrm{d}r = \frac{\Lambda}{3\pi} \tag{3.3.26}$$

式中,

$$\Lambda = \overline{u^2}\int_0^{+\infty} r^4 f(r,t)\mathrm{d}r \tag{3.3.27}$$

称为洛伊强斯基积分。

如果将展开式 (3.3.24) 代入式 (3.3.21),则得

$$\overline{u^2}f(r,t) = \sum_{n=1}^{+\infty} \left(\frac{(-1)^{n+1}4n}{(2n+1)!}\int_0^{\infty} k^{2(n-1)} E(k,t)\mathrm{d}k\right) r^{2(n-1)}$$

$$= \overline{u^2}\left(1 - \frac{1}{2\lambda^2}r^2 + \frac{f_0^{(4)}}{4!}r^4 + \cdots\right) \tag{3.3.28}$$

比较式 (3.3.28) 中含 r^2 项的系数,得到

$$\frac{\overline{u^2}}{\lambda^2} = \frac{2}{15}\int_0^{+\infty} k^2 E(k,t)\mathrm{d}k \tag{3.3.29}$$

因此,可将湍动能耗散率改写为

$$\varepsilon = 15\nu\frac{\overline{u^2}}{\lambda^2} = 2\nu\int_0^{+\infty} k^2 E(k,t)\mathrm{d}k \tag{3.3.30}$$

由此可见:各波数分量对湍动能耗散率的贡献与能谱函数和 k^2 之积成正比,即湍动能的粘性耗散主要是由高波数分量(小尺度涡)来完成的。如图 3.3.1 所示,虽然小尺度涡的能量仅占整个湍动能很小的一部分,但却承担了绝大部分的粘性耗散,将湍动能转化为热能。

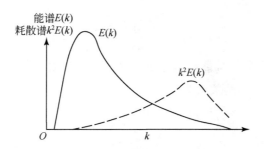

图 3.3.1　能谱与耗散谱随波数的变化

　　虽然能谱函数 $E(k,t)$ 在理论分析中有很重要的作用,然而通过实验测量得到的只能是最初泰勒所引进的一维能谱 $\overline{u^2}F(f)$。这两者之间有何联系?能否从实测的 $\overline{u^2}F(f)$ 换算得到 $E(k,t)$?

　　由式(3.3.2)可知,对欧拉时间关联函数 $R_E(\tau)$,有

$$R_E(\tau) = \int_{-\infty}^{+\infty} F(m)\mathrm{e}^{i2\pi m\tau}\mathrm{d}m \tag{3.3.31}$$

　　如前所述,在均匀湍流中,如果平均速度 U 满足 $U \gg |u_1|$,根据泰勒冻结假设,对函数 $f(r)$ 有

$$f(r) = R_E\left(\frac{r}{U}\right) \tag{3.3.32}$$

即 $f(r)$ 与 $F(m)$ 之间满足如下傅里叶变换关系

$$f(r) = \int_{-\infty}^{+\infty} F(m)\mathrm{e}^{i\frac{2\pi mr}{U}}\mathrm{d}m \tag{3.3.33}$$

对式(3.3.33)做如下变换

$$k_1 = \frac{2\pi m}{U}, \quad r_1 = r, \quad \varphi_1(k_1) = \frac{U\,\overline{u^2}F\left(\frac{U}{2\pi}k_1\right)}{2\pi}$$

则有

$$\overline{u^2}f(r_1) = \int_{-\infty}^{+\infty} \varphi_1(k_1)\mathrm{e}^{ik_1 r_1}\mathrm{d}k_1 \tag{3.3.34}$$

根据关联函数 $R_{ij}(\boldsymbol{r})$ 傅里叶变换的定义,有

$$\overline{u^2}f(r_1) = R_{11}(r_1,0,0) = \iiint_{-\infty}^{+\infty} \Phi_{11}(k_1,k_2,k_3)\mathrm{e}^{ik_1 r_1}\mathrm{d}k_1\mathrm{d}k_2\mathrm{d}k_3 \tag{3.3.35}$$

比较式(3.3.34)和式(3.3.35),有

$$\varphi_1(k_1) = \int_{-\infty}^{+\infty}\int_{-\infty}^{+\infty} \Phi_{11}(k_1,k_2,k_3)\mathrm{d}k_2\mathrm{d}k_3 \tag{3.3.36}$$

　　由此可见,一维能谱函数 $\varphi_1(k_1)$ 正是三维能谱张量的第一个对角线上的分量 Φ_{11} 在三维波数空间中沿垂直于 k_1 轴,且截距为 k_1 的无穷平面上的积分。如果将 Φ_{11} 用能谱函数 $E(k)$ 表示,并在上述平面内取极坐标,再利用变换 $k'^2 = k_2^2 + k_3^2$, $k'^2 + k_1^2 = k^2$, $k'\mathrm{d}k' = k\mathrm{d}k$,则有

$$\varphi_1(k_1) = \int_{k_1}^{+\infty}\int_0^{2\pi} \frac{E(k)}{4\pi k^2}\left(1 - \frac{k_1^2}{k^2}\right)k\mathrm{d}k\mathrm{d}\theta = \frac{1}{2}\int_{k_1}^{+\infty}\left(1 - \frac{k_1^2}{k^2}\right)\frac{E(k)}{k}\mathrm{d}k \tag{3.3.37}$$

其逆关系为

$$E(k) = k^3 \frac{\mathrm{d}}{\mathrm{d}k}\left(\frac{1}{k}\frac{\mathrm{d}\varphi_1(k)}{\mathrm{d}k}\right) \tag{3.3.38}$$

同理，可得到横向速度分量的能谱函数 φ_2 (k_1)，类似式（3.3.34），其与二阶横向速度关联函数 $\overline{u^2}g$ (r_1) 之间的关系为

$$\overline{u^2}g(r_1) = \int_{-\infty}^{+\infty} \varphi_2(k_1)\mathrm{e}^{ik_1r_1}\mathrm{d}k_1 \tag{3.3.39}$$

同时，还有

$$\overline{u^2}g(r_1) = R_{22}(r_1,0,0) = \iiint_{-\infty}^{+\infty} \Phi_{22}(k_1,k_2,k_3)\mathrm{e}^{ik_1r_1}\mathrm{d}k_1\mathrm{d}k_2\mathrm{d}k_3 \tag{3.3.40}$$

比较式（3.3.39）和式（3.3.40），得到

$$\varphi_2(k_1) = \int_{-\infty}^{+\infty}\int_{-\infty}^{+\infty} \Phi_{22}(k_1,k_2,k_3)\mathrm{d}k_2\mathrm{d}k_3 \tag{3.3.41}$$

用同样的办法计算得到

$$\begin{aligned}\varphi_2(k_1) &= \int_{k_1}^{+\infty}\int_0^{2\pi} \frac{E(k)}{4\pi k^2}\left(1 - \frac{k_2^2}{k^2}\right)k\mathrm{d}k\mathrm{d}\theta = \frac{1}{4\pi}\int_{k_1}^{+\infty}\int_0^{2\pi}\frac{E(k)}{k^2}\left(\frac{k^2-k_1^2}{k^2}\cos^2\theta + \frac{k_1^2}{k^2}\right)k\mathrm{d}k\mathrm{d}\theta\\&= \frac{1}{4}\int_{k_1}^{+\infty}\left(1 + \frac{k_1^2}{k^2}\right)\frac{E(k)}{k}\mathrm{d}k\end{aligned} \tag{3.3.42}$$

从式（3.3.37）和式（3.3.42）两式可得

$$E(k) = -k\frac{\mathrm{d}}{\mathrm{d}k}(\varphi_1(k) + 2\varphi_2(k)) \tag{3.3.43}$$

式（3.3.43）因仅含一阶导数项，根据实验资料所得的计算结果要比式（3.3.38）更为准确一些。

2. 两点三阶速度关联函数的湍谱分析

两点三阶速度关联张量 $S_{ij,l}$ 也可进行傅里叶变换，其为

$$S_{ij,l}(\boldsymbol{r}) = \iiint_{-\infty}^{+\infty} \Gamma_{ij,l}(\boldsymbol{k})\mathrm{e}^{ik_m r_m}\mathrm{d}\boldsymbol{k} \tag{3.3.44}$$

$$\Gamma_{ij,l}(\boldsymbol{k}) = \frac{1}{(2\pi)^3}\iiint_{-\infty}^{+\infty} S_{ij,l}(\boldsymbol{r})\mathrm{e}^{-ik_m r_m}\mathrm{d}\boldsymbol{r} \tag{3.3.45}$$

因为 $\boldsymbol{S}_{ij,l}$ 为实函数，故有

$$\Gamma_{ij,l}(k_1,k_2,k_3) = \Gamma_{ij,l}^*(-k_1,-k_2,-k_3) \tag{3.3.46}$$

在各向同性湍流中，由于 $S_{ij,l}$ 是 (r_1, r_2, r_3) 的奇函数，因此 $\Gamma_{ij,l}$ (k_1, k_2, k_3) 必定是 (k_1, k_2, k_3) 的虚奇函数，当然 $\Gamma_{ij,l}$ (k_1, k_2, k_3) 也是关于指标 i 和 j 对称的三阶各向同性张量。再因 $S_{ij,l}$ 满足关于指标 l 的连续性条件，$\Gamma_{ij,l}$ 也应满足关于指标 l 的如下正交方程

$$k_l \Gamma_{ij,l} = 0 \tag{3.3.47}$$

利用以上条件，可将 $\Gamma_{ij,l}$ 简化到只用一个标量函数 $\Gamma(k)$ 来表示，即

$$\Gamma_{ij,l} = i\Gamma(k)\left[k_i k_j k_l - \frac{1}{2}k^2(k_i\delta_{jl} + k_j\delta_{il})\right] \tag{3.3.48}$$

式中，$\Gamma(k)$ 为 k 的实偶函数，下面对 $\Gamma(k)$ 与决定两点三阶速度关联函数 $S_{ij,l}$ 的标量函数 $S_{ll,l} = (\overline{u^2})^{3/2} k(r)$ 之间的关系讨论如下：

定义 $S_{ll,l}(r) = (\overline{u^2})^{\frac{3}{2}} h(r)$，对式（3.2.38）中的指标 i、k 进行收缩，得到

$$S_{ij,i} = \frac{1}{2}(\overline{u^2})^{3/2}\left(\frac{\partial h}{\partial r} + \frac{4h}{r}\right)r_j = \frac{1}{2}(\overline{u^2})^{3/2}\frac{1}{r^4}\frac{\partial}{\partial r}(r^4 h)r_j = \frac{1}{2}K(r)r_j \quad (3.3.49)$$

其中，

$$K(r) = (\overline{u^2})^{3/2}\frac{1}{r^4}\frac{\partial}{\partial r}(r^4 h) \quad (3.3.50)$$

将式（3.3.50）代入式（3.3.45），得

$$\Gamma_{ij,i}(\boldsymbol{k}) = \frac{1}{16\pi^3}\iiint_{-\infty}^{+\infty} K(r)r_j e^{-ik_m r_m}d\boldsymbol{r} \quad (3.3.51)$$

式（3.3.51）右边积分号中有一个 r_j 因子，其值等于无 r_j 时的傅里叶积分对 k_j 微分一次，对式（3.3.51）右边在球坐标下进行积分，而对其左边则引用式（3.3.48），得到

$$
\begin{aligned}
-ik^2 k_j \Gamma(k) &= \frac{i}{16\pi^3}\frac{\partial}{\partial k_j}\left(\iiint_{-\infty}^{+\infty} K(r) e^{-ik_m r_m}d\boldsymbol{r}\right) \\
&= \frac{i}{16\pi^3}\frac{\partial}{\partial k_j}\left(2\pi\int_0^{+\infty} K(r) r^2\left(\int_0^{\pi} e^{-ikr\cos\theta}\sin\theta d\theta\right)dr\right) \\
&= \frac{i}{4\pi^2}\frac{\partial}{\partial k_j}\left(\int_0^{+\infty} K(r) r^2\frac{\sin(kr)}{kr}dr\right) \\
&= -\frac{i}{4\pi^2}\frac{k_j}{k^2}\left(\int_0^{+\infty}\frac{\partial(Kr^3)}{\partial r}\frac{\sin(kr)}{kr}dr\right)
\end{aligned}
$$

因此

$$\Gamma(k) = \frac{1}{4\pi^2 k^6}\left(\int_0^{+\infty}\frac{1}{r^2}\frac{\partial(Kr^3)}{\partial r}kr\sin(kr)dr\right) \quad (3.3.52)$$

其逆变换为

$$\frac{1}{r^2}\frac{\partial(Kr^3)}{\partial r} = 8\pi\left(\int_0^{+\infty} k^6 \Gamma(k)\frac{\sin(kr)}{kr}dk\right) \quad (3.3.53)$$

将式（3.3.50）代入式（3.3.52），再经过两次分部积分，即可得到

$$\Gamma(k) = \frac{(\overline{u^2})^{3/2}}{4\pi^2 k^5}\left(\int_0^{+\infty} h(r)(3\sin kr - 3kr\cos kr - k^2 r^2\sin kr)dr\right) \quad (3.3.54)$$

3. 不可压缩均匀湍流场中两点脉动涡量的湍谱分析

由于点 A 处的脉动涡量 ω_{Ai} 与其脉动速度 u_{Ak} 之间存在如下关系

$$\omega_{Ai} = \varepsilon_{ijk}\frac{\partial u_{Ak}}{\partial x_{Aj}} \quad (3.3.55)$$

因此，两点 A、B 脉动涡量的二阶关联函数 $R_{\omega_i\omega_j}$ 可表述为

$$R_{\omega_i\omega_j} = \overline{\omega_{Ai}\omega_{Bj}} = \varepsilon_{imn}\varepsilon_{jpq}\overline{\frac{\partial u_{An}}{\partial x_{Am}}\frac{\partial u_{Bq}}{\partial x_{Bp}}} \quad (3.3.56)$$

引入不可压缩条件，将式（3.3.56）简化为

$$R_{\omega_i\omega_j}(\boldsymbol{r}) = -\delta_{ij}\frac{\partial^2 R_{mm}}{\partial r_l \partial r_l} + \frac{\partial^2 R_{mm}}{\partial r_i \partial r_j} + \frac{\partial^2 R_{ji}}{\partial r_l \partial r_l} \qquad (3.3.57)$$

由上式可知：不可压缩均匀湍流场中两点脉动涡量的二阶关联函数可以由两点二阶脉动速度的关联函数 R_{ij} 求得。

对式（3.3.57）进行傅里叶变换，可得脉动涡量场的二阶谱张量 $\Phi_{\omega_i\omega_j}(\boldsymbol{k})$ 如下：

$$\Phi_{\omega_i\omega_j}(\boldsymbol{k}) = \frac{1}{(2\pi)^3}\iiint_{-\infty}^{+\infty} R_{\omega_i\omega_j}(\boldsymbol{r})\mathrm{e}^{-ik_m r_m}\mathrm{d}\boldsymbol{r}$$

$$= (\delta_{ij}k^2 - k_i k_j)\Phi_{mm}(\boldsymbol{k}) - k^2\Phi_{ji}(\boldsymbol{k}) \qquad (3.3.58)$$

式中，$\Phi_{ji}(\boldsymbol{k})$ 是两点脉动速度的二阶相关谱张量。对式（3.3.58）中的 i、j 进行收缩，得到拟涡能谱与湍动能谱之间的关系为

$$\Phi_{\omega_i\omega_i}(\boldsymbol{k}) = k^2\Phi_{ii}(\boldsymbol{k}) \qquad (3.3.59)$$

式（3.3.59）中的因子 k^2 表明高波数的拟涡能谱要远远高于相同波数的湍动能谱，换句话说，对比湍动能谱的峰值，拟涡能谱的峰值将向高波数方向移动。一般来讲，不规则函数的导数运算相当于高通滤波，因此，与湍动能谱相比，拟涡能谱高波数成分将增大。

4. 不可压缩均匀湍流场中湍动能耗散谱

如前所述，雷诺应力的耗散项 $E_{ij} = 2\nu\overline{\dfrac{\partial u_i}{\partial x_k}\dfrac{\partial u_j}{\partial x_k}}$，下面将此耗散张量用湍谱表示，以研究湍流耗散在各尺度上的分布情况。为此，先构造两点速度梯度的二阶关联函数 $\overline{\dfrac{\partial u_{Ai}}{\partial x_{Ak}}\dfrac{\partial u_{Bj}}{\partial x_{Bk}}}$，注意到 $x_{Bk} = x_{Ak} + r_k$ 与 x_{Ak} 的相互独立性，可将均匀湍流场中两点速度梯度的二阶关联函数简化为

$$\overline{\frac{\partial u_{Ai}}{\partial x_{Ak}}\frac{\partial u_{Bj}}{\partial x_{Bk}}} = -\frac{\partial^2 R_{ij}(\boldsymbol{r})}{\partial r_k \partial r_k} \qquad (3.3.60)$$

在式（3.3.60）中取 $\boldsymbol{r}=\boldsymbol{0}$，得到雷诺应力耗散张量为

$$E_{ij} = 2\nu\overline{\frac{\partial u_i}{\partial x_k}\frac{\partial u_j}{\partial x_k}} = -2\nu\frac{\partial^2 R_{ij}(\boldsymbol{r})}{\partial r_k \partial r_k}\bigg|_{r=0} \qquad (3.3.61\mathrm{a})$$

同理可得湍动能耗散率的表达式为

$$\varepsilon = \nu\overline{\frac{\partial u_i}{\partial x_k}\frac{\partial u_i}{\partial x_k}} = -\nu\frac{\partial^2 R_{ii}(\boldsymbol{r})}{\partial r_k \partial r_k}\bigg|_{r=0} \qquad (3.3.61\mathrm{b})$$

下面进一步研究雷诺应力耗散和湍动能耗散在谱空间上的分布。由于关联函数和谱张量之间满足 $R_{ij}(\boldsymbol{r}) = \iiint_{-\infty}^{+\infty}\Phi_{ij}(\boldsymbol{k})\mathrm{e}^{ik_m r_m}\mathrm{d}\boldsymbol{k}$，故有

$$\frac{\partial^2 R_{ij}(\boldsymbol{r})}{\partial r_k \partial r_k}\bigg|_{r=0} = \iiint_{-\infty}^{+\infty} k^2\Phi_{ij}(\boldsymbol{k})\mathrm{d}\boldsymbol{k} \qquad (3.3.62)$$

将式（3.3.62）代入式（3.3.61），即可得到雷诺应力耗散张量和湍动能耗散率的积分表达式为

$$E_{ij} = 2\nu \iiint_{-\infty}^{+\infty} k^2 \Phi_{ij}(\boldsymbol{k}) \, \mathrm{d}\boldsymbol{k} \tag{3.3.63a}$$

$$\varepsilon = \nu \iiint_{-\infty}^{+\infty} k^2 \Phi_{ii}(\boldsymbol{k}) \, \mathrm{d}\boldsymbol{k} \tag{3.3.63b}$$

利用拟涡能谱的表达式（3.3.59），还可将式（3.3.63b）表示为

$$\varepsilon = \nu \iiint_{-\infty}^{+\infty} \Phi_{\omega_i \omega_i}(\boldsymbol{k}) \, \mathrm{d}\boldsymbol{k} \tag{3.3.64}$$

由式（3.3.63）可知：无论是雷诺应力耗散张量，还是湍动能耗散率，其在谱空间上的分布都正比于波数的平方，也就是说，在耗散率的谱分布中，高波数成分有较大的贡献。式（3.3.64）则表明：均匀湍流场中的湍动能耗散率在波数空间中的分布正比于拟涡能谱。

3.4 不可压缩均匀湍流的湍动能输运

3.4.1 谱空间中不可压缩均匀湍流运动的控制方程

均匀湍流在空间上属平稳随机过程，各阶关联函数在两点之间的距离很大时都等于零，因此可在足够大的立方体中对其进行研究。

根据 Batchelor 的提议及论证[3]，可将脉动速度与脉动压强场用其傅里叶级数表示如下：

$$u_i(\boldsymbol{x},t) = \sum_{\boldsymbol{k}} \hat{u}_i(\boldsymbol{k},t) \mathrm{e}^{ik_m x_m} \tag{3.4.1a}$$

$$p(\boldsymbol{x},t) = \sum_{\boldsymbol{k}} \hat{p}(\boldsymbol{k},t) \mathrm{e}^{ik_m x_m} \tag{3.4.1b}$$

式中，$\hat{u}_i(\boldsymbol{k},t)$、$\hat{p}(\boldsymbol{k},t)$ 称为速度与压强的离散谱，简称速度谱与压强谱[2]，其分别由以下公式导出：

$$\hat{u}_i(\boldsymbol{k},t) = \frac{1}{L^3} \iiint_{-\infty}^{+\infty} u_i(\boldsymbol{x},t) \mathrm{e}^{-ik_m x_m} \mathrm{d}\boldsymbol{x} \tag{3.4.2a}$$

$$\hat{p}(\boldsymbol{k},t) = \frac{1}{L^3} \iiint_{-\infty}^{+\infty} p(\boldsymbol{x},t) \mathrm{e}^{-ik_m x_m} \mathrm{d}\boldsymbol{x} \tag{3.4.2b}$$

式中，L 是立方体的长度。因速度与压强均为实数，其谱函数显然应有共轭对称性，即

$$\hat{u}_i(\boldsymbol{k},t) = \hat{u}_i^*(-\boldsymbol{k},t) \tag{3.4.3a}$$

$$\hat{p}(\boldsymbol{k},t) = \hat{p}^*(-\boldsymbol{k},t) \tag{3.4.3b}$$

通过以上的展开，将湍流脉动在物理空间上的分布用其在谱空间上的分布来表示，这样一旦获得了速度谱 $\hat{u}_i(\boldsymbol{k},\ t)$ 与压强谱 $\hat{p}(\boldsymbol{k},\ t)$，将其代入式（3.4.1），就可以获得物理空间上的湍流脉动。如前所述，不可压缩均匀湍流运动的基本方程为

$$\frac{\partial u_i}{\partial x_i} = 0 \tag{3.4.4a}$$

$$\frac{\partial u_i}{\partial t} + u_j \frac{\partial u_i}{\partial x_j} = -\frac{\partial}{\partial x_i}\left(\frac{p}{\rho}\right) + \nu \frac{\partial^2 u_i}{\partial x_j \partial x_j} \tag{3.4.4b}$$

$$\frac{\partial^2}{\partial x_l \partial x_l}\left(\frac{p}{\rho}\right) = -\frac{\partial^2 (u_i u_j)}{\partial x_i \partial x_j} \tag{3.4.4c}$$

其中，式（3.4.4c）是通过对式（3.4.4b）两边取散度运算得到。

将式（3.4.1）代入式（3.4.4），经整理，得到谱空间中湍流脉动的演化方程为[2]

$$-ik_i \hat{u}_i(\boldsymbol{k},t) = 0 \tag{3.4.5a}$$

$$\frac{\partial \hat{u}_i(\boldsymbol{k},t)}{\partial t} + ik_j \sum_{m+n=k} \hat{u}_j(\boldsymbol{m},t)\,\hat{u}_i(\boldsymbol{n},t) = -ik_i \hat{p}(\boldsymbol{k},t) - \nu k^2 \hat{u}_i(\boldsymbol{k},t) \tag{3.4.5b}$$

$$k^2 \hat{p}(\boldsymbol{k},t) = -\sum_{m+n=k} k_i k_j \hat{u}_j(\boldsymbol{m},t)\,\hat{u}_i(\boldsymbol{n},t) \tag{3.4.5c}$$

式（3.4.5b）和式（3.4.5c）中的求和式 $\sum_{m+n=k}\hat{u}_j(\boldsymbol{m},t)\,\hat{u}_i(\boldsymbol{n},t)$、$\sum_{m+n=k}k_i k_j \hat{u}_j(\boldsymbol{m},t)$ $\hat{u}_i(\boldsymbol{n},t)$ 表示求和号内相关项中 $\boldsymbol{m}$、$\boldsymbol{n}$ 之和必须等于 $\boldsymbol{k}$，或者说，对于给定的 $\boldsymbol{m}$、$\boldsymbol{n}$，其与 $\boldsymbol{k}$ 之间必须构成封闭三角形。三波关系 $\boldsymbol{m}+\boldsymbol{n}=\boldsymbol{k}$ 说明：在谱空间中只有满足三波关系的速度脉动，它们之间的非线性相互作用才对波数 $\boldsymbol{k}$ 上的谱分量有贡献。

由式（3.4.5c）可直接求出压强谱，其为

$$\hat{p}(\boldsymbol{k},t) = -\frac{1}{k^2}\sum_{m+n=k} k_i k_j \hat{u}_j(\boldsymbol{m},t)\,\hat{u}_i(\boldsymbol{n},t) \tag{3.4.6}$$

将式（3.4.6）代入式（3.4.5b），得到谱空间中脉动速度谱的演化方程为

$$\left(\frac{\partial}{\partial t} + \nu k^2\right)\hat{u}_i(\boldsymbol{k},t) = -ik_j \sum_{m+n=k}\hat{u}_j(\boldsymbol{m},t)\,\hat{u}_i(\boldsymbol{n},t) + \frac{ik_i}{k^2}\sum_{m+n=k} k_p k_q \hat{u}_q(\boldsymbol{m},t)\,\hat{u}_p(\boldsymbol{n},t)$$
$$\tag{3.4.7}$$

从物理意义上来看，式（3.4.7）右边第一项是对流导数的谱空间表达式，其反映的是惯性作用；右边第二项反映的是压强作用；而其左边则是耗散型线性算符。若忽略式（3.4.7）右边的两项反映非线性作用的项，仅单独考察粘性耗散项的作用，则有

$$\hat{u}_i(\boldsymbol{k},t) = \mathrm{e}^{-\nu k^2 t}\,\hat{u}_i(\boldsymbol{k},0) \tag{3.4.8}$$

因此，粘性耗散将使脉动速度谱按指数规律衰减，且衰减指数与波数的平方成正比，由此将导致高波数成分的迅速衰减。此外，由式（3.4.8）还可看出，在衰减过程中各波段的相位不变。

将连续方程式（3.4.5a）简化后得到

$$k_i \hat{u}_i(\boldsymbol{k},t) = 0 \tag{3.4.9}$$

由式（3.4.9）可知：在谱空间中，速度向量与波数向量之间是垂直的，见图3.4.1。

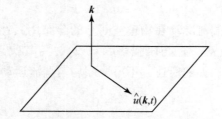

图 3.4.1　波数向量与速度向量之间的关系

3.4.2　不可压缩均匀湍流中的脉动动量输运

由于波数的绝对值的倒数正比于该波段所对应的波长，因此可用谱空间中脉动速度分量 $\hat{u}_i(\boldsymbol{k}, t)$ 来研究不同尺度上脉动速度的分布情况。在波数空间中，波数大的 $\hat{u}_i(\boldsymbol{k}, t)$ 成分对应于小尺度脉动分量；波数小的 $\hat{u}_i(\boldsymbol{k}, t)$ 成分则对应于大尺度脉动分量。下面应用谱空间中脉动速度谱的演化方程式（3.4.7）来研究不同尺度的速度脉动之间动量与能量的传输问题。

用 $\hat{u}_j(\boldsymbol{k}, t)$ 乘式（3.4.7）的共轭方程，将所得方程加上用 $\hat{u}_i^*(\boldsymbol{k}, t)$ 乘 $\hat{u}_j(\boldsymbol{k}, t)$ 的演化方程，经整理，得到

$$
\begin{aligned}
\left(\frac{\partial}{\partial t} + 2\nu k^2\right)\hat{u}_i^*(\boldsymbol{k},t)\,\hat{u}_j(\boldsymbol{k},t) &= i\sum_{k'} k_p\big(\hat{u}_p^*(\boldsymbol{k}-\boldsymbol{k}',t)\,\hat{u}_i^*(\boldsymbol{k}',t)\,\hat{u}_j(\boldsymbol{k},t) \\
&\quad - \hat{u}_p(\boldsymbol{k}-\boldsymbol{k}',t)\,\hat{u}_i^*(\boldsymbol{k},t)\,\hat{u}_j(\boldsymbol{k}',t)\big) \\
&\quad - \frac{i}{k^2}\sum_{k'}\big(k_i k_p k_q\,\hat{u}_p^*(\boldsymbol{k}-\boldsymbol{k}',t)\,\hat{u}_q^*(\boldsymbol{k}',t)\,\hat{u}_j(\boldsymbol{k},t) \\
&\quad - k_j k_p k_q\,\hat{u}_p(\boldsymbol{k}-\boldsymbol{k}',t)\,\hat{u}_q(\boldsymbol{k}',t)\,\hat{u}_i^*(\boldsymbol{k},t)\big)
\end{aligned}
$$

$$(3.4.10)$$

由于式（3.4.10）中 $\hat{u}_i^*(\boldsymbol{k}, t)\,\hat{u}_j(\boldsymbol{k}, t)$ 表示的是脉动动量通量在谱空间中的分布，因此该式是谱空间中脉动动量输运的动力学方程。式中左边是耗散型线性算符；右边第一项是反映惯性作用的非线性项；右边第二项是反映压强梯度作用的非线性项。耗散型线性算符使每一波段的动量通量按指数律 $\exp(-2\nu k^2 t)$ 衰减，但保持各波段中 $\hat{u}_i^*(\boldsymbol{k}, t)\,\hat{u}_j(\boldsymbol{k}, t)$ 的相位不变。由于动量通量的衰减律与波数平方成正比，因此，小尺度（高波数）脉动的动量通量的衰减要比大尺度（低波数）脉动的动量通量的衰减快得多。此外，式（3.4.10）还表明：各种脉动成分间的脉动动量传输通过惯性和压强作用来实现。值得说明的是，各种脉动成分之间的相互作用有双重含义：一是各个波段间速度分量相互作用；二是同一波数下各个速度分量间的相互作用。由式（3.4.10）可知，压强梯度与惯性扮演了承担这两种相互作用的角色，下面分别加以讨论。

（1）压强在不同脉动分量之间重新分配能量，而不改变给定尺度（波数）上的脉动动量。

在波数 $\boldsymbol{k}$ 上，反映压强作用的项 $\Pi_{ij}(\boldsymbol{k}, t)$ 为

$$
\begin{aligned}
\Pi_{ij}(\boldsymbol{k},t) &= -\frac{i}{k^2}\sum_{k'}\big(k_i k_p k_q\,\hat{u}_p^*(\boldsymbol{k}-\boldsymbol{k}',t)\,\hat{u}_q^*(\boldsymbol{k}',t)\,\hat{u}_j(\boldsymbol{k},t) \\
&\quad - k_j k_p k_q\,\hat{u}_p(\boldsymbol{k}-\boldsymbol{k}',t)\,\hat{u}_q(\boldsymbol{k}',t)\,\hat{u}_i^*(\boldsymbol{k},t)\big)
\end{aligned}
$$

$$(3.4.11)$$

将上式做张量收缩。根据不可压缩流体的连续方程，有 $k_i\hat{u}_i(\boldsymbol{k}, t) = k_i\hat{u}_i^*(\boldsymbol{k}, t) = 0$，因而有 $\Pi_{ii}(\boldsymbol{k}, t) = 0$。也就是说，压强作用对于任意给定波数 $\boldsymbol{k}$ 的脉动动量增量 $\partial\overline{\hat{u}_i^*(\boldsymbol{k}, t)\,\hat{u}_j(\boldsymbol{k}, t)}/\partial t$ 没有贡献，如果对所有的波数求和，也可得到压强对总脉动动量（所有波段脉动动量之和）没有贡献的结论。因此，压强的作用只是在各个速度分量之间传输动量与能量。

（2）惯性作用产生各波段间动量传输，但不改变物理空间中各脉动分量的平均能量。

以 $\Gamma_{ij}(\boldsymbol{k}, t)$ 表示给定波数 $\boldsymbol{k}$ 上惯性输运的作用，由式（3.4.10）有

$$\Gamma_{ij}(\boldsymbol{k},t) = i\sum_{k'} k_p(\hat{u}_p^*(\boldsymbol{k}-\boldsymbol{k}',t)\,\hat{u}_i^*(\boldsymbol{k}',t)\,\hat{u}_j(\boldsymbol{k},t)$$
$$- \hat{u}_p(\boldsymbol{k}-\boldsymbol{k}',t)\,\hat{u}_i^*(\boldsymbol{k},t)\,\hat{u}_j(\boldsymbol{k}',t)) \tag{3.4.12}$$

将上式对波数 $\boldsymbol{k}$ 求和，得到惯性作用下所有波段动量输运之和（总动量输运）为

$$\sum_k \Gamma_{ij}(\boldsymbol{k},t) = i\sum_k\sum_{k'} k_p(\hat{u}_p^*(\boldsymbol{k}-\boldsymbol{k}',t)\,\hat{u}_i^*(\boldsymbol{k}',t)\,\hat{u}_j(\boldsymbol{k},t)$$
$$- \hat{u}_p(\boldsymbol{k}-\boldsymbol{k}',t)\,\hat{u}_i^*(\boldsymbol{k},t)\,\hat{u}_j(\boldsymbol{k}',t)) \tag{3.4.13}$$

注意到式（3.4.13）右边的求和式中波数 $\boldsymbol{k}$ 与 $\boldsymbol{k}'$ 可交换顺序，以及 $\hat{u}_p^*(\boldsymbol{k}-\boldsymbol{k}', t) = \hat{u}_p(\boldsymbol{k}'-\boldsymbol{k}, t)$，因而有 $\sum_k \Gamma_{ij}(\boldsymbol{k},t) = 0$。也就是说，惯性项对 $\dfrac{\partial}{\partial t}\sum_k \hat{u}_i^*(\boldsymbol{k},t)\,\hat{u}_j(\boldsymbol{k}, t)$ 没有贡献。如果令 $i=j=l$，则有 $\sum_k \Gamma_{ll} = 0$（注意对 l 不求和），这表示惯性作用不改变各方向上的湍动能。因此，惯性作用只是在脉动速度的各个波段间传输动量与能量。

将式（3.4.10）的下标收缩，得到谱空间中湍动能的演化方程，以上的论断对物理空间中总湍动能的输运同样成立。总之，惯性和压强作用对于物理空间的湍动能具有守恒性，它们均不能使均匀湍流场中质点的湍动能增加或减少；而只能在各个脉动分量之间或各个尺度之间调节能量。其中，压强在脉动速度分量之间重新分配能量；惯性则在各个尺度间传递动量。

综合粘性扩散、惯性和压强的联合作用，谱空间中的方程式（3.4.10）描绘出如下的湍动能输运过程。设在物理空间中给定初始的统计均匀的脉动速度场 $u_i(\boldsymbol{x})$，其在谱空间中的分布是 $\hat{u}_i(\boldsymbol{k})$。在粘性作用下，脉动速度逐渐衰减，且小尺度的成分衰减更快，于是在耗散过程中大尺度脉动成分将占有更多份额。由于惯性在速度脉动的各个尺度间进行动量输运，它将大尺度脉动的动能传输给小尺度脉动。于是在粘性扩散和惯性的联合作用下，湍流脉动场中形成一种能量传输链：大尺度湍流脉动通过惯性作用向小尺度湍流脉动不断输送能量，这种能量在小尺度脉动中耗散殆尽。在能量传输过程中，压强在各个脉动分量之间起调节作用，如果物理空间中初始脉动场的动能在各个分量间分配不均匀，压强梯度将使它们逐渐均分。

3.4.3 不可压缩均匀各向同性湍流中的湍动能输运

下面在上一节的基础上继续讨论谱空间中均匀各向同性湍流的湍动能输运。将式（3.4.10）做张量收缩得到谱空间中的湍动能方程（注意对各向同性湍流压强项对湍动能的增量没有贡献）：

$$\left(\frac{\partial}{\partial t} + 2\nu k^2\right)\hat{u}_i^*(\boldsymbol{k},t)\,\hat{u}_i(\boldsymbol{k},t) = i\sum_{k'} k_p(\hat{u}_p^*(\boldsymbol{k}-\boldsymbol{k}',t)\,\hat{u}_i^*(\boldsymbol{k}',t)\,\hat{u}_i(\boldsymbol{k},t)$$
$$- \hat{u}_p(\boldsymbol{k}-\boldsymbol{k}',t)\,\hat{u}_i^*(\boldsymbol{k},t)\,\hat{u}_i(\boldsymbol{k}',t)) \tag{3.4.14}$$

将式（3.4.14）在 k 等于常数的球面上积分，并记

$$E(k) = \iint \hat{u}_i{}^*(\boldsymbol{k},t)\,\hat{u}_i(\boldsymbol{k},t)\,\mathrm{d}A(k) \tag{3.4.15a}$$

$$T(k) = i\iint \Big(\sum_{k'} k_p(\hat{u}_p{}^*(\boldsymbol{k}-\boldsymbol{k'},t)\,\hat{u}_i{}^*(\boldsymbol{k'},t)\,\hat{u}_i(\boldsymbol{k},t)$$

$$- \hat{u}_p(\boldsymbol{k}-\boldsymbol{k'},t)\,\hat{u}_i{}^*(\boldsymbol{k},t)\,\hat{u}_i(\boldsymbol{k'},t)) \Big)\mathrm{d}A(k) \tag{3.4.15b}$$

式（3.4.15）中 $\mathrm{d}A(k)$ 是半径为 k 的微元球面面积。积分后的谱空间中的湍动能方程为

$$\Big(\frac{\partial}{\partial t} + 2\nu k^2\Big)E(k,t) = T(k,t) \tag{3.4.16}$$

式（3.4.16）反映了不可压缩各向同性湍流中各波段间的能量传输，称为湍动能传输谱，式中通过惯性输入的能量以 $T(k,\ t)$ 表示。

如果通过实验，或通过直接数值模拟能够获得 $E(k,\ t)$ 和 $T(k,\ t)$，则可进一步分析各向同性湍流场中的能量传输特性。图 3.4.2 与图 3.4.3 分别给出了通过直接数值模拟[4]得到的各向同性湍流的典型传输谱 $T(k)$ 及能谱 $E(k)$，图中能谱函数已无量纲化为 $E^*(\eta k) = (\varepsilon \nu^5)^{-\frac{1}{4}} E(\eta k)$，$\eta$ 是耗散尺度（Kolmogorov 微尺度）。湍动能耗散谱 $\varepsilon(k) = \nu k^2 E(k)$，其峰值在比 $E(k)$ 更高的波数段。

由图 3.4.2 与图 3.4.3 及湍动能耗散谱，可以归纳出均匀各向同性湍流场中湍动能的输运具有如下基本特征：

（1）惯性作用所导致的输运表现为：大尺度（小波数）脉动输出能量（$T(k) < 0$）；而小尺度脉动则通过惯性作用输入能量，见图 3.4.2。

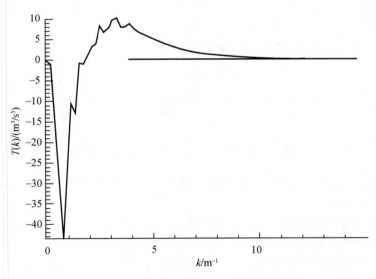

图 3.4.2　各向同性湍流场中的能量输运谱

（$Re_\lambda = 50$，网格数 256^3）

（2）湍动能的分布具有如下特征：大尺度脉动含有绝大部分的湍动能，而小尺度脉动的含能则极少，见图 3.4.3。

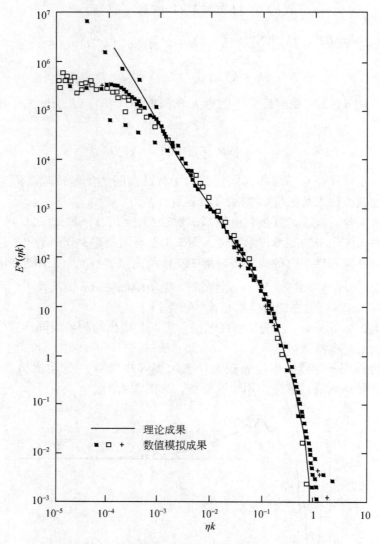

图 3.4.3　各向同性湍流场中的湍动能谱[4]

（3）湍动能耗散具有如下特征：小尺度脉动占有绝大部分的湍动能耗散，而大尺度脉动的耗散则很少。

综上所述，在不可压缩各向同性湍流的湍动能输运中，大尺度湍流脉动犹如一个含有很大湍动能的蓄能池，它不断输出能量；小尺度湍流脉动好像一个耗能机械，从大尺度脉动中输送来的动能在这里全部消耗掉；流体的惯性犹如一个传送机械，将大尺度脉动动能不断输送给小尺度脉动。流动的雷诺数越高，蓄能的大尺度与耗能的小尺度之间的惯性区域也越大。这种湍动能输运过程最早由 Richardson 提出，称为湍动能的级串过程[5]。

3.5 Karman-Howarth 方程与能谱方程

3.5.1 Karman-Howarth 方程

对于各向同性湍流，在适当的坐标系下可使流体运动的平均速度为零，这样，点 A 处脉动速度 u_{Ai} 的控制方程变为

$$\frac{\partial u_{Ai}}{\partial t} + u_{Al} \frac{\partial u_{Ai}}{\partial x_{Al}} = -\frac{1}{\rho} \frac{\partial p_A}{\partial x_{Ai}} + \nu \frac{\partial^2 u_{Ai}}{\partial x_{Al} \partial x_{Al}} \tag{3.5.1}$$

同理可得点 B 处脉动速度 u_{Bj} 的控制方程，其为

$$\frac{\partial u_{Bj}}{\partial t} + u_{Bl} \frac{\partial u_{Bj}}{\partial x_{Bl}} = -\frac{1}{\rho} \frac{\partial p_B}{\partial x_{Bj}} + \nu \frac{\partial^2 u_{Bj}}{\partial x_{Bl} \partial x_{Bl}} \tag{3.5.2}$$

以 B 点的速度分量 u_{Bj} 乘以式（3.5.1），以 A 点的速度分量 u_{Ai} 乘以式（3.5.2），再将两式相加后取平均，注意到

$$\overline{u_{Bj} \frac{\partial u_{Ai}}{\partial t}} + \overline{u_{Ai} \frac{\partial u_{Bj}}{\partial t}} = \frac{\partial}{\partial t} \overline{u_{Ai} u_{Bj}} = \frac{\partial R_{ij}}{\partial t} \tag{3.5.3a}$$

$$\overline{u_{Bj} u_{Al} \frac{\partial u_{Ai}}{\partial x_{Al}}} + \overline{u_{Ai} u_{Bl} \frac{\partial u_{Bj}}{\partial x_{Bl}}} = \frac{\partial}{\partial x_{Al}} \overline{u_{Ai} u_{Al} u_{Bj}} + \frac{\partial}{\partial x_{Bl}} \overline{u_{Ai} u_{Bl} u_{Bj}} = -\frac{\partial}{\partial r_l} S_{il,j} + \frac{\partial}{\partial r_l} S_{i,lj}$$

$$= -\frac{\partial}{\partial r_l} S_{il,j} + \frac{\partial}{\partial r_l} S_{i,lj} = -\frac{\partial}{\partial r_l}(S_{il,j} + S_{jl,i}) \tag{3.5.3b}$$

$$-\frac{1}{\rho} \overline{u_{Bj} \frac{\partial p_A}{\partial x_{Ai}}} - \frac{1}{\rho} \overline{u_{Ai} \frac{\partial p_B}{\partial x_{Bj}}} = -\frac{1}{\rho} \frac{\partial}{\partial x_{Ai}} \overline{p_A u_{Bj}} - \frac{1}{\rho} \frac{\partial}{\partial x_{Bj}} \overline{p_B u_{Ai}} = 0 \tag{3.5.3c}$$

$$\nu \overline{u_{Bj} \frac{\partial^2 u_{Ai}}{\partial x_{Al} \partial x_{Al}}} + \nu \overline{u_{Ai} \frac{\partial^2 u_{Bj}}{\partial x_{Bl} \partial x_{Bl}}} = 2\nu \frac{\partial^2 R_{ij}}{\partial r_l \partial r_l} \tag{3.5.3d}$$

最后得到

$$\frac{\partial R_{ij}}{\partial t} = \frac{\partial}{\partial r_l}(S_{il,j} + S_{jl,i}) + 2\nu \frac{\partial^2 R_{ij}}{\partial r_l \partial r_l} \tag{3.5.4}$$

对不可压缩的各向同性湍流，其压强速度关联项为零，即压强对两点二阶速度关联函数 R_{ij} 的变化没有贡献，或者说，压强对脉动速度分量间的动量交换没有贡献。从物理意义上来看，这一结论可以理解为：脉动压强速度关联项的作用是使湍流脉动速度场各向同性化，一旦湍流场达到各向同性状态，压强速度关联项就不再起任何作用。如果研究的是一般的均匀湍流，则式（3.5.4）右边还应加上反映压强作用的项 P_{ij}，其表达式为

$$P_{ij} = \frac{1}{\rho}\left(\frac{\partial R_{pj}}{\partial r_i} - \frac{\partial R_{pi}}{\partial r_j}\right) \tag{3.5.5}$$

由式（3.2.11）及式（3.2.38）有

$$R_{ij}(\boldsymbol{r}) = -\frac{1}{2} \frac{\partial R_{ll}(r)}{\partial r} \frac{r_i r_j}{r^2} + \left(R_{ll}(r) + \frac{r}{2} \frac{\partial R_{ll}(r)}{\partial r}\right)\delta_{ij} \tag{3.5.6a}$$

$$S_{ij,k} = \frac{S_{ll,l} - r\dfrac{\partial S_{ll,l}}{\partial r}}{2r^3}r_i r_j r_k - \frac{S_{ll,l}}{2r}r_k \delta_{ij} + \frac{2S_{ll,l} + r\dfrac{\partial S_{ll,l}}{\partial r}}{4r}(r_i \delta_{jk} + r_j \delta_{ik}) \quad (3.5.6\mathrm{b})$$

式中，R_{ll} 和 $S_{ll,l}$ 分别是两点二阶与三阶纵向速度相关函数，令

$$R_{ll}(r) = \overline{u^2}f(r) \quad (3.5.7\mathrm{a})$$

$$S_{ll,l}(r) = (\overline{u^2})^{3/2}h(r) \quad (3.5.7\mathrm{b})$$

注意到

$$\frac{\partial}{\partial r_l}(S_{il,j} + S_{jl,i}) = (\overline{u^2})^{3/2}\left(-\frac{1}{2r}\left(h'' + \frac{4}{r}h' - \frac{4}{r^2}h\right)r_i r_j + \left(\frac{r}{2}h'' + 3h' + \frac{2}{r}h\right)\delta_{ij}\right)$$
$$(3.5.8\mathrm{a})$$

$$\frac{\partial^2 R_{ij}}{\partial r_i \partial r_l} = \overline{u^2}\left(-\frac{1}{2r}\left(f''' + \frac{4}{r}f'' - \frac{4}{r^2}f'\right)r_i r_j + \frac{1}{2}\left(rf''' + 6f'' + \frac{4}{r}f'\right)\delta_{ij}\right) \quad (3.5.8\mathrm{b})$$

令式（3.5.8）中含 $r_i r_j$ 与 δ_{ij} 项的系数分别平衡，得到如下两个方程

$$r_i r_j : \frac{\partial}{\partial t}(\overline{u^2}f') - (\overline{u^2})^{3/2}\left(h'' + \frac{4}{r}h' - \frac{4}{r^2}h\right) = 2\nu\,\overline{u^2}\left(f''' + \frac{4}{r}f'' - \frac{4}{r^2}f'\right) \quad (3.5.9\mathrm{a})$$

$$\delta_{ij} : \frac{\partial}{\partial t}\left[\overline{u^2}\left(f + \frac{r}{2}f'\right)\right] - (\overline{u^2})^{3/2}\left(\frac{r}{2}h' + 3h' + \frac{2}{r}h\right) = \nu\,\overline{u^2}\left(rf''' + 6f'' + \frac{4}{r}f'\right)$$
$$(3.5.9\mathrm{b})$$

将式（3.5.9a）两边乘 $\dfrac{r}{2}$，再与式（3.5.9b）相减，得到

$$\frac{\partial}{\partial t}(\overline{u^2}f) - (\overline{u^2})^{3/2}\left(\frac{4}{r}h + \frac{\partial h}{\partial r}\right) = 2\nu\,\overline{u^2}\left(\frac{4}{r}\frac{\partial f}{\partial r} + \frac{\partial^2 f}{\partial r^2}\right) \quad (3.5.10)$$

这一方程由 Karman 和 Howarth[6] 在 1938 年提出，故称为 Karman-Howarth 方程。Karman-Howarth 方程是线性偏微分方程，较之原始变量的 N-S 方程要简单得多。不过该方程仍然是不封闭的，因为式（3.5.10）中仍有两个函数 f 与 h。

3.5.2 能谱方程

对式（3.5.4）两边进行傅里叶变换，得到

$$\left(\frac{\partial}{\partial t} + 2\nu k^2\right)\Phi_{ij} = -ik_l(\Gamma_{il,j} + \Gamma_{jl,i}) \quad (3.5.11)$$

另外由式（3.3.12）及式（3.3.48）可知

$$\Phi_{ij}(\boldsymbol{k},t) = \frac{E(k,t)}{4\pi k^4}(k^2\delta_{ij} - k_i k_j) \quad (3.5.12\mathrm{a})$$

$$\Gamma_{ij,l} = i\Gamma(k,t)\left(k_i k_j k_l - \frac{1}{2}k^2(k_i\delta_{jl} + k_j\delta_{il})\right) \quad (3.5.12\mathrm{b})$$

对式（3.5.12）收缩指标，注意到

$$\Phi_{ii} = \frac{E(k,t)}{2\pi k^2} \quad (3.5.13\mathrm{a})$$

$$\Gamma_{ij} = -ik_l(\Gamma_{il,j} + \Gamma_{jl,i}) = -k^2\Gamma(k,t)(k_i k_j - k^2\delta_{ij}) \quad (3.5.13\mathrm{b})$$

及

$$\Gamma_{ii} = 2k^4 \Gamma(k,t) \tag{3.5.13c}$$

将式（3.5.13）代入收缩指标后的式（3.5.11），也可得到与式（3.4.16）相同的能谱方程

$$\left(\frac{\partial}{\partial t} + 2\nu k^2\right) E(k,t) = T(k,t) \tag{3.5.14}$$

式中，$T(k,t) = 4\pi k^6 \Gamma(k,t)$。从物理意义上来看，该式右边项来自 N-S 方程中的惯性项，表示由惯性力作用引起的对波数 k 处能量密度的时间变化率的贡献。如果对 $T(\boldsymbol{k}, t)$ 在整个波数空间中积分，引用式（3.3.53），可得

$$\int_0^{+\infty} T(k,t)\mathrm{d}k = 4\pi \int_0^{+\infty} k^6 \Gamma(k,t)\mathrm{d}k = 0 \tag{3.5.15}$$

式（3.5.15）再次说明惯性作用虽对局部波数上的能量变化有贡献，但对整个波数空间中能量的总和却没有影响。

3.5.3　Karman-Howarth 方程的应用

1. 湍动能耗散方程

由式（3.2.17a）和式（3.2.41）可知，函数 f、h 分别有如下泰勒展开式

$$f = 1 - \frac{1}{2}\left(\frac{r}{\lambda}\right)^2 + \cdots \tag{3.5.16a}$$

$$h(r) = \frac{1}{6}h^{(3)}(0)r^3 + \frac{1}{120}h^{(5)}(0)r^5 + \cdots \tag{3.5.16b}$$

将式（3.5.16）代入式（3.5.10），由方程两边常数项的系数相等得到湍动能耗散方程为

$$\frac{\mathrm{d}\,\overline{u^2}}{\mathrm{d}t} = -10\nu\,\frac{\overline{u^2}}{\lambda^2} \tag{3.5.17}$$

注意到在各向同性湍流中，湍动能 $\frac{1}{2}\overline{u_i u_i} = \frac{3}{2}\overline{u^2}$，且有

$$\frac{\mathrm{d}}{\mathrm{d}t}\left(\frac{1}{2}\,\overline{u_i u_i}\right) = -\varepsilon \tag{3.5.18}$$

联立式（3.5.17）和式（3.5.18），得到

$$\frac{\mathrm{d}\,\overline{u^2}}{\mathrm{d}t} = -\frac{2}{3}\varepsilon = -10\nu\,\frac{\overline{u^2}}{\lambda^2} \tag{3.5.19}$$

从而进一步有

$$\varepsilon = 15\nu\,\frac{\overline{u^2}}{\lambda^2} \tag{3.5.20}$$

或

$$\lambda = \sqrt{\overline{u^2}}\,\sqrt{\frac{15\nu}{\varepsilon}} \tag{3.5.21}$$

由式（3.5.20）和式（3.5.21）可知：泰勒微尺度是各向同性湍流中湍动能耗散

率的特征尺度。

2. 均匀各向同性湍流的后期衰变

均匀各向同性湍流在衰变后期，湍动能 $\frac{3}{2}\overline{u^2}$ 很小，这时表示惯性作用的三阶关联项与表示粘性作用的二阶关联项相比是高阶小量，可忽略不计，以至于整个湍流运动几乎完全受粘性作用支配，这时 Karman-Howarth 方程可简化为

$$\frac{\partial}{\partial t}(\overline{u^2}f) = 2\nu\,\overline{u^2}\Big(\frac{4}{r}\,\frac{\partial f}{\partial r} + \frac{\partial^2 f}{\partial r^2}\Big) \tag{3.5.22}$$

为求该方程的相似解，选择泰勒微尺度 λ 为特征长度，令

$$\zeta = \frac{r}{\lambda(t)} \tag{3.5.23}$$

$$f(\zeta) = f(r,t) \tag{3.5.24}$$

将式（3.5.23）和式（3.5.24）代入式（3.5.22），并利用湍动能耗散方程式（3.5.17）进行简化，得到

$$\frac{\mathrm{d}^2 f}{\mathrm{d}\zeta^2} + \Big(\frac{4}{\zeta} + \alpha\zeta\Big)\frac{\mathrm{d}f}{\mathrm{d}\zeta} + 5f = 0 \tag{3.5.25}$$

式中，$\alpha = \dfrac{1}{4\nu}\dfrac{\mathrm{d}\lambda^2}{\mathrm{d}t}$。式（3.5.25）存在相似解的条件是 α＝常数，即

$$\lambda^2 = 4\alpha\nu(t - t_0) \tag{3.5.26}$$

将上式代入湍动能耗散方程，并积分，得到

$$\overline{u^2} = c(t - t_0)^{-\frac{5}{2\alpha}} \tag{3.5.27}$$

式中，常数 α 可由洛伊强斯基不变量 Λ 求出，其为

$$\Lambda = \overline{u^2}\int_0^{+\infty} r^4 f(r,t)\,\mathrm{d}r = \overline{u^2}\lambda^5\int_0^{+\infty}\zeta^4 f(\zeta)\,\mathrm{d}\zeta = c(4\alpha\nu)^{\frac{5}{2}}(t-t_0)^{\frac{5}{2}(1-\frac{1}{\alpha})}\int_0^{+\infty}\zeta^4 f(\zeta)\,\mathrm{d}\zeta \tag{3.5.28}$$

由式（3.5.28）可知：只有当 α＝1 时 Λ 才是不变量。将 α＝1 代入式（3.5.26）和式（3.5.27），得到

$$\lambda^2 = 4\nu(t - t_0) \tag{3.5.29}$$

$$\overline{u^2} = c(t - t_0)^{-\frac{5}{2}} \tag{3.5.30}$$

在 α＝1 时，式（3.5.25）简化为

$$\frac{\mathrm{d}^2 f}{\mathrm{d}\zeta^2} + \Big(\frac{4}{\zeta} + \zeta\Big)\frac{\mathrm{d}f}{\mathrm{d}\zeta} + 5f = 0 \tag{3.5.31}$$

其在边界条件 $f(0) = 1$，$f'(0) = 0$ 下的解是 Gauss 函数

$$f(r,t) = \exp\Big(-\frac{\zeta^2}{2}\Big) = \exp\Big(-\frac{r^2}{8\nu(t - t_0)}\Big) \tag{3.5.32}$$

综上所述，在不可压缩各向同性湍流的后期衰变过程中，湍动能随时间以 $-\dfrac{5}{2}$ 次方的幂函数衰减；泰勒微尺度随时间以 $\dfrac{1}{2}$ 次方增长；而脉动速度二阶关联函数则保持

Gauss 函数型。以上结果得到 Batchelor 和 Townsend 实验的很好验证[7]，见图 3.5.1 与图 3.5.2。最近的研究成果表明：不可压缩均匀各向同性湍流的后期衰减指数不是 $-\dfrac{5}{2}$，而是 -2，详见文献 [2，8] 中的介绍。

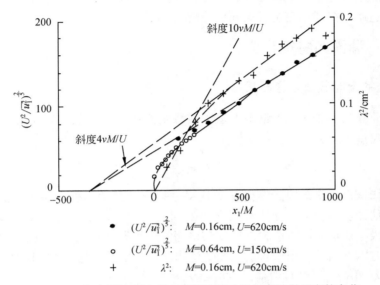

图 3.5.1　各向同性湍流衰变后期的湍动能与泰勒微尺度的变化

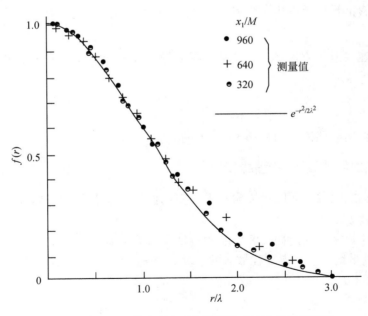

图 3.5.2　各向同性湍流衰变后期的纵向速度二阶关联函数

3.6 局部各向同性湍流

如前所述，湍流统计理论也不可避免地出现方程不封闭的困难，因而需要引入适当的假定才能予以克服。Kolmogorov 的局部各向同性与局部相似性理论就是此类假定中的一种，其适用于描述不完全各向同性湍流。

3.6.1 湍流的特征尺度

1. 湍流的含能波数与含能尺度

在能谱曲线上，相应于能谱最大值的波数定义为含能波数，以 k_e 表示，其倒数则定义为含能尺度 L，即

$$L = \frac{1}{k_e} \tag{3.6.1}$$

含能尺度是指该尺度量级内的湍流脉动几乎占有全部的湍动能。对于实际流动的含能尺度有以下估计：在包括湍流边界层在内的薄剪切层流动中，含能尺度与薄剪切层厚度属同一量级；在格栅湍流中含能尺度与格栅间距属同一量级。而在各向同性湍流中，含能尺度则有以下估计：由于含能尺度范围内所包含的总能量为 k，其向小尺度结构传递的能量为 ε，由 k、ε 估计含能尺度的量级为

$$L \approx \frac{k^{\frac{3}{2}}}{\varepsilon} \tag{3.6.2}$$

在含能尺度范围（又称含能区）内，通过惯性传输湍动能，而湍动能的耗散几乎可以忽略，即在含能尺度范围内，惯性主宰湍流流动，因此也通常将含能尺度范围称为惯性区。

以脉动速度的均方根 $\sqrt{\overline{u^2}}$ 和含能尺度 L 为特征构成的雷诺数称为积分尺度雷诺数 Re_L，即

$$Re_L = \frac{\sqrt{\overline{u^2}}\,L}{\nu} \tag{3.6.3}$$

一般提到高雷诺数湍流指的就是 $Re_L \gg 1$ 的湍流。

2. 湍流的耗散波数与耗散区尺度

只有湍动能耗散，而能量传输几乎为零的波数定义为耗散波数 k_d，其倒数则定义为耗散区尺度 l_d。

根据上述定义，确定耗散区尺度的特征量只有湍动能耗散率 ε 和流体的运动粘性系数 ν。通过量纲分析，得到耗散区的尺度 l_d 与速度 v_d 的量级为

$$l_d = \eta \sim \left(\frac{\nu^3}{\varepsilon}\right)^{\frac{1}{4}} \tag{3.6.4a}$$

$$v_d \sim (\varepsilon\nu)^{\frac{1}{4}} \tag{3.6.4b}$$

式（3.6.4a）中耗散区尺度（简称耗散尺度）又称为 Kolmogorov 微尺度，常用 η 表示。以耗散尺度 η 和耗散区特征速度 v_d 为特征量的雷诺数称为耗散雷诺数。由式（3.6.4）很容易得到耗散雷诺数是 O（1）的量级，即

$$Re_d = \frac{v_d \eta}{\nu} \sim 1 \qquad\qquad (3.6.5)$$

从物理意义上来看，雷诺数表示的是流体质点的惯性力与粘性力之比，雷诺数等于 1 的流动是粘性主宰的耗散流动，即在耗散尺度范围内，湍流脉动是由粘性主宰的。

3.6.2　湍流的局部各向同性

在湍流中，大尺度涡与流动的边界条件有关，其是不均匀的。当大尺度涡把动量逐级传给小尺度涡时，流动边界对小尺度涡的影响将逐渐减弱，同时压强作用又使每一尺度涡的能量沿各方向的分布趋于均匀。那些高波数的小尺度涡（$k \gg k_e$，或 $l \ll L$）可以认为是从大尺度涡中经过多次能量传递而逐步形成的，流动边界条件对其的影响几乎完全消失，是各向同性的。所谓湍流的局部各向同性，指的是湍流在充分高波数上的各向同性。

3.6.3　惯性子区的湍能谱

在高雷诺数湍流中，含能区与耗散区几乎完全分离，即 $L \gg \eta$。这时我们把既远离含能区又远离耗散区的范围定义为惯性子区，如用 l 来表示惯性子区的尺度，则有

$$\eta \ll l \ll L \qquad\qquad (3.6.6)$$

由于 $l \gg \eta$，在惯性子区湍动能的耗散不是主要的，但湍动能的传输是主要的；又因 $l \ll L$，在惯性子区大尺度涡的影响也已十分微弱。

在惯性子区中湍动能输运具有以下特点：湍流脉动从大尺度湍涡逐级向小尺度涡传输，小一级尺度的湍涡接受大尺度涡传来的能量而无耗散，同时又将能量传给更小尺度的湍涡。由于惯性子区远离耗散区，这股能量将保持其大小直至传到耗散区。根据湍动能输运的这一图景，Kolmogorov（1941）提出了一种局部各向同性的平衡湍流谱。Kolmogorov 认为：在某一尺度范围内，湍流脉动可视为独立于大尺度运动的子系统，一方面有源源不断的能量输入；另一方面又输出动能到耗散区，从而使该系统达到局部的统计平衡态。子系统中的湍流称为局部湍流，假定子系统中的局部湍流达到平衡的各向同性状态，不再关心湍动能是如何由大尺度运动输运过来，只需要知道能量输运率。对于这样一个子系统，各种尺度的脉动间应当具有统计的相似性。基于以上分析，Kolmogorov 认为在高雷诺数湍流中存在局部平衡的各向同性湍流，其具有以下性质（称为 Kolmogorov 第一相似性假定）：

（1）在高雷诺数湍流场中，湍流脉动存在很大的尺度范围，在远离含能尺度和耗散区的惯性子区中，湍流脉动处于局部各向同性的平衡状态。

（2）小尺度湍流脉动具有统计相似性。

（3）确定小尺度湍流脉动统计特性的特征量是：湍动能耗散率 ε 和流体的运动粘性系数 ν。

下面根据以上假定,用量纲分析方法推导出局部各向同性湍流的能谱。

假定 $Re_L \gg 1$ 时小尺度湍流脉动存在统计相似性(Kolmogorov 假定),即存在普适的无量纲的平衡能谱 $E_{eq}(\eta k)$。由于能谱 $E(k)$ 的量纲是 $[L]^3 [T]^{-2}$,在用 ε、k 和 η,或 ε、k 和 ν 作主特征量时,相似性能谱可表示为

$$E(k) \propto \varepsilon^{2/3} k^{-5/3} E_{eq}(\eta k) = \varepsilon^{2/3} k^{-5/3} E_{eq}(k\nu^{3/4} \varepsilon^{-1/4}) \tag{3.6.7}$$

随后,Kolmogorov 又引入了第二相似性假定:当 $Re_L \to \infty$ 时(或 $\nu = 0$),ε 仍是有限的,此时小尺度湍流的统计特性完全由 ε 和 k 确定,并且是普适的。将 $\nu = 0$ 代入式(3.6.7),得到无量纲能谱的唯一可能形式是

$$E(k) = C_k \varepsilon^{2/3} k^{-5/3} \tag{3.6.8}$$

式中,C_k 称为 Kolmogorov 常数。

图 3.6.1 是 Grant 等[9]在潮汐渠道中实测的一维能谱 $E_1(k_1)$,相应的特征雷诺数 $Re_\lambda \approx 2000$。由图可知:实验成果与式(3.6.8)吻合得很好,通过实验得到 $C_k = 1.70$。

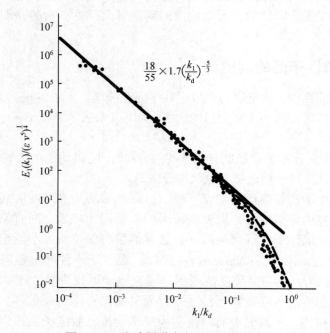

图 3.6.1　潮汐渠道中实测的一维能谱

图 3.6.2 是在 $Re_\lambda = 38 \sim 460$ 范围内对不可压缩各向同性湍流进行直接数值模拟所得到的湍能谱[4],其中纵、横坐标都已无量纲化,且无量纲纵坐标 $E^*(\eta k) = \varepsilon^{-1/4} \nu^{-5/4} (\eta k)^{5/3} E(\eta k)$。在图 3.6.2 中,无量纲能谱曲线的水平段就是在有限雷诺数条件下的惯性子区。由图 3.6.2 可知:雷诺数愈高,惯性子区范围也愈宽。

3.6.4　惯性子区的结构函数

时空中两点脉动速度之差所构成的脉动速度增量可以更好地反映湍流场的局部性

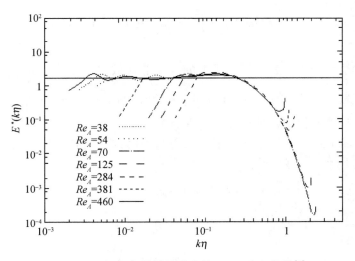

图 3.6.2　局部各向同性湍流的 -5/3 次方能谱[4]

质，在湍流统计理论中将脉动速度增量的各阶统计矩称为结构函数。如果以 D_{ij} 与 D_{ijk} 分别表示二阶与三阶结构函数，则有

$$D_{ij} = \overline{(u_i(\boldsymbol{x}+\boldsymbol{r},t+\tau) - u_i(\boldsymbol{x},t))(u_j(\boldsymbol{x}+\boldsymbol{r},t+\tau) - u_j(\boldsymbol{x},t))} \qquad (3.6.9\mathrm{a})$$

$$D_{ijk} = \overline{(u_i(\boldsymbol{x}+\boldsymbol{r},t+\tau) - u_i(\boldsymbol{x},t))(u_j(\boldsymbol{x}+\boldsymbol{r},t+\tau) - u_j(\boldsymbol{x},t))}$$
$$\overline{(u_k(\boldsymbol{x}+\boldsymbol{r},t+\tau) - u_k(\boldsymbol{x},t))} \qquad (3.6.9\mathrm{b})$$

对任意的湍流场，其二阶与三阶结构函数应有以下形式：$D_{ij} = D_{ij}(\boldsymbol{x},\ \boldsymbol{r},\ t,\ \tau)$；$D_{ijk} = D_{ijk}(\boldsymbol{x},\ \boldsymbol{r},\ t,\ \tau)$，式中，$\boldsymbol{r}$ 称为相关距离，τ 称为相关时间。对于局部均匀湍流场，D_{ij} 与 D_{ijk} 的表达式应与 $\boldsymbol{x}$、t 无关；对于局部各向同性湍流场，类似式（3.2.8），有

$$D_{ij}(\boldsymbol{r}) = (D_{ll}(r) - D_{nn}(r))\frac{r_i r_j}{r^2} + D_{nn}(r)\delta_{ij} \qquad (3.6.10\mathrm{a})$$

$$D_{ijk}(\boldsymbol{r}) = (D_{lll}(r) - 3D_{lnn}(r))\frac{r_i r_j r_k}{r^3} + D_{lnn}(r)\left(\frac{r_i}{r}\delta_{jk} + \frac{r_j}{r}\delta_{ik} + \frac{r_k}{r}\delta_{ij}\right)$$
$$(3.6.10\mathrm{b})$$

式中，D_{ll}、D_{nn} 分别表示二阶纵向（沿 $\boldsymbol{r}$ 的方向）与横向（垂直于 $\boldsymbol{r}$ 的方向）结构函数，D_{lll} 表示沿 $\boldsymbol{r}$ 方向的脉动速度三阶结构函数，D_{lnn} 表示沿 $\boldsymbol{r}$ 方向的脉动速度增量与垂直于 $\boldsymbol{r}$ 方向的脉动速度增量的平方相关。

　　下面从结构函数出发来对 Kolmogorov 局部各向同性湍流理论进行进一步的说明。

　　根据 Kolmogorov 第一相似性假定可知：在足够大的雷诺数条件下，在小尺度时空区域 G' 中脉动速度增量 $\boldsymbol{u}(\boldsymbol{x}+\boldsymbol{r},\ t+\tau) - \boldsymbol{u}(\boldsymbol{x},\ t)$ 是局部各向同性的，其完全由流体的运动粘性系数 ν 与平均湍动能耗散率 ε 来确定。

　　对于 Kolmogorov 第一相似性假定，有以下需要说明之处：

　　（1）所谓足够大雷诺数的含义是湍流含能尺度远远大于耗散尺度，惯性子区与耗散区可以明显区分开，即

$$L \gg \eta = \left(\frac{\nu^3}{\varepsilon}\right)^{\frac{1}{4}}, \quad \frac{L}{\sqrt{\overline{u^2}}} \gg \tau_d = \left(\frac{\nu}{\varepsilon}\right)^{\frac{1}{2}}$$

（2）湍动能耗散率 ε 是平均意义上的湍动能耗散率，即 $\varepsilon = \nu \overline{\frac{\partial u_i}{\partial x_j} \frac{\partial u_i}{\partial x_j}}$。在非均匀湍流场中，其为时空坐标的函数；在局部各向同性的子系统中，其被视为常数。

（3）在小尺度湍流中特征速度 $v_d \sim (\varepsilon\nu)^{\frac{1}{4}}$。

根据 Kolmogorov 第一相似性假定，纵向结构函数、横向结构函数和三阶纵向结构函数分别有如下的相似型公式：

$$D_{ll}(r) = v_d^2 \beta_{ll}\left(\frac{r}{\eta}\right) \tag{3.6.11a}$$

$$D_{nn}(r) = v_d^2 \beta_{nn}\left(\frac{r}{\eta}\right) \tag{3.6.11b}$$

$$D_{lll}(r) = v_d^3 \beta_{lll}\left(\frac{r}{\eta}\right) \tag{3.6.11c}$$

根据 Kolmogorov 第二相似性假定可知：在足够大的雷诺数条件下，在惯性子区，即 $\eta \ll r \ll L$ 和 $\frac{\eta}{v_d} \ll t \ll \frac{L}{\sqrt{\overline{u^2}}}$ 的时空区域 G'' 中，局部各向同性的脉动速度增量 $\boldsymbol{u}(\boldsymbol{x}+\boldsymbol{r}, t+\tau) - \boldsymbol{u}(\boldsymbol{x}, t)$ 完全由平均湍动能耗散率 ε 确定，而与流体的运动粘性系数无关。该假定的含义是：G'' 是由小尺度子空间区域 G' 中分离出来的，在 G'' 中，任意两质点间的距离和时间间隔满足

$$\eta \ll |\Delta\boldsymbol{r}| \ll L, \quad \tau_d \ll |\Delta t| \ll \frac{L}{\sqrt{\overline{u^2}}}$$

在惯性子区，湍流脉动只传递湍动能，而不耗散湍动能；另外，惯性子区的湍流尺度要远远小于提供湍动能的大尺度运动的湍流尺度，因此，其仍然是局部各向同性的。根据 Kolmogorov 第二相似性假定，结构函数中不应当含有变量 ν。仍采用式（3.6.11）来描述其结构函数，因为 $v_d \sim (\varepsilon\nu)^{\frac{1}{4}}$，$\eta = \left(\frac{\nu^3}{\varepsilon}\right)^{\frac{1}{4}}$，要使结构函数 D_{ll} 及 D_{lll} 与 ν 无关，在 $x \gg 1$ 的条件下无量纲结构函数形式必须为

$$\beta_{ll}(x) = Cx^{2/3} \tag{3.6.12a}$$

$$\beta_{nn}(x) = C'x^{2/3} \tag{3.6.12b}$$

$$\beta_{lll}(x) = Dx \tag{3.6.12c}$$

在 $\eta \ll r \ll L$ 条件下，则有

$$D_{ll}(r) = C\varepsilon^{2/3}r^{2/3} \tag{3.6.13a}$$

$$D_{nn}(r) = C'\varepsilon^{2/3}r^{2/3} \tag{3.6.13b}$$

$$D_{lll}(r) = D\varepsilon r \tag{3.6.13c}$$

此外，不可压缩局部各向同性湍流的结构函数还应满足

$$D_{nn}(r) = D_{ll}(r) + \frac{r}{2}D'_{nn}(r) \tag{3.6.14}$$

由此得到

$$C' = \frac{3}{4}C \tag{3.6.15}$$

结构函数中的系数 C、C' 是与湍流性质无关的标量常数，也称为 Kolmogorov 结构常数。由此可见：在大雷诺数湍流的惯性子区中，两点速度差的均方值与两点间距离的 2/3 次方成正比。惯性子区二阶结构函数的这种性质称为 2/3 次方律。

利用湍流脉动场的谱分解，可以导出结构函数与湍动能谱之间的关系式，并可由结构函数的 2/3 次方律导出局部各向同性湍流湍动能谱的 $-5/3$ 次方律[10]：$E(k) = C_k \varepsilon^{2/3} k^{-5/3}$，这一结果与上节用量纲分析法所得结果相同。在 $Re \to \infty$ 的极限条件下，即 $\eta \to 0$，$L \to \infty$ 的条件下，可以得到 Kolmogorov 常数 C_k 与结构常数之间的关系为

$$C_k = 0.76C \tag{3.6.16}$$

对于更一般的 p 阶结构函数，根据类似的分析可得

$$\overline{(u_l(\boldsymbol{x} + \boldsymbol{r}, t + \tau) - u_l(\boldsymbol{x}, t))^p} \propto \varepsilon^{p/3} r^{p/3} \tag{3.6.17}$$

即局部各向同性湍流在惯性子区中脉动速度增量的 p 阶统计矩与距离的 $p/3$ 次方成正比，这一规律称为 Kolmogorov 的 $p/3$ 次方标度律。

3.7　湍流的快速畸变理论

3.7.1　基本假设与基本方程

湍流快速畸变理论源于 Prandtl 与 Taylor G I，其后 Batchelor 和 Proudman，Townsend、Hunt 等做了许多工作[11~13]。快速畸变理论主要研究短时间（小于拉格朗日积分时间尺度）或短距离内因平均运动场的畸变对湍流场的影响，其基本方法是先计算湍流脉动量所有傅里叶分量的变化，然后通过积分来获得畸变后的谱函数、关联函数、均方值等与畸变前的湍流场之间的关系。

快速畸变理论为一线性理论，其局部线性化必然受一定条件的限制。该理论的基本假设如下：

（1）弱湍流，即 $\alpha = \dfrac{u'_0}{\bar{u}_0} \ll 1$。式中，$u'_0$ 为畸变前的湍流强度，$\bar{u}_0$ 为特征平均流速，一般取为畸变过程中平均速度的变化值。

（2）突加畸变时间很短，即 $\beta = T_D/T_L \ll 1$。式中，T_D 为突加畸变时间，T_L 为拉格朗日积分时间尺度（$= L_\infty/u'_0$），L_∞ 为空间积分尺度。如果畸变发生在长度为 x_d 的距离内，而相应的特征平均流速是 $\bar{u}_0$，则 $\beta = \dfrac{x_d u'_0}{\bar{u}_0 L_\infty}$。

（3）高雷诺数，即 $\dfrac{u'_0 L_\infty}{\nu} \gg 1$，$\dfrac{\bar{u}_0 l}{\nu} \gg 1$，式中，$l$ 是平均流动的最小特征长度尺度。

在以上三条假设下，利用雷诺分解，将瞬时量分解为平均量与脉动量之和，并以 $\bar{u}_0$、$\bar{u}_0/l$、u'_0/l、$\rho\,\bar{u}_0 u'_0$、l 及 $l/\bar{u}_0$ 分别作为平均流速、平均涡量、脉动流速、脉动涡量、脉动压强、空间坐标及时间的无量纲基数，将相应各量无量纲化，则得精确到

$O(\alpha, \beta)$ 的无量纲化后不可压缩流体脉动涡量 ω_i 与脉动流速 u_i 的控制方程分别为

$$\frac{\partial \omega_i}{\partial t} + U_l \frac{\partial \omega_i}{\partial x_l} + u_l \frac{\partial \Omega_i}{\partial x_l} = \omega_l \frac{\partial U_i}{\partial x_l} + \Omega_l \frac{\partial u_i}{\partial x_l} \qquad (3.7.1)$$

$$\frac{\partial u_i}{\partial t} + U_j \frac{\partial u_i}{\partial x_j} + u_j \frac{\partial U_i}{\partial x_j} = -\frac{\partial p}{\partial x_i} \qquad (3.7.2)$$

连续方程为

$$\frac{\partial u_i}{\partial x_i} = 0 \qquad (3.7.3)$$

而涡量与速度之间的关系则为

$$\omega_i = \varepsilon_{ijk} \frac{\partial u_k}{\partial x_j} \qquad (3.7.4)$$

式 (3.7.1) 中, U_l 与 Ω_l 分别表示平均流速与平均涡量。从物理意义上来看, 式 (3.7.1) 中左边第二项与右边第一项分别为平均流动所形成的脉动涡量的对流与涡拉伸项, 其在存在平均流速的所有流动中都是重要项; 右边第二项反映的是由速度脉动形成的平均涡量拉伸作用, 其在均匀湍流中是重要项; 左边第三项反映的是湍流脉动导致的平均涡量的对流作用, 其仅在平均涡量是非均匀分布时才重要。

3.7.2　畸变前后湍流场的统计描述

将初始湍流脉动量表示为由标准正交函数集所构成的级数或积分形式, 对脉动速度 u_{0i}, 有

$$u_{0i}(\boldsymbol{x}, t) = \sum a_i^{(n)} \phi_{0i}^{(n)}(\boldsymbol{x}, t) \qquad (3.7.5)$$

从原理上来看, 正交函数集 $\phi_{0i}^{(n)}(\boldsymbol{x}, t)$ 可通过实验或计算的两点速度关联函数来获得[14,15]。在湍流场是均匀湍流场的情况下, 式 (3.7.5) 可进一步表示为

$$u_{0i}(\boldsymbol{x}, t) = \int S_{0i}(\boldsymbol{k}, t) \mathrm{e}^{ik_m x_m} \mathrm{d}\boldsymbol{k} \qquad (3.7.6)$$

式中, 随机分量 S_{0i} 由下式与畸变前的能谱函数 $\Phi_{0ij}(\boldsymbol{k})$ 联系起来:

$$\overline{S_{0i}^*(\boldsymbol{k}) S_{0j}(\boldsymbol{k}')} = \delta(\boldsymbol{k} - \boldsymbol{k}') \Phi_{0ij}(\boldsymbol{k}) \qquad (3.7.7)$$

畸变前的能谱函数多选为均匀各向同性湍流的能谱函数, 有时也选为轴对称湍流的能谱函数。在对称轴为纵向 x_1 的坐标系上, 轴对称湍流的能谱函数 Φ_{0ij} 为

$$\Phi_{0ij} = I_{ij} B_1(k, k_1) + H_{ij} B_2(k, k_1) \qquad (3.7.8)$$

式中,

$$I_{ij} = \delta_{ij} - \frac{k_i k_j}{k^2} \qquad (3.7.9a)$$

$$H_{ij} = \delta_{i1}\delta_{j1} + \frac{k_1^2}{k^2}\delta_{ij} - \frac{k_1(\delta_{i1}k_j + \delta_{j1}k_i)}{k^2} \qquad (3.7.9b)$$

参照 Sreenivasan 与 Narasimha 的成果[16], 式 (3.7.8) 中 B_1 与 B_2 也可仅取为 k 的函数, 其具体形式为

$$B_1 = \left(\frac{2}{Rs} - 1\right)\frac{3}{8\pi}\frac{E(k)}{k^2} \qquad (3.7.10a)$$

$$B_2 = 2\left(1 - \frac{1}{Rs}\right)\frac{3}{8\pi}\frac{E(k)}{k^2} \tag{3.7.10b}$$

式中，Rs 为各向异性因子，$E(k)$ 则为初始能谱函数，如取为 Von-Karman 形式，则有

$$\frac{3}{8\pi}E(k) = \frac{g_3 k^4}{(g_2 + k^2)^{\frac{17}{6}}} \tag{3.7.11}$$

畸变后的脉动速度 u_i 可表示为某一非随机的传递函数 $Q_{ij}(\boldsymbol{\kappa}, \boldsymbol{x}, t)$ 与随机分量 S_{0i} 之积的形式，即

$$u_i(\boldsymbol{x}, t) = \int Q_{ij}(\boldsymbol{\kappa}, \boldsymbol{x}, t) S_{0j}(\boldsymbol{\kappa}, t)\mathrm{d}\boldsymbol{\kappa} \tag{3.7.12}$$

当 $t = t_0$ 时，$Q_{ij} = \delta_{ij}\mathrm{e}^{ik_m x_m}$；但当 $t > t_0$ 时，Q_{ij} 应该由运动方程求解得出。根据湍流统计特征量的定义，由式（3.7.8）即可获得畸变前后湍流统计特征量之间的联系。

3.7.3　均匀湍流的快速畸变理论

对均匀湍流中脉动速度与脉动压强引入如下形式的傅里叶变换

$$\{u_j, p\} = \int \{\hat{u}_j, \hat{p}\}\mathrm{e}^{i\kappa_m x_m}\mathrm{d}\boldsymbol{x} \tag{3.7.13a}$$

$$\frac{\mathrm{d}\kappa_j}{\mathrm{d}t} = -\frac{\partial U_l}{\partial x_j}\kappa_l \tag{3.7.13b}$$

则由式（3.7.1）和式（3.7.3）得到

$$\frac{\mathrm{d}\hat{u}_i}{\mathrm{d}t} = -\frac{\partial U_i}{\partial x_l}\hat{u}_l + \frac{2\kappa_i \kappa_l}{\kappa^2}\frac{\partial U_l}{\partial x_m}\hat{u}_m \tag{3.7.14}$$

而传递函数 Q_{in} 的控制方程则为

$$\frac{\mathrm{d}Q_{in}}{\mathrm{d}t} = -\left(\frac{\partial U_i}{\partial x_k} - \frac{2\kappa_i \kappa_m}{\kappa^2}\frac{\partial U_m}{\partial x_k}\right)Q_{kn} \tag{3.7.15}$$

由式（3.7.15）即可求出传递函数。值得说明的是，式（3.7.15）中右边第二项代表压强的作用。由式（3.7.15）可知：由压强梯度生成的湍流速度脉动的方向与平均变形的方向垂直，且其作用在于减小沿平均变形方向的湍流速度脉动。

由式（3.7.15）出发，在给定平均速度场的情况下即可求出传递函数，进而得到畸变前后谱函数之间的联系。下面仅对均匀切变、均匀切变与应变组合两种情况进行讨论。

1. 均匀切变

对均匀切变的平均流场 $U = (\alpha x_3, 0, 0)$，Townsend 得到畸变前、后脉动速度的傅里叶分量之间的关系为[12]

$$\hat{u}_1(\boldsymbol{\kappa}, t) = Q_1 \hat{u}_3^{(0)}(\boldsymbol{k}, t_0) + \hat{u}_1^{(0)}(\boldsymbol{k}, t_0) \tag{3.7.16a}$$

$$\hat{u}_2(\boldsymbol{\kappa}, t) = Q_2 \hat{u}_3^{(0)}(\boldsymbol{k}, t_0) + \hat{u}_2^{(0)}(\boldsymbol{k}, t_0) \tag{3.7.16b}$$

$$\hat{u}_3(\boldsymbol{\kappa}, t) = Q_3 \hat{u}_3^{(0)}(\boldsymbol{k}, t_0) \tag{3.7.16c}$$

式中，$\boldsymbol{k} = (k_1, k_2, k_3)$ 是相应于畸变前 t_0 时刻的波数，$\boldsymbol{\kappa} = (\kappa_1, \kappa_2, \kappa_3 - \beta\kappa_1)$ 是式（3.7.17b）的解，表示的是相应于畸变后时刻 t 的波数，且有

$$Q_1 = -\frac{k_2^2 k^2}{k_1 (k_1^2 + k_2^2)^{\frac{3}{2}}} \arctan\left(\frac{\beta k_1 \sqrt{k_1^2 + k_2^2}}{k^2 - \beta k_1 k_3}\right) + \frac{\beta k_1^2 (k^2 - 2k_3^2 + \beta k_1 k_3)}{\kappa^2 (k_1^2 + k_2^2)}$$

$$\text{(3.7.17a)}$$

$$Q_2 = \frac{k_2 k^2}{(k_1^2 + k_2^2)^{\frac{3}{2}}} \arctan\left(\frac{\beta k_1 \sqrt{k_1^2 + k_2^2}}{k^2 - \beta k_1 k_3}\right) + \frac{\beta k_1 k_2 (k^2 - 2k_3^2 + \beta k_1 k_3)}{\kappa^2 (k_1^2 + k_2^2)} \quad \text{(3.7.17b)}$$

$$Q_3 = \frac{k^2}{\kappa^2} \qquad\qquad\qquad\qquad\qquad \text{(3.7.17c)}$$

$$\kappa^2 = k^2 - 2\beta k_1 k_3 + \beta^2 k_1^2 \qquad\qquad \text{(3.7.17d)}$$

$$k^2 = k_1^2 + k_2^2 + k_3^2 \qquad\qquad\qquad \text{(3.7.17e)}$$

$$\beta = \alpha(t - t_0) \qquad\qquad\qquad\quad \text{(3.7.17f)}$$

根据能谱函数的定义，得到畸变前、后能谱函数之间的关系为

$$\Phi_{11} = Q_1^2 \Phi_{033} + 2Q_1 \Phi_{013} + \Phi_{011} \qquad \text{(3.7.18a)}$$

$$\Phi_{22} = Q_2^2 \Phi_{033} + 2Q_2 \Phi_{023} + \Phi_{022} \qquad \text{(3.7.18b)}$$

$$\Phi_{33} = Q_3^2 \Phi_{033} \qquad\qquad\qquad\quad \text{(3.7.18c)}$$

$$\Phi_{13} = Q_3 \Phi_{013} + Q_1 Q_3 \Phi_{033} \qquad \text{(3.7.18d)}$$

对式（3.7.18）沿波数空间积分，既可得到畸变前、后湍动强度和雷诺应力等二阶统计量的变化，也可进一步得到积分长度尺度与一维谱函数等的变化。图 3.7.1 给出了湍动强度、雷诺应力与切变强度 β 的变化关系[17]。

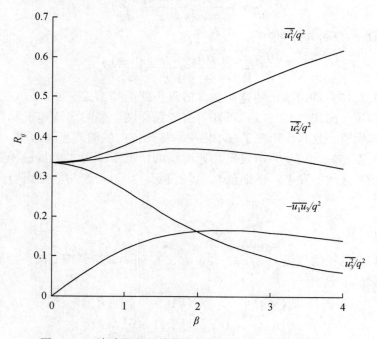

图 3.7.1 湍动强度、雷诺应力与切变强度 β 的变化关系

2. 均匀切变与应变组合

对均匀切变与应变之和所构成的平均流场 $U = (bx_1 + \alpha x_3,\ 0,\ -bx_3)$，熊小元[18] 得到脉动速度的傅里叶分量的控制方程为

$$\frac{\mathrm{d}\hat{u}_1}{\mathrm{d}t} = b\left(\frac{2\kappa_1^2}{\kappa^2} - 1\right)\hat{u}_1 + \left(\alpha\left(\frac{2\kappa_1^2}{\kappa^2} - 1\right) - b\frac{2\kappa_1\kappa_3}{\kappa^2}\right)\hat{u}_3 \tag{3.7.19a}$$

$$\frac{\mathrm{d}\hat{u}_2}{\mathrm{d}t} = b\frac{2\kappa_1\kappa_2}{\kappa^2}\hat{u}_1 + \frac{2\kappa_2(\alpha\kappa_1 - b\kappa_3)}{\kappa^2}\hat{u}_3 \tag{3.7.19b}$$

$$\frac{\mathrm{d}\hat{u}_3}{\mathrm{d}t} = b\frac{2\kappa_1\kappa_3}{\kappa^2}\hat{u}_1 + \left(b + \frac{2\kappa_3(\alpha\kappa_1 - b\kappa_3)}{\kappa^2}\right)\hat{u}_3 \tag{3.7.19c}$$

而相应于式 (3.7.19) 的波数表达式则为

$$\frac{\mathrm{d}\kappa_1}{\mathrm{d}t} = -b\kappa_1 \tag{3.7.20a}$$

$$\frac{\mathrm{d}\kappa_2}{\mathrm{d}t} = 0 \tag{3.7.20b}$$

$$\frac{\mathrm{d}\kappa_3}{\mathrm{d}t} = -\alpha\kappa_1 + b\kappa_3 \tag{3.7.20c}$$

相应于式 (3.7.19) 和式 (3.7.20) 畸变前的条件为

$$(\hat{u}_1(t_1),\hat{u}_2(t_1),\hat{u}_3(t_1)) = (\hat{u}_1^{(0)},\hat{u}_2^{(0)},\hat{u}_3^{(0)}) \tag{3.7.21a}$$

$$(\kappa_1,\kappa_2,\kappa_3)_{t=t_1} = (k_1,k_2,k_3) \tag{3.7.21b}$$

如果畸变时间比较短，以至于

$$\delta = b(t - t_1) \ll 1 \tag{3.7.22a}$$

$$\eta = \alpha(t - t_1) \ll 1 \tag{3.7.22b}$$

通过求解式 (3.7.19)，即可得到畸变前、后脉动速度傅里叶分量的关系为

$$\hat{u}_j = \hat{u}_j^{(0)} + \delta A_{jl}\hat{u}_l^{(0)} + \eta B_{jl}\hat{u}_l^{(0)} + O(\delta^2) + O(\varepsilon^2) + O(\varepsilon\delta) \tag{3.7.23}$$

引用能谱函数的定义，还可得到畸变前、后能谱函数之间的关系为

$$\Phi_{11} = \Phi_{11}^{(0)} + \delta\left(2\left(2\frac{k_1^2}{k^2} - 1\right)\Phi_{11}^{(0)} - \frac{4k_1k_3}{k^2}\Phi_{13}^{(0)}\right) + \eta\left(2\left(2\frac{k_1^2}{k^2} - 1\right)\Phi_{13}^{(0)}\right)$$
$$+ O(\delta^2) + O(\eta^2) + O(\delta\eta) \tag{3.7.24a}$$

$$\Phi_{22} = \Phi_{22}^{(0)} + \delta\left(\frac{4k_1k_2}{k^2}\Phi_{12}^{(0)} - \frac{4k_2k_3}{k^2}\Phi_{23}^{(0)}\right) + \eta\left(\frac{4k_1k_2}{k^2}\Phi_{23}^{(0)}\right)$$
$$+ O(\delta^2) + O(\eta^2) + O(\delta\eta) \tag{3.7.24b}$$

$$\Phi_{33} = \Phi_{33}^{(0)} + \delta\left(\frac{4k_1k_3}{k^2}\Phi_{13}^{(0)} - 2\left(1 - 2\frac{k_3^2}{k^2}\right)\Phi_{33}^{(0)}\right) + \eta\left(\frac{4k_1k_3}{k^2}\Phi_{33}^{(0)}\right)$$
$$+ O(\delta^2) + O(\eta^2) + O(\delta\eta) \tag{3.7.24c}$$

$$\Phi_{13} = \Phi_{13}^{(0)} + \delta\left(\frac{2k_1k_3}{k^2}\Phi_{11}^{(0)} + \frac{2(k_1^2 - k_3^2)}{k^2}\Phi_{13}^{(0)} - \frac{2k_1k_3}{k^2}\Phi_{33}^{(0)}\right)$$

$$\eta\left(\frac{2k_1k_3}{k^2}\Phi_{13}^{(0)} + \left(2\frac{k_1^2}{k^2} - 1\right)\Phi_{33}^{(0)}\right) + O(\delta^2) + O(\eta^2) + O(\delta\eta)$$

$$(3.7.24\mathrm{d})$$

畸变前、后统计特征量之间的关系详见文献 [18]。

3.7.4 非均匀湍流的快速畸变理论

1. 数学描述

考虑如图 3.7.2 所示的固壁附近的均匀切变流问题，其平均流场为 $U = (U_0 + \alpha x_3,\ 0,$
$0)$。在量阶比较中，能够忽略非线性项的条件是在畸变期间切变效应足够强，以至于

$$\alpha^* = \frac{\alpha L}{q} \gg 1 \qquad (3.7.25)$$

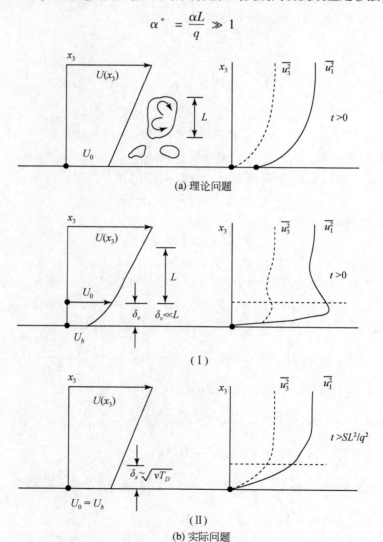

(a) 理论问题

（Ⅰ）

（Ⅱ）

(b) 实际问题

图 3.7.2 均匀切变边界层概化图

在畸变期间非线性项对湍动能与动量存在影响，如果 $\alpha^* \sim 1$，非线性项起重要作用的条件是 $t > L/q$，但如果 α^* 足够大，则线性项的影响要大于非线性项。此外，要使畸变期间雷诺应力梯度对平均流速剖面仅产生微弱影响，在畸变时段 T_D 内还必须满足

$$T_D \left| -\frac{\partial^2 \overline{u_1 u_3}}{\partial x_3^2} \right| \ll \alpha \tag{3.7.26}$$

此外，要忽略流动中分子粘性应力的影响，不考虑无滑移边界条件的影响（图 3.7.2）还必须满足：

$$\frac{qL}{\nu} \gg 1 \tag{3.7.27}$$

$$\sqrt{\nu T_D} \ll L \ \text{及} \ \delta_v \ll L \tag{3.7.28}$$

式中，δ_v 是壁面附近粘性层的厚度，当自由流流速 U_0 与壁面运动速度 U_b 不相等时，粘性层是存在的。当 $U_0 = U_b$ 时，称为无切变边界层，参见 Uzkan 和 Reynolds、Thomas 和 Hancock 的实验成果[19,20]，此时不存在平均意义上的边界层，但壁面上的脉动流速也必须满足无滑移条件，由其产生的薄层的厚度具有 $\sqrt{\nu T_D}$ 的量级。

在满足假设式（3.7.25）~式（3.7.28）的条件下，方程式（3.7.2）可简化为

$$\frac{\partial u_i}{\partial t} + U_j \frac{\partial u_i}{\partial x_j} + \alpha u_3 \delta_{i1} = -\frac{\partial p}{\partial x_i} \tag{3.7.29}$$

而相应的初始条件与边界条件则为

$$t = 0 : u_i(\boldsymbol{x}, t) = u_i^{(H)}(\boldsymbol{x}, t) \tag{3.7.30a}$$

$$t > 0 : u_3(x_1, x_2, x_3 = 0, t) = 0 \tag{3.7.30b}$$

式（3.7.29）的解可表示为由式（3.7.16）所构成的相应于均匀切变的均匀湍流的解 $\{u_i^{(H)}, p^{(H)}\}(\boldsymbol{x}, t)$ 与反映边界锁相作用的解 $\{u_i^{(B)}, p^{(B)}\}(\boldsymbol{x}, t)$ 之和的形式，即

$$u_i(\boldsymbol{x}, t) = u_i^{(H)}(\boldsymbol{x}, t) + u_i^{(B)}(\boldsymbol{x}, t) \tag{3.7.31a}$$

$$p(\boldsymbol{x}, t) = p^{(H)}(\boldsymbol{x}, t) + p^{(B)}(\boldsymbol{x}, t) \tag{3.7.31b}$$

$u_i^{(H)}(\boldsymbol{x}, t)$ 满足式（3.7.29）及初始条件式（3.7.30a），却不满足式（3.7.30b）。但 $u_i^{(B)}(\boldsymbol{x}, t)$ 满足式（3.7.29）及如下初始条件：

$$t = 0 : u_3(\boldsymbol{x}, t) = 0 \tag{3.7.32}$$

比较式（3.7.30）和式（3.7.31）可知：当 $t > 0$ 时，$u_3^{(B)}$ 应满足

$$u_3^{(B)}(x_1, x_2, x_3 = 0, t) = -u_3^{(H)}(x_1, x_2, x_3 = 0, t) \tag{3.7.33a}$$

及

$$u_i^{(B)}(\boldsymbol{x}, t) \to 0 \quad x_3 \to \infty \tag{3.7.33b}$$

此外，由式（3.7.29）得到

$$\left(\frac{\partial}{\partial t} + (U_0 + \alpha x_3) \frac{\partial}{\partial x_1} \right) \frac{\partial^2 u_3^{(B)}}{\partial x_j \partial x_j} = 0 \tag{3.7.34}$$

引入初始条件式（3.7.32），可将式（3.7.34）简化为拉普拉斯方程 $\dfrac{\partial^2 u_3^{(B)}}{\partial x_j \partial x_j} = 0$，

其解为

$$u_3^{(B)} = \frac{\partial \phi}{\partial x_3} \qquad (3.7.35)$$

函数 ϕ 满足

$$\frac{\partial^2 \phi}{\partial x_j \partial x_j} = 0 \qquad (3.7.36)$$

由此得到 $u_3(\boldsymbol{x}, t)$ 的传递函数为

$$Q_{3n} = \frac{k^2}{\kappa^2} A_{3n}(\boldsymbol{\kappa}, t = 0) e^{i\kappa_m x_m} + \frac{\partial}{\partial x_3} \phi_n(\kappa_1, \kappa_2, x_3, t) e^{i(\kappa_1 x_1 + \kappa_2 x_2)} \qquad (3.7.37)$$

而 $\phi_n(\kappa_1, \kappa_2, x_3, t)$ 则满足方程

$$\frac{\partial^2 \phi_n}{\partial x_3^2} - (\kappa_1^2 + \kappa_2^2) \phi_n = 0 \qquad (3.7.38)$$

其边界条件为

$$\frac{\partial \phi_n}{\partial x_3} = A_{3n} \quad x_3 = 0 \qquad (3.7.39)$$

一旦得到 $u_3^{(B)}(\boldsymbol{x}, t)$，则可由以下方程求出 $p^{(B)}(\boldsymbol{x}, t)$

$$\frac{\partial^2 p^{(B)}}{\partial x_j \partial x_j} = -2\alpha \frac{\partial u_3^{(B)}}{\partial x_1} \qquad (3.7.40)$$

随后 $u_1^{(B)}(\boldsymbol{x}, t)$ 与 $u_2^{(B)}(\boldsymbol{x}, t)$ 也不难得到。

2. 物理机制分析

下面从物理机制上对无切变边界层与均匀切变边界层在流动机理上的差异进行分析。对式（3.7.29）两边取旋度运算，得到

$$\frac{\partial \omega_i}{\partial t} + U_j \frac{\partial \omega_i}{\partial x_j} = \omega_j \frac{\partial U_i}{\partial x_j} + \Omega_j \frac{\partial u_i}{\partial x_j} \qquad (3.7.41)$$

在无切变边界层中，平均流速的梯度与旋度均为零，式（3.7.41）简化为

$$\frac{\partial \omega_i}{\partial t} + U_j \frac{\partial \omega_i}{\partial x_j} = 0 \qquad (3.7.42)$$

由此可见，边界对湍流的作用仅表现为附加了一无旋流速场，因此脉动涡量并不受边界影响，即

$$u_i^{(B)}(\boldsymbol{x}, t) = \frac{\partial \phi(\boldsymbol{x}, t)}{\partial x_i} \qquad (3.7.43)$$

$$\omega_i(\boldsymbol{x}, t) = \omega_i^{(H)}(\boldsymbol{x}, t) \qquad (3.7.44)$$

附加的无旋流速场系由位于 $x_3 < 0$ 的镜像涡在 $x_3 > 0$ 上生成，其机理为锁相作用：垂向脉动速度分量 $u_3^{(B)}$ 限制了 u_3 的变化使得在壁面 $x_3 = 0$ 上必须满足 $u_3 = 0$，而同时又导致与壁面平行的水平方向上 $\overline{u_1^2}$ 与 $\overline{u_2^2}$ 的增加。

在均匀切变边界层中，由锁相作用生成的流速场 $u_i^{(B)}(\boldsymbol{x}, t)$ 通过式（3.7.41）右边第二项影响脉动涡量 ω_i，且 $\Omega_2 \dfrac{\partial u_3}{\partial x_2}$ 与 $\Omega_2 \dfrac{\partial u_2}{\partial x_2}$ 基本上决定了 ω_3 与 ω_2，而 u_1 则取决于

$\int_0^{x_2} \omega_3 \mathrm{d}x_2 \sim \Omega_2 u_3$ 及 $\int_0^{x_3} \omega_2 \mathrm{d}x_3 \sim \Omega_2 \int_0^{x_3} \dfrac{\partial u_3}{\partial x_3} \mathrm{d}x_3 \sim \Omega_2 u_3$（在切变流中涡在流向上将被拉伸，故有 $\dfrac{\partial u_1}{\partial x_1} \ll \dfrac{\partial u_3}{\partial x_3}$）。因此，在壁面附近，随着 u_3 的减小，$\overline{u_1^2}$、$-\overline{u_1 u_3}$ 也相应减小。同时，由于边界附近还存在锁相作用，$\overline{u_1^2}$、$\overline{u_3^2}$ 也具有增加的趋势。

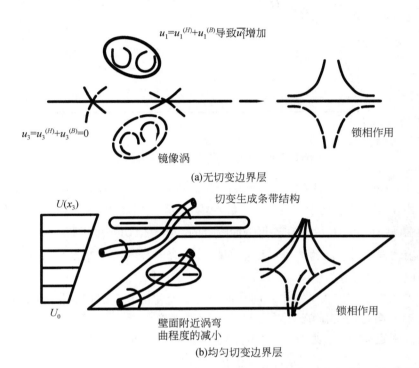

图 3.7.3　无切变边界层（SFBL）与均匀切变边界层（USBL）在流动机理上的差异

3. 无切变与均匀切变边界层特性

图 3.7.4 给出了无切变边界层雷诺应力的变化[21]，图 3.7.4 中畸变前的湍流场为均匀各向同性湍流场，因此在任一垂向位置 x_3 均有 $\overline{u_1^2} = \overline{u_2^2}$，图 3.7.4 中各量均已用畸变前湍流场的脉动速度均方根值及积分长度尺度无量纲化。由图 3.7.4 可知：水平方向的湍动强度 $\overline{u_1^2} = \overline{u_2^2}$ 在 $0 \sim 0.5$ 的垂向范围内将由壁面附近的最大值减少到均匀湍流的值 1 附近；垂向湍动强度 $\overline{u_3^2}$ 在 $0 \sim 2$ 的垂向范围内将单调增加至 95% 的均匀湍流的垂向湍动强度；而在壁面附近，则有

$$\overline{u_1^2}(x_3 \to 0) = \overline{u_2^2}(x_3 \to 0) = \frac{3}{2} - O(x_3^{2/3}) \tag{3.7.45a}$$

$$\overline{u_3^2}(x_3 \to 0) \sim O(x_3^{2/3}) \tag{3.7.45b}$$

由图 3.7.4 还可看出，在无切变边界层中湍动能 q^2/q_0^2 的变化不是单调的，且其值要小于均匀湍流的相应值，q^2/q_0^2 在 $x_3 \approx 0.2$ 时达到其最小值 0.85。

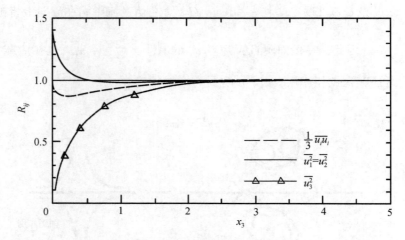

图 3.7.4　无切变边界层雷诺应力的变化

图 3.7.5 给出了均匀切变边界层雷诺应力的变化[22]（图中 $\beta = 2$）。与无切变边界层不同，由于从平均流动中获得能量，湍动能 q^2/q_0^2 是增加的。在均匀切变边界层中，水平方向的湍动强度 $\overline{u_1^2}$、$\overline{u_2^2}$ 除了在靠近壁面附近的区域外因切变作用而增加。在靠近壁面附近的区域湍动强度 $\overline{u_1^2}$、$\overline{u_2^2}$ 的减小可用壁面附近涡弯曲度的减小来解释（图 3.7.3（b）），其中 $\overline{u_1^2}$ 要比 $\overline{u_2^2}$ 减小更多。

比较图 3.7.4 与图 3.7.5 中垂向脉动强度的变化可知：因切变作用的存在导致在所有垂向位置上均匀切变湍流边界层的垂向脉动强度都要小于无切变边界层的相应值。至于在壁面附近 $\overline{u_3^2}$ 与 $\overline{u_1 u_3}$ 则有如下变化趋势，见图 3.7.6 与图 3.7.7：

$$\overline{u_3^2}(x_3 \to 0, \beta) \ \sim \ \overline{u_3^2}^{(H)}(\beta) x_3^{2/3} \tag{3.7.46a}$$

$$\overline{u_1 u_3}(x_3 \to 0, \beta) \ \sim \ \overline{u_1 u_3}^{(H)}(\beta) x_3^{2/3} \tag{3.7.46b}$$

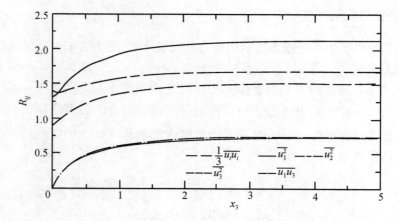

图 3.7.5　均匀切变边界层雷诺应力的变化

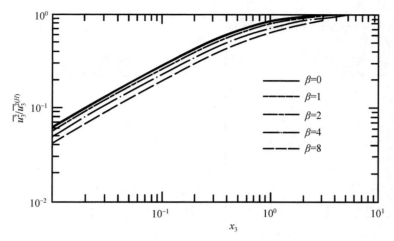

图 3.7.6　垂向脉动强度随切变率 β 的变化

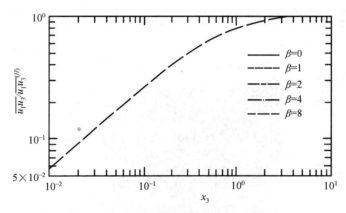

图 3.7.7　雷诺切应力随切变率 β 的变化

图 3.7.8 给出了纵向脉动流速一维横向谱函数 $\Theta_{11}(\kappa_2, x_3)$ 的变化，其在横向上存在峰值，表明流动中存在着条带结构，即在壁面附近的流动中，顺流向出现快、慢相间的细长流带，这里所说的快、慢指的是流带的瞬时纵向速度大于或小于当地的时均流速。图 3.7.9 给出了我们用氢气泡技术进行流动显示所拍摄的近壁区条带结构图，图中氢气泡密集区为慢速条带。随着 β 的增加，谱密度函数中的峰值更加明显，由此表明横向上存在的条带主要由切变效应，而非锁相作用所控制。以 $\kappa_2^{(s)}$ 表示 $\Theta_{11}(\kappa_2, x_3)$ 出现峰值时的波数，定义条带横向宽 $\lambda_2 = 1/\kappa_2^{(s)}$。由图 3.7.10 可知，$\lambda_2$ 将随 x_3 的增加而增加，这与湍流边界层中 Kline 等的实验成果及 Kim 等的直接数值模拟计算成果一致[23,24]。我们也曾对湍流边界层近壁区条带结构进行过探讨，得到条带无量纲横向间距 $\bar{\lambda}_2^+\left(=\dfrac{u_* \bar{\lambda}_2}{\nu}\right)$ 随着离开壁面距离（用 $x_3^+ = \dfrac{u_* x_3}{\nu}$ 表示）的增加而增加，其拟合关系式为[25]

$$\bar{\lambda}_2^+ = \begin{cases} 100 & 0 < x_3^+ < 30 \\ 18.2754\sqrt{x_3^+} & x_3^+ > 30 \end{cases} \qquad (3.7.47)$$

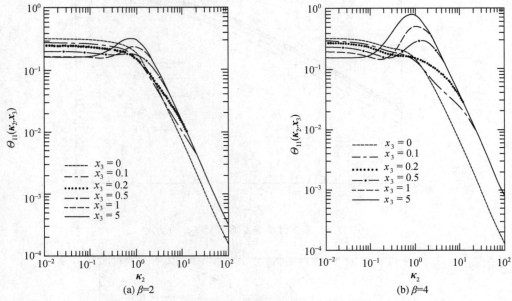

(a) β=2   (b) β=4

图 3.7.8　均匀切变边界层中的一维横向谱函数

图 3.7.9　近壁区条带结构图

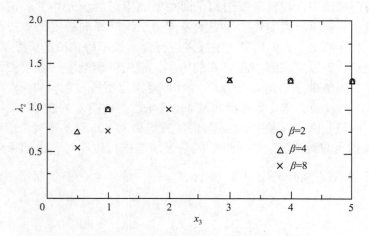

图 3.7.10　平均条带横向间距的变化

在壁面均匀密集加糙的条件下，实验成果表明，当粗糙雷诺数 Re_* 约小于 70 时，近壁区仍存在条带结构。随着 Re_* 的增加，慢速条带长度显著缩短，而其无量纲横向条带间距则呈现出两种变化趋势，在实验范围内其拟合关系式为[25]

$$\frac{\bar{\lambda}_R^+}{\bar{\lambda}_S^+} = \begin{cases} \exp(0.186Re_* - 0.6547) & Re_* < 5 \\ \exp(-0.0244Re_* - 0.0364) & Re_* > 5 \end{cases} \tag{3.7.48}$$

式中，$\bar{\lambda}_R^+$ 及 $\bar{\lambda}_S^+$ 分别表示壁面加糙及水力光滑条件下慢速条带的无量纲横向间距。

参 考 文 献

1　是勋刚. 湍流. 天津：天津大学出版社，1994

2　张兆顺，崔桂香，许春晓. 湍流理论与模拟. 北京：清华大学出版社，2005

3　Batchelor G K. The theory of homogeneous turbulence. Cambridge University Press，1953

4　Gotoh T，Fukayama，D，Nakano T. Velocity field statistics in homogeneous steady turbulence obtained using a high-resolution direct numerical simulation. Physics of Fluids，2002，14（3）：1065～1081

5　Richardson L F. Weather prediction by numerical process. Cambridge University Press，1922

6　Kármán T. Von Howarth L. On the statistical theory of isotropic turbulence. Proc Roy Soc London，1938，164A：192

7　Batchelor G K. Townsend A A. Decay of turbulence in the final period. Proc. Royal Soc. London，1948，A248：369～405

8　Skrebek L，Stalp R. On the decay of homogeneous isotropic turbulence. Physics of Fluids，2000，12：1997～2019

9　Grant H L，Stewart R W，Moilliet A. Turbulence spectra from a tidal channel. J. Fluid Mech，1962，12：241～268

10　Monin A S，Yaglom A M. Statistical theory of turbulence. M. I. T. Press，1976，2

11　Batchelor G K，Proudman I. The effect of rapid distortion of a fluid in turbulent motion. Q. J. Mech. Appl. Math. ，1954，7（83）

12　Townsend A A. Structure of turbulent shear flow（2nd ed）. Cambridge：Cambridge University Press，1976

13　Hunt J C R. A review of the theory of rapidly distorted turbulent flow and its applications. Proc. Of XIII Biennial Fluid Dynamics Symp. ，Kortowo，Poland. In：Fluid Dyn. Trans，1978，9：121～152

14　Lumley J. Theoretical aspects of research on turbulence in stably stratified flows. Proc. Conf. Atmospheric Turbulence and Radio Wave Propagation. Moscow，1967：105～110

15　刘士和. 湍流结构的正交分解与低阶近似及湍流相干模式的识别. 武汉水利电力大学学报，2000，（2）：2～5

16　Sreenivasan K R，Narasimha R. Rapid distortion of axisymmetric turbulence. J. Fluid Mech，1978，84：497～516

17　刘士和. 湍流快速畸变理论及其应用. 水动力学研究与进展，1994，Ser. A，9（6）：694～702

18　熊小元. 河道中绕沙波及绕洲滩流动的理论分析与数值模拟研究. 武汉大学博士学位论文，2009

19　Uzkan T，Reynolds W C. A shear-free turbulent boundary layer. J. Fluid Mech. 1967，28：803～821

20　Thomas N H，Hancock P E. Grid turbulence near a moving wall. J. Fluid Mech，1977，82：481～496

21　Hunt J C R，Graham J M R. Free-stream turbulence near plane boundaries. J. Fluid Mech，1978，84：209～235

22 Lee M J, Hunt J C R. The structure of sheared turbulence near a plane boundary. Proceedings of the Summer Program 1988, Center for Turbulence Research, 1988: 221 ~ 241

23 Kline S J, Reynolds W C, Schraub F A. The structures of turbulent boundary layers. J. Fluid Mech, 1967, 30: 741 ~ 773

24 Kim J, Moin P, Moser R D. Turbulence statistics in fully – developed channel flow at low Reynolds number. J. Fluid Mech., 1987, 177: 133 ~ 166

25 梁在潮, 刘士和. 边壁加糙对切变湍流相干结构的作用. 水动力学研究与进展, 1987, 2: 50 ~ 56

第4章 湍流的模式理论

实际工程中的流体运动大多处于湍流状态。湍流运动是一种非常复杂的随机运动，由于现阶段对其分布函数还缺乏足够的认识，要想对其进行精确描述还甚为困难。作为近似，人们转而寻求其低阶统计量的表达式。然而因 N-S 方程的非线性性，有关湍流任一阶统计量的控制方程中总包含有比其更高一阶的统计量存在，也即低阶统计量的控制方程是不封闭的。为使低阶统计量的控制方程封闭，人们不得不采用各种假定，并进行相应的处理，以构成各种湍流模式，来接近湍流运动统计量的真实行为。所谓湍流的模式理论，指的是以雷诺平均方程与脉动运动方程为基础，依靠理论与经验的结合，引进一系列模型假设，建立一组描述湍流统计平均量的封闭方程组的理论。

尽管人们在湍流的大涡模拟（LES）方面已经做了不少工作[1]，但在现阶段要将 LES 运用到工程湍流运动的模拟还存在很多困难。在水利水电工程三维水流运动计算中，目前用得较多的还是二阶矩模式和涡粘模式，包括：雷诺应力输运模式（RSM）、代数应力模式（ASM）、k-ε 模式和代数涡粘模式等。此外，在天然河道及涉水工程附近的水流、水沙、水温及污染物输移计算中，平面二维数学模型也应用颇多。

4.1 建立湍流模式的一般原则

工程湍流的湍流模式可分为单相流湍流模式和两相流湍流模式。单相流的湍流模式已十分复杂，两相流的湍流模式因需考虑相间相互作用，其形式将不仅更为复杂，而且目前对其认知的程度要远低于单相流的湍流模式。下面仅对构建单相流湍流模式的一般原则进行介绍，但该原则同样也适用于两相流湍流模式。

对单相湍流而言，建立湍流模式的目的是为了封闭雷诺平均方程，而雷诺平均方程中不封闭的量刚好是雷诺应力，因此，需建立足够的雷诺应力方程组或封闭关系式，使得雷诺平均方程可解。

从统计的角度来看，初始脉动场对雷诺应力的影响可以排除，其原因在于初始脉动对相隔足够长时间后的统计量不会再有影响。与初始条件影响不同，流动的边界条件对湍流的影响却是至关重要的[2,3]。湍流脉动量的统计矩具有以下特征：

（1）各种封闭关系式不是局部的。由于脉动速度、脉动压强等的控制方程均为偏微分方程，其解不是普通的代数式，因此，严格来讲，封闭关系式（如单点的雷诺应力）并不是当地平均速度的函数，而是与整个平均场的特性有关。

（2）脉动场的一般解除与平均速度场有关外，还隐含流动边界条件的影响信息。很明显，不可能把千变万化的流动几何边界形成的脉动场用同一个解析式表示出来，这也是为什么不太容易建立适用于任意湍流运动的普适统计模型的重要原因之一。

总之，尽管湍流脉动的统计矩中包含着丰富的脉动场信息，但是不可能用解析的方法表示出来。在建立各种工程湍流的统计模式时，不得不做许多近似假定，而近似假定总有一定的适用范围。所以，在用各种湍流模式预测复杂湍流的过程中，不仅需要理性，还需要经验。盲目地应用计算机作数值计算既没有科学的态度，也会带来危险的后果[3]。

从广义的角度来看，构造湍流模式的基本思想是建立高阶统计量与低阶统计量之间的关系。由于统计量是张量，在构造各种湍流模式的过程中，张量关系的封闭式必须满足如下的客观性原则：①张量函数的可表性；②关于参照系统的不变性；③真实性；④渐进性；⑤Lumley 曲边三角形。以上原则的表述详见文献［3］，下面仅对后 3 条原则进行简要说明。

（1）真实性原则。

指的是流动必须满足真实性的约束，模拟出的各种统计量不应当产生物理上不可能出现的值，如负的正应力或湍能、关联系数大于 1 等。真实性的约束应当在建立模式时就予以检验。

（2）渐进性原则。

湍流的一般封闭模式虽然是针对复杂湍流建立的，但其也应能描述简单湍流（如各向同性湍流）。即当复杂湍流退化为简单的均匀湍流情况时，由封闭模式导出的结果也应当与理论、实验或直接数值模拟成果相一致。渐进性原则往往用来确定封闭模式中的系数。

（3）Lumley 曲边三角形。

雷诺应力是正定的二阶对称张量，其应具备正定的二阶对称张量所固有的特性。Lumley[4]用无量纲雷诺偏应力的不变量来表示雷诺应力所固有的特性，称做 Lumley 曲边三角形。

无量纲雷诺偏应力张量定义为

$$b_{ij} = \frac{\overline{u'_i u'_j}}{\overline{u'_i u'_l}} - \frac{1}{3}\delta_{ij} \tag{4.1.1}$$

众所周知，二阶对称张量具有三个不变量，分别为它的迹、它的平方与立方的迹。很显然，b_{ij} 的迹为零，其平方与立方的迹分别等于 $b_{ij}b_{ji}$ 和 $b_{ij}b_{jk}b_{ki}$。雷诺偏应力张量可以用此三个不变量表示。为此，定义变量 ξ、η 如下

$$6\eta^2 = b_{ii}^2 = b_{ij}b_{ji} \tag{4.1.2}$$

$$6\xi^3 = b_{ii}^3 = b_{ij}b_{jk}b_{ki} \tag{4.1.3}$$

无量纲雷诺偏应力张量还可用其主应力 $\hat{b}_{ij}$ 来表示，分别以 λ_1、λ_2 表示第一与第二主应力，则第三主应力 $\lambda_3 = -(\lambda_1 + \lambda_2)$（因为 $\hat{b}_{ii} = 0$）。利用主应力可将变量表示为

$$\eta^2 = \frac{1}{3}(\lambda_1^2 + \lambda_1\lambda_2 + \lambda_2^2) \tag{4.1.4}$$

$$\xi^3 = -\frac{1}{2}\lambda_1\lambda_2(\lambda_1 + \lambda_2) \tag{4.1.5}$$

下面利用雷诺偏应力张量的不变量与其主应力来分析其约束条件。

（1）各向同性湍流。

在各向同性湍流中，雷诺正应力张量为$\overline{u_1'^2} = \overline{u_2'^2} = \overline{u_3'^2} = \frac{1}{3}\overline{u_i'u_i'}$，而其切应力张量则为$\boldsymbol{b}_{ij} = 0$。于是有$\lambda_1 = \lambda_2 = \lambda_3 = 0$，即

$$\xi = 0, \quad \eta = 0 \tag{4.1.6}$$

在ξ、η特征值平面上，各向同性湍流位于坐标原点，见图4.1.1。

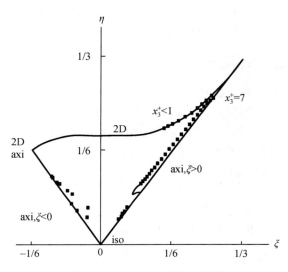

图4.1.1　Lumley 曲边三角形

（实线对应于几种特殊的湍流状态：axi 表示轴对称湍流；2D 表示二维湍流；iso 表示各向同性湍流）

（2）轴对称湍流。

假定雷诺应力的对称轴位于x_3方向，即雷诺正应力为$\overline{u_1'^2} = \overline{u_2'^2} \neq \overline{u_3'^2}$，它的三个主应力为$\lambda_1 = \lambda_2$，$\lambda_3 = -(\lambda_1 + \lambda_2)$，于是

$$\eta^2 = \lambda_1^2 \tag{4.1.7}$$

$$\xi^3 = -\lambda_1^3 \tag{4.1.8}$$

也即

$$\eta = \pm\xi \tag{4.1.9}$$

在ξ、η特征值平面上，其是两条过圆点的直线，见图4.1.1。

（3）二维湍流。

二维湍流的雷诺正应力只有两个分量，雷诺主应力也只有两个分量，对这种湍流，在ξ、η特征值平面上其对应如下曲线[3,4]：

$$\eta = \left(\frac{1}{27} + 2\xi^2\right)^{1/2} \tag{4.1.10}$$

图4.1.1给出了ξ、η特征值平面上相应于轴对称湍流与二维湍流的雷诺偏应力张量的曲线，其组成的曲边三角形即为 Lumley 曲边三角形。其中还给出了部分通过直接数值模拟与实验测量得到的雷诺应力状态成果，这些成果证明真实湍流的雷诺应力确实位于 Lumley 曲边三角形之内。

轴对称湍流和二维湍流是两种特殊的湍流，其组成了曲边三角形的边界。一般三维湍流的切应力状态必须位于曲边三角形之内，这是因为位于曲边三角形外的 ξ、η 值所对应的切应力特征值或者是复数，或者是负数，其都是物理上不存在的。

4.2　单相湍流的湍流模式

单相湍流模式有二阶矩模式与涡粘模式两类，前者包括雷诺应力输运模式与代数应力模式，后者包括 $k\text{-}\varepsilon$ 模式及各种代数涡粘模式。

4.2.1　雷诺应力输运模式

如前所述，湍流场中某一点的雷诺应力并不完全取决于该点上的流动状态（时均速度场的当地变形率），还应与周围的流动状态及过去的流动状态有关，尤其是与上游的历史条件有关，也即具有记忆效应或松弛效应。下面对雷诺应力输运模式进行介绍。

由式（2.1.6a）可知，雷诺应力的控制方程为

$$\frac{\partial \overline{u'_i u'_j}}{\partial t} + \bar{u}_k \frac{\partial \overline{u'_i u'_j}}{\partial x_k} = G_{ij} + \Phi_{ij} + D_{ij} - E_{ij} \tag{4.2.1}$$

上式右边第一项为雷诺应力的产生项，其不需封闭，需要封闭的是后三项：即第二项压强应变项，第三项扩散项及第四项耗散项。

雷诺应力输运方程中各项的封闭

1）压强应变项的封闭

压强应变项的表达式为

$$\Phi_{ij} = \overline{\frac{p'}{\rho}\left(\frac{\partial u'_i}{\partial x_j} + \frac{\partial u'_j}{\partial x_i}\right)} \tag{4.2.2}$$

该项的封闭思路是先求出脉动压强 p'，再通过研究压强应变项的构成来对其进行相应模化。

对脉动运动方程（2.1.5b）两端取散度运算，得到脉动压强的控制方程为

$$\frac{1}{\rho}\frac{\partial^2 p'}{\partial x_j \partial x_j} = -2\frac{\partial \bar{u}_i}{\partial x_j}\frac{\partial u'_j}{\partial x_i} - \frac{\partial^2}{\partial x_i \partial x_j}(u'_i u'_j - \overline{u'_i u'_j}) \tag{4.2.3}$$

下面利用 Green 函数方法对式（4.2.3）的解析解讨论如下：

在无界的湍流场中，Green 函数 $G(\boldsymbol{x},\boldsymbol{\xi}) = \dfrac{1}{r}$，$r = |\boldsymbol{x} - \boldsymbol{\xi}|$，脉动压强的表达式为

$$\frac{p'(\boldsymbol{x},t)}{\rho} = \frac{1}{4\pi}\iiint_V \left(2\frac{\partial \bar{u}_j}{\partial \xi_i}\frac{\partial u'_i}{\partial \xi_j} + \frac{\partial^2}{\partial x_i x_j}(u'_i u'_j - \overline{u'_i u'_j})\right)\frac{\mathrm{d}\boldsymbol{\xi}}{r} \tag{4.2.4a}$$

在有界的湍流场中，由于壁面的存在，求解泊松方程的 Green 函数与边界形状有关，脉动压强的解析解变为

$$\frac{p'(\boldsymbol{x},t)}{\rho} = \frac{1}{4\pi}\iiint_V G(\boldsymbol{x},\boldsymbol{\xi})\left(2\frac{\partial \bar{u}_j}{\partial \xi_i}\frac{\partial u'_i}{\partial \xi_j} + \frac{\partial^2}{\partial x_i x_j}(u'_i u'_j - \overline{u'_i u'_j})\right)\mathrm{d}\boldsymbol{\xi} + \frac{1}{4\pi}\oiint_A \frac{p'}{\rho}\frac{\partial G}{\partial n}\mathrm{d}A$$

$$\tag{4.2.4b}$$

式中，x 是压强作用点的坐标，$\boldsymbol{\xi}$ 是积分域内的积分变量，$\dfrac{\partial G}{\partial n}$ 是 Green 函数在边界面上的法向导数。将脉动压强的解（4.2.4b）代入式（4.2.2），得到

$$\overline{\frac{p'}{\rho}\left(\frac{\partial u'_i}{\partial x_j}+\frac{\partial u'_j}{\partial x_i}\right)} = \Phi_{ij1} + \Phi_{ij2} + \Phi_{ijw} \qquad (4.2.5)$$

在无界的湍流场中

$$\Phi_{ij1} = \frac{1}{4\pi}\iiint\limits_{V}\overline{\left(\frac{\partial u'_i}{\partial x_j}+\frac{\partial u'_j}{\partial x_i}\right)\frac{\partial^2}{\partial \xi_l\xi_m}(u'_l u'_m)}\frac{\mathrm{d}\boldsymbol{\xi}}{r} \qquad (4.2.6a)$$

$$\Phi_{ij2} = \frac{2}{4\pi}\iiint\limits_{V}\overline{\left(\frac{\partial u'_i}{\partial x_j}+\frac{\partial u'_j}{\partial x_i}\right)\frac{\partial u'_l}{\partial \xi_m}}\frac{\partial \bar{u}_m}{\partial \xi_l}\frac{\mathrm{d}\boldsymbol{\xi}}{r} \qquad (4.2.6b)$$

$$\Phi_{ijw} = 0 \qquad (4.2.6c)$$

在有界的湍流场中

$$\Phi_{ij1} = \frac{1}{4\pi}\iiint\limits_{V}G(\boldsymbol{x},\boldsymbol{\xi})\overline{\left(\frac{\partial u'_i}{\partial x_j}+\frac{\partial u'_j}{\partial x_i}\right)\frac{\partial^2}{\partial \xi_l\xi_m}(u'_l u'_m)}\mathrm{d}\boldsymbol{\xi} \qquad (4.2.7a)$$

$$\Phi_{ij2} = \frac{2}{4\pi}\iiint\limits_{V}G(\boldsymbol{x},\boldsymbol{\xi})\overline{\left(\frac{\partial u'_i}{\partial x_j}+\frac{\partial u'_j}{\partial x_i}\right)\frac{\partial u'_l}{\partial \xi_m}}\frac{\partial \bar{u}_m}{\partial \xi_l}\mathrm{d}\boldsymbol{\xi} \qquad (4.2.7b)$$

$$\Phi_{ijw} = \frac{1}{4\pi}\oiint\limits_{A}\overline{\frac{p'}{\rho}\left(\frac{\partial u'_i}{\partial x_j}+\frac{\partial u'_j}{\partial x_i}\right)}\frac{\partial G}{\partial n}\mathrm{d}A \qquad (4.2.7c)$$

（1）Φ_{ij1} 的模拟。

式（4.2.6a）与式（4.2.7a）只含有脉动速度，不包含平均变形率。如前所述，流动中如无平均变形率，就没有雷诺应力的产生，这时再分配项 Φ_{ij1} 使湍流场中的雷诺正应力向均匀分布方向发展，因此，称 Φ_{ij1} 为回归各向同性项，该项属慢速变化项。

Rotta[5] 基于线性回归各向同性假设提出

$$\Phi_{ij1} = -C_1\frac{\varepsilon}{k}\left(\overline{u'_i u'_j}-\frac{2}{3}k\delta_{ij}\right) \qquad (4.2.8)$$

（2）Φ_{ij2} 的模拟。

式（4.2.6b）与式（4.2.7b）含有平均变形率。对于均匀切变湍流场，$\dfrac{\partial \bar{u}_m}{\partial \xi_l}$ 是常量，因此 Φ_{ij2} 可表示为

$$\Phi_{ij2} = M_{ijml}\frac{\partial \bar{u}_m}{\partial \xi_l} \qquad (4.2.9)$$

对于非均匀切变湍流，虽然 $\dfrac{\partial \bar{u}_m}{\partial \xi_l}$ 不是常数，但如平均变形率是变化缓慢的函数，由于加权的 Green 函数具有如下性质

$$\lim_{|\boldsymbol{x}-\boldsymbol{\xi}|\to 0}G(\boldsymbol{x},\boldsymbol{\xi}) \sim \frac{1}{|\boldsymbol{x}-\boldsymbol{\xi}|} \qquad (4.2.10)$$

因此，局部的平均变形率 $\dfrac{\partial \bar{u}_m}{\partial x_l}$ 对积分式具有主要贡献，作为一阶近似，可用 $\dfrac{\partial \bar{u}_m}{\partial x_l}$ 近似取代式（4.2.7b）中的 $\dfrac{\partial \bar{u}_m}{\partial \xi_l}$，并将其作为常量移到积分号外，式（4.2.9）所给出的线

性关系同样成立。Φ_{ij2} 与局部的平均变形率 $\dfrac{\partial \overline{u}_m}{\partial x_l}$ 成正比的性质称为快速响应，因其仅与当时当地的平均变形率张量呈线性关系，而与其空间分布及时间历程无关。基于前述快速畸变理论，可得

$$\Phi_{ij2} = -C_2 \frac{\varepsilon}{k} \left(G_{ij} - \frac{1}{3} G_{ll} \delta_{ij} \right) \tag{4.2.11a}$$

注意到 $G_{ll} = 2G_k$，G_k 是湍动能产生项，式（4.2.11a）也可写成

$$\Phi_{ij2} = -C_2 \frac{\varepsilon}{k} \left(G_{ij} - \frac{2}{3} G_k \delta_{ij} \right) \tag{4.2.11b}$$

（3）Φ_{ijw} 的模拟。

Φ_{ijw} 称为壁面效应项，只有在非常靠近壁面附近才考虑。

Launder 等[6]建议用式（4.2.11）所构成的快速项与式（4.2.8）所构成的回归各向同性项之和来模拟压强应变项，即

$$\Phi_{ij} = -C_1 \left(\overline{u'_i u'_j} - \frac{2}{3} k \delta_{ij} \right) - C_2 \frac{\varepsilon}{k} \left(G_{ij} - \frac{2}{3} G_k \delta_{ij} \right) \tag{4.2.12}$$

以上模型也称为 IP 模型，意指在模拟过程中，认为 Φ_{ij2} 的影响在于使雷诺应力的产生趋于各向同性化。利用式（4.2.12）进行计算，在数值模拟成果与实验成果吻合较好的条件下，人们观察到 C_1 与 C_2 的取值存在如下关系

$$0.23 C_1 + C_2 = 1 \tag{4.2.13a}$$

Launder 曾建议采用 Younis 所取的一组常数进行模拟，其值为

$$C_1 = 3.0 \quad C_2 = 0.3 \tag{4.2.13b}$$

而后，Launder 于 1996 年又建议取 $C_1 = 1.8$，$C_2 = 0.6$。计算经验表明，随着所研究流动各向异性的增强，所选用的 C_1 值应适当增加，而 C_2 值则需相应减小。

在复杂湍流中雷诺应力的再分配项在雷诺应力输运过程中起着关键作用，因而在其模拟中，除了上面介绍的 IP 模型（属线性模型）外，也有非线性的再分配模型，其基本思想是在再分配项中引入包括雷诺偏应力张量 $\boldsymbol{b}_{ij}$ 的二次项。有关非线性再分配项的模式，可参见 Pope 的专著[7]。

2）扩散项的封闭

扩散项的表达式为

$$D_{ij} = -\frac{\partial}{\partial x_k} \left(\overline{u'_i u'_j u'_k} + \frac{\overline{p' u'_i}}{\rho} \delta_{jk} + \frac{\overline{p' u'_j}}{\rho} \delta_{ik} - \nu \frac{\partial \overline{u'_i u'_j}}{\partial x_k} \right) \tag{4.2.14}$$

扩散项中反映分子输运作用的最后一项在高雷诺数湍流中可忽略不计，其前三项则反映脉动速度三阶关联及压强—脉动速度关联的作用，在一般情况下，压强—脉动速度关联项要比脉动速度三阶关联项小得多。

根据通用梯度扩散模型

$$\overline{u'_k \phi} = -C_\phi \frac{k}{\varepsilon} \overline{u'_k u'_l} \frac{\partial \overline{\phi}}{\partial x_l} \tag{4.2.15}$$

如取 ϕ 为 $u'_i u'_j$，则有

$$\overline{u'_i u'_j u'_k} = \overline{u'_k u'_i u'_j} = -C_S \frac{k}{\varepsilon} \overline{u'_k u'_l} \frac{\partial \overline{u'_i u'_j}}{\partial x_l} \tag{4.2.16}$$

式中，C_S 一般取为 0.21。对脉动速度三阶关联的模拟也曾考虑过从 N-S 方程出发来建立 $\overline{u'_i u'_j u'_k}$ 为因变量的微分方程，并对其进行逐项模拟。但部分研究结果表明，这种复杂的模拟方式并未显著改善 $\overline{u'_i u'_j u'_k}$ 的模拟精度，其对时均流动的影响也甚小。

3）耗散项的封闭

耗散项的表达式为

$$E_{ij} = 2\nu \overline{\frac{\partial u'_i}{\partial x_k} \frac{\partial u'_j}{\partial x_k}} \tag{4.2.17}$$

因为雷诺应力耗散的输运方程中包含太多未知的因素，所以耗散项的封闭是最困难的。耗散项封闭的基本思想是认为耗散是由小尺度涡体引起的，而小尺度涡体又可视为各向同性的。目前常用的各向同性的耗散模型为

$$E_{ij} = \frac{2}{3}\varepsilon \delta_{ij} \tag{4.2.18}$$

式中，湍动能耗散率 ε 定义为

$$\varepsilon = \nu \overline{\frac{\partial u'_i}{\partial x_j} \frac{\partial u'_i}{\partial x_j}} \tag{4.2.19}$$

Donaldson 和 Harlow 等考虑到湍流场中可能存在的各向异性的影响，还曾建议取

$$E_{ij} = \frac{\overline{u_i u_j}}{k}\varepsilon \tag{4.2.20}$$

4）湍动能方程的封闭

由式（2.1.6b）可知，湍动能 k 的输运方程为

$$\frac{\partial k}{\partial t} + \bar{u}_j \frac{\partial k}{\partial x_j} = G_k + D_k - \varepsilon \tag{4.2.21}$$

在式（4.2.21）中，湍动能产生项 $G_k = -\overline{u'_i u'_j}\dfrac{\partial \bar{u}_i}{\partial x_j}$ 不需封闭。对第二项（扩散项）引入通用梯度扩散模型，并进一步假定湍动能的输运和平均动量输运具有类似的性质，但其扩散系数为 $\dfrac{\nu_t}{\sigma_k}$，于是有

$$-\left(\overline{k'u'_j} + \frac{\overline{p'u'_j}}{\rho}\right) = \frac{\nu_t}{\sigma_k} \frac{\partial k}{\partial x_j} \tag{4.2.22}$$

式中：

$$\nu_t = C_\mu \frac{k^2}{\varepsilon} \tag{4.2.23}$$

为涡粘系数。

封闭后的湍动能输运方程为

$$\frac{\partial k}{\partial t} + \bar{u}_j \frac{\partial k}{\partial x_j} = G_k + \frac{\partial}{\partial x_j}\left(\left(\nu + \frac{\nu_t}{\sigma_k}\right)\frac{\partial k}{\partial x_j}\right) - \varepsilon \tag{4.2.24}$$

湍动能扩散出现在非均匀湍流场中，很难在简单的湍流中确定湍动能扩散系数 σ_k。

如认为湍动能输运与动量输运具有相同的机制，则可取 $\sigma_k = 1$。

5）湍动能耗散率方程的封闭

由湍流脉动运动方程（2.1.5b）出发可导出湍动能耗散率的输运方程，其为

$$\frac{\partial \varepsilon}{\partial t} + \bar{u}_j \frac{\partial \varepsilon}{\partial x_j} = G_{\varepsilon 1} + G_{\varepsilon 2} + D_\varepsilon - \varepsilon_D \tag{4.2.25}$$

式中，$G_{\varepsilon 1}$、$G_{\varepsilon 2}$、D_ε 及 ε_D 分别表示湍动能耗散率的大涡拉伸产生项（因其包含平均速度梯度）、小涡拉伸产生项、扩散项及消耗项，且有：

$$G_{\varepsilon 1} = -2\nu \frac{\partial \bar{u}_i}{\partial x_k} \overline{\frac{\partial u_i'}{\partial x_j} \frac{\partial u_k'}{\partial x_j}} - 2\nu \frac{\partial \bar{u}_i}{\partial x_k} \overline{\frac{\partial u_j'}{\partial x_i} \frac{\partial u_j'}{\partial x_k}} - 2\nu \frac{\partial^2 \bar{u}_i}{\partial x_k \partial x_j} \overline{u_k' \frac{\partial u_i'}{\partial x_j}} \tag{4.2.26a}$$

$$G_{\varepsilon 2} = -2\nu \overline{\frac{\partial u_i'}{\partial x_k} \frac{\partial u_i'}{\partial x_j} \frac{\partial u_k'}{\partial x_j}} \tag{4.2.26b}$$

$$D_\varepsilon = -\nu \frac{\partial}{\partial x_k} \left(\overline{u_k' \frac{\partial u_i'}{\partial x_j} \frac{\partial u_i'}{\partial x_j}} \right) - 2\nu \frac{\partial}{\partial x_k} \left(\overline{\frac{\partial p'}{\partial x_j} \frac{\partial u_k'}{\partial x_j}} \right) - \nu \frac{\partial^2 \varepsilon}{\partial x_k \partial x_k} \tag{4.2.26c}$$

$$\varepsilon_D = 2\nu^2 \left(\overline{\frac{\partial^2 u_i'}{\partial x_k \partial x_j} \frac{\partial^2 u_i'}{\partial x_k \partial x_j}} \right) \tag{4.2.26d}$$

湍动能的耗散机制非常复杂，对其进行逐项模化甚为困难。通常采用的 ε 模型是依据类比的方法，认为湍动能耗散的产生、扩散与消耗等项与湍动能方程中的对应项存在类似的机制及相似的表达式，具体来讲，有

$$湍动能耗散率的生成项 = C_{\varepsilon 1} \frac{\varepsilon}{k} \times 湍动能产生项$$

$$湍动能耗散的梯度扩散项 = \frac{\nu_t}{\sigma_\varepsilon} \frac{\partial \varepsilon}{\partial x_k}$$

$$湍动能耗散的消耗项 = C_{\varepsilon 2} \frac{\varepsilon}{k} \times 湍动能耗散项 = C_{\varepsilon 2} \frac{\varepsilon^2}{k}$$

将以上成果代入式（4.2.25），得到 ε 的封闭方程为

$$\frac{\partial \varepsilon}{\partial t} + \bar{u}_j \frac{\partial \varepsilon}{\partial x_j} = C_{\varepsilon 1} \frac{\varepsilon}{k} G_k + \frac{\partial}{\partial x_j} \left(\left(\nu + \frac{\nu_t}{\sigma_\varepsilon} \right) \frac{\partial \varepsilon}{\partial x_j} \right) - C_{\varepsilon 2} \frac{\varepsilon^2}{k} \tag{4.2.27}$$

下面简要介绍式（4.2.27）中各项系数的确定。

（1）$C_{\varepsilon 2}$ 的确定。

$C_{\varepsilon 2}$ 系根据格栅湍流的衰减指数来确定。在均匀湍流中，湍动能与湍动能耗散率的方程可以写成

$$\frac{\mathrm{d}k}{\mathrm{d}t} = -\varepsilon \tag{4.2.28a}$$

$$\frac{\mathrm{d}\varepsilon}{\mathrm{d}t} = -C_{\varepsilon 2} \frac{\varepsilon^2}{k} \tag{4.2.28b}$$

均匀湍流的衰减符合幂函数律，$k \sim t^{-m}$，由式（4.2.28a）可得，$\varepsilon = t^{-1-m}$，再将其代入式（4.2.28b），得到

$$C_{\varepsilon 2} = \frac{1 + m}{m} \tag{4.2.29}$$

在格栅湍流实验中，测得衰减指数 $m = 1.2 \sim 1.3$，将其代入式（4.2.26），并经修正，得到 $C_{\varepsilon_2} = 1.92$。

（2）C_{ε_1} 与 σ_ε 的确定。

C_{ε_1} 与 σ_ε 系根据壁湍流与均匀切变湍流的研究成果来确定，详见文献［3］。经估算与修正，得到 $C_{\varepsilon_1} = 1.44$；$\sigma_\varepsilon = 1.3$。

6）封闭后的雷诺应力输运方程

将雷诺应力方程中所有未知项的封闭关系代入式（4.2.1），得到最简单、事实上也是最常用的雷诺应力输运模式为

$$\frac{\partial \overline{u_i' u_j'}}{\partial t} + \bar{u}_m \frac{\partial \overline{u_i' u_j'}}{\partial x_m} = \frac{\partial}{\partial x_m} \left(C_k \frac{k^2}{\varepsilon} \frac{\partial \overline{u_i' u_j'}}{\partial x_m} + \nu \frac{\partial \overline{u_i' u_j'}}{\partial x_m} \right) + G_{ij} - \frac{2}{3} \varepsilon \delta_{ij}$$
$$- C_1 \frac{\varepsilon}{k} \left(\overline{u_i' u_j'} - \frac{2}{3} k \delta_{ij} \right) - C_2 \left(G_{ij} - \frac{2}{3} G_k \delta_{ij} \right) \quad (4.2.30)$$

相应的湍动能方程与湍动能耗散率方程则为

$$\frac{\partial k}{\partial t} + \bar{u}_j \frac{\partial k}{\partial x_j} = G_k + \frac{\partial}{\partial x_j} \left(\left(\nu + \frac{\nu_t}{\sigma_k} \right) \frac{\partial k}{\partial x_j} \right) - \varepsilon \quad (4.2.31a)$$

$$\frac{\partial \varepsilon}{\partial t} + \bar{u}_j \frac{\partial \varepsilon}{\partial x_j} = C_{\varepsilon1} \frac{\varepsilon}{k} G_k + \frac{\partial}{\partial x_j} \left(\left(\nu + \frac{\nu_t}{\sigma_\varepsilon} \right) \frac{\partial \varepsilon}{\partial x_j} \right) - C_{\varepsilon2} \frac{\varepsilon^2}{k} \quad (4.2.31b)$$

雷诺应力模式包含了雷诺应力的发展过程，可以反映流线曲率、旋转湍流中非局部效应等的影响，能够较好地预测复杂湍流。

从雷诺应力模式各项的模拟来看：再分配项的模拟是关键；在壁湍流中，由于壁面附近的雷诺应力耗散具有强各向异性性，其各向异性耗散模式也有待改进；在预测强各向异性的复杂湍流场时，如果采用非各向同性的梯度扩散模型其效果如何还值得进一步的研究。

4.2.2　代数应力模式

雷诺应力输运模式（RSM）计算工作量很大，其原因在于有关雷诺应力 $\overline{u_i' u_j'}$ 的控制方程都是偏微分方程。事实上，由于 $\overline{u_i' u_j'}$ 的微分只在对流项与扩散项中出现，如在某些条件下将其消去，则方程就转化为代数方程，从而可大幅度减少计算工作量。

在如下两种情形下对流项与扩散项可以消去：一是强切变流动，其雷诺应力的产生项很大，而对流项与扩散项则相对较小；二是处于局部平衡的湍流，其产生项与耗散项基本相抵，而对流项与扩散项也大体相等。

在消去对流项与扩散项之后，有关雷诺应力的 6 个偏微分方程便简化为 6 个代数方程，其为

$$(1 - C_2) G_{ij} - C_1 \frac{\varepsilon}{k} \left(\overline{u_i' u_j'} - \frac{2}{3} k \delta_{ij} \right) - \frac{2}{3} \delta_{ij} (\varepsilon - C_2 G_k) = 0 \quad (4.2.32)$$

由此得到相应的代数应力模式（ASM）的表达式为

$$\overline{u_i' u_j'} = \frac{2}{3} k \delta_{ij} + \frac{1 - C_2}{C_1} \frac{k}{\varepsilon} \left(G_{ij} - \frac{2}{3} G_k \delta_{ij} \right) \quad (4.2.33)$$

在以上代数应力模式中，要将对流项与扩散项完全消去，这对流动的限制过于严格，所做的近似也相当粗糙。Launder 建议将对流项 C_{ij} 与扩散项 D_{ij} 分别由下式表示

$$C_{ij} = C_k \left((1 + \alpha) \frac{\overline{u'_i u'_j}}{k} - \frac{2}{3} \alpha \delta_{ij} \right) \tag{4.2.34a}$$

$$D_{ij} = D_k \left((1 + \beta) \frac{\overline{u'_i u'_j}}{k} - \frac{2}{3} \beta \delta_{ij} \right) \tag{4.2.34b}$$

式中，α 与 β 是常数，Launder 建议取为 $\alpha = 0.3$，$\beta = -0.8$。

根据湍动能 k 的模拟方程，有

$$C_k - D_k = G_k - \varepsilon \tag{4.2.35}$$

由此得到相应的 ASM 表达式为

$$\overline{u'_i u'_j} = \frac{2}{3} k \delta_{ij} + \frac{k}{\varepsilon} \frac{(1 - C_2)\left(G_{ij} - \dfrac{2}{3} G_{kk} \delta_{ij}\right)}{C_1 + \left(\dfrac{G_{kk}}{\varepsilon} - 1\right)(1 + \alpha) + (\alpha - \beta)\dfrac{D_k}{\varepsilon}} \tag{4.2.36}$$

4.2.3 $k\text{-}\varepsilon$ 模式

$k\text{-}\varepsilon$ 模式属于一种涡粘性模式（EVM），因涡粘系数与湍动能 k 及湍动能耗散率 ε 有关，因此考虑了部分历史效应。$k\text{-}\varepsilon$ 模式分标准 $k\text{-}\varepsilon$ 模式及非线性 $k\text{-}\varepsilon$ 模式两类，下面分别加以介绍。

1. 标准 $k\text{-}\varepsilon$ 模式

标准 $k\text{-}\varepsilon$ 模式假定雷诺应力具有如下的本构关系：

$$- \overline{u'_i u'_j} = \nu_t \left(\frac{\partial \bar{u}_i}{\partial x_j} + \frac{\partial \bar{u}_j}{\partial x_i} \right) - \frac{2}{3} k \delta_{ij} \tag{4.2.37}$$

式中，$\nu_t = C_\mu \dfrac{k^2}{\varepsilon}$，$k$ 和 ε 的控制方程则分别为

$$\frac{\partial k}{\partial t} + \bar{u}_j \frac{\partial k}{\partial x_j} = G_k + \frac{\partial}{\partial x_j}\left(\left(\nu + \frac{\nu_t}{\sigma_k} \right) \frac{\partial k}{\partial x_j} \right) - \varepsilon \tag{4.2.38}$$

$$\frac{\partial \varepsilon}{\partial t} + \bar{u}_j \frac{\partial \varepsilon}{\partial x_j} = C_{\varepsilon 1} \frac{\varepsilon}{k} G_k + \frac{\partial}{\partial x_j}\left(\left(\nu + \frac{\nu_t}{\sigma_\varepsilon} \right) \frac{\partial \varepsilon}{\partial x_j} \right) - C_{\varepsilon 2} \frac{\varepsilon^2}{k} \tag{4.2.39}$$

式中，$G_k = - \overline{u'_i u'_j} \dfrac{\partial \bar{u}_i}{\partial x_j} = \dfrac{1}{2} \nu_t \left(\dfrac{\partial \bar{u}_i}{\partial x_j} + \dfrac{\partial \bar{u}_j}{\partial x_i} \right)\left(\dfrac{\partial \bar{u}_i}{\partial x_j} + \dfrac{\partial \bar{u}_j}{\partial x_i} \right)$ 为湍动能产生项。该模式中部分系数的取值已在雷诺应力输运模式中做过介绍，模式中所有系数取值见表 4.2.1。

表 4.2.1 标准 $k\text{-}\varepsilon$ 模式中各系数取值

C_μ	$C_{\varepsilon 1}$	$C_{\varepsilon 2}$	σ_k	σ_ε
0.09	1.44	1.92	1.0	1.3

为说明 ASM 与 EVM 之间的关系，下面对薄剪切层流动的 ASM 形式进行简化。由式（4.2.33）可知

$$\overline{u'_1 u'_3} = \frac{1 - C_2}{C_1} \frac{k}{\varepsilon} \left(- \overline{u'^2_3} \frac{\partial \overline{u}_1}{\partial x_3} \right) \tag{4.2.40a}$$

$$\overline{u'^2_3} = \frac{2}{3} k \left(1 - \frac{1 - C_2}{C_1} \frac{G_k}{\varepsilon} \right) \tag{4.2.40b}$$

将以上两式合并，得到

$$\overline{u'_1 u'_3} = - \frac{2}{3} \frac{1 - C_2}{C_1} \frac{k^2}{\varepsilon} \left(1 - \frac{1 - C_2}{C_1} \frac{G_k}{\varepsilon} \right) \frac{\partial \overline{u}_1}{\partial x_3} \tag{4.2.41}$$

若将其写成标准 k-ε 方程的形式，则有

$$- \overline{u'_1 u'_3} = C_\mu \frac{k^2}{\varepsilon} \frac{\partial \overline{u}_1}{\partial x_3} \tag{4.2.42}$$

由此得到

$$C_\mu = \frac{2}{3} \frac{1 - C_2}{C_1} \left(1 - \frac{1 - C_2}{C_1} \frac{G_k}{\varepsilon} \right) \tag{4.2.43}$$

由于 G_k 和 ε 均为空间坐标的函数，因此 C_μ 不是常数。由此可见，k-ε 模式是最简单的 ASM 模型在湍动能产生率与耗散率之比为常数的情况下的一种特例。当然，从本章给出的较复杂的 ASM 形式也能给出 C_μ 的类似形式，其区别仅是其表达形式更为复杂而已，在此不做介绍。

标准 k-ε 模式是目前工程计算中应用较多的湍流模式。与 ASM 相比，标准 k-ε 模式具有较多优点，如计算所需内存较少，计算稳定等，但因该模式中的系数是根据某些较简单的典型流动实验所确定，其对一些复杂湍流运动不一定能很好地模拟。比如：在绕后台阶流动的模拟中，标准 k-ε 模式所计算出的流向再附距离及湍流强度均与实验成果相差 20% 左右。

综合来看，标准 k-ε 模式具有如下缺点：①在该模式中因假定雷诺应力与当地的平均切变率成正比，故不能准确反映雷诺应力沿流向的历史效应；②该模式是各向同性模式，槽道横断面上由雷诺应力场的各向异性所生成的二次流不能用其来模拟；③雷诺应力生成项对即使是很小的纵向曲率都十分敏感，而标准 k-ε 模式对附加应变不存在放大作用，因此对此类流动的模拟不合适；④标准 k-ε 模式不能反映平均涡量的影响，而平均涡量对雷诺应力的分布有影响，特别是在湍流分离流动中，这种影响是十分重要的；⑤一般而言，流动越复杂，标准 k-ε 模式模拟出的雷诺应力精度也相应越低。

2. 非线性 k-ε 模式

标准 k-ε 模式可以计算比较复杂的流动，但在定量描述方面其精度有待提高。如果能够克服标准 k-ε 模式的前述缺点，利用其对流动进行计算将能获得更好的预测成果。因此，人们在标准 k-ε 模式这种线性模式基础上，发展了非线性的 k-ε 模式。其中，有重整化群 k-ε 模式[8]和 Speziale[9]的非线性 k-ε 模式。重整化群 k-ε 模式基于多尺度随机过程的重整化思想，在高雷诺数的极限情况下，重整化群 k-ε 模式和标准 k-ε 模式具

有相同的表达式，但其模型常数由重整化群理论计算出，见表 4.2.2。

表 4.2.2　标准 k-ε 模式与重整化群 k-ε 模式中各系数取值比较

	C_μ	$C_{\varepsilon 1}$	$C_{\varepsilon 2}$	σ_k	σ_ε
标准 k-ε 模式	0.09	1.44	1.92	1.0	1.3
重整化群标准 k-ε 模式	0.0837	1.063	1.7215	0.7179	0.7179

重整化群 k-ε 模式是一种理性的模式，原则上它不需要经验常数。但在应用中发现由重整化群理论得到的系数 $c_{\varepsilon 1} = 1.063$ 会在湍动能耗散方程中产生奇异性。比如在均匀切变流中会导致湍动能增长率过大[9]。下面简要介绍 Speziale 用理性力学方法导出的非线性 k-ε 模式[9]。

Speziale 应用理性力学中建立流体本构关系的方法，把雷诺应力用平均速度梯度展开到二阶项，根据张量函数的可表性和参照坐标不变性的原则，将雷诺应力用参数 k、ε 表示成如下的二次式

$$- \overline{u'_i u'_j} = -\frac{2}{3} k \delta_{ij} + C_\mu \frac{k^2}{\varepsilon} \bar{S}_{ij} + \alpha_1 \frac{k^3}{\varepsilon^2} \left(\overline{S_{ik} S_{kj}} - \frac{1}{3} \overline{S_{mn} S_{mn}} \delta_{ij} \right)$$

$$- \alpha_2 \frac{k^3}{\varepsilon^2} \left(\overline{\omega_{ik} \omega_{kj}} - \frac{1}{3} \overline{\omega_{mn} \omega_{mn}} \delta_{ij} \right) - \alpha_3 \frac{k^3}{\varepsilon^2} (\overline{S_{ik} \omega_{jk}} + \overline{S_{jk} \omega_{ik}})$$

$$+ \alpha_5 \frac{k^3}{\varepsilon^2} \left(\frac{\partial \bar{S}_{ij}}{\partial t} + \bar{u}_k \frac{\partial \bar{S}_{ij}}{\partial x_k} \right) \tag{4.2.44}$$

式（4.2.44）右边前两项与标准 k-ε 模式相同，属于线性项；右边第三、四、五项是平均变形率 $\overline{S}_{ij}$ 与平均涡量 $\overline{\omega}_{ij}$ 的二次项；最后一项是变形率质点导数项，其作用是保证伽利略群变换的不变性，并将平均变形率历史包含在雷诺应力封闭式中。

非线性 k-ε 模式与标准 k-ε 模式相比在预报精度上有很大的改进。目前，研究湍流模式的专家认为：线性 k-ε 模式只适用于模拟简单切变湍流；非线性 k-ε 模式则是简单且适用的湍流模式，应当用非线性 k-ε 模式取代标准 k-ε 模式来模拟复杂湍流[3]。当然，非线性 k-ε 模式也有涡粘模式的固有缺陷，如没考虑雷诺应力的松弛效应等。

4.2.4　代数涡粘模式

1. 代数涡粘模式的一般形式

代数涡粘模式是以往工程计算中最常用的模式，其雷诺应力封闭关系式为

$$- \overline{u'_i u'_j} = \nu_t \left(\frac{\partial \bar{u}_i}{\partial x_j} + \frac{\partial \bar{u}_j}{\partial x_i} \right) - \frac{1}{3} \overline{u'_l u'_l} \delta_{ij} \tag{4.2.45}$$

式中，ν_t 称为涡粘系数，该系数形式上与流体的运动粘性系数 ν 相似，但不是物性常数，而是与流体的湍流运动状态有关的系数。涡粘系数可通过多种方法得到，混合长度模式（或称掺长理论）是确定涡粘系数的模式之一。

2. 掺长理论

掺长理论是 Prandtl 在 1925 年针对湍流边界层首先提出的。他认为湍流中涡体的脉动与分子热运动具有相似性，并参照分子运动论中分子动力粘性系数的计算公式来估算涡粘系数，其所建议的湍动动力粘性系数 μ_t（涡粘系数 ν_t 与流体密度 ρ 的乘积）的计算公式为

$$\mu_t = \rho l_m u' \tag{4.2.46}$$

Prandtl 参照分子在自由程中不产生量的变化，只有在碰撞后特征量才迅速发生变化的特征，认为湍流是由很多流体质点所组成的流体微团的运动，流体微团的特征量（质量、动量等）在一定距离内（称为混合长，以 l_m 表示）保持不变，只有当其到达新位置后，才与当地流体微团相混合，其特征量也才发生变化。由此得到

$$u' = l_m \left| \frac{\partial \bar{u}}{\partial x_3} \right| \tag{4.2.47}$$

式中，$\bar{u}$ 表示纵向时均流速，x_3 表示垂向坐标。联立以上两式，得到

$$\mu_t = \rho l_m^2 \left| \frac{\partial \bar{u}}{\partial x_3} \right| \tag{4.2.48}$$

混合长度 l_m 在不同的流动中有不同的表达式。给定混合长度表达式后，混合长度模式即得以封闭。

3. 混合长度的确定

Prandtl 的掺长理论并没有给出确定混合长的理论思路，但 Karman 的相似性假设却可用来估计混合长度 l_m。Karman 认为，对雷诺数足够高且接近平衡态的流动，其流动结构具有相似性，也即点与点之间的湍流脉动只有特征长度尺度与特征时间尺度的差别。对二维均匀流湍流，经过推导，得到特征长度尺度 l_m 与特征速度尺度 u_m 分别为

$$l_m \sim \frac{\dfrac{d\bar{u}}{dx_3}}{\dfrac{d^2\bar{u}}{dx_3^2}} \tag{4.2.49a}$$

$$u_m \sim l_m \frac{d\bar{u}}{dx_3} \tag{4.2.49b}$$

在式 (4.2.49a) 中取

$$l_m = \kappa \frac{\dfrac{d\bar{u}}{dx_3}}{\dfrac{d^2\bar{u}}{dx_3^2}} \tag{4.2.50}$$

式中，$\kappa = 0.4$ 为 Karman 常数。实验资料表明，在湍流边界层的近壁区，纵向时均流速 $\bar{u}$ 随离开壁面的垂向距离 x_3 按对数关系变化，将其代入式 (4.2.50)，得到

$$l_m = \kappa x_3 \tag{4.2.51}$$

在近壁区的粘性底层内部，一方面时均速度梯度增加，导致分子粘性切应力的增

加；另一方面，固壁对湍动的抑制作用又降低了湍流的输运强度。为综合反映这两方面的特性，Van Driest[10] 提出如下修正公式来描述分子粘性与湍流涡体粘性的综合作用，相应的有效粘性系数 μ_e 为

$$\mu_e = \mu + \rho l_m^2 \left| \frac{\partial \overline{u}}{\partial x_3} \right| \qquad (4.2.52)$$

$$l_m = \kappa x_3 \left(1 - \exp\left(-\frac{x_3 \tau_w^{0.5} \rho^{0.5}}{A\mu} \right) \right) \qquad (4.2.53)$$

式中，$A = 26$ 为一常数。

对自由切变湍流，其混合长度在与主流相垂直的方向上不变，其仅与当地剪切层的位移厚度 B 成正比，也即

$$l_m = \lambda B \qquad (4.2.54)$$

式中，λ 为一随流动形式而变的常数。

当通过固壁的湍流边界层存在沿主流方向的压强梯度，或者通过固壁有质量或热量交换，或者固壁表面有天然或人工加糙时，需要对体现湍流输运作用的混合长度公式进行修正。

代数涡粘模式最大的优点是计算量小，最大的缺点是它的局部性，因其表达式中雷诺应力仅与当时当地的平均变形率成正比，完全忽略了湍流历史效应的影响，而历史效应很难做局部修正。

4.2.5 壁函数

实际工程中的湍流雷诺数均很大，近壁湍流边界层很薄，在用 RSM、ASM 以及 k-ε 模式等封闭模式进行数值计算时，壁面网格只能到达等应力区外缘。另一方面，从壁面到等应力区的边缘 $\left(x_3^+ = \dfrac{u_* x_3}{\nu} = 30 \right)$ 湍流的统计量有剧烈变化，任何一种数值方法均无法在一个网格中来表述这种急剧变化。这时，只好放弃数值积分到真实的壁面，代之以在离开壁面的第一层网格上用壁函数作为边界条件，或者说，例用壁函数将雷诺方程与近壁等应力层做渐进衔接。

4.3 低浓度两相湍流的湍流模式

将低浓度两相湍流细分为无相间滑移的被动标量输运及存在相间滑移的两相湍流运动两类。下面先介绍被动标量输运的湍流模式，然后以水沙两相湍流为例介绍可动边界条件下低浓度两相湍流的数学模型及湍流模式。

4.3.1 被动标量输运的湍流模式

1. 被动标量输运的二阶矩模型

由式（2.1.11）的标量脉动输运方程可以得到被动标量 θ 的二阶矩 $\overline{u'_i \theta'}$ 输运方

程为

$$\frac{\partial \overline{u'_i\theta'}}{\partial t} + \bar{u}_k \frac{\partial \overline{u'_i\theta'}}{\partial x_k} = G_{\theta i} + \Phi_{\theta i} + D_{\theta i} - \varepsilon_{\theta i} \tag{4.3.1}$$

式中各项如下：

（1）生成项。

$$G_{\theta i} = -\left(\overline{\theta' u'_j} \frac{\partial \bar{u}_i}{\partial x_j} + \overline{u'_i u'_j} \frac{\partial \bar{\theta}}{\partial x_j} \right) \tag{4.3.2a}$$

（2）压强标量梯度相关项。

$$\Phi_{i\theta} = \overline{\frac{p'}{\rho} \frac{\partial \theta'}{\partial x_i}} \tag{4.3.2b}$$

（3）扩散项。

$$D_{\theta i} = -\frac{\partial}{\partial x_j} \left(\overline{u'_i u'_j \theta'} + \overline{\frac{p'\theta'}{\rho}} \delta_{ij} - \nu \overline{\theta' \frac{\partial u'_i}{\partial x_j}} - D \overline{u'_i \frac{\partial \theta'}{\partial x_j}} \right) \tag{4.3.2c}$$

扩散项以散度的形式出现，前两项为湍流扩散项，后两项为分子扩散项。

（4）耗散项。

$$\varepsilon_{\theta i} = (\nu + D) \overline{\frac{\partial \theta'}{\partial x_j} \frac{\partial u'_i}{\partial x_j}} \tag{4.3.2d}$$

采用在雷诺应力输运模式中所用的封闭方法，分别对式（4.3.2）中的扩散项、压强标量梯度相关项及耗散项做如下模拟：

（1）扩散项的模拟。

$$-\overline{u'_i u'_j \theta'} - \overline{\frac{p'\theta'}{\rho}} \delta_{ij} = C_\theta \frac{k^2}{\varepsilon} \overline{\frac{\partial u'_i \theta'}{\partial x_j}} \tag{4.3.3a}$$

$$\nu \overline{\theta' \frac{\partial u'_i}{\partial x_j}} + D \overline{u'_i \frac{\partial \theta'}{\partial x_j}} = D \overline{\frac{\partial u'_i \theta'}{\partial x_j}} \tag{4.3.3b}$$

（2）压强标量梯度相关项的模拟。

$$\overline{\frac{p'}{\rho} \frac{\partial \theta'}{\partial x_i}} = \Phi_{\theta i1} + \Phi_{\theta i2} \tag{4.3.4a}$$

$$\Phi_{\theta i1} = \frac{1}{4\pi} \iiint_V G(\boldsymbol{x}, \boldsymbol{\xi}) \overline{\frac{\partial \theta'}{\partial x_i} \frac{\partial^2 (u'_l u'_m)}{\partial \xi_l \xi_m}} \mathrm{d}\boldsymbol{\xi} = -C_{\theta 1} \frac{\varepsilon}{k} \overline{u'_i \theta'} \tag{4.3.4b}$$

$$\Phi_{\theta i2} = \frac{2}{4\pi} \iiint_V G(\boldsymbol{x}, \boldsymbol{\xi}) \overline{\frac{\partial \theta'}{\partial x_i} \frac{\partial u'_j}{\partial \xi_m}} \frac{\partial \bar{u}_m}{\partial \xi_j} \mathrm{d}\boldsymbol{\xi} = C_{\theta 2} \frac{\partial \bar{u}_i}{\partial x_j} \overline{u'_j \theta'} \tag{4.3.4c}$$

（3）耗散项的模拟。

考虑到耗散主要来自各向同性的小尺度涡，在式（4.3.2d）中如将 i 坐标轴的方向反向，此项将改变符号，由耗散的各向同性得到

$$\varepsilon_{\theta i} = (\nu + D) \overline{\frac{\partial \theta'}{\partial x_j} \frac{\partial u'_i}{\partial x_j}} = 0 \tag{4.3.5}$$

经汇总得到被动标量输运的二阶矩模式为

$$\frac{\partial \overline{u'_i\theta'}}{\partial t} + \bar{u}_j \frac{\partial \overline{u'_i\theta'}}{\partial x_j} = \frac{\partial}{\partial x_j}\left(C_\theta \frac{k^2}{\varepsilon}\frac{\partial \overline{u'_i\theta'}}{\partial x_j} + D \frac{\partial \overline{u'_i\theta'}}{\partial x_j}\right) + G_{\theta i} - C_{\theta 1}\frac{\varepsilon}{k}\overline{u'_i\theta'} + C_{\theta 2}\frac{\partial \bar{u}_i}{\partial x_j}\overline{u'_j\theta'}$$

$$(4.3.6)$$

式（4.3.6）中的经验系数由实验确定，对于温度输运，其为

$$C_\theta = 0.07; \quad C_{\theta 1} = 3.2, \quad C_{\theta 2} = 0.5$$

2. 被动标量输运的代数应力模式与涡粘模式

类似式（4.2.32），如果流动是具有高标量梯度的强剪切流，或是局部平衡湍流，在式（4.3.6）中也可忽略方程左边的对流项及方程右边的扩散项，从而得到被动标量输运的代数应力模式的表达式为

$$\overline{u'_i u'_j}\frac{\partial \bar{\theta}}{\partial x_j} + C_{\theta 1}\frac{\varepsilon}{k}\overline{u'_i\theta'} + (1 - C_{\theta 2})\overline{u'_j\theta'}\frac{\partial \bar{u}_i}{\partial x_j} = 0 \qquad (4.3.7)$$

在被动标量输运的涡粘模式中，人们干脆放弃了建立$\overline{u'_i\theta'}$方程的企图，直接引入Boussinesq 假设

$$-\overline{u'_i\theta'} = D_t \frac{\partial \bar{\theta}}{\partial x_i} \qquad (4.3.8)$$

而类似涡粘系数 $\nu_t = C_\mu \dfrac{k^2}{\varepsilon}$，根据量纲分析得到标量输运的涡粘系数 D_t 为

$$D_t = C_{\theta\mu}\frac{k^2}{\varepsilon} \qquad (4.3.9)$$

4.3.2　低浓度水沙两相湍流的数学模型与湍流模式

下面简述低浓度水沙两相湍流的数学模型及湍流模式。河道中运动的泥沙呈两种运动状态：一是推移质运动，系指在床面上滚动、滑动或跳跃前进的泥沙；二是悬移质运动，指的是随水流浮游前进的泥沙。图4.3.1 给出了河道中水沙两相湍流的概化模式，图中床面以上推移质输沙层的厚度为 δ_b，推移质输沙层以上厚度为 H 的区域为悬移质输沙区。在泥沙输移过程中，推移质泥沙在上界面与悬移质泥沙进行交换，在下界面则与床面泥沙交换[11~13]。

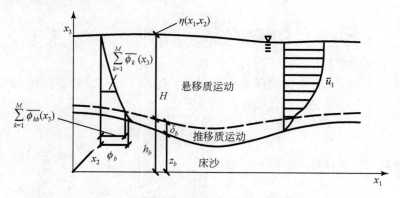

图4.3.1　河道中水沙两相湍流的概化模式

水沙两相湍流系可动边界（河床存在冲淤变形，有时河岸也有变形，本书不讨论河岸变形）的流体力学问题，其控制方程包括：水流运动的控制方程；推移质运动的控制方程；悬移质运动的控制方程；河床变形的控制方程等，其中，在水流运动及悬移质运动的控制方程中需要引入湍流模式。下面对我们建立的低浓度水沙两相湍流的三维数学模型进行简要介绍。

1. 水流运动控制方程及其封闭

由式（2.3.30）和式（2.3.31）可知，低浓度水沙两相湍流中水流运动的控制方程为

$$\frac{\partial \overline{u}_i}{\partial x_i} = 0 \tag{4.3.10a}$$

$$\frac{\partial \overline{u}_i}{\partial t} + \frac{\partial \overline{u}_i \overline{u}_j}{\partial x_j} = f_i - \frac{1}{\rho}\frac{\partial \overline{p}}{\partial x_i} + \nu \frac{\partial^2 \overline{u}_i}{\partial x_j \partial x_j} - \frac{\partial \overline{u'_i u'_j}}{\partial x_j} + \sum_{l=1}^{M}\left(\frac{\rho_{pk}}{\rho} - 1\right)\overline{\phi}_l f_i \tag{4.3.10b}$$

式（4.3.10）中的雷诺应力项 $-\overline{u'_i u'_j}$ 可采用雷诺应力模式、代数应力模式、k-ε 模式等来进行封闭，我们采用的是 k-ε 模式，也即取

$$-\overline{u'_i u'_j} = -\frac{2}{3}k\delta_{ij} + \nu_t\left(\frac{\partial \overline{u}_i}{\partial x_j} + \frac{\partial \overline{u}_j}{\partial x_i}\right) \tag{4.3.11a}$$

$$\nu_t = C_\mu \frac{k^2}{\varepsilon} \tag{4.3.11b}$$

式中，ν_t 为水流湍动扩散系数，k 与 ε 分别表示低浓度水沙两相湍流的湍动能与湍动能耗散率，其控制方程如下：

$$\frac{\partial k}{\partial t} + \overline{u}_j \frac{\partial k}{\partial x_j} = \frac{\partial}{\partial x_j}\left(\left(\nu + \frac{\nu_t}{\sigma_k}\right)\frac{\partial k}{\partial x_j}\right) + P_k - \varepsilon - \sum_{l=1}^{M}\frac{\rho_{pl} - \rho}{\rho}\frac{\nu_t}{Sc_T}\frac{\partial \overline{\phi}_l}{\partial x_j}g_j \tag{4.3.12}$$

$$\frac{\partial \varepsilon}{\partial t} + \overline{u}_j \frac{\partial \varepsilon}{\partial x_j} = \frac{\partial}{\partial x_j}\left(\left(\nu + \frac{\nu_t}{\sigma_\varepsilon}\right)\frac{\partial \varepsilon}{\partial x_j}\right) + C_{\varepsilon1}\frac{\varepsilon}{k}P_k - C_{\varepsilon2}\frac{\varepsilon^2}{k} + C_{\varepsilon1}\frac{\varepsilon}{k}\frac{\nu_T}{Sc_T}\sum_{l=1}^{M}\frac{\rho_{pl} - \rho}{\rho}\frac{\partial \overline{\phi}_l}{\partial x_j}g_j$$
$$\tag{4.3.13}$$

式中，M 为悬移质泥沙的分组数目，Sc_T 为湍流施密特数，$P_k = \nu_t\left(\frac{\partial \overline{u}_i}{\partial x_j} + \frac{\partial \overline{u}_j}{\partial x_i}\right)\left(\frac{\partial \overline{u}_i}{\partial x_j} + \frac{\partial \overline{u}_j}{\partial x_i}\right)$ 为湍动能产生项。

2. 泥沙输运方程及其封闭

1）悬移质泥沙输运方程

由式（2.3.32）可知，M 组悬移质中第 k 组的输运方程为

$$\frac{\partial \overline{\phi}_k}{\partial t} + \frac{\partial \overline{\phi}_k \overline{u}_i}{\partial x_i} = -\frac{\partial \overline{\phi'_k u'_i}}{\partial x_i} + \frac{\partial \overline{\phi}_k}{\partial x_k}\omega_k\delta_{i3} \tag{4.3.14}$$

式（4.3.14）中的悬移质通量 $-\overline{\phi'_k u'_i}$ 的封闭关系式为

$$-\overline{\phi'_k u'_i} = \frac{\nu_t}{Sc_T}\frac{\partial \overline{\phi}_k}{\partial x_i} \tag{4.3.15}$$

悬移质泥沙与推移质泥沙之间的交换通量 q_D 为

$$q_D = \sum_{i=1}^{M} \left(\int_{h_b}^{\eta} \left(\overline{u}_1 \, \overline{\phi}_k - \frac{\nu_t}{Sc_T} \frac{\partial \overline{\phi}_k}{\partial x_1} \right) \mathrm{d}x_3 + \int_{h_b}^{\eta} \left(\overline{u}_2 \, \overline{\phi}_k - \frac{\nu_t}{Sc_T} \frac{\partial \overline{\phi}_k}{\partial x_2} \right) \mathrm{d}x_3 \right) \quad (4.3.16)$$

2）推移质泥沙输运方程

直接采用推移质输沙率公式[11,12]计算总的推移质输沙率 q_b。利用计算所得的推移质输沙层沿纵向 x_1 的流速 u_{b1} 和横向 x_2 的流速 u_{b2}，根据下式计算纵、横向上的推移质输沙率：

$$q_{b1} = \frac{q_b u_{b1}}{\sqrt{u_{b1}^2 + u_{b2}^2}} \quad (4.3.17a)$$

$$q_{b2} = \frac{q_b u_{b2}}{\sqrt{u_{b1}^2 + u_{b2}^2}} \quad (4.3.17b)$$

3. 河床变形方程

采用下式计算由推移质与悬移质引起的河床冲淤变形[13]：

$$(1 - e) \frac{\partial z_b}{\partial t} + \frac{\partial (\delta_b \, \overline{\phi}_b)}{\partial t} + q_D + \frac{\partial q_{b1}}{\partial x_1} + \frac{\partial q_{b2}}{\partial x_2} = 0 \quad (4.3.18)$$

式中，z_b 为河床活动层的高程；δ_b、$\overline{\phi}_b$ 分别为推移质层的厚度及体积含沙浓度；e 为床沙的孔隙率。

如果水体中的泥沙和床沙作不等量交换，则伴随着河床几何尺寸上的变形，床面混合层中各组泥沙的粒径也随之发生调整。将床沙分为 N 组，则第 k 组床沙级配调整方程为

$$\frac{\partial P_{b,k}}{\partial t} + \frac{1}{(1 - P_s) E_m} \left(q_D + \frac{\partial q_{b1}}{\partial x_1} + \frac{\partial q_{b2}}{\partial x_2} \right) + \frac{1}{E_m} \left(\frac{\partial z_b}{\partial t} - \frac{\partial E_m}{\partial t} \right) \left(\varepsilon_1 P_{b,k} + (1 - \varepsilon_1) P_{0,k} \right) = 0$$

$$(4.3.19)$$

式中，E_m 为河床活动层厚度；P_s 为活动层孔隙率；$P_{b,k}$ 为活动层中第 k 组床沙所占的百分数；$P_{0,k}$ 为原始河床中第 k 组床沙所占的百分数；ε_1 为开关函数：当活动层下切原始河床时，取 $\varepsilon_1 = 0$，否则取 $\varepsilon_1 = 1$。

4.4 低浓度水沙两相湍流的平面二维数学模型与湍流模式

下面以低浓度水沙两相湍流为例，从式（4.3.10）出发，介绍其平面二维数学模型与湍流模式。

4.4.1 问题的表述

不失一般性，仅考虑以低浓度水沙两相湍流上边界为存在自然风的自由面，悬移质运动的下边界为可动边界来讨论，见图 4.3.1。在自由面 $x_3 = \eta$ 上，以及在悬移质运动的下边界（以下简称底部）$x_3 = h_b$ 上，流动应满足以下运动学边界条件（式中下标 $j = 1$、2）：

$$u_3 \big|_{\eta} = \frac{\partial \eta}{\partial t} + (u_j)_{\eta} \frac{\partial \eta}{\partial x_j} \tag{4.4.1a}$$

$$u_3 \big|_{h_b} = \frac{\partial h_b}{\partial t} + (u_j)_{h_b} \frac{\partial h_b}{\partial x_j} \tag{4.4.1b}$$

此外，在自由面及底部，低浓度水沙两相湍流还应满足如下动力学边界条件：

$$\tau_i^s = \left(\tau_{i3}^s \big|_{\eta} - \tau_{ij}^s \big|_{\eta} \frac{\partial \eta}{\partial x_j} \right) - \rho \, \overline{u'_i u'_3} \big|_{\eta}$$

$$= - \rho \, \overline{u'_i u'_3} \big|_{\eta} - \left(\mu \left(\frac{\partial u_i}{\partial x_j} + \frac{\partial u_j}{\partial x_i} \right) \right)_{\eta} \frac{\partial \eta}{\partial x_j} + \left(\mu \left(\frac{\partial u_i}{\partial x_3} + \frac{\partial u_3}{\partial x_i} \right) \right)_{\eta} \tag{4.4.2a}$$

$$\tau_i^b = \left(- \tau_{i3}^b \big|_{h_b} - \tau_{ij}^b \big|_{h_b} \frac{\partial h_b}{\partial x_j} \right) + \rho \, \overline{u'_i u'_3} \big|_{h_b}$$

$$= \rho \, \overline{u'_i u'_3} \big|_{h_b} - \left(\mu \left(\frac{\partial u_i}{\partial x_j} + \frac{\partial u_j}{\partial x_i} \right) \right)_{h_b} \frac{\partial h_b}{\partial x_j} - \left(\mu \left(\frac{\partial u_i}{\partial x_3} + \frac{\partial u_3}{\partial x_i} \right) \right)_{h_b} \tag{4.4.2b}$$

下面对式（4.3.10）引入垂向平均化（水深平均）处理，为便于表述，以下讨论中将略去式（4.3.10）中水沙运动特征量上的时间平均符号。由图可知，水体的总深度 $H = \eta - h_b$。将流速 u_i 与体积含沙浓度 ϕ_k 的水深平均值定义为

$$\overline{u}_i = \frac{1}{H} \int_{h_b}^{\eta} u_i \mathrm{d}x_3 \tag{4.4.3a}$$

$$\overline{\phi}_k = \frac{1}{H} \int_{h_b}^{\eta} \phi_k \mathrm{d}x_3 \tag{4.4.3b}$$

将 u_i、ϕ_k 分解为相应的水深平均值 $\overline{u}_i$、$\overline{\phi}_k$ 与相对于水深平均值的变化值之和，也即

$$u_i = \overline{u}_i + u'_i \tag{4.4.4a}$$

$$\phi_k = \overline{\phi}_k + \phi'_k \tag{4.4.4b}$$

将式（4.4.4）代入式（4.3.10），经过整理即可得到相应的水深平均值的控制方程。在介绍控制方程之前，下面先对平面二维数学模型的基本假设做一简要介绍。

4.4.2　基本假设

平面二维数学模型有两条基本假设，分别为

（1）浅水近似。也即认为水流运动的压强可按静水压强来估计。在河道地形平缓，水流运动的垂向特征长度远小于水平方向的特征长度的条件下，垂向流速甚小，浅水近似是合理的。

（2）长波假设。对一般的自由面 $x_3 \big|_s = \eta(x_1, x_2, t)$，其法向为

$$\boldsymbol{n}_s = \frac{\left(-\dfrac{\partial \eta}{\partial x_1}, \dfrac{\partial \eta}{\partial x_2}, 1 \right)}{\sqrt{1 + \left(\dfrac{\partial \eta}{\partial x_1} \right)^2 + \left(\dfrac{\partial \eta}{\partial x_2} \right)^2}} \tag{4.4.5}$$

根据长波假设，自由面的坡度应满足 $\dfrac{\partial \eta}{\partial x_1} \ll 1$；$\dfrac{\partial \eta}{\partial x_2} \ll 1$，从而有

$$\boldsymbol{n}_s = \left(-\frac{\partial \eta}{\partial x_1}, \frac{\partial \eta}{\partial x_2}, 1 \right) \tag{4.4.6}$$

此外，在平面二维数学模型中，还对自由表面上的风应力 τ_i^s 与底部的切应力 τ_i^b 做出如下假设：

$$\tau_i^s = \gamma_c \rho_a w^2 \cos\theta_i \tag{4.4.7a}$$

$$\tau_i^b = \frac{g}{C^2}\rho \bar{u}_i \sqrt{\bar{u}_1^{\ 2} + \bar{u}_2^{\ 2}} \tag{4.4.7b}$$

式中，w、θ_i 分别表示风速与风向；ρ_a 为空气的密度；$\gamma_c = 0.0026$ 为无因次风应力系数；$C = \dfrac{1}{n}H^{1/6}$ 为谢才系数，n 为糙率系数。

4.4.3 控制方程与湍流模式

下面通过水深平均得到低浓度水沙两相湍流平面二维数学模型的控制方程，在以下表述中 $i = 1$、2。在方程推导过程中，利用了 Leibnitz 公式做如下变换：

$$\frac{\partial}{\partial x_k} \int_{h_b}^{\eta} f(x_1, x_2, x_3)\mathrm{d}x_3 = \int_{h_b}^{\eta} \frac{\partial f}{\partial x_k}\mathrm{d}x_3 + f|_{\eta}\frac{\partial \eta}{\partial x_k} - f|_{h_b}\frac{\partial h_b}{\partial x_k} \tag{4.4.8a}$$

$$\frac{\partial}{\partial t} \int_{h_b}^{\eta} f(x_1, x_2, x_3)\,\mathrm{d}x_3 = \int_{h_b}^{\eta} \frac{\partial f}{\partial t}\mathrm{d}x_3 + f|_{\eta}\frac{\partial \eta}{\partial t} - f|_{h_b}\frac{\partial h_b}{\partial t} \tag{4.4.8b}$$

（1）水流连续方程。

对不可压缩流体时均运动的连续方程沿垂向积分，得到

$$\int_{h_b}^{\eta} \left(\frac{\partial \rho}{\partial t} + \frac{\partial (\rho u_i)}{\partial x_i} \right)\mathrm{d}x_3 + \rho u_3 |_{h_b}^{\eta} = 0 \tag{4.4.9}$$

引入自由面与底部的运动学边界条件式（4.4.1），得到水流运动连续方程的水深平均形式为

$$\frac{\partial H}{\partial t} + \frac{\partial (H\bar{u}_i)}{\partial x_i} = 0 \tag{4.4.10}$$

（2）水流运动方程。

对式（4.3.10b）中沿垂向的控制方程进行水深平均，根据浅水近似，有

$$-\frac{\partial p}{\partial x_3} = \rho g + \sum_{k=1}^{M} (\rho_{pk} - \rho)\phi_k g \tag{4.4.11}$$

设 $\int_{x_3}^{\eta} \phi_k \mathrm{d}x_3 = \varphi\bar{\phi}_k(\eta - x_3)$，则有

$$p = p_a + \rho g(\eta - x_3) + \varphi g(\eta - x_3) \sum_{k=1}^{M} (\rho_{pk} - \rho)\bar{\phi}_k \tag{4.4.12}$$

从而进一步有

$$-\int_{h_b}^{\eta} \frac{\partial p}{\partial x_i}\mathrm{d}x_3 = -\left(\rho + \varphi \sum_{k=1}^{M} (\rho_{pk} - \rho)\bar{\phi}_k \right)gH\frac{\partial \eta}{\partial x_i} - \frac{\varphi}{2}\sum_{k=1}^{M} (\rho_{pk} - \rho)gH^2\frac{\partial \bar{\phi}_k}{\partial x_i}$$

$$\tag{4.4.13}$$

对湍流应力引入如下的封闭模式：

$$\int_{h_b}^{\eta} \left(\frac{\partial}{\partial x_3} \left(-\rho \langle u_i u_j \rangle - \rho \overline{u''_i u''_j} \right) \right) \mathrm{d}x_3 = \frac{\partial}{\partial x_j} \left(\rho H \nu_T \left(\frac{\partial \overline{u}_i}{\partial x_j} + \frac{\partial \overline{u}_j}{\partial x_i} \right) \right) \tag{4.4.14}$$

式中，时间平均已改用 $\langle\ \rangle$ 符号表示，ν_T 为包括湍动扩散与剪切弥散的综合扩散系数，其既可类似代数涡粘模式给出（$\nu_T = \beta_1 u_* H$），也可采用水深平均的 k-ε 模式来计算。将式（4.4.13）代入纵、横向水流运动控制方程的水深平均形式，经整理得到

$$\frac{\partial (H\overline{u}_i)}{\partial t} + \frac{\partial (H\overline{u}_i \overline{u}_j)}{\partial x_j} = \frac{\partial}{\partial x_j} \left((\nu + \nu_T) H \left(\frac{\partial \overline{u}_i}{\partial x_j} + \frac{\partial \overline{u}_j}{\partial x_i} \right) \right) + \frac{\tau_i^s - \tau_i^b}{\rho}$$
$$- \left(1 + \varphi \sum_{k=1}^{M} \frac{\rho_{pk} - \rho}{\rho} \overline{\phi}_k \right) gH \frac{\partial \eta}{\partial x_i} - \frac{\varphi}{2} \sum_{k=1}^{M} \frac{\rho_{pk} - \rho}{\rho} gH^2 \frac{\partial \overline{\phi}_k}{\partial x_i} \tag{4.4.15a}$$

在悬移质含沙浓度足够小，悬移质泥沙输运表现为被动输运的条件下，式（4.4.15a）还可进一步简化为

$$\frac{\partial (H\overline{u}_i)}{\partial t} + \frac{\partial (H\overline{u}_i \overline{u}_j)}{\partial x_j} = \frac{\partial}{\partial x_j} \left((\nu + \nu_T) H \left(\frac{\partial \overline{u}_i}{\partial x_j} + \frac{\partial \overline{u}_j}{\partial x_i} \right) \right) + \frac{\tau_i^s - \tau_i^b}{\rho} - gH \frac{\partial \eta}{\partial x_i} \tag{4.4.15b}$$

（3）悬移质泥沙输运方程。

对式（4.3.14）进行水深平均，引入自由面与底部的运动学边界条件，并对输运通量引入如下的封闭模式：

$$-\int_{h_b}^{\eta} \left(\frac{\partial}{\partial x_i} (\phi_k u_i) + \frac{\partial}{\partial x_i} (\overline{\phi''_k u''_i}) \right) \mathrm{d}x_3 = \frac{\partial}{\partial x_i} \left(H\nu_{TS} \frac{\partial \overline{\phi}_k}{\partial x_i} \right) \tag{4.4.16}$$

式中，ν_{TS} 为泥沙的综合扩散系数，类似代数涡粘模式有 $\nu_T = \beta_2 u_* H$。得到

$$\frac{\partial (\overline{\phi}_k H)}{\partial t} + \frac{\partial (H\overline{\phi}_k \overline{u}_i)}{\partial x_i} = \frac{\partial}{\partial x_i} \left(\nu_{TS} H \frac{\partial \overline{\phi}_k}{\partial x_i} \right) - (\phi_k u_3 - \omega_k \phi_k)\big|_{h_b}^{\eta} \tag{4.4.17}$$

下面对式（4.4.17）中右边最后一项进行讨论。考虑到在水面上无泥沙交换，故有

$$(\omega_k \phi_k - \overline{\phi'_k u'_3})\big|_{\eta} = 0 \tag{4.4.18}$$

而在河床底部则存在悬移质泥沙与推移质泥沙的交换，仍设交换率为 q_D，则有

$$(\omega_k \phi_k - \overline{\phi'_k u'_3})\big|_{-h_b} = q_D \tag{4.4.19}$$

当 $q_D = 0$ 时，河床处于冲淤平衡状态，设此时的底沙浓度为 ϕ_{k*}，而以 ϕ_{kb} 表示一般情况下的底沙浓度，则有

$$-\omega_k \phi_{kb} + (\overline{\phi'_k u'_3})_b = q_D \tag{4.4.20a}$$
$$-\omega_k \phi_{k*} + (\overline{\phi'_k u'_3})_* = 0 \tag{4.4.20b}$$

从而近似有

$$q_D = -\omega_k (\phi_{kb} - \phi_{k*}) + (\overline{\phi'_k u'_3})_b - (\overline{\phi'_k u'_3})_* \approx -\varphi \omega_k (\phi_{kb} - \phi_{k*}) \tag{4.4.21}$$

再定义恢复饱和系数 α，使得

$$\varphi \phi_{kb} = \alpha \overline{\phi}_k \tag{4.4.22a}$$

$$\varphi \phi_{k*} = \alpha \overline{\phi}_{k*} \tag{4.4.22b}$$

则有

$$q_D = -\alpha \omega_k (\overline{\phi}_k - \overline{\phi}_{k*}) \tag{4.4.23}$$

将式 (4.4.18)、式 (4.4.21) 和式 (4.4.23) 代入式 (4.4.17)，得到第 k 组悬移质泥沙输运方程的水深平均形式为：

$$\frac{\partial (H\overline{\phi}_k)}{\partial t} + \frac{\partial (H\overline{\phi}_k \overline{u}_i)}{\partial x_i} = \frac{\partial}{\partial x_i}\left(\nu_{TS} H \frac{\partial \overline{\phi}_k}{\partial x_i}\right) - \alpha \omega_k (\overline{\phi}_k - \overline{\phi}_{k*}) \tag{4.4.24}$$

综合考虑推移质与悬移质输沙的低浓度水沙两相湍流平面二维数学模型将在第 7 章介绍。

参 考 文 献

1　张兆顺，崔桂香，许春晓. 湍流大涡数值模拟的理论和应用. 北京：清华大学出版社，2008

2　是勋刚. 湍流. 天津：天津大学出版社，1994

3　张兆顺，崔桂香，许春晓. 湍流理论与模拟. 北京：清华大学出版社，2005

4　Lumley J. Computational modeling of turbulent flows. Advances in Applied Mechanics，1978，18：123

5　Rotta J C. Statistische theorie nichthomogener turbulenz. Zeitfurphys，1951，129：547～572；131：51～77

6　Launder B E，Reece G J，Rodi W. Progress in the development of a Reynolds-stress turbulence closure. J Fluid Mech，1975，68：537～566

7　Pope S. Turbulent Flows. Cambridge：Cambridge University Press，2000

8　Yakhot V，Orszag S A. Renormalised group analysis of turbulence. I. basic theory. J Sci Comput，1986，1：3～51

9　Speziale C G. Analytical methods for the development of Reynolds-stress closures in turbulence. Annual Review of Fluid Mechanics，1991，23：107

10　van Driest E R. On turbulent flow near a wall. Journal of the Aeronautical Sciences，1956，23：1007～1011，1036

11　张瑞瑾等. 河流泥沙动力学. 北京：水利电力出版社，1989

12　钱宁，万兆惠. 泥沙运动力学. 北京：科学出版社，1983

13　van Rijn L C. Mathematical modeling of morphological processes in the case suspended sediment transport. Delft Hydr. Communication，1987，（382）

第5章 工程湍流的数值模拟技术

在水利水电领域工程湍流问题的数值模拟中，基于网格的模拟技术和随机模拟技术较为常用，本章5.1节将先对数值模拟技术进行概述，随后在5.2节和5.3节介绍基于网格的模拟技术，5.4节介绍随机模拟技术，5.5节介绍我们开发的河流数值模拟系统 RSS（River Simulation System）计算软件。

5.1 工程湍流的数值模拟技术概述

数值模拟是通过求解计算域内有限个离散点的变量值，以此来近似反映计算域内的流动特征，这和物理模型试验中通过测量有限个位置处的特征量来研究流体运动特性十分相似。通过数值模拟来研究、预报工程湍流的特性越来越成为工程湍流研究中一种重要的手段，因其具有不受场地限制、研究周期短、研究费用相对较低，提供信息全面等优点，然而，由于受计算能力和认识水平的限制，其研究成果也需要经过检验才可应用于工程实践。

工程湍流的数值模拟包括以下主要步骤：

（1）建立数学模型。

依据物理规律建立数学模型。一般是从研究需要出发，根据实际情况对湍流运动的基本方程进行必要的简化，并确定其求解条件，见本书第2章与第4章内容。

（2）网格剖分。

确定计算范围，并进行网格剖分。不同的网格具有不同的优缺点，对计算区域的适应能力也有差别，剖分时需根据计算区域的特点选择合适的网格。

（3）方程离散与程序编制。

选择合适的计算方法对控制方程进行离散，编制相应的求解程序，并进行调试。

（4）验证计算与模拟计算。

采用典型的算例或实测资料进行率定、验证计算，然后进行模拟计算。

（5）成果后处理。

将计算成果以图、表等形式展示出来。

在数值计算过程中，应注意如下问题：

（1）从数学模型的角度来看，所选择的数学模型应能够为实际工程提供所需的成果，计算中不是模型越复杂越好，也不是模型的维数越多越好，数学模型的选择应综合考虑研究任务、已有资料情况等多种因素后慎重确定。

（2）从数值计算的角度来看，应满足计算方法选择恰当、程序组织合理、运行稳定、收敛速度快、精度适当等要求。

（3）从参数取值的角度来看，不同的问题具有不同的特点，其参数取值应该具有针对性。

（4）从系统开发可实现性来看，要求系统功能较为完善，具有较强的适用性和通用性，能够适应各种复杂的计算条件，针对特定的工程问题能够快速建模求解。

（5）从操作应用的角度来看，系统应具有可视化界面，有较为完善的图形处理功能，且便于操作，能够快速直观地展示计算成果。

5.2　网格生成技术

5.2.1　网格分类

数值模拟中所采用的计算网格按其拓扑结构可分为结构网格和非结构网格。结构网格的网格单元之间具有规则的拓扑结构，相互连接关系较为明确，根据某一网格编号很容易确定其相邻单元的编号。非结构网格的网格单元之间没有规则的拓扑结构，网格布置较为灵活，仅根据某一网格编号无法确定其相邻单元的编号。此外，按照网格单元的形状还可将计算网格分为三角形网格、四边形网格和混合网格。本书不讨论基于无网格法的流动模拟问题。

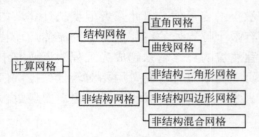

图 5.2.1　网格分类图

图 5.2.1 给出了数值模拟常用的计算网格分类，其中：结构网格包括直角网格（也称笛卡尔网格）和（非）正交曲线网格，此类网格的单元形状一般是单一的四边形；非结构网格包括非结构三角形网格、非结构四边形网格和非结构混合网格。不同网格的示意图见图 5.2.2。

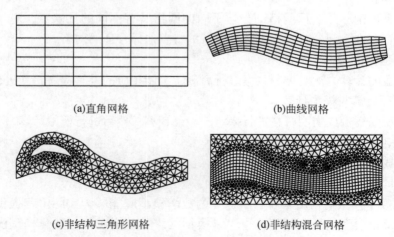

(a)直角网格　　　　　　　　　　(b)曲线网格

(c)非结构三角形网格　　　　　　(d)非结构混合网格

图 5.2.2　网格示意图

5.2.2　数值模拟对网格的要求

网格是数值模拟的载体，其形式、布局及存储格式对计算精度和计算效率具有很大的影响。数值模拟对计算网格的要求一般表现在如下几个方面。

1. 网格正交性

网格正交性是指两个相邻网格单元控制体中心连线与其界面之间的垂直关系，如图 5.2.3，若控制体中心连线 PE 垂直于界面 AB，则网格正交。网格正交与否对计算精度具有一定的影响，非正交的计算网格可能会引入如下计算误差：①沿控制体界面的扩散项可分为垂直于界面的正交扩散项和垂直于控制体中心连线的交叉扩散项，对于非正交网格需计算交叉扩散项，但目前尚无法准确计算这一项[1,2]；②在计算过程中常需要将变量由控制体中心插值到界面，如果网格非正交，则插值过程中必将引入计算误差；③如采用正交曲线坐标系下的控

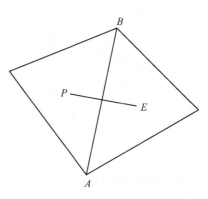

图 5.2.3　不规则网格正交性示意图

制方程，网格非正交也必将引入计算误差。因此，在条件许可的情况下尽量采用正交网格，不宜采用过分扭曲的网格。

2. 网格尺度

网格尺度是指网格单元的大小，网格尺度对数值模拟的精度及计算工作量具有重要影响。从计算精度来看，控制方程的离散格式一经确定，网格的尺度及其分布特性就成为决定计算精度的关键因素。直观来看，网格尺度越小计算误差也越小，而实际上却并非如此。这是由于影响计算精度的因素非常复杂，尤其是对非恒定流计算，大量的计算实践表明：若网格尺度太大，计算精度肯定会较低；反之，若网格尺度过小，除了计算量较大外，内部网格上的变量对边界条件变化的反映较为迟缓，计算所得数值流动过程和物理流动过程会存在较大相位差，计算精度相反不高。由此可见，数模计算所采用的网格尺度应与计算区域和拟建工程的尺度相匹配，并非越小越好，且尽量使网格过渡平顺，避免大网格直接连接小网格，否则会影响收敛，文献［3］认为，如果相邻两个网格的尺度之比在 $1.5 \sim 2.0$ 之内不会对计算误差产生重大影响。

3. 网格布置

网格布置是指网格单元的形状与分布，如单元长宽比、走向等。网格布置对数值模拟成果的精度影响较大且非常复杂。目前对该问题的认识多是经验性的。在网格生成的过程中一般应注意以下几点：①对于规则的区域采用规则网格（如直角网格）的计算精度要高于非规则网格（如三角形网格）；②在流动区域内垂直于流动方向上至少有十个以上的计算网格，否则将造成计算流场失真；③网格走向应尽可能与流动方向

一致，以减小数值扩散或地形插值带来的误差，尤其是在靠近壁面或地形变化比较剧烈的区域，如天然河道的滩槽交界处（图 5.2.4），在网格布置较稀或网格走向与流动方向夹角过大的情况下，地形插值后相当于将在河岸处附加一突起物（图 5.2.4（a）），此时可以通过调整局部网格走向或局部加密等方法对网格进行优化（图 5.2.4（b）），以尽可能减少计算误差。

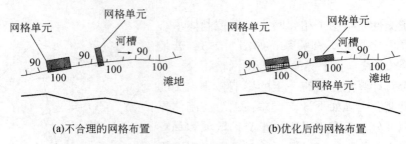

图 5.2.4 网格布置示意图

4. 网格的存储格式

对于非结构网格，由于其网格单元之间没有规则的拓扑结构，存储网格信息时不仅需要存储网格节点的信息，还需要存储网格单元之间的连接关系。对于结构网格，由于其具有规则的拓扑结构，存储网格信息时一般只需要存储网格节点的信息，不需要存储网格单元之间的连接关系。在数值模拟过程中，往往需要根据计算工作的需要选择不同的计算网格。因此，可以考虑将不同的计算网格按照统一的格式进行存储，并编制一套通用的计算程序使其可直接基于所有的计算网格进行求解，这样不但可增强计算程序对复杂区域的适应能力，也能减少程序编制的工作量。

从拓扑结构来看，结构网格可以看成是非结构网格的特例，因此可以将结构网格按照非结构网格的存储格式进行存储，即在存储时既记录节点的坐标，同时记录其连接关系，可采用如下格式存储网格信息：

$$节点\begin{cases}坐标\ x\\坐标\ y\end{cases}\qquad 单元\begin{cases}顶点\ 1\\顶点\ 2\\顶点\ 3\end{cases}$$

5.2.3 网格适用性分析

不同的网格具有不同的优缺点，对计算区域的适应能力也有差别。网格适用性分析就是对不同网格的适用性进行评价，以便为数值模拟时选择网格提供参考。评价网格的适用性应该从数值模拟对计算网格的需求出发，从网格布置、计算精度、计算工作量、网格生成与后处理工作的难易程度等多方面综合评价。

1. 结构网格的适用性

目前，结构网格中的曲线网格是河流模拟中应用较为广泛的一种网格。河流数值模拟中的（非）正交曲线网格一般是由求解 Poisson 方程生成的，网格生成过程与求解流动区域内的等势线和流线相似，由其所得的网格可以看成是由等势线和流线形成，因此网格走向与水流方向基本上相互平行，这可以在一定程度上减少网格走向与流向交角较大引起的数值耗散。由此可见，曲线网格是工程湍流模拟的首选网格。诸多天然河道的计算实践也表明：如果能够保证网格走向与流动方向基本平行，最小内角大于 88°，且网格布置比较合理，其计算精度将高于非结构网格[4]。

2. 非结构三角形网格的适用性

非结构三角形网格的网格布置较为灵活，对复杂区域的适应能力较强，对汊道较多的复杂河道或需局部加密的计算区域，可有效提高计算精度。但是其生成较为困难，数据结构复杂，且计算量较大，在同样网格尺度下其计算量约是四边形网格的两倍。因此进行流动模拟时，在生成布局合理的结构网格确实有困难时，才应考虑使用非结构三角形网格。例如：对图 5.2.5 所示的复杂区域，河道内汊道众多，水流漫滩后的流向变化非常复杂，若采用曲线网格很难生成满足计算要求的网格，此时可考虑采用非结构三角形网格对计算区域进行剖分。

图 5.2.5　适应于复杂河道的非结构三角形网格

3. 非结构四边形网格的适用性

非结构四边形网格与非结构三角形网格相比，在网格尺度基本相同的情况下，网格数目较少，计算速度快，计算精度高，能适应复杂边界。但是其生成较为困难，目前一般采用三角合成法生成非结构四边形网格，即首先生成非结构三角形网格，再将三角形合成生成非结构四边形网格。

4. 非结构混合网格的适用性

在对工程湍流运动进行数值模拟的过程中，如果流动边界发生变化，其计算区域也需相应调整，例如，主河道较窄而滩地较宽的平原河道（或是串流区），水流漫滩前、后计算区域会发生明显的变化。如采用传统的（非）正交曲线网格，则网格走向难以与流动方向保持一致，且河槽内的网格数目较少（图5.2.6（a）），进行水流漫滩前的流动模拟时计算误差较大；如采用非结构三角形网格，虽然其网格布置较为灵活且便于进行局部加密，但其计算工作量往往较大，在同样网格尺度下其网格数量约是四边形网格的两倍。在进行此类河道的网格剖分时，也可考虑采用混合网格，即沿主槽布置贴体四边形网格，以使网格顺应水流方向同时减少网格数量，在滩地则布置非结构三角形网格，以使网格能够适应复杂的几何边界（图5.2.6（b））。

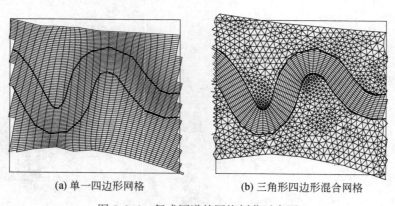

(a) 单一四边形网格　　　　　　　　　(b) 三角形四边形混合网格

图 5.2.6　复式河道的网格剖分示意图

5.2.4　网格生成方法

考虑到在水利水电工程领域对工程湍流进行模拟时三维计算网格一般都是以平面上的二维网格为基础，在垂向上布置直角网格或 σ 坐标网格构成，因此下面主要讨论二维网格的生成方法。

1. 结构网格的生成方法

1）直角网格的生成方法
直角网格是计算流体力学领域使用最早，也是最易生成的网格。该网格的生成方法是根据计算区域的大小，划分包含计算区域的直角网格，与计算区域边界相交的网格按照流动边界条件处理，落在计算域的网格直接参与数值计算，落在计算区域外的网格不参与计算。这种方法虽然简单，但是在边界处容易出现"齿状"边界，因而不易准确处理边界条件。为克服直角网格的缺点，自 20 世纪 90 年代以来，又发展了自适应直角网格，其通过局部加密及边界上的一些特殊处理来适应不规则边界。考虑到目前直角网格在水利水电工程领域的复杂流动计算中已应用不多，因此不再做详细介绍，有兴趣的读者可参考相关计算流体力学专著[5]。

2）曲线网格的生成方法

生成曲线网格的方法有多种，如代数法、求解微分方程法等，其中，用得较多的是求解椭圆型微分方程法。求解椭圆型微分方程法最早是由 Thompson、Thames 和 Martian 等在 1974 年提出的，也称为 TTM 方法，其基本思想是将物理平面 (x, y) 上的不规则区域变换到计算平面 (ξ, η) 上的规则区域，并通过求解 (x, y) 平面上一对拉普拉斯（Laplace）方程在物理平面和计算平面上生成一一对应的网格[5~7]。文献 [5] 给出了拉普拉斯变换的控制方程：

$$\left.\begin{aligned} \xi_{xx} + \xi_{yy} &= 0 \\ \eta_{xx} + \eta_{yy} &= 0 \end{aligned}\right\} \tag{5.2.1}$$

式（5.2.1）的边界条件为

$$\left.\begin{aligned} \xi &= \xi_1(x,y), \eta = \eta_1, [x,y] \in \varGamma_1 \\ \xi &= \xi_2(x,y), \eta = \eta_2, [x,y] \in \varGamma_2 \end{aligned}\right\} \tag{5.2.2}$$

式中，$\varGamma_1$ 和 $\varGamma_2$ 分别为计算区域的内边界和外边界，η_1 和 η_2 为两任意给定的常数，ξ_1 和 ξ_2 为沿 $\varGamma_1$ 和 $\varGamma_2$ 的任意选定的单调函数。将式（5.2.1）转化为以 (ξ, η) 为自变量，以 (x, y) 为因变量的控制方程：

$$\left.\begin{aligned} \alpha x_{\xi\xi} - 2\beta x_{\xi\eta} + \gamma x_{\eta\eta} &= 0 \\ \alpha y_{\xi\xi} - 2\beta y_{\xi\eta} + \gamma y_{\eta\eta} &= 0 \\ \alpha = x_\eta^2 + y_\eta^2, \beta = x_\xi x_\eta + y_\xi y_\eta, \gamma &= x_\xi^2 + y_\xi^2 \end{aligned}\right\} \tag{5.2.3}$$

式（5.2.3）的边界条件为

$$\left.\begin{aligned} x &= f_1(\xi, \eta_1), y = f_2(\xi, \eta_1), [\xi, \eta_1] \in \varGamma_1 \\ x &= g_1(\xi, \eta_2), y = g_2(\xi, \eta_2), [\xi, \eta_2] \in \varGamma_2 \end{aligned}\right\} \tag{5.2.4}$$

求解方程（5.2.3）即可生成物理平面上的曲线网格。采用该方法所生成的网格虽然能适应较为复杂的几何边界，且网格线光滑正交，但因只能通过调整边界上的 ξ、η 来控制物理域的网格疏密，较难实现内部点的控制。为实现内部点的控制，可在 Laplace 方程的右端置以 P、Q 源项，使之成为如下的 Poisson 方程：

$$\left.\begin{aligned} \xi_{xx} + \xi_{yy} &= P(x,y) \\ \eta_{xx} + \eta_{yy} &= Q(x,y) \end{aligned}\right\} \quad (x,y) \in D \tag{5.2.5}$$

将式（5.2.5）转化为以 (ξ, η) 为自变量，以 (x, y) 为因变量的控制方程，有

$$\left.\begin{aligned} \alpha x_{\xi\xi} - 2\beta x_{\xi\eta} + \gamma x_{\eta\eta} + J^2(Px_\xi + Qx_\eta) &= 0 \\ \alpha y_{\xi\xi} - 2\beta y_{\xi\eta} + \gamma y_{\eta\eta} + J^2(Py_\xi + Qy_\eta) &= 0 \end{aligned}\right\} \quad (x,y) \in D \tag{5.2.6}$$

式（5.2.6）中的 P、Q 是调节因子，其作用是调整实际物理平面上曲线网格的形状及疏密程度；$J = x_\xi y_\eta - x_\eta y_\xi$。式（5.2.6）的源项控制方法有多种，文献［5］曾对目前常用的方法进行了总结，认为目前源项的控制方法大致有两类：一类是根据正交性和网格间距的要求直接导出 P、Q 源项的表达式，如 TTM 方法；另一类是在迭代过程中根据源项的变化情况，采用"人工"控制实现所期望的网格，如 Hilgenstock 的方法。文献［7］建议 P, Q 的函数表达式为

$$P(\xi,\eta) = -\sum_{i=1}^{n} a_i sign(\xi - \xi_i) \exp(-c_i |\xi - \xi_i|)$$

$$\qquad\qquad -\sum_{j=1}^{m} b_j sign(\eta - \eta_j) \exp(-d_j \sqrt{(\xi - \xi_j)^2 + (\eta - \eta_j)^2}) \qquad (5.2.7a)$$

$$Q(\xi,\eta) = -\sum_{i=1}^{n} a_i sign(\eta - \eta_i) \exp(-c_i |\eta - \eta_i|)$$

$$\qquad\qquad -\sum_{j=1}^{m} b_j sign(\eta - \eta_j) \exp(-d_j \sqrt{(\xi - \xi_j)^2 + (\eta - \eta_j)^2}) \qquad (5.2.7b)$$

式中，m 和 n 分别表示 ξ、η 方向上的网格数量；a_i 和 b_j 控制物理平面上向 ξ_i、η_j 对应的曲线密集和向 (ξ_i, η_j) 对应的点密集度，取值 $10 \sim 1000$；c_i 和 d_j 控制网格线密集程度的渐次分布，称为衰减因子，取值 $0 \sim 1$。一般需要通过多次试算才能确定 a_i、b_j、c_i、d_j。

2. 非结构三角形网格的生成方法

生成非结构三角形网格的方法有规则划分法、三角细化法、修正四权树/八权树法、Delaunay 三角化法、阵面推进法，其中比较成熟的方法为 Delaunay 三角化法和阵面推进法。由于采用 Delaunay 三角化算法生成网格具有速度快、网格质量好等优点，下面主要讨论如何利用 Delaunay 三角化算法生成非结构三角形网格。

1）Delaunay 三角化方法的原理

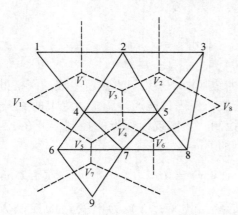

图 5.2.7　Voronoi 图形和三角化

Delaunay 三角化方法的依据是 Dirichlet 在 1850 年提出的由已知点集将平面划分成凸多边形的理论，其基本思想是：给定区域 Ω 及点集 $\{P_i\}$，则对每一点 P，都可以定义一个凸多边形 V_j，使凸多边形 V_j 中的任一点与 P 的距离都比与 $\{P_i\}$ 中的其他点的距离近。该方法可以将平面划分成一系列不重叠的凸多边形，称为 Voronoi 区域，并且使得 $\Omega = \cup V_i$，且这种分解是唯一的，如：在图 5.2.7 形成的 Voronoi 图中，由 9 个点组成的点集按照 Dirichlet 理论将平面划分为若干个凸多边形，其中，有的凸多边形顶点在无穷远处；以点 5 为例，点 5 所拥有凸多边形 $V_2 V_3 V_4 V_6 V_8$ 中每一点距离点 5 都比其他 8 个点近。凸多边

形的每一条边都对应着点集中的两个点，如 $V_2V_3V_4V_6V_8$ 中的边 V_2V_3 对应点对（2，5），边 V_3V_4 对应点（4，5），……这样的点称为 Voronoi 邻点，将所有的 Voronoi 邻点连线，则整个平面就被三角化了。由此可见，对于给定点集的区域，该区域的 Voronoi 图是唯一确定的，相应的三角化方案也唯一确定，根据这一原理并结合上述数据关系，可以实现对任意给定区域的 Delaunay 三角化。

Delaunay 三角形具有如下一些很好的数学特性：①唯一性，对点集 $\{P_i\}$ 的 Delaunay 三角剖分是唯一存在的；②外接圆准则，即 Delaunay 三角形的外接圆内不含点集 $\{P_i\}$ 中的其他点；③均角性，即给出网格区域内任意两个三角形所形成的凸四边形，则其公共边所形成的对角线使得其六个内角的最小值最大，这一特性能保证所生成的三角形接近正三角形。在这几条性质中，尤其是外接圆准则在 Delaunay 三角剖分算法中有着非常重要的作用。不少学者根据这些特性提出了一系列算法，其中，Bowyer 算法经过不断的改进已经成为比较成熟的算法之一。但是传统的 Bowyer 算法尚存在一些不足之处。

2）传统的 Bowyer 算法及讨论

（1）传统 Bowyer 算法的数据结构。

要实现对给定区域的 Delaunay 三角剖分，首先要建立一套有效的数据结构来描述上述数据关系。数据结构要能有效地组织数据，以提高网格生成的效率。在二维网格情况下，网格生成要处理的集合元素包括点和三角形。传统的 Bowyer 算法一般采用如下数据结构：

$$
\text{节点}\begin{cases}\text{坐标 } x\\\text{坐标 } y\end{cases}\qquad \text{三角形}\begin{cases}\text{顶点 } 1\\\text{顶点 } 2\\\text{顶点 } 3\end{cases}\qquad \text{三角形}\begin{cases}\text{相邻三角形 } 1\\\text{相邻三角形 } 2\\\text{相邻三角形 } 3\end{cases}
$$

（2）传统 Bowyer 算法的三角化过程。

为便于描述，下面以图 5.2.8 为例对传统的 Bowyer 算法进行说明，其三角化过程如下：

第一步：数据结构初始化。

给定点集 $\{P_i\}$，要实现 Delaunay 三角划分首先需给出初始化的 Voronoi 图。为此可选择一个包含 $\{P_i\}$ 的凸多边形（一般给出一个四边形）并对其进行初始 Delaunay 三角划分，形成初始化的 Voronoi 图，如图 5.2.8（a）对于四边形 1234 的 Delaunay 三角划分。表 5.2.1 给出了初始化 Voronoi 图的数据结构。

第二步：引入新点。

在凸壳内引入一点 $P \in \{P_i\}$，新引入的点将破坏原来的三角化结构，要删除一些三角形，并形成新的三角形。

第三步：确定将要被删除的三角形。

根据外接圆准则，如果新引入的点落在某个三角形的外接圆内，那么该三角形将被删除。确定与被删除的三角形相邻而自己又未被删除的三角形，记录其公共边。如图 5.2.8（b），三角形 V_1、V_2 将被删除。

第四步：形成新的三角形。

将 P 点与第三步所确定的公共边相连，形成新的三角形。

表 5.2.1　初始化时 Voronoi 图的数据结构

三角形	顶点			相邻三角形		
V_1	1	2	4	V_3	V_2	V_6
V_2	2	3	4	V_1	V_4	V_5
V_3	1	2		V_1		
V_4	2	3		V_2		
V_5	3	4		V_2		
V_6	1	4		V_1		

第五步：找出新三角形的相邻三角形。

如果某一个三角形的三个顶点中有两个与新三角形中的两个顶点重合，则这个三角形是新三角形的相邻三角形。更新 Voronoi 图的数据结构重复第二步至第五步不断引入新点，直到所有的点都参加到平面划分中。

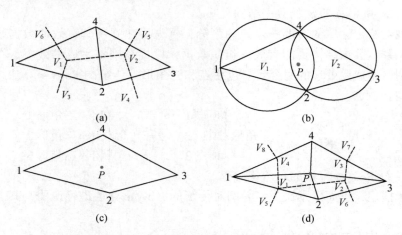

图 5.2.8　Delaunay 三角形的剖分过程

（3）对传统 Bowyer 算法的讨论。

从上面列举算法的步骤可以看出，Bowyer 算法的剖分过程是一个不断加入新点，不断打破现有的 Voronoi 图和数据结构，同时又不断更新 Voronoi 图和数据结构的过程。这种算法为实现 Delaunay 三角剖分提供了思路，但其尚存在如下几点不足之处[8]：

①Bowyer 算法容易破坏边界，并且对边界的恢复比较困难。对于边界的检查和恢复，现有文献中提到最多的、最实用的算法就是边界加密算法。

②Bowyer 算法在剖分过程中，既要搜索被删除的三角形，又要搜索被删除三角形的相邻三角形及其相邻边。所以其搜索过程过于繁琐，对删除三角形的搜索和新三角形及其相邻三角形的确定将消耗大量机时，随着 $\{P_i\}$ 中点的个数的增加，计算量将呈平方级增加，剖分效率很低。虽然已有改进的 Bowyer 算法确实提高了它的剖分效率，但都无法回避烦琐的搜索过程。

③在 Bowyer 算法中判断一点在圆内还是在圆外是基于浮点数运算的结果，浮点运

算的舍入误差可能误判三角形是否被破坏，而 Bowyer 算法又要基于这种判断来搜索被删除的三角形并确定新三角形及其相邻三角形。有时候一个三角形会找到 4 个或 4 个以上的相邻三角形，超出相邻三角形数组的下标范围，造成程序非正常中断。这种现象在均匀网格系统的剖分过程中一般表现不出来，但是在对复杂区域进行剖分时，特别是边界尺度对比较大或是点集 $\{P_i\}$ 分布极为不规则时，这种现象就很容易发生。这是 Bowyer 算法最致命的缺陷。文献 ［9］ 曾提及过这种缺陷并建议采用双精度数据类型计算圆心。

④在传统的 Bowyer 算法中，经常是先构造一个包含 $\{P_i\}$ 四边形凸壳，然后进行数据结构初始化。这种数据结构初始化方法简单易行，但是如果边界尺度对比较大就会造成某些三角形外接圆半径很大，计算这些三角形的外接圆圆心时就会有较大的浮点数运算误差，从而为程序非正常中断埋下隐患，所以这种数据结构初始化方案并不理想。

对 Bowyer 算法的前两点不足之处已经有不少文献对其进行了探讨，并找到了许多方法解决上述缺陷。但是对于 Bowyer 算法的第三个缺陷，虽然现有资料对其描述很少，但并不说明这种缺陷不存在，文献 ［8］ 曾用长江某河段 11 万个地形数据点作试验，用传统的 Bowyer 算法因上述原因中断，用 Matlab 中的 Delaunay (X, Y) 函数进行剖分也不能输出正确的结果，这说明传统的 Boywer 算法确实存在这方面的缺陷，因此需要寻求一种改进算法来解决这一问题。

3）改进的 Delaunay 三角化方法

从上面的分析可以看出，Bowyer 算法的第三个缺陷是由于错误的判断和烦琐的搜索过程相互影响而导致的。错误的判断将导致错误的搜索结果，形成非正常的三角形，从而形成连锁反应。这种错误在计算过程中一旦发生就会 "愈演愈烈" 形成 "多米诺骨牌效应"。但是以前对 Boywer 算法的改进主要是针对数据结构和搜索方法的修改，只是提高了剖分效率，并没有降低算法的复杂度也没有回避复杂的搜索过程，所以也就不可能从根本上解决这一问题。对传统的 Boywer 算法，如果能回避不必要的搜索过程，用一种新的算法来确定新三角形及其相邻三角形，就可以避免出现错误的连锁反应。针对这一问题，我们曾提出了一种新算法，回避了一些不必要的搜索过程，避免了上述问题。同时，新算法还简化了数据结构，提高了计算效率，下面对其进行简要的介绍。

（1）新算法的数据结构。

新算法在三角化过程中无需记录相邻三角形，这一改进将传统算法的数据结构简化为

$$\text{节点}\begin{cases}\text{坐标 } x \\ \text{坐标 } y\end{cases} \qquad \text{三角形}\begin{cases}\text{顶点 1} \\ \text{顶点 2} \\ \text{顶点 3}\end{cases}$$

（2）改进算法。

第一步：数据结构初始化。

对于给定的点集 $\{P_i, i = 1 \cdots N\}$，利用平面点集的凸壳生成算法生成包含点集

$\{P_i\}$ 凸壳，并用凸多边形三角剖分算法对凸壳进行三角剖分，形成初始数据结构。图 5.2.9（a）为由凸壳生成算法生成的凸壳（多边形 123456789）以及由凸多边形三角剖分算法生成的初始化的 Voronoi 图。

第二步：引入新点。

在凸壳内引入一点 $P \in \{P_i\}$，新引入的点将破坏原来的三角化结构，要删除一些三角形，并形成新的三角形。

第三步：确定将要被删除的三角形。

根据外接圆准则，如果新引入的点落在某个三角形的外接圆内，那么该三角形将被删除。这些被删除的三角形的顶点，将构成 P 的相邻点集 $\{PN_j, \ j = 1 \cdots N_{PN}\}$（$N_{PN}$ 为 P 的邻点的个数）。

第四步：形成新的三角形。

将 P 点与 $\{PN_j\}$ 内的各点连线，并按照线段 PPN_j 与 X 轴夹角 $\theta_0 (0 < \theta_0 < 360°)$ 的大小对 PN_j 进行排序。连接 P、PN_j、PN_{j+1} 形成新的三角形。

第五步：更新数据结构。

记录新三角形。重复第二步至第五步不断引入新点，直到所有的点都参加到平面划分中，形成三角形网格见图 5.2.9（b）。

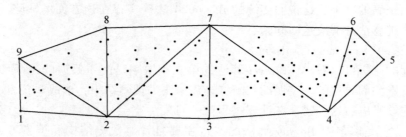

（a）由离散点生成的初始化 Voronoi 图

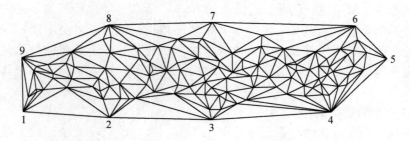

（b）由离散点生成的三角形网格

图 5.2.9　由离散点生成的初始化 Voronoi 图和三角形网格

（3）对改进算法的几点说明和讨论。

①新算法的第一步比传统算法复杂，但是在对纵横尺度对比较大的区域进行剖分时，该方法能形成一个较理想的初始化数据结构，有利于程序运行的稳定。当计算区域纵横尺度对比接近 1 时，没必要这么做。

②新算法的第四步用一个排序过程代替了以往算法中复杂的搜索过程。这一改进

减少了新三角形及其相邻三角形确定过程中的搜索步骤，防止出现"多米诺骨牌效应"。即使某步出现错误判断，也只会对该步生成的三角形质量造成影响，后插入的点还会对此影响进行修正，比较彻底解决了程序非正常中断这一问题。与此同时该算法还简化了数据关系，减少了搜索步骤。对 $\{PN\}$ 内的各点进行排序，实际上就是确立 $\{PN\}$ 内的各点的连接关系，生成一个顶点按逆时针排列的多边形空腔，然后将 P 与多边形空腔连线形成新的三角形，这与文献[5]描述的算法在原理上是相同的。另外需要说明的是新算法虽然增加了对 $\{PN_j\}$ 中的各点进行排序这一操作，但是 $\{PN_j\}$ 中点的数目 N_{PN} 并不多，一般 $6\sim8$ 个，并且不随点集中点数目的增加而增加，所以不会过多地耗费机时。图 5.2.10 显示了改进算法在 CPU2.6GHz 电脑上运行时生成三角形数量 N_e 和所用时间 t 的关系。

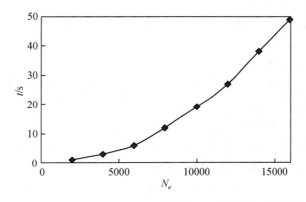

图 5.2.10　新算法生成三角形数量与运行时间关系图

③由平面点集生成凸壳的算法。

平面点集生成凸壳的算法有多种，主要有：卷包裹法、格雷厄姆法、分治法、增量法，在此不再一一论述，具体算法见文献 [10]。我们曾将卷包裹法和格雷厄姆法组合起来，提出了一种新的生成凸壳的算法，描述如下：

第一步：选取 y 值最小的点作为参考点 P_1，将离散数据点按照其与参考点之间线段的角度的大小对数组进行排序。在离散点数组后面追加一组数，将 P_1 的坐标值赋给这组数。则 P_1、P_2、P_n、P_{n+1} 均为凸多边形的顶点。

第二步：以 P_2 为参考点，从 P_2 后面的所有数据中搜索与 P_2 连线角度最小的点，这一点为凸多边形的新顶点 P_3。

重复第二步，不断搜索，直到搜索到的新顶点为 P_1。

④多边形三角化的算法。

文献 [11] 给出了凸多边形的三角化方法，简述如下：

第一步：求出凸多边形所有顶点连线距离的最大值，并记录其端点 P_i、P_j。

第二步：比较 $P_{i-2}P_i$，$P_{i-1}P_{i+1}$，P_iP_{i+2} 的大小，取较短对角线，删除相应的顶点，并输出相应的三角形。对 P_j 做同样的处理。如图 5.2.11 所示 15 为直径，经过判断输出三角形 129、456，删除顶点 1、5。

第三步：由剩余的点构成新的多边形，重复第一步、第二步直到所有的凸多边形的顶点数为3。

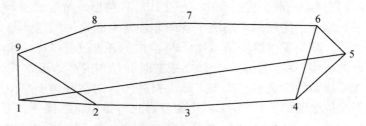

图 5.2.11　凸壳的三角化过程

4）用改进的 Delaunay 三角化方法生成非结构三角形网格

（1）需要解决的问题。

要实现利用 Delaunay 三角化方法生成自适应的非结构网格，还需要解决以下几个问题：

①内点自动插入技术。

Delaunay 三角化方法只提供了一种对于给定点集如何相连形成一个三角形网格的算法，但它并没有说明节点是如何生成的。因此，必须找到一种有效的方法来生成节点，尤其是内部节点。对于区域内部节点的生成，主要有两种方法，即外部点源法和内部节点自动生成方法。外部点源法通过采用结构化背景网格方法或其他方法，一次性生成区域剖分所需的全部内部节点，这种方法虽然简单易行，但不易实现自适应技术。对于内点自动生成方法有许多布点策略，文献［11］提到3种布点技术：重心布点、外接圆圆心布点和 Voronoi 边布点策略。文献［12］采用节点密度分布函数这一概念，定义边界点的节点密度：

$$Q_i = (d(P_i, P_{i-1}) + d(P_i, P_{i+1}))/2 \qquad (5.2.8)$$

式中，$d(P_i, P_j)$ 为两点之间的距离。首先计算边界点的节点密度 Q_i，由边界点生成 Delaunay 三角形，在三角形形心处定义一待插节点 P_{add}，P_{add} 的节点密度 $Q_{P_{add}}$ 可以由其所在的三角形的顶点的节点密度插值得到，然后计算 P_{add} 到所在的三角形每个顶点的距离 $d_m (m = 1, 2, 3)$，如果 $d_m > \alpha Q_{P_{add}}$（α 为一经验系数），则将该点确定为待插节点。

②边界的完整性。

对于一个剖分程序，十分重要的一点就是要求确保边界的完整性，而 Delaunay 三角化方法的缺点之一就是容易造成边界被破坏，所以用 Delaunay 三角化方法生成非结构网格时一定要检查边界的完整性并恢复被破坏的边界。对于边界完整性的处理，文献中提到最多的算法就是边界加密算法，即在网格剖分前建立边界连接信息表，剖分完毕后检查边界是否被破坏，如果边界被破坏，就在丢失的边的中点处加一个点，并将这点加入新的点集中参与三角剖分。

③多余三角形的删除。

在三角形网格剖分的过程中，会产生一些三角形落在计算区域之外，需要将其删除。对于外形简单的区域删除多余三角形是比较容易的，但是诸如天然河道边界这样外形比较复杂的区域，多余三角形的删除是非常麻烦的，需要具体问题具体分析。对于新算法来说，假如初始点集为区域边界 $\{P_i\}$，如果将内边界按顺时针排序，外边界按逆时针排序，那么凡是有三个顶点在边界上的三角形都有可能被删除。再对这些三角形按顶点编号的大小进行排序，如果某个三角形（如 $\triangle P_i P_j P_k$，$i < j < k$）在计算区域外，那么排序后的三角形的形心一定在 $P_i P_j$ 的右侧，可以根据这个原理编程删除多余的三角形。

④网格优化技术。

按照 Delaunay 方法生成网格后，虽然所生成的网格对于给定的点集是最优的，但网格质量必然受到节点位置的影响，因此还需对网格进行光顺，其对提高流场计算的精度有重要影响，是网格生成过程不可缺少的一环。常用的网格光顺方法称为 Laplacian 光顺方法。

这种光顺技术是通过将节点向这个节点周围三角形所构成的多边形的形心移动来实现的。如果 $P_i(x_i, y_i)$ 为一内部节点，$N(P_i)$ 为与 P_i 相连的节点总数，则光顺技术可表示如下：

$$x_i = x_i^0 + \alpha_G \sum_{k=1}^{N(P_i)} x_k / N(P_i)$$

$$y_i = y_i^0 + \alpha_G \sum_{k=1}^{N(P_i)} y_k / N(P_i) \qquad (5.2.9)$$

式中，α_G 为松弛因子；x_i^0 和 y_i^0 分别表示节点初始坐标。

（2）非结构三角形网格剖分算法。

为了便于生成非结构三角网格，可建立数据结构如下：

$$
\text{节点}
\begin{cases}
\text{坐标 } x \\
\text{坐标 } y \\
\text{边界类型} \\
\text{节点密度}
\end{cases}
\qquad
\text{三角形}
\begin{cases}
\text{顶点 1} \\
\text{顶点 2} \\
\text{顶点 3} \\
\text{是否位于边界外}
\end{cases}
$$

由 Delaunay 三角化算法生成非结构三角网格的步骤如下：

第一步：输入边界点，确定边界类型，并计算边界点的节点密度 Q_i。

第二步：根据边界点生成包含所有边界点的凸壳；

第三步：根据多边形三角化算法对凸壳进行三角化，初始化数据结构，引入所有的边界点进行三角剖分，屏蔽位于边界外的三角形；

第四步：在没有屏蔽的三角形形心处引入内部节点，并判断是否将其确定为待插节点。将所有的待插节点插入到计算区域中去；

第五步：检查边界的完整性，恢复丢失的边界。重复第三步～第四步，直到待插点集中的元素为零；

第六步：优化内部节点；

第七步：输出剖分区域内的三角形。

5）非结构三角形网格剖分算例

根据上述思想，我们已成功实现了对长江、淮河、海河等流域数十个河段的网格剖分。计算实践表明所建议的算法程序运行稳定，即使对区域纵横尺度对比较大的区域进行剖分时也没有出现非正常中断。在此，给出两个算例。

算例一：翼形非结构网格剖分。前面已经分析过，改进算法和传统算法在原理上是一致的，图 5.2.11 给出了算例一的剖分过程，从剖分结果可以看出，在控制条件相同的情况下，两种算法生成的网格是相同的。

算例二：天然河道的非结构网格剖分。对于诸如天然河道这样纵横尺度对比较大的区域（图 5.2.12），用传统算法剖分极易出现程序中断，而改进的算法程序则运行良好。

上述两个算例中三角形的质量都比较好，网格剖分花费的时间也不长，具体参数见表 5.2.2。

表 5.2.2　网格剖分过程中的主要参数

		传统算法	改进算法
算例一	三角单元总数	1968	1968
	所用时间/s	5	1
	平均网格质量参数	0.9823	0.9823
算例二	三角单元总数	程序中断	100008
	所用时间/s	-	1409
	平均网格质量参数	-	0.9416

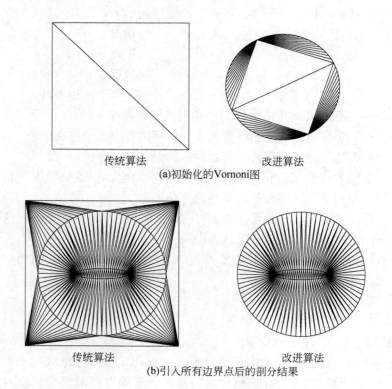

传统算法　　　　　　　　　　改进算法

(a)初始化的Vornoni图

传统算法　　　　　　　　　　改进算法

(b)引入所有边界点后的剖分结果

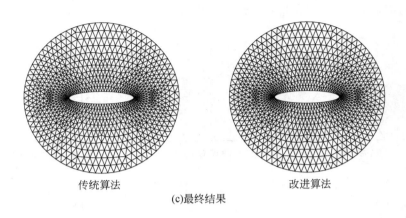

传统算法　　　　　　　　改进算法

(c)最终结果

图 5.2.12　翼形非结构网格的生成

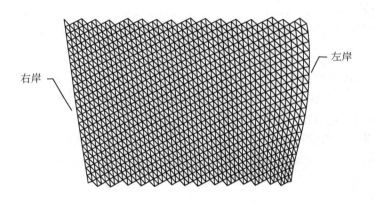

右岸　　　　　　　　　　　　　　　　　左岸

图 5.2.13　某段河道非结构网格的局部放大图

3. 非结构四边形网格的生成方法

非结构四边形网格的生成方法有直接生成四边形的直接算法[13,14]和通过三角形转化四边形的间接算法[15,16]。相对而言，通过三角形转化四边形的间接算法较为简单，该算法主要是将满足一定条件的两个相邻三角形合并为一个四边形（删除公共边），很多文献[14,15]通过定义三角形及四边形的形状参数给出合成条件，并据此判断是否将两个相邻三角形合成为四边形。具体步骤如下：

1）定义三角形的形状参数

定义任意三角形 $\triangle ABC$ 的形状参数 $\alpha_{\triangle ABC}$ 如下：

$$\alpha_{\triangle ABC} = 2\sqrt{3}\,\frac{S_{\triangle ABC}}{|CA|^2 + |AB|^2 + |BC|^2} \tag{5.2.10}$$

式中，$S_{\triangle ABC} = \boldsymbol{AB} \times \boldsymbol{AC}$；$|CA|$、$|AB|$、$|BC|$ 分别为 $\triangle ABC$ 的三个边长。若三角形顶点按照逆时针排列，α 在 $0 \sim 1$ 取值；若三角形顶点按照顺时针排列，α 在 $-1 \sim 0$ 取值。

α绝对值越接近1，说明三角形越接近正三角形，图5.2.14给出了几种典型三角形形状参数。

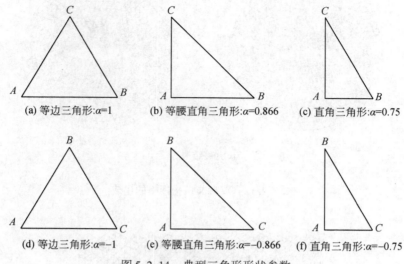

(a) 等边三角形:α=1   (b) 等腰直角三角形:α=0.866   (c) 直角三角形:α=0.75

(d) 等边三角形:α=-1   (e) 等腰直角三角形:α=-0.866   (f) 直角三角形:α=-0.75

图5.2.14　典型三角形形状参数

2）定义四边形的形状参数

基于三角形的形状参数，可以定义四边形的形状参数。例如，图5.2.15所示的任意四边形 $ABCD$，将其顶点按照逆时针排列，沿着四边形的两个对角线 AC、BD 可以将四边形分为四个三角形△ABC、△ACD、△BCD 和△BDA（注意顶点均为逆时针排列），将这四个三角形对应的形状参数进行排序使 $\alpha_1 \geq \alpha_2 \geq \alpha_3 \geq \alpha_4$，则四边形的形状参数可定义为 $\beta = \dfrac{\alpha_3 \alpha_4}{\alpha_1 \alpha_2}$。

凹四边形的 β 值在 $-1 \sim 0$；凸四边形的 β 值在 $0 \sim 1$，β 接近1说明四边形接近矩形，β 为0表明四边形退化为三角形。图5.2.16给出了几种典型四边形的形状参数。

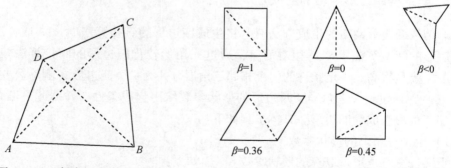

图5.2.15　任意四边形 $ABCD$　　　图5.2.16　典型四边形的形状参数

3）合成三角形生成四边形

根据已有的三角形网格（图5.2.17），计算所有相邻三角形可能形成的四边形的形状参数 β，每次仅生成具有最大 β 值的四边形。在实施过程中，为提高效率常常先指定四边形的最小形状参数 $\beta_{\min}$，再将 $1 \sim \beta_{\min}$ 分为 k_β 级。以 $\beta \geqslant \beta_k$（$1 \geqslant \beta_k \geqslant \beta_{k+1} \geqslant \beta_{\min}$，$k = 1, \cdots, k_\beta$）作为合成条件生成四边形单元。文献［16］给出了不同控制条件（$\beta_{\min}$）下，生成的非结构四边形网格（图 5.2.18），由该图可以看出，即使取 $\beta_{\min} = 0$，在合并之后仍会在计算区域内存在一些尚未合并的三角形，对于这些剩余的三角形，可以将其视为一个顶点重合的四边形，不再另作处理。

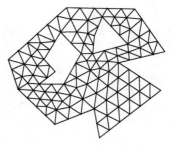

图 5.2.17　三角形网格

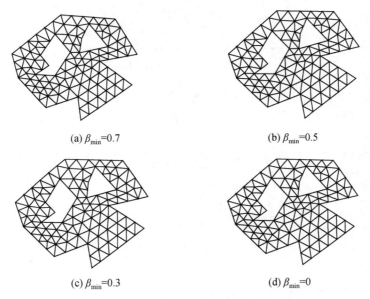

(a) $\beta_{\min}$=0.7　　　　　　　　(b) $\beta_{\min}$=0.5

(c) $\beta_{\min}$=0.3　　　　　　　　(d) $\beta_{\min}$=0

图 5.2.18　不同控制条件下合并后的网格

4. 非结构混合网格的生成方法

1）分块对接法

对于主河道较窄滩地较宽的平原河道（或是串流区），采用混合网格方可合理布置网格。可采用分区对接的方法生成混合网格，即在主河道生成贴体四边形网格，在滩地生成非结构三角形网格，并进行拼接（在生成三角形网格和四边形网格的交界面上边界点需一一对应，如图 5.2.19 所示）。

2）三角形网格合成法

对凸四边形而言，其对角线之比越接近 1，该四边形越接近矩形。基于四边形单元的这种特性可对三角形网格内的部分单元进行合并进而生成混合网格，具体步骤如下：

（1）在三角形网格中搜索每一个三角形的最长边，记录该边以及该边的相邻三角形，如图 5.2.20a，三角形 $\triangle123$ 最长边为 23，相邻三角形是 234。

（2）根据 $abs\left(\dfrac{1 - l_{14}}{l_{23}}\right) \leqslant \varepsilon_{HBG}$（$\varepsilon_{HBG}$ 为网格合成参数）判断是否将三角形合成。

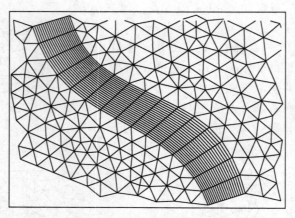

图 5.2.19　分块对接混合网格图

（3）如果满足合成条件，进一步判断可能形成的四边形是否为凸四边形。如果是则形成四边形网格，更新数据结构。图 5.2.20（b）给出了某天然河道的混合网格合成示意图。

类似于非结构四边形网格的生成方法，同样可以采用分级合并的方法生成混合网格。

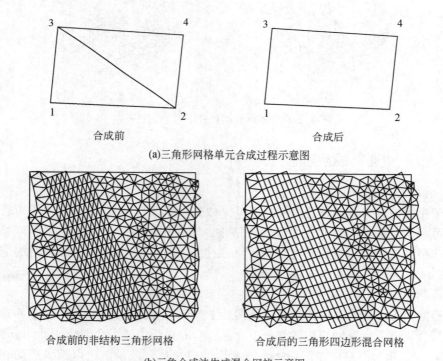

(a)三角形网格单元合成过程示意图

合成前的非结构三角形网格　　　　合成后的三角形四边形混合网格

(b)三角合成法生成混合网格示意图

图 5.2.20　利用三角形网格合成法生成混合网格

5.2.5　三维数字地形网格的生成技术

对于水沙运动与河床冲淤变形的数值模拟问题，在网格剖分之后，必须对网格点进行地形插值后才能进行流动模拟。地形插值是根据河道地形给网格点赋以相应的高程值，构建三维数字地形网格。目前河流模拟中主要采用两种方法进行插值：①基于原始数据点插值，即由距离网格点最近的一个或多个原始地形点确定网格点的高程；②基于数值高程模型插值，即首先要生成数字高程模型（DEM），然后基于数字高程模型对网格点进行插值。

1. 地形数据的获取

地形数据是地形插值的基础，其包括平面位置和高程数据两种信息。获取地形数据方法有：从既有地形图上得到地形数据（通过航测、全站仪或者 GPS、激光测距仪等测量工具获取地形数据，然后形成地形图），通过影像图（如遥感图等）获取地形数据。

水沙运动及河床冲淤变形的数值模拟对水下地形要求较高，而从测图水平来看现有的卫星遥感图的精度尚难以满足要求，因此实际计算中采用的地形一般是从既有地形图上获取的。既有的地形图可分为电子地图和纸质地图两种。

1）AutoCAD 电子地图

AutoCAD 提供了几种接口方式与外部软件进行数据交换，因此可采用适当的接口方式通过 CAD 二次开发技术直接从 AutoCAD 电子地图中提取数据（详见 5.5.2 节）。

2）纸质地图

对纸质地图，可先将图纸扫描后转为电子图像，然后用矢量化软件转为 AutoCAD 图形，通过坐标和高程校正后也可用上述方法获取地形数据。

2. 基于原始数据点的插值方法

基于原始数据点插值是河流模拟中最简单的地形插值方法。该方法通常根据网格点周围一个或数个原始地形点按照距离倒数加权插出网格点高程。如图 5.2.21 中所示的网格点 G_1，如采用其周围三个点（P_1、P_2、P_3）进行插值，则插值公式为

$$Z_{0G_1} = \frac{\dfrac{Z_{0P_1}}{L_1} + \dfrac{Z_{0P_2}}{L_2} + \dfrac{Z_{0P_3}}{L_3}}{\dfrac{1}{L_1} + \dfrac{1}{L_2} + \dfrac{1}{L_3}} \qquad (5.2.11)$$

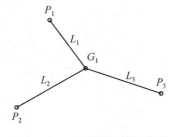

图 5.2.21　最近点插值示意图

式中，Z_{0G_1} 为网格点的高程；Z_{0P_1} 为 P_1 点的高程；L_1 为 P_1 点距网格点的距离。基于原始地形点进行插值不用专门构造数字地形高程模型，因此方法较为简单，编程计算也相对容易，但是该方法容易导致插值后的地形坦化，地形点较多时插值速度也较慢。

3. 基于数字高程模型的插值方法

1）数字高程模型的分类

在地理信息系统中，数字高程模型主要采用如下三种模型：规则格网模型（Grid）、等高线模型和不规则三角网模型（Triangulated Irregular Network，TIN），见表5.2.3。从表5.2.3可以看出，TIN数字高程模型适宜于处理复杂地形，并且容易插值求出任意点的高程，因此本书主要介绍基于TIN数字高程模型进行的地形插值。

表 5.2.3   不同数字高程模型的比较

项目	等高线	规则格网	不规则三角网
存储空间	很小（相对坐标）	依赖格距大小	大（绝对坐标）
数据来源	地形图数字化	原始数据插值	离散点构网
拓扑关系	不好	好	很好
任意点内插效果	不直接且内插时间长	直接且内插时间短	直接且内插时间短
适合地形	简单、平缓变换	简单、平缓变换	任意、复杂地形

2）TIN 数字高程模型的构建

从 AutoCAD 图形中提取出来的地形点是不规则的离散点，可采用 Delaunay 三角化算法将其构造成 TIN 数字高程模型。由离散点生成 Delaunay 三角网一般都采用 Bowyer 算法或其改进算法，在此如果采用前文提到的改进算法生成非规则三角网，图 5.2.22 给出了 TIN 生成过程图。

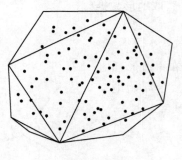 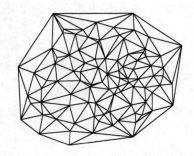

(a)初始散点   (b)非规则三角地形网(TIN)

图 5.2.22   初始化的 Voronoi 图

3）基于 TIN 数字高程模型的插值方法

对于三节点的三角形单元可以采用面积插值，为此引入面积坐标系。对于如图 5.2.23 所示的三角单元 $\triangle i(i=1、2、3)$，为了描述 $P(x,y)$ 在三角形内的位置，定义面积坐标：

$$A_i' = \frac{A_i}{A} = \frac{\dfrac{1}{2}\begin{vmatrix} 1 & x & y \\ 1 & x_j & y_j \\ 1 & x_k & y_k \end{vmatrix}}{\dfrac{1}{2}\begin{vmatrix} 1 & x_i & y_i \\ 1 & x_j & y_j \\ 1 & x_k & y_k \end{vmatrix}} (i = 1、2、3)$$

式中，A 是三角单元的面积，A_i 是点 P 和序号不为 i 的另外两个三角形顶点所围成的三角形的面积。由于 $A_1 + A_2 + A_3 = A$，所以 $A_1' + A_2' + A_3' = 1$。按照面积坐标的定义，节点 1、2、3 的坐标分别为（1，0，0）、（0，1，0）、（0，0，1）。单元内的任意函数值可表示为 $f = f_1 A_1 + f_2 A_2 + f_3 A_3$，如果令 f 表示坐标点的高程，就可以求出三角形单元内任意一点的高程。

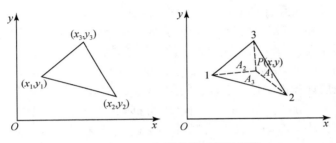

图 5.2.23　三角形线性插值示意图

5.3　控制方程离散与求解

5.3.1　离散方法概述

控制方程离散是将控制方程转化为计算域内有限个离散点的函数值的代数表达式。控制方程的离散方法很多，经常采用的有有限差分法（Finite Difference Method，FDM），有限元法（Finite Element Method，FEM）和有限体积法（Finite Volume Method，FVM）。

有限差分法是数值模拟最早使用的方法，该方法首先在求解区域布置有限个离散点（网格单元的顶点或中心点），用离散节点的差商代替微商代入控制方程，从而在每个节点上形成一个代数方程，该方程包含了本节点及其附近一些节点上的所求变量的未知值。在特定的边界条件下，求解由这些代数方程构成的代数方程组就得到了数值解。该方法是一种直接将微分方程变为代数方程的数学方法，数学概念清晰，表达简单，是发展较早且比较成熟的数值方法。但是有限差分法只是一种数学上的近似，所得的离散方程没有考虑节点和节点之间的相互联系，流体运动控制方程所具有的守恒性质（如质量守恒、能量守恒等）在差分方程中并不能得到严格保证。除此之外，有限差分法对不规则区域的适应性也较差[3]。

有限元法的基本思想就是把计算区域划分为有限个任意形状的单元，在每个单元内选择一些合适的节点作为求解函数的插值点，然后在每个单元内分片构造插值函数，将微分方程中的变量或其导数改写成节点变量值与所选用的插值函数组成的表达式，再根据极值原理（变分或加权余量法）构建离散方程并求解。有限元法的计算单元可以采用三角形网格、四边形网格和多边形网格，能够灵活处理复杂边界问题。但是有限元法存在着计算格式复杂，计算量及存储量较大，大型系数矩阵求解困难且效率低等缺点，在计算急变流时容易出现速度坦化等问题，因此在工程湍流模拟中应用不是很多。

有限体积法是近几十年发展起来的一种离散方法。该方法首先将计算区域划分为有限个任意形状的单元，将待解的微分方程沿控制体积分，便得出一组离散方程，在积分过程中需要对界面上被求函数本身及其一阶导数的构成方式作出假设。有限体积法与有限元方法一样，可以基于三角形网格、四边形网格和多边形网格求解，对复杂区域的适应能力较强，且计算量较小，物理意义明确。此外，由于该方法大多采用守恒型的离散格式，在局部单元和整个计算区域内都能保证物理量守恒，且容易处理非线性较强的流体流动问题，因此在计算流体力学领域得到了广泛的应用。文献［3］曾对 *International Journal of Heat Mass Transfer* 以及 *ASME J Heat Transfer* 杂志上 1991 ~ 1993年这三年中的数值计算论文进行统计，使用 FVM 的文献约为 47%。此外，国外一些成熟的商用软件如 Phoenics、Fluent、STAR-CD 等都是采用有限体积法。

对于有限差分法，有限元法和有限体积法的主要区别，不少文献都进行了描述。这三种方法的主要区别在于离散方程的思路上：①有限差分法是点近似，采用离散的网格节点上的值近似表达连续函数，数值解的守恒性较差；②有限元法是分段（或是分块）近似，单元内的解是连续解析的，单元之间近似解是连续的，此外有限元方法对计算单元的划分没有特别的限制，处理灵活，特别是在处理复杂边界的问题时，这一优点更为突出；③有限体积法可以看做是有限差分法和有限元法的中间产物，有限体积法只求解变量 ϕ 在控制体节点或中心处的值，这与有限差分法相似，而沿控制体积分时必须假定 ϕ 值在网格之间的分布，这又与有限元法相似，因此有限体积法物理概念清晰，兼备有限元法和有限差分法的优点。

5.3.2 控制方程的通用形式

前面已经介绍了工程湍流运动的基本方程与封闭模式，这些方程的构建为工程湍流问题的求解提供了基础。但这些方程的表达形式不尽相同，若直接利用这些方程求解，需要对每个方程编写相应的程序段，程序编制工作较为繁重，为了简化问题，常常将其表述成通用形式。

从物理现象的本质来看，流体运动控制方程，不管是连续方程、运动方程、能量方程，还是物质输移方程，都存在一个共性，就是这些方程都是描述物理量在对流、扩散过程中的守恒原理。为此可以将流体运动基本方程写成由瞬态项、对流项、扩散项和源项组成的通用表达式：

$$\frac{\partial \rho \phi}{\partial t} + \frac{\partial \rho u_i \phi}{\partial x_i} = \frac{\partial}{\partial x_j}\left(\Gamma_\phi \frac{\partial \phi}{\partial x_j}\right) + S_\phi \tag{5.3.1}$$

式中，ϕ 为通用变量，可以表示不同的待求变量；Γ_ϕ 为广义扩散系数；等号左边第一项为瞬态项；等号左边第二项为对流项；等号右边第一项为扩散项；等号右边第二项 S_ϕ 为源项。对不同的控制方程，ϕ、Γ_ϕ 和 S_ϕ 具有不同的意义。如对二维流动的连续方程和运动方程，各变量的意义如表 5.3.1 所示，其中：$\mu + \mu_T$ 表示粘性系数；p 表示压强；S_i 表示运动方程的源项。

表 5.3.1　控制方程变量表

方程	Φ	Γ_ϕ	S_ϕ
连续方程	1	0	0
运动方程	u_i	$\mu + \mu_T$	$-\dfrac{\partial p}{\partial x_i} + S_i$

5.3.3　通用控制方程离散

1. 基于非结构网格的有限体积法

从严格意义上来讲，采用有限体积法离散控制方程时需要同时在空间上和时间上进行积分。但为简便，往往直接用时变项的差商代替微商，只对控制方程做空间积分得到初步的离散方程，然后根据需要再进一步构建显式或隐式的求解格式。在此，也将按照该步骤探讨二维流动通用控制方程的离散。

将二维流动控制方程的通用表达式写成直角坐标系下的非张量形式：

$$\frac{\partial(\rho\phi)}{\partial t} + \frac{\partial(\rho u\phi)}{\partial x} + \frac{\partial(\rho v\phi)}{\partial y} = \frac{\partial}{\partial x}\left(\Gamma_\phi \frac{\partial\phi}{\partial x}\right) + \frac{\partial}{\partial y}\left(\Gamma_\phi \frac{\partial\phi}{\partial y}\right) + S_\phi \qquad (5.3.2)$$

有限体积法是目前计算流体动力学领域应用最普遍的一种数值方法[3]。按照离散方程时所采用的计算网格的拓扑结构，可以将有限体积法分为基于结构网格的有限体积法和基于非结构网格的有限体积法。考虑到从拓扑结构来看，结构网格可以视为非结构网格的特例，为不失一般性，在此主要探讨基于非结构网格的有限体积法。

选择如图 5.3.1 所示的多边形单元为控制体，其中：P 为控制体中心；E 为相邻控制体中心；e 为控制体中心连线与控制体界面的交点；$n_{1j} = [\Delta y, -\Delta x]$ 为控制体界面的法向分量，当网格单元正交时 n_{1j} 与 PE 方向相同；n_{2j} 为控制体中心连线 PE 的法向量；

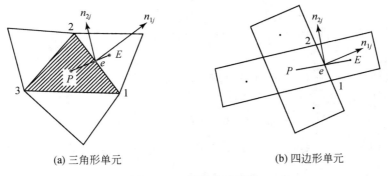

(a) 三角形单元　　　　　　　　　　(b) 四边形单元

图 5.3.1　控制体示意图

假定控制体边数为 N_{ED} 。

将待求变量布置在控制体中心，假定单元在 z 方向上为单位厚度，将控制方程沿控制体积分，得到

$$\oint_V \frac{\partial(\rho\phi)}{\partial t}\mathrm{d}V + \oint_V \Big(\frac{\partial(\rho u\phi)}{\partial x} + \frac{\partial(\rho v\phi)}{\partial y}\Big)\mathrm{d}V$$

$$= \oint_V \Big[\frac{\partial}{\partial x}\Big(\varGamma_\phi \frac{\partial\phi}{\partial x}\Big) + \frac{\partial}{\partial y}\Big(\varGamma_\phi \frac{\partial\phi}{\partial y}\Big)\Big]\mathrm{d}V + \oint_V S_\phi \mathrm{d}V \tag{5.3.3}$$

根据高斯散度定理，有

$$\oint_V \frac{\partial(\rho\phi)}{\partial t}\mathrm{d}V + \oint_\Omega \Big((\rho u\phi)\frac{n_x}{|n_{1j}|} + (\rho v\phi)\frac{n_y}{|n_{1j}|}\Big)\mathrm{d}\Omega$$

$$= \oint_\Omega \Big(\varGamma_\phi \frac{\partial\phi}{\partial x}\frac{n_x}{|n_{1j}|} + \varGamma_\phi \frac{\partial\phi}{\partial y}\frac{n_y}{|n_{1j}|}\Big)\mathrm{d}\Omega + \oint_\Omega S_\phi \mathrm{d}V \tag{5.3.4}$$

式中，n_x、n_y 分别表示 n_{1j} 在 x、y 方向的分量。假定在控制体界面 e 上，积分变量 ϕ, u，v, ρ 等均为常量，且等于积分点处的值。考虑到控制体在 z 方向上厚度为 "1"，可以对控制方程中各项进行进一步简化：

1）瞬态项

用时变项的差商代替微商，然后进行空间积分，可得：

$$\oint_V \frac{\partial(\rho\phi)}{\partial t}\mathrm{d}V = \oint_\Omega \frac{\partial(\rho\phi)}{\partial t}\mathrm{d}\Omega$$

$$= \int_\Omega \Big(\frac{(\rho\phi)_{\mathrm{P}} - (\rho\phi)^0_{\mathrm{P}}}{\Delta t}\Big)\mathrm{d}\Omega$$

$$= \frac{(\rho\phi)_{\mathrm{P}} - (\rho\phi)^0_{\mathrm{P}}}{\Delta t}A_{CV} \tag{5.3.5}$$

式中，A_{CV} 表示控制体面积；Δt 为时间步长。

2）对流扩散项

对流项的离散是对流扩散方程离散的难点之一，也是数值模拟领域关注的重点。不同的格式，对计算精度和数值稳定性有很大影响。在此暂采用一阶迎风格式进行离散。

$$\oint_\Omega \Big((\rho u\phi)\frac{n_x}{|n_{1j}|} + (\rho v\phi)\frac{n_y}{|n_{1j}|}\Big)\mathrm{d}\Omega$$

$$= \oint_\Gamma \Big((\rho u\phi)\frac{n_x}{|n_{1j}|} + (\rho v\phi)\frac{n_y}{|n_{1j}|}\Big)\mathrm{d}S$$

$$= \sum_{j=1}^{N_{ED}} ((\rho u\phi)\Delta y - (\rho v\phi)\Delta x)_{ej}$$

$$= \sum_{j=1}^{N_{ED}} (-(\min(F_{ej},0) + F_{ej})\phi_P + (\min(F_{ej},0))\phi_E) \tag{5.3.6}$$

式中，$F_{ej} = ((\rho u)\Delta y - (\rho v)\Delta x)_{ej}$ 表示控制体界面上的质量流量，其值既可能为负（流进控制体：$F_{ej} > 0$），也可能为正（流出控制体：$F_{ej} < 0$）。$\sum\limits_{j=1}^{N_{ED}} F_{ej}$ 表示进出单元的残余

质量流量，在计算过程中通常用 $\sum\limits_{j=1}^{N_{ED}} F_{ej}$ 作为迭代收敛的判别标准。

3）扩散项的离散

扩散项可以分为沿 PE 连线的法向扩散项 D_j^n 和垂直于 PE 连线的交叉扩散项 D_j^c。正交扩散项 D_j^n 的计算较为简单，可采用具有二阶精度的中心差分格式离散，但 D_j^c 计算较为困难，目前还没有办法准确计算这一项。实际上，当计算网格接近正交时，界面上 D_j^c 几乎为 0，扩散通量近似等于 D_j^n，此时可只考虑正交扩散项，据此可将扩散项离散为

$$\oint_{\Omega} \left(\Gamma_\phi \frac{\partial \phi}{\partial x} \frac{n_x}{|n_{1j}|} + \Gamma_\phi \frac{\partial \phi}{\partial y} \frac{n_y}{|n_{1j}|} \right) \mathrm{d}\Omega$$

$$= \oint_{\Gamma} \left(\Gamma_\phi \frac{\partial \phi}{\partial x} \frac{n_x}{|n_{1j}|} + \Gamma_\phi \frac{\partial \phi}{\partial y} \frac{n_y}{|n_{1j}|} \right) \mathrm{d}S$$

$$= \sum_{j=1}^{N_{ED}} (\Gamma_\phi)_{ej} \left(\frac{\phi_E - \phi_P}{|d_j|} \frac{d_j \cdot n_{1j}}{|d_j|} \right) \tag{5.3.7}$$

式中，d_j 为向量 PE；$(\Gamma_\phi)_{ej}$ 表示界面处的扩散系数，可由 P、E 处的相应值经过线性插值得到。在计算过程中，如果能够保证计算网格为准正交网格，可以近似忽略交叉扩散项。但在工程湍流的模拟中，计算区域一般较为复杂，区域内网格正交性难以得到保证，交叉扩散项总是存在，因此在计算扩散项时必须考虑交叉扩散项。为尽量减小误差，可采用文献［17］中提到的方法计算交叉扩散项：

$$D_j^c = -\sum_{j=1}^{N_{ED}} (\Gamma_\phi)_{ej} \left(\frac{\phi_{C_2} - \phi_{C_1}}{|n_{1j}|} \frac{n_{1j} \cdot n_{2j}}{|n_{2j}|} \right) \tag{5.3.8}$$

式中，n_{2j} 为向量 PE 的法线；ϕ_{C_1}、ϕ_{C_2} 分别为节点 1、2 处的变量值。由于 Delaunay 三角形化方法生成的单元都接近正三角形，PE 和 n_{1j} 的夹角一般不大，交叉扩散项 D_j^c 一般远小于正交扩散项 D_j^n，所以在计算过程中可以把其归为源项。综合式（5.3.7）和式（5.3.8），可以将离散后的扩散项写为

$$D_j = D_j^n + D_j^c = \sum_{j=1}^{N_{ED}} (\Gamma_\phi)_{ej} \left(\frac{\phi_E - \phi_P}{|d_j|} \frac{d_j \cdot n_{1j}}{|d_j|} \right) - (\Gamma_\phi)_{ej} \left(\frac{\phi_{C_2} - \phi_{C_1}}{|n_{1j}|} \frac{n_{1j} \cdot n_{2j}}{|n_{2j}|} \right)$$

$$\tag{5.3.9}$$

4）源项的处理

对于源项 S，它通常是时间和物理量 ϕ 的函数。为了简化处理，将源项线性化，并沿控制体积分

$$\oint_V S_\phi \mathrm{d}V = \oint_\Omega S_\phi \mathrm{d}\Omega = (S_C + S_P \phi_P) A_{CV} \tag{5.3.10}$$

5）时间积分处理

（1）显格式。

如果取 ϕ_P 为待求变量，ϕ_{Ej} 为上一时段的计算值 ϕ_{Ej}^0。将瞬态项、对流项、扩散项和源项的离散式代入通用控制方程（式 5.3.2），即可得到显式的求解格式。

$$A_P\phi_P = \sum_{j=1}^{N_{ED}} A_{Ej}\phi_{Ej}^0 + b_0 \tag{5.3.11}$$

式中：

$$A_{Ej} = -\min(F_{ej},0) + (\Gamma_\phi)_{ej}\frac{\boldsymbol{d}_j \cdot n_{1j}}{|\boldsymbol{d}_j|^2}$$

$$A_P = \frac{\rho A_{CV}}{\Delta t} + \sum_{j=1}^{N_{ED}} A_{Ej} - \sum_{j=1}^{N_{ED}} F_{ej} - S_P A_{CV}$$

$$b_0 = \frac{\rho A_{CV}}{\Delta t}\phi^0 + S_C A_{CV} - \sum_{j=1}^{N_{ED}}\left((\Gamma_\phi)_{ej}\frac{\phi_{C_2}^0 - \phi_{C_1}^0}{|n_{1j}|}\frac{n_{1j} \cdot n_{2j}}{|n_{2j}|}\right)$$

从显格式的离散方程可以看出，离散方程求解时只用到上一时段的值，因此不需要进行迭代求解。从起始时刻开始，每隔一定的时间步长 Δt，求解一次方程（式5.3.11），即可求得变量值 ϕ_P。离散方程的显格式虽然求解简单，程序编制也相对容易，在求解强非恒定流问题时可获取比隐式算法更高的精度。但是显格式是条件稳定的，数值解稳定性受时间步长限制。此外，对于一些可以近似简化为梯级恒定流的问题，如天然河道长时期的冲淤变形计算，显式的求解格式因受时间步长限制无法概化，因而计算效率较低。

（2）隐格式。

相对于显式算法而言，隐式算法可以摆脱时间步长的限制，节约计算时间，因此在工程湍流数值模拟中应用较多，如河道内的水流运动计算、水沙运动计算等。取 ϕ_P、ϕ_{Ej} 均为待求变量，将瞬态项、对流项、扩散项和源项的离散式代入通用控制方程（式5.3.2）即可得到全隐式的求解格式：

$$A_P\phi_P = \sum_{j=1}^{N_{ED}} A_{Ej}\phi_{Ej} + b_0 \tag{5.3.12}$$

离散方程（式5.3.12）的系数同方程（式5.3.11）。从隐格式的离散方程组可以看出，不同单元上待求变量相互关联，采用直接法求解较为困难，因此一般采用迭代求解。从数学意义上来讲，线性方程组迭代收敛的条件为

$$\frac{\sum_{j=1}^{N_{ED}} A_{Ej}}{A_P} \leq 1 \tag{5.3.13}$$

值得注意的是，满足式（5.3.13）能保证线性方程组（5.3.12）收敛，但并不能保证能求得对流扩散方程的收敛解。这是因为工程湍流及其输移物质的运动是非常复杂的非线性问题，方程组的系数往往与待求变量（流速）有关，且在求解过程中不同变量之间相互影响，极易出现不稳定的情况。目前只能依靠经验方法通过控制线性方程组的收敛快慢来提高格式的稳定性。常用的方法是松弛法。对方程（式5.3.12）引入松弛因子 α_1，可得

$$\frac{A_P}{\alpha_1}\phi_P = \sum_{j=1}^{N_{ED}} A_{Ej}\phi_{Ej} + b_0 + (1-\alpha_1)\frac{A_P}{\alpha_1}\phi_P^0 \tag{5.3.14}$$

2. 有限体积法离散原则

对于有限体积法，Patankar 曾总结出 4 条原则，其是控制方程离散必须注意的问题。对此，文献［1］做了详细的描述。

1）控制体界面连续性原则

在离散方程组中，界面处通量（包括热通量、质量通量、动量通量）的表达式必须相同。采用有限体积法离散方程时，在时间和空间上均采用积分方式获取离散方程，因此控制体内部的守恒性容易保证，但在计算界面通量时容易引入误差。如对图 5.3.2 所示的控制体，当采用 **PE** 之间线性分布来计算控制体界面 e 处的扩散通量 $\Gamma \dfrac{\partial \phi}{\partial x}$ 时，

$\Gamma \dfrac{\partial \phi}{\partial x}$ 在界面 e 处总是连续的。但是，若采用二次曲线或其他高次分布计算界面扩散通量时，采用过 W、P、E 的二次曲线的计算结果 $\left(\Gamma \dfrac{\partial \phi}{\partial x} \right)_{WPE}$ 和采用过 P、E、S 的二次曲

线的计算结果 $\left(\Gamma \dfrac{\partial \phi}{\partial x} \right)_{PES}$ 不相等，这是因为两次计算梯度项的表达式不同而导致的。因此，在控制方程离散时，同一界面处通量（包括热通量、质量通量、动量通量）从界面两侧写出来的表达式必须一致，这样才能保证从一个控制体积流出的通量，等于通过该界面进入相邻控制体积的通量。对式（5.3.13）所示的离散方程，由于在计算界面通量 F_{ej} 和界面处扩散系数 $(\Gamma_\phi)_{ej}$ 时都采用了线性插值方法，因此界面的连续性能够满足。

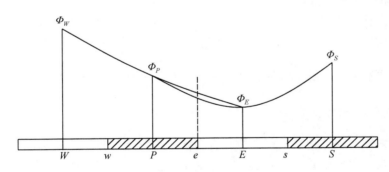

图 5.3.2　界面通量插值示意图

2）正系数原则

在离散方程中，所有变量的系数必须恒为正值。对自然界的流动或与其相关的物质和能量输移问题，求解域内的任一区域总通过对流或扩散过程与其邻近区域进行物质和能量交换，求解域内任一点物理量发生某种变化后，其周围物理量必然会呈现相同的变化趋势。也就是说，求解域内任一点变量值的增加必然会引起周围相应变量的值也增加，而不是减小，这种现象反映在离散方程上，就是系数 A_P 与 A_{Ej} 必须恒为正值。当违背这一原则，往往得不到物理上的真实解。例如，在传热问题中，如果一个控制体相邻单元的系数为负值，就可能出现某一区域温度增加却引起相邻区域温度降

低的不真实现象。因此，在求解流动问题时，必须满足正系数原则。对式（5.3.13）所示的离散方程，系数 A_{Ej} 恒为正值，但是系数 A_P 中源项系数 S_P 和单元残余质量 $\sum\limits_{j=1}^{N_{ED}} F_{ej}$ 的正、负尚未确定。对 S_P，在源项线性化时一般规定取负斜率，因此其在 A_P 中是以正值的形式出现；对 $\sum\limits_{j=1}^{N_{ED}} F_{ej}$，在迭代过程中其值可能为正，也可能为负，且随着迭代的收敛其值趋近于 0。虽然如此，在求解过程中为防止 $\sum\limits_{j=1}^{N_{ED}} F_{ej}$ 出现较大的负值导致流场求解失败，常常在流场求解之前将 $\sum\limits_{j=1}^{N_{ED}} F_{ej}$ 作 0 处理。值得说明的是，这样做不但可以保证离散方程满足正系数规则，而且可以在迭代过程中将未能满足连续方程的误差从系数 A_P 中消除掉，促使迭代更好地收敛。迭代收敛后，残余质量误差为 0，舍去 $\sum\limits_{j=1}^{N_{ED}} F_{ej}$ 的误差也将会消除。

3）源项负斜率线性化原则

前文在离散源项时，对其进行了线性化处理。从离散方程式（5.3.12）来看，为满足正系数原则，线性化时应保证源项斜率为负。实际上，对大多数的物理过程，源项与待求变量也存在负斜率的关系。例如：对热传导问题，若源项斜率为正，某点温度升高，热源也会增加，热源增加必将导致该点温度进一步升高，系统就会失去稳定。因此源项负线性化也反映了大多数物理过程的客观规律。

4）相邻节点系数和原则

从通用微分方程可以看出，除源项外，控制方程完全由待求变量 ϕ 的导数项组成。对于一个无源控制（$S_P = 0$）的对流扩散方程，若 ϕ 增加一个常数变成 $\phi + C$，$\phi + C$ 也应该满足控制方程，这一性质反映在离散方程中表现为 $A_P = \sum\limits_{j=1}^{N_{ED}} A_{Ej}$。

3. 对流项的离散格式

对流项采用有限体积法进行离散，有限体积法常用的离散格式有：中心差分格式、一阶迎风格式、混合格式、指数格式、乘方格式。表 5.3.2 给出了采用不同离散格式所得到的控制方程系数（表中 $\sum\limits_{j=1}^{N_{ED}} F_{ej}$ 已作 0 处理）。

表 5.3.2 不同离散格式下系数 A_{Ej} 和 A_P 的计算公式

离散格式	系数 A_{Ej}	系数 A_P
中心差分格式	$-\dfrac{F_{ej}}{2} + D_j^n$	$\dfrac{\rho A_{CV}}{\Delta t} - S_P A_{CV} + \sum\limits_{j=1}^{N_{ED}} A_{Ej}$
一阶迎风格式	$-\min(F_{ej}, 0) + D_j^n$	$\dfrac{\rho A_{CV}}{\Delta t} - S_P A_{CV} + \sum\limits_{j=1}^{N_{ED}} A_{Ej}$

续表

离散格式	系数 A_{Ej}	系数 A_P
混合格式	$-\min\left(0, F_{ej}, \dfrac{F_{ej}}{2} - D_j^n\right)$	$\dfrac{\rho A_{CV}}{\Delta t} - S_P A_{CV} + \sum\limits_{j=1}^{N_{ED}} A_{Ej}$
指数格式	$D_j^n \dfrac{\exp\left(\mid F_{ej}\mid \big/ D_j^n\right)}{\exp\left(\mid F_{ej}\mid \big/ D_j^n\right) - 1} - \min\left(F_{ej}, 0\right)$	$\dfrac{\rho A_{CV}}{\Delta t} - S_P A_{CV} + \sum\limits_{j=1}^{N_{ED}} A_{Ej}$
乘方格式	$D_j^n \max\left(0, \left(1 - 0.1\left\lvert\dfrac{F_{ej}}{D_j^n}\right\rvert\right)^{0.5}\right) - \min\left(F_{ej}, 0\right)$	$\dfrac{\rho A_{CV}}{\Delta t} - S_P A_{CV} + \sum\limits_{j=1}^{N_{ED}} A_{Ej}$

在上述离散格式中，中心差分格式具有二阶精度。但由于经过控制体界面的通量 F_{ej} 既有可能为负（$F_{ej} < 0$ 流入控制体），也有可能为正（$F_{ej} > 0$ 流出控制体），这都有可能使离散方程不满足正系数原则，造成求解失败。因此，一般不采用中心差分格式作为对流项的离散格式。

相对于中心差分格式而言，一阶迎风格式离散方程系数永远为正，因而一般不会引起解的震荡，可得到物理上看起来合理的解，也正是这一点使一阶迎风格式得到了广泛的应用。除了一阶迎风格式外，另外几种格式，如混合格式、指数格式和乘方格式等，也能保证离散方程系数永远为正，因此在控制方程离散也时有运用。

除了上述格式之外，不少研究者还提出了一些高精度的数值格式，但是鉴于非结构网格的复杂性，现有的许多高精度格式尚难以直接应用于非结构网格。从实际应用来看，对于水利工程中一些工程湍流问题的数值模拟，一阶迎风格式应用较多，也基本能够满足精度要求。

4. 基于直角网格的有限体积法

基于直角坐标网格的数值模拟技术是计算流体力学领域发展最早的方法。对直角网格上通用控制方程的离散，有很多文献进行过描述。选择如图 5.3.3 所示的计算网格作为控制体，其中：P 为控制体中心；W、S、E、N 分别为相邻控制体中心；w、s、e、n 为控制体中心连线与控制体界面的交点。Δx、Δy 分别为控制体在 x、y 方向的边长。

将待求变量布置在控制体中心，并假定单元在 z 方向上为单位厚度，将控制方程沿控制体各边界积分可以得到

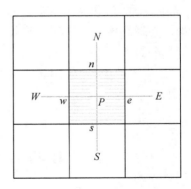

图 5.3.3　计算网格单元示意图

$$
\oint_V \frac{\partial(\rho\phi)}{\partial t}\mathrm{d}V + \oint_V \left(\frac{\partial(\rho u\phi)}{\partial x} + \frac{\partial(\rho v\phi)}{\partial y}\right)\mathrm{d}V
$$

$$
= \oint_V \left(\frac{\partial}{\partial x}\left(\Gamma_\phi \frac{\partial\phi}{\partial x}\right) + \frac{\partial}{\partial y}\left(\Gamma_\phi \frac{\partial\phi}{\partial y}\right)\right)\mathrm{d}V + \oint_V S_\phi \mathrm{d}V \tag{5.3.15}
$$

1）瞬态项

$$\oint_V \frac{\partial(\rho\phi)}{\partial t}\mathrm{d}V = \oint_\Omega \frac{\partial(\rho\phi)}{\partial t}\mathrm{d}\Omega$$

$$= \int_\Omega \left(\frac{(\rho\phi)_P - (\rho\phi)_P^0}{\Delta t}\right)\mathrm{d}\Omega$$

$$= \frac{(\rho\phi)_P - (\rho\phi)_P^0}{\Delta t}\Delta x\Delta y \qquad (5.3.16)$$

式中，Δt 为时间步长。

2）对流扩散项

$$\oint_V \left(\frac{\partial(\rho u\phi)}{\partial x} + \frac{\partial(\rho v\phi)}{\partial y}\right)\mathrm{d}V$$

$$= ((\rho u)_e\phi_e - (\rho u)_w\phi_w)\Delta y + ((\rho u)_n\phi_n - (\rho u)_s\phi_s)\Delta x \qquad (5.3.17)$$

3）扩散项的离散

扩散项离散采用中心格式。

$$\oint_V \left(\frac{\partial}{\partial x}\left(\Gamma_\phi \frac{\partial\phi}{\partial x}\right) + \frac{\partial}{\partial y}\left(\Gamma_\phi \frac{\partial\phi}{\partial y}\right)\right)\mathrm{d}V$$

$$= \left(\Gamma_e \frac{\phi_E - \phi_P}{\Delta x}\Delta y - \Gamma_w \frac{\phi_P - \phi_W}{\Delta x}\Delta y + \Gamma_n \frac{\phi_N - \phi_P}{\Delta y}\Delta x - \Gamma_s \frac{\phi_P - \phi_S}{\Delta y}\Delta x\right)$$

4）源项的处理

$$\oint_V S_\phi \mathrm{d}V = \oint_\Omega S_\phi \mathrm{d}\Omega = (S_C + S_P\phi_P)\Delta x\Delta y \qquad (5.3.18)$$

5）时间积分处理

（1）显格式。

如果取 ϕ_P 为待求变量，ϕ_W、ϕ_S、ϕ_E、ϕ_N 分别为上一时段的计算值 ϕ_W^0、ϕ_S^0、ϕ_E^0、ϕ_N^0。将瞬态项、对流项、扩散项和源项的离散式代入通用控制方程，即可得到显式的求解格式。

$$A_P\phi_P = A_E\phi_E^0 + A_W\phi_W^0 + A_N\phi_N^0 + A_S\phi_S^0 + b_0 \qquad (5.3.19)$$

式中：

$$A_E = \max(-F_e, 0) + \Gamma_e \frac{\Delta y}{\Delta x}$$

$$A_W = \max(F_w, 0) + \Gamma_w \frac{\Delta y}{\Delta x}$$

$$A_N = \max(-F_n, 0) + \Gamma_n \frac{\Delta x}{\Delta y}$$

$$A_S = \max(F_s, 0) + \Gamma_s \frac{\Delta x}{\Delta y}$$

$$A_P = A_E + A_W + A_N + A_S + \frac{\rho}{\Delta t}\Delta x\Delta y - S_P\Delta x\Delta y$$

$$b_0 = \frac{\rho}{\Delta t}\Delta x\Delta y\phi_P^0 + S_C\Delta x\Delta y$$

式中，F_e、F_w、F_n、F_s 均表示控制体界面上通量的绝对值。

（2）隐格式。

取 ϕ_P、ϕ_W、ϕ_S、ϕ_E、ϕ_N 均为待求变量，将瞬态项、对流项、扩散项和源项的离散式代入通用控制方程（式5.3.2），即可得到全隐式的求解格式：

$$A_P\phi_P = A_E\phi_E + A_W\phi_W + A_N\phi_N + A_S\phi_S + b_0 \tag{5.3.20}$$

从直角网格上通用控制方程的离散过程来看，控制方程的离散过程与非结构网格上的离散方法完全相同，不同的是由于其网格形式简单，因此离散方程形式也大为简化。

5. 基于曲线网格的有限体积法

近年来随着计算技术的发展和研究问题的深入，不少研究人员采用（非）正交曲线网格作为计算网格，逐渐发展了基于（非）正交曲线网格的模拟技术，并在研究中得到了广泛的应用。曲线网格上控制方程的离散一般需要先要将直角坐标系下的控制方程转化为（非）正交曲线坐标系下的控制方程，再进行离散。正交曲线坐标系下二维水流运动控制方程可用如下通式表示：

$$g_\zeta g_\eta \frac{\partial \rho\phi}{\partial t} + \frac{\partial}{\partial \zeta}(\rho u_\xi g_\eta \phi) + \frac{\partial}{\partial \eta}(\rho v_\eta g_\zeta \phi) = \frac{\partial}{\partial \zeta}\left(\Gamma_\phi \frac{g_\eta}{g_\zeta}\frac{\partial \phi}{\partial \zeta}\right) + \frac{\partial}{\partial \eta}\left(\Gamma_\phi \frac{g_\zeta}{g_\eta}\frac{\partial \phi}{\partial \eta}\right) + S_\phi$$

$$\tag{5.3.21}$$

式中，u_ξ、v_η 分别表示沿曲线坐标系 ξ、η 方向的流速。从形式上来看，转化后的控制方程与式（5.3.1）比较接近，因而方程离散并不困难。但是其源项表达式较为复杂，离散方程系数求解也相当复杂，最终的流速变量还需要转化到直角坐标系下，因此程序编制较为困难。为克服这一缺点，文献［18］曾基于非结构网格上控制方程的离散思想，将直角坐标系下的控制方程直接在曲线网格上进行离散，离散方程形式如下：

$$A_P\phi_P = A_E\phi_E + A_W\phi_W + A_N\phi_N + A_S\phi_S + b_0 \tag{5.3.22}$$

式中：

$$A_E = -\min(F_e,0) + \Gamma_\phi H_e \frac{\boldsymbol{d}_{PE}\cdot n_e}{|\boldsymbol{d}_{PE}|^2}$$

$$A_W = -\min(F_w,0) + \Gamma_\phi H_w \frac{\boldsymbol{d}_{PW}\cdot n_w}{|\boldsymbol{d}_{PW}|^2}$$

$$A_N = -\min(F_n,0) + \Gamma_\phi H_n \frac{\boldsymbol{d}_{PN}\cdot n_n}{|\boldsymbol{d}_{PN}|^2}$$

$$A_S = -\min(F_s,0) + \Gamma_\phi H_s \frac{\boldsymbol{d}_{PS}\cdot n_s}{|\boldsymbol{d}_{PS}|^2}$$

$$A_P = A_E + A_W + A_N + A_S + \frac{\rho}{\Delta t}A_{CV} - S_P A_{CV}$$

$$b_0 = \frac{\rho}{\Delta t}A_{CV}\phi_P^0 + S_C A_{CV}$$

式中，F_e、F_w、F_n、F_s 均为沿控制体界面外法线方向的通量。

该方法可直接将直角坐标下的控制方程在曲线网格上进行离散，不需要对控制方程进行曲线坐标变换，因而离散方程的形式简单，物理概念清晰。

5.3.4 基于同位网格的 SIMPLE 算法

前面基于有限体积法探讨了对流扩散方程的离散。对流扩散方程求解的前提是流速场已知。但实际上在求解变量 ϕ 之前，流速场是未知的，且往往是求解任务之一。对流场的求解，首先想到的方法是在对流扩散方程中，用 ϕ 代替运动方程中的 u、v（二维流动），然后进行求解。但是在连续方程中，待求变量 $\phi = 1$，因此无法按照通用控制方程的形式离散求解。此外，在运动方程中，压强梯度项是未知的，且压强项只出现在运动方程中，在连续方程中不存在压强项，没有可直接用于求解压强的方程。因此在求解流场的过程中，尚需对现有方程进行处理。目前应用最为广泛的处理方法是 Patankar 和 Spalding 提出的 SIMPLE（Semi-Implicit Method for Pressure-Linked Equations）算法。SIMPLE 算法求解流场的基本思想是利用连续方程构建压强修正方程，在求解时首先给全场赋初始的猜测压强场，通过反复求解运动方程和压强修正方程，对初始压强场不断修正得到最终解。

1）确定变量布置

前面已经提到，采用 SIMPLE 算法求解流场是利用连续方程使假定的压强场能够通过迭代过程不断地接近真解。但是由于流速在连续方程、压强在运动方程中都是一阶导数项，如果简单地将各个变量置于同一套网格上，当压强出现间跃式分布时离散方程在求解过程中无法检测出波形压强场。为了避免在数值求解过程中出现间跃式压强场，过去最常用的办法是采用交错网格把标量存储于网格节点上，而把流速等向量存储于控制体界面上（图5.3.4）。虽然交错网格较好地处理了连续性方程中速度一阶导

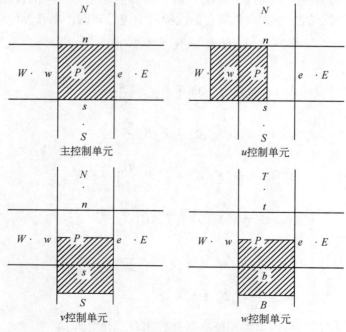

图5.3.4 交错网格变量布置示意图

数和运动方程中压强一阶导数的计算，克服了间跃式压强场的存在。但是由于交错网格存储变量的位置不同，相应的也需要多套网格来适应编程的需要，因而程序编制比较复杂，尤其是对基于非结构网格的数值模拟，交错网格的不便之处更是暴露无遗。因此要在非结构网格上使用目前比较成熟的 SIMPLE 算法进行水流运动的数值模拟，必须引进同位网格的思想。所谓同位网格，就是将所有变量布置在同一套网格上（图5.3.5），然后在控制体界面上通过动量插值实现

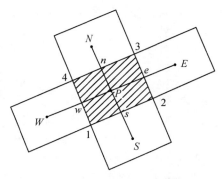

图 5.3.5　同位网格变量布置示意图

流速与压强耦合关系的处理。本书主要介绍基于同位网格的 SIMPLE 算法。

2）运动方程离散

以基于非结构网格的二维流动模拟为例，按照通用控制方程的离散方法对运动方程进行离散。离散时将流速变量（u、v）视为待求变量 ϕ，将 $\sum_{j=1}^{N_{ED}} F_{ej}$ 作 0 处理，同时考虑到压强项的特殊性，将其从源项中分离出来，可得

$$A_P \phi_P = \sum_{j=1}^{N_{ED}} A_{Ej} \phi_{Ej} + b_0 \tag{5.3.23}$$

式中：

$$A_{Ej} = \max(-F_{ej}, 0) + \Gamma_\phi \frac{\boldsymbol{d}_j \cdot \boldsymbol{n}_{1j}}{|\boldsymbol{d}_j|^2}$$

$$A_P = \frac{\rho A_{CV}}{\Delta t} + \sum_{j=1}^{N_{ED}} A_{Ej} - S_P A_{CV}$$

$$b_0 = \frac{\rho A_{CV}}{\Delta t} \phi^0 + S_C A_{CV} - \sum_{j=1}^{N_{ED}} \left(p_{ej} n_{1j} + \Gamma_\phi \frac{\phi_{C_2}^0 - \phi_{C_1}^0}{|\boldsymbol{n}_{1j}|} \frac{\boldsymbol{n}_{1j} \cdot \boldsymbol{n}_{2j}}{|\boldsymbol{n}_{2j}|} \right)$$

3）压强修正方程

采用基于非结构同位网格的 SIMPLE 算法来处理流速和压强的耦合关系，引入界面流速计算式和流速修正式如下：

$$u_e = \frac{1}{2}(u_P + u_E) - \frac{1}{2}\left(\left(\frac{A_{CV}}{A_P}\right)_P + \left(\frac{A_{CV}}{A_P}\right)_E\right)\left(\frac{p_E - p_P}{|\boldsymbol{d}_e|} - \frac{1}{2}(\nabla p_P + \nabla p_E)\frac{\boldsymbol{d}_e}{|\boldsymbol{d}_e|}\right)\frac{n_{1j}}{|n_{1j}|} \tag{5.3.24}$$

$$u_e' = \frac{1}{2}\left(\left(\frac{A_{CV}}{A_P}\right)_P + \left(\frac{A_{CV}}{A_P}\right)_E\right)\left(\frac{p_P' - p_E'}{|\boldsymbol{d}_e|}\right)\frac{n_{1j}}{|n_{1j}|} \tag{5.3.25}$$

式中，p_P'、p_E' 分别为控制体 P，E 的压强修正值；A_P 为运动方程的主对角元系数。由初始压强场得到的界面流速 u_e^*，经过 u_e 的修正后方能满足连续方程。将 $u_e^* + u_e$ 代入连续方程中，得到压强修正方程为

$$A_P^P p_P' = \sum_{j=1}^{N_{ED}} A_{Ej}^P p_{Ej}' + b_0^P \tag{5.3.26}$$

式中，上标 P 表示压强修正方程系数。其中：

$$A_{Ej}^{P} = \frac{1}{2}\rho\left(\left(\frac{A_{CV}}{A_P}\right)_P + \left(\frac{A_{CV}}{A_P}\right)_E\right)\frac{n_{1j}}{|n_{1j}|}$$

$$A_P^{P} = \sum_{j=1}^{N_{ED}} A_{Ej}^{P}$$

$$b_0^{P} = \sum_{j=1}^{N_{ED}} F_{Ej}$$

4）修正压强和流速

在获得压强修正值 p_P' 以后，按以下方式修正压强和速度

$$p_P = p_P^* + \alpha_2 p_P' \tag{5.3.27}$$

$$u_P = u_P^* - \sum_{j=1}^{N_{ED}} \frac{p_j' n_{1j}}{A_P} \tag{5.3.28}$$

式中，α_2 为压强的欠松弛因子。

5）流场求解

采用 SIMPLE 算法求解流场的主要步骤如下：

（1）给全场赋以初始的猜测压强场。

（2）计算运动方程系数，求解运动方程。

（3）计算压强修正方程的系数，求解压强修正值，更新压强和流速。

（4）根据单元残余质量流量和全场残余质量流量判断是否收敛。

5.3.5 离散方程的求解

代数方程组求解有两类基本方法。一类是直接法，即以消去为基础的解法，如果不考虑舍入误差的影响，从理论上讲，它可以在固定步数内求得方程组的准确解，常用的直接求解法包括 Gramer 矩阵求逆法和 Gauss 消去法。另一类是迭代解法，它是一个逐步求得近似解的过程，这种方法便于编制解题程序，但存在迭代是否收敛及收敛速度快慢的问题，且只能得到满足一定精度要求的近似解，常用的迭代法有 Jacobi 迭代法或 Gauss-Seidel 迭代法。对于大规模的线性方程组，迭代法的计算效率要高于直接法。

在结构网格下，离散方程的系数矩阵为标准的 3 对角（一维问题）、5 对角（二维问题）或 7 对角（三维问题）矩阵。对于系数矩阵为标准对角矩阵的离散方程组（结构网格下的离散方程），人们在较早以前已获得一种能快速求解三对角方程组的解法，即 TDMA（Tri-Diagonal Matrix Algorithm）算法。该方法对一维问题形成的三对角矩阵是一种直接法。对于二维或三维问题，可以利用该方法逐行逐列交替迭代求解。对于 TDMA 算法，不少文献已进行过详细介绍。

在非结构网格下，由于控制体周围相邻控制体的数量及编号不确定，离散方程的系数矩阵为一大型稀疏矩阵，但不一定是严格的对角矩阵。对系数矩阵为非标准对角矩阵的离散方程组（非结构网格下的离散方程），一般采用 Gauss-Seidel 迭代法求解。

实际上，由于大多数的工程湍流问题都是非线性的，离散方程系数取值往往与待求变量 ϕ 有关。离散方程名义上是线性的，但是在方程收敛之前，系数矩阵是有待于

改进的。因此，离散方程迭代求解应包含两项任务，一是修正非线性方程组的系数，常称为外迭代，二是求解线性代数方程组，常称为内迭代。在求解过程中，内迭代不必一次迭代至收敛，可以迭代一次或几次之后即修正线性方程组系数，从而实现两种迭代同步收敛，因此只要迭代方式组织合理，其计算效率往往要高于直接法，在节点数多时更是如此。

5.3.6　误差来源及控制

工程湍流数值模拟的误差主要来自于模拟过程中的如下工作环节：

1）模型建立

在根据物理现象建立数学模型的过程中，常常会由于对流动本质的认识不充分引入误差，也称为建模误差，即控制方程及定解条件不能准确反映真实的物理背景而导致的误差。

2）网格剖分

网格布局和尺度均会对计算结果产生影响，引入相应的计算误差。

3）方程离散

由控制方程离散过程中的截断误差和计算边界处理不合理引起的误差。

4）模型计算

模型计算过程中产生的计算误差有两种，一是浮点运算的舍入误差，二是由离散方程求解过程中不完全迭代引入的误差。

5）成果整理

该环节基本不引入误差。

对于数值模拟的误差来源，陶文铨曾给出了较为准确的分类和定义。他建议将数学模型的误差来源分为建模误差、离散误差和计算误差三大类[3]，如图 5.3.6 所示。

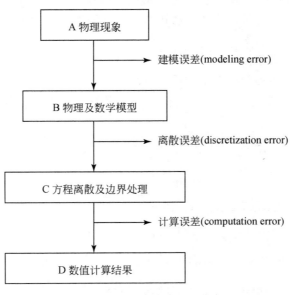

图 5.3.6　数值计算误差分类

（1）建模误差：数学模型建立过程中产生的误差。

（2）离散误差：网格布局和尺度选择引入的误差；方程离散过程中的截断误差；

（3）计算误差：浮点运算的舍入误差；不完全迭代误差。

对不同的问题，数值模拟误差的影响程度和重要性是有区别的。就恒定流模拟和非恒定流模拟而言，对非恒定流模拟，其建模误差、离散误差与恒定流基本相同，但是由迭代不完全所造成的计算误差却有别于恒定流。其原因是恒定流求的是线性方程组的收敛解，非恒定流求的是线性方程组的收敛过程，在求解的过程中线性方程组的迭代计算是不完全的。凡是影响线性方程组收敛特性的计算参数和技术手段均可能对非恒定流的模拟成果产生影响；在恒定流模拟中时间步长的影响也仅限于截断误差，但是在非恒定流模拟中时间步长的影响则不仅仅限于截断误差，还包括迭代不完全所造成的计算误差。

数值模拟中的误差除浮点运算舍入误差外均可采取一定措施来减小，如采用精度更高的湍流模型、优化网格布局、采用高精度离散格式等。实际上，许多措施往往是以计算量的增加为代价的。工程湍流的数值模拟应在计算精度和计算量之间寻求平衡点，应致力于寻求能满足精度要求的高效模拟方法。

5.4 随机模拟技术

随机模拟也称蒙特卡罗法或统计试验法，这种计算方法以概率与统计理论为基础，其由威勒蒙和冯纽曼在20世纪40年代为研制核武器而首先提出，在此之前，作为该方法的基本思想，实际上早已被统计学家发现和利用。例如，早在17世纪的时候，人们就知道按频率来决定概率。计算机的出现，使得用数学方法在计算机上进行大量的模拟试验成为可能，此外，科学技术的不断发展，出现了越来越多的复杂而困难的问题，用通常的解析方法或数值计算方法均难以解决，随机模拟法正是在这种情况下，作为一种可行的而且是不可缺少的计算方法被提出和迅速发展起来的。用随机模拟法求解问题包括以下几个基本环节：

（1）数学模型的构建；

（2）确定模型中各种随机变量的抽样方法；

（3）进行随机模拟试验，产生样本，求出相关的统计量，得到解的近似值或估计值。

根据概率论中的强大数定理，随机模拟法的估计值 $\overline{G}_N$ 依概率 1 收敛于 G，也即 $\overline{G}_N$ 满足

$$P(\lim_{N \to \infty} \overline{G}_N = G) = 1 \tag{5.4.1}$$

的充分必要条件是随机变量 $g(x)$ 满足条件

$$E(|g|) = \int |g(x)| f(x) \mathrm{d}x < +\infty \tag{5.4.2}$$

式中，$f(x)$ 为概率密度函数，如果随机变量 $g(x)$ 还满足条件

$$E(|g|^r) = \int |g(x)|^r f(x) \mathrm{d}x < +\infty \tag{5.4.3}$$

式中, $1 \leqslant r < 2$, 则

$$P(N^{\frac{r-1}{r}}(\overline{G}_N - G) \to 0) = 1 \tag{5.4.4}$$

亦即 $\overline{G}_N$ 依概率 1 收敛于 G 的速度为 $N^{\frac{r-1}{r}}$ 。由此可见, 随机模拟法的收敛性取决于所确定的随机变量是否绝对可积, 而随机模拟法的收敛速度则取决于该随机变量是几次绝对可积。

5.4.1　伪随机数的生成及随机变量的抽样

1. 伪随机数的生成

伪随机数的生成是随机模拟的基础。从理论上来讲, 只要有了具有连续分布的随机数, 就可以通过某种方法产生其他任意分布的随机数。由于 [0, 1] 区间上的均匀分布是最简单、最基本的连续分布, 所以通常都以 [0, 1] 上均匀分布的随机数为基础, 用其来生成其他分布的随机数。用 U 来表示 [0, 1] 上均匀分布的随机变量, 其相应的随机数用 u_i 来表示。在计算机上产生 u_i 有三类方法, 其一利用随机数表 (这类数表很多, 其中比较著名的是兰德公司的百万数字的随机数表), 其二利用物理随机数发生器, 其三利用数学方法, 如线性同余法。在计算机上, 一般都配有根据线性同余法所编制的产生伪随机数的子程序, 使用时只需按规定调用即可。

2. 随机变量的抽样

有了 [0, 1] 区间上的均匀分布的随机数序列 $\{u_i\}$ 之后, 还必须给出具体的方法, 以利用这一序列得到指定分布的随机变量的独立随机样本。解决这一问题的方法很多, 主要有变换方法及舍选方法两种。下面对溅水随机模拟中标准正态分布与 Γ 分布的抽样公式进行简要介绍。

对概率密度函数 $f(x) = \dfrac{1}{\sqrt{2\pi}}\exp\left(-\dfrac{x^2}{2}\right)$ 的标准正态分布 (即 $N(0, 1)$ 分布), 利用变换方法生成标准正态分布随机变量的步骤如下:

(1) 生成 [0, 1] 上的均匀分布的随机数 U_1 与 U_2 ;

(2) 通过

$$N_1 = \sqrt{-2\ln U_1}\cos 2\pi U_2 \tag{5.4.5a}$$

或者

$$N_2 = \sqrt{-2\ln U_1}\sin 2\pi U_2 \tag{5.4.5b}$$

即可生成服从 $N(0, 1)$ 分布的随机变量。图 5.4.1 给出了所生成的服从 $N(0, 1)$ 分布的随机数 $\{n_i\}$ 的总数为 10000 时生成随机数的概率密度函数与理论概率密度函数的比较。

有了服从 $N(0, 1)$ 分布的随机变量 N , 则得服从一般正态分布 $N(\bar{x}, \sigma)$ 的随机变量 X 的抽样方法为

$$X = \bar{x} + \sigma N \tag{5.4.6}$$

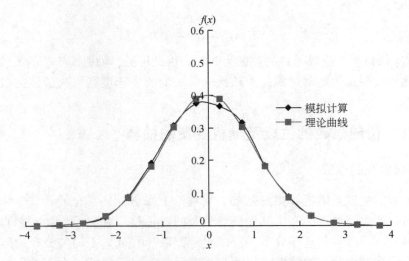

图 5.4.1 生成随机数的概率密度函数与理论概率密度函数的比较

（标准正态分布 $N = 10000$）

对服从一般 Γ 分布

$$f(x) = \frac{\lambda^\alpha}{\Gamma(\alpha)} x^{\alpha-1} e^{-\lambda x} \tag{5.4.7}$$

的随机变量，由于 Γ 分布对于加法运算的封闭性（即两个独立 Γ 分布的随机变量之和仍为 Γ 分布），要生成任意 α 的 Γ 分布只要取相关的两个 Γ 分布的随机变量之和即可。例如，如要生成 $\alpha = 4.5$ 的 Γ 分布的随机变量，只要将 $\alpha = 4$ 的 Γ 分布的随机变量和 $\alpha = 0.5$ 的 Γ 分布的随机变量相加即可，因此下面分别介绍 $\alpha > 1$ 且为整数的 Γ 分布随机变量和 $0 < \alpha < 1$ 的 Γ 分布随机变量的抽样方法。

对 $\alpha > 1$ 且为整数的 Γ 分布随机变量 X_1，其抽样方法为

①生成 $[0, 1]$ 上均匀分布的随机数 U_1

② $$X_1 = -\sum_{i=1}^{\alpha} \frac{\ln U_1}{\lambda} \tag{5.4.8}$$

对 $0 < \alpha < 1$ 的 Γ 分布随机变量 X_2，其抽样方法为

①生成 $[0, 1]$ 上均匀分布的随机数 U_1、U_2 与 U_3

②计算

$$s_1 = U_1^{\frac{1}{\alpha}} \tag{5.4.9}$$

和

$$s_2 = U_2^{\frac{1}{1-\alpha}} \tag{5.4.10}$$

③判断 $s_1 + s_2$ 是否小于 1，如是转④，否则转①

④ $$X_2 = \frac{s_1}{s_1 + s_2} \frac{\ln U_3}{\lambda} \tag{5.4.11}$$

图 5.4.2 给出了所生成的服从 Γ 分布（$\alpha = 2$，$\lambda = 0.9$）的随机数 $\{m_i\}$ 的总数 N 为 10000 时生成随机数的概率密度函数与理论概率密度函数的比较。

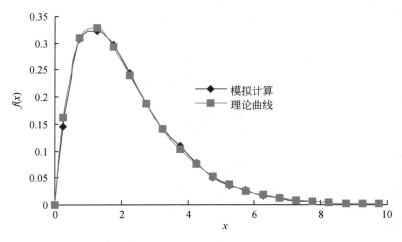

图 5.4.2　生成随机数的概率密度函数与理论概率密度函数的比较

（Γ 分布, $N = 10000$）

5.4.2　控制方程的离散

在污染物或溅抛水滴运动的随机模拟中，通常用 Langevin 方程来描述其运动，相应的控制方程为

$$\frac{\mathrm{d}u_p}{\mathrm{d}t} = -\frac{u_p}{T_L} + \sigma_p \sqrt{\frac{2}{T_L}} \frac{\mathrm{d}W}{\mathrm{d}t} \tag{5.4.12a}$$

$$\frac{\mathrm{d}x_p}{\mathrm{d}t} = u_p \tag{5.4.12b}$$

式中，T_L、σ_p 分别表示拉格朗日积分时间尺度与脉动速度的均方根值；$\mathrm{d}W$ 则为相互独立的白噪声过程。下面对式（5.4.12）的离散进行讨论。

以 Δt 表示时间间隔，以 $(\Delta x_p)_i$、$(u_p)_i$ 和 $(\Delta x_p)_{i+1}$、$(u_p)_{i+1}$ 分别表示微团（水滴）在 i 时刻和 $i+1$ 时刻的位移与速度，设其离散形式为

$$(\Delta x_p)_{i+1} = a(\Delta x_p)_i + b\xi_{i+1} \tag{5.4.13}$$

式中，ξ_{i+1} 为一 Gauss 白噪声过程，也即

$$\overline{\xi_{i+1}} = 0 \tag{5.4.14}$$

$$\overline{\xi_m \xi_n} = \delta_{mn} \tag{5.4.15}$$

由式（5.4.15）可知，式（5.4.13）中的 $(\Delta x_p)_i$ 与 ξ_{i+1} 之间是互不相关的，下面讨论如何来确定式（5.4.13）中的系数 a、b。

根据定义，对微团（水滴）运动的拉格朗日积分时间尺度 T_L 有

$$T_L = \frac{1}{\sigma_p^2} \int_0^\infty \overline{u_p(t)u_p(t+\tau)} \mathrm{d}\tau \tag{5.4.16}$$

而对微团（水滴）的位移，有

$$\overline{(\Delta x_p)_i^2} = \sigma_p^2 \Delta t^2 \tag{5.4.17}$$

将式（5.4.13）代入式（5.4.16），利用位移与速度之间的关系及式（5.4.17），

得到

$$T_L = \frac{1}{\sigma_p^2} \int_0^\infty \overline{u_p(t) u_p(t + \tau)} \, \mathrm{d}\tau$$

$$= \frac{1}{\sigma_p^2 \Delta t} \overline{\sum_{j=0}^\infty (\Delta x_p)_i (\Delta x_p)_{i+j}}$$

$$= \frac{\overline{(\Delta x_p)_i^2}}{\sigma_p^2 \Delta t} \sum_{j=0}^\infty a^j$$

$$= \frac{\Delta t}{1 - a} \tag{5.5.18}$$

从而有

$$a = 1 - \frac{\Delta t}{T_L} \tag{5.4.19}$$

此外，将式（5.4.13）改变为

$$(\Delta x_p)_{i+1} (\Delta x_p)_{i+1} = (a(\Delta x_p)_i + b\xi_{i+1})(a(\Delta x_p)_i + b\xi_{i+1}) \tag{5.4.20}$$

对式（5.4.20）两边取平均，利用

$$\overline{(\Delta x_p)_{i+1}^2} = \overline{(\Delta x_p)_i^2} = \sigma_p^2 \Delta t^2 \tag{5.4.21}$$

得到

$$\sigma_p^2 \Delta t^2 = a^2 \sigma_p^2 \Delta t^2 + b^2 \tag{5.4.22}$$

从而

$$b = \sigma_p \Delta t \sqrt{1 - a^2} \approx \sigma_p \Delta t \sqrt{\frac{\Delta t}{T_L}} \tag{5.4.23}$$

将式（5.4.19）和式（5.4.23）代入式（5.4.13），即可得到微团（水滴）位移的离散形式为

$$(\Delta x_p)_{i+1} = \left(1 - \frac{\Delta t}{T_L}\right)(\Delta x_p)_i + \sigma_p \Delta t \sqrt{\frac{\Delta t}{T_L}} \xi_{i+1} \tag{5.4.24}$$

5.5 计算软件简介

5.5.1 一般计算软件描述

数值模拟软件是研究流体运动问题的重要工具之一。目前国外已开发了许多著名的计算流体动力学商用软件，如 PHOENICS，CFX、STAR-CD，FLUENT 等。对于河道或涉水工程中一些湍流问题的数值模拟，由于其具有尺度大、边界复杂、驱动力主要为重力、具有自由表面等特点，因此其控制方程及边界条件往往不同于一般的湍流运动，对此类问题数值计算的研究又形成了一门专门的学科——计算水动力学。虽然计算水动力学属于计算流体动力学的范畴，但是水动力领域的诸多问题借助现有的计算流体动力学软件往往无法解决。在计算水动力学方面，目前也开发了一系列比较优秀的商用软件，如荷兰的 Delft3D、丹麦的 DHI 系列软件、美国的 SMS-RMA 和 CCHE2D

等。下面对这些软件略做介绍[19]：

1）Delft3D 软件

Delft3D 是荷兰水工研究所推出的一款模拟软件，可以用来模拟水动力、波浪、泥沙输移、河床变形、水质及生态指标计算等问题，适用于河口及海岸地区相关流动问题的模拟。该软件集成了二维及三维恒定流及非恒定流模型，计算网格采用的是直角网格和正交曲线网格，方程离散采用有限体积法，变量布置采用交错网格，线性方程组采用 ADI 方法求解。系统界面实现了与 GIS 的无缝链接，有强大的前后处理功能，并与 Matlab 环境结合，支持各种格式的图形、图像和动画仿真。除此以外，系统的操作手册、在线帮助和理论说明全面、详细、易用，既适合一般的工程用户，也适合专业研究人员。目前，Delft3D 系统在国际上的应用十分广泛。中国香港地区从 20 世纪 70 年代中期就开始使用 Delft3D 系统，且已经成为香港环境署的标准产品。自 20 世纪 80 年代中期开始 Delft3D 在内陆也有越来越多的应用，如长江口、杭州湾、渤海湾、滇池、辽河、三江平原等相关问题的模型。

2）DHI 系列软件

DHI 系列软件是丹麦水力学所推出的一套软件，涉及与水有关的许多方面，包括降雨径流、水流、泥沙以及环境等。DHI 系列软件界面友好，具有强大的前、后处理功能，数学模型主要包括 MOUSE、MikeFlood、MIKE11、MIKE21、MIKE3、MIKE-SHE、SAW 和 FIELDMMAN 几种，其中，国内比较熟知和应用广泛的是 MIKE11 和 MIKE21，主要用于水动力计算、洪水预报和水质模拟等。

3）SMS 系统

SMS 是 Surface-Water Modeling System 的缩写，其由美国 Brigham Young University 等联合研制。该软件能对一维、二维、三维流动通过有限元和有限差分法进行数值计算。可用于河道水沙数值模拟，径流、潮流、波浪共同作用下的河口和海岸的水沙数值模拟，在计算自由表面流动方面具有强大的功能。SMS 软件包包括 TABS-MS（包括：GF-GEN、RMA2、RMA4、RMA10、SED2D-WES）、AD2CIRC、CGWAVE、STWAVE、HI-HEL 等计算模块，用户可以根据实际情况选择不同的计算程序。

国内应用较多的为 RMA2 软件包。它有强大的前后处理功能：能自动生成非结构计算网格，辨别网格的质量及进行单元格质量的调整；能进行流场动态演示及动画制作、计算断面流量、实测与计算过程的验证、不同方案的比较等。国内在长江口及杭州湾潮流数值模拟中曾应用过该系统。

4）CCHE 软件

CCHE 是美国密西西比大学工程系研制的一套通用软件，该软件能基于三角形网格及四边形网格求解，可用于河道、湖泊、河口、海洋水流及其输运物的一维、二维及三维数值模拟。

由上述商用软件的简介可以看出，其具有如下一些共同点：

（1）软件具有强大的前处理。

流动模拟的前处理包含三项任务：网格生成、地形处理和输入文件管理。前面已经介绍过网格生成是计算流体力学的一个重要环节，对于工程湍流的模拟，其工作量往往占到整个计算工作量的 60% 以上，且网格的形式和布局将直接决定模拟的精度，因此，网格生成模块的完善程度常常构成评价软件性能的主要指标。这些成熟的商用软件对于网格生成模块尤为重视，除了自己开发网格生成系统之外，还常常设有接口来连接其他生成网格的专用软件。除此之外，地形处理和输入文件管理系统也往往是决定软件计算效率的关键因素，商用软件也往往具备完善的地形处理功能和可视化数据输入平台。

（2）数学模型齐全，能够满足用户的多种需求。

成熟的水动力学商用软件往往集成多个模型供用户选择，集成的模型主要包括一维、二维和三维水流、泥沙或水质模型，能够满足不同的工作需求。

（3）具有完善的数据后处理系统。

数据后处理系统完善与否也是衡量软件完善与否的重要指标。将计算结果进行快速处理，完善地展现给工作人员，可有效提高数模计算效率，减轻工作负担，同时也可以使人们能够更加直观地认识各种流动现象。与前处理一样，现有的计算水动力学软件除了开发有自己的后处理系统，也支持一般常用的后处理软件。

（4）程序具有完善的容错机制。

在大型软件运行过程中，往往会因为用户操作不当，软件部分模块不完善造成诸多不可避免的错误，除此之外也可能因网格剖分、参数设置等诸多问题处理不当造成计算失败。对于这些问题一方面要求软件具有一定的错误检测功能，如用户操作错误或程序执行错误能够及时给出错误提示；另一方面要求程序对一些错误能够尽量自行修正。现有的商用软件一般都具有较为完善的容错机制。

（5）软件中包含大量的算例。

限于目前的研究水平，许多水动力学模型在建模和参数取值阶段往往引入很多经验或半经验的处理方法，这些处理方法是否合适，参数取值是否合理、计算结果是否正确往往需要实测资料验证。商用软件在发布之前往往通过了严格检测，其提供算例一方面验证了软件模拟结果的正确性和有效性，另一方面也方便用户学习。

（6）具有完善的帮助系统。

成熟的商用软件一般都具有完善的操作手册，在网上还提供专门的在线帮助系统，具有完善的售后服务。

5.5.2 RSS 计算软件简介

将已有的数模程序集成为可视化的计算系统是计算软件发展的一个重要方向。在国外可视化商用软件飞速发展的同时，国内在河流数值模拟可视化系统的开发方面也做了不少工作，但目前与国外一些商用软件相比尚存在以下不足之处：①从软件界面来看，国内软件一般直接对源代码进行操作，虽然有部分软件具有可视化的界面，但是这些界面的实用性一般不强，影响软件的推广应用；②从软件的通用性来看，在国内不同的研究机构以及同一研究机构中不同的研究人员均开发有自己的软件，这些软件往往由少数人开发而成，因投入的人力和时间有限，软件通用化程度往往较低，功能单一，而且可操作性差，往往只有研制者本人才能真正掌握软件的功能。为充分利用已有资源，提高河道中工程湍流问题的计算工作效率，我们利用 VB 对 CAD 的二次开发技术，开发了一套适应性强、功能完善、精度较高、使用方便的 RSS 河流数值模拟系统。下面将从软件开发的一般步骤出发，介绍 RSS 系统的开发步骤及主要功能。

1. 系统功能需求分析

从数值计算的角度来看，河流数值模拟系统所需的功能可以概括为前处理、数值计算和后处理三部分。

（1）前处理。

网格剖分：不同的网格具有不同的优缺点，对计算区域的适应能力也有差别，因此 RSS 系统应能够提供多种网格生成方法供用户选择；

地形处理：要求系统能够方便地从外部文件中提取地形数据，构建数字高程模型，对网格节点进行插值，同时为满足挖沟、筑堤等整治工程影响计算时的需求，还必须提供地形修改功能。

（2）数模计算。

目前河流数值模拟中所采用的数学模型包括一维模型、二维模型和三维模型，不同的模型具有不同的适用范围：一维模型是发展最早、最为完善、计算量最小的模型，主要用于长时间长河段的水沙运动及河床变形研究，但其只能提供断面平均的水沙要素和冲淤情况；平面二维模型是目前工程计算中应用最为广泛的二维模型，主要用于较长河段内的水沙运动与河床变形研究，可提供水深平均的水沙要素和河床平面冲淤情况；三维模型主要用于局部河段的三维水沙运动及河床冲淤变形研究。此外，河流数值模拟所涉及的内容除水沙运动及河床变形计算外，还常涉及水温、水环境与水生态指标等计算。

由此可见，河流数值模拟系统为满足不同工作的需求，应能够集成包括一维模型、二维模型和三维模型在内的数值计算模块，计算功能应涉及水沙、水温、水环境等方面的数值模拟。此外，数模计算程序最好能够提供多种数值计算方法供用户选择。

（3）后处理。

后处理是展示计算结果的关键环节，主要包括信息提取及查询、图形绘制和动态显示。

从可视化软件开发的角度来看，可以将河流数值模拟系统分为可视化界面、核心计算程序和图形处理三部分。

（1）可视化界面。

开发具有可视化界面的河流数值模拟系统，是为了便于用户操作，进而提高数值模拟的工作效率，因此河流数值模拟软件必须界面友好、易于理解、便于操作、功能完善，常用功能应以工具栏的形式放在较为明显的位置，参数输入及数据文件管理应规范高效。此外，系统还必须提供帮助功能，并能在用户操作时进行一些必要的提示。

（2）核心计算程序。

河流数值模拟系统的核心计算程序包括网格剖分程序、数字高程模型的构建程序、地形插值程序、数模计算程序、计算结果的信息提取程序等。此类程序的任务是进行数学运算，是最耗机时的功能模块，因此要求此类程序能够运行稳定、快速高效、成果可靠。

（3）图形处理。

河流数值模拟系统的图形处理功能包括多种：计算边界的绘制、边界类型识别、边界信息提取、地形图地形信息提取、图形绘制、计算结果演示、信息查询时监测点与监测断面的绘制及信息提取等。图形处理工作是数模计算中最为繁重的工作，因此河流数值模拟系统必须具备便捷、高效的图形处理平台。

目前，已有河流模拟软件的图形处理平台可以分为两类：一类是自行开发的图形处理平台，自行开发图形处理平台便于使系统自成一体，但需要投入较大的人力物力，且功能难以和成熟的图形处理软件媲美；另一类是集成一些成熟的图形处理软件作为图形处理平台，这样可以降低软件开发的成本，而且可以借助已有软件的优势提高系统的图形处理能力，但不易使系统自成一体。

2. 开发平台

如前所述，从软件开发的角度考虑可将河流数值模拟系统分为：可视化界面、核心计算程序、图形处理三部分。针对不同的功能选择合适的开发平台不但可以有效提高软件开发的效率，而且可以增强软件的实用性。

1）系统界面开发平台

VB 语言是可视化的、面向对象的、由事件驱动的高级程序设计语言，具有简单、高效、功能强大的特点，是目前 Windows 环境中优秀的开发工具之一，因此 RSS 采用 VB 语言开发系统的可视化界面，Delft3D 软件的可视化界面都是由 VB 开发而成。

2）系统核心计算程序的开发平台

Fortran 语言是科学计算领域中使用最早、最广泛、效率最高的一种语言，因此 RSS 采用 Fortran 语言作为系统的核心计算程序（网格剖分、地形插值、数模计算）的开发平台，有利于保证计算效率。

3）图形处理平台

RSS 系统集成了已有的图形处理软件作为河流数值模拟系统的图形处理平台。AutoCAD 软件是由美国 AutoDesk 公司推出的计算机辅助绘图软件，其具有完善的绘图功能，良好的用户界面，是目前世界上最为流行的绘图软件，广泛应用于土建、水利、机械等工程领域，再加上该软件具有开放的结构体系便于进行二次开发，因此选择集成 AutoCAD 作为图形处理平台，并利用 CAD 二次开发技术实现了和 AutoCAD 软件系统的无缝衔接。在 RSS 系统中主要使用了如下两种接口方式。

（1）基于 ActiveX Automation 技术的二次开发。

AutoCAD 从 R14 以上的版本就增加了 ActiveX 自动化服务功能，其可以作为服务程序，用户可以从其他 ActiveX 客户程序上操作 AutoCAD。VB 是最为常用的支持 ActiveX Automation 技术的开发工具，系统利用 VB 对 CAD 的二次开发技术实现了和 AutoCAD 软件的无缝衔接，同时开发了图形绘制、计算边界识别、边界信息提取、地形数据提取等常用的图形处理功能，有效地提高了软件的图形处理能力和数值模拟的工作效率。

（2）DXF 接口方式。

DXF 文件是 AutoCAD 中用来进行图形信息交换的一种文件，其包含了 AutoCAD 图形的所有的信息，在 AutoCAD 软件环境下可直接将 AutoCAD 图形文件存为 DXF 文件。一个完整的 DXF 文件结构包括六个文件段和一个结束符标志，分别为：头段（HEADER）、类段（CLASSES）、表段（TABLE）、块段（BLOCK）、实体段（ENTITIES）和对象段（OBJECTS）。段书写的基本单位是组，每段均由若干组（GROUP）构成，每组占两行，首行为组码，第二行为组值，表 5.5.1 列出了部分常用实体对象的组码值，其他组码的具体含义可参考 AutoCAD 使用手册。根据这些组码及其含义可以编程提取需要的图形信息，地形提取所涉及的信息一般存储在块段和实体段中。此外，也可以向 DXF 文件写入信息生成 CAD 图形。

表 5.5.1　实体对象的组码

实体公共组码		PolyLine 组码		Line 组码		Point 组码	
组码	组码值	组码	组码值	组码	组码值	组码	组码值
0	实体类型	90	点数	10 or 11	X 坐标	10	X 坐标
5	实体句柄	10	X 坐标	20 or 22	Y 坐标	20	Y 坐标
8	实体图层	20	Y 坐标	30 or 31	Z 坐标	30	Z 坐标
62	实体颜色	38	标高				

3. 系统结构体系设计

系统的结构体系是系统的骨架，合理的系统结构可以使用户对程序模块的管理更加有效。RSS 系统采用顺序相邻的层次结构，功能模块包括文件管理、网格、地形、信息、计算、绘图、窗口和帮助等。为了弱化系统模块之间的耦合并方便用户检查输入输出数据，系统为各模块开辟了独立的工作路径。RSS 系统结构示意图见图 5.5.1。

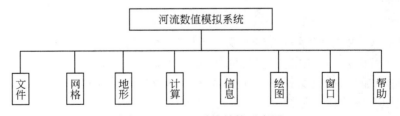

图 5.5.1　RSS 系统结构示意图

4. 系统界面设计

系统界面具有 Windows 风格，系统界面由标题栏、菜单栏、工具栏（CAD 工具栏和 RSS 工具栏）、工作区以及命令提示行组成，界面布局见图 5.5.2。

（1）标题栏显示了系统名称。

（2）菜单栏给出了文件管理、网格、地形、计算、绘图、信息、窗口和帮助等菜单命令。

（3）系统除了具有自己的工具栏之外还集成了 AutoCAD 的全部工具栏，可方便用户进行各种图形操作。

（4）绘图区集成了 CAD 软件的图形操作窗口。

（5）命令提示行，在此用户可以输入命令实现 CAD 的一些功能。

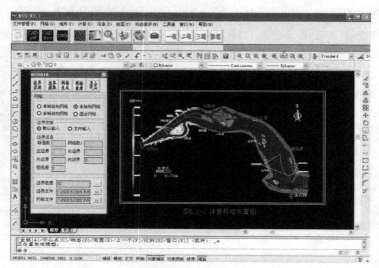

图 5.5.2　系统界面图

5. 系统功能模块设计

系统主要模块包括文件、网格、地形、计算、绘图、信息、窗口和帮助等。各模块都具有自己独立的工作路径，这样可减少用户在操作过程中的出错几率；模块和模块之间采用独立的数据文件作为接口，这样减少了各模块之间的耦合，方便用户对输入输出数据进行检查。

1）文件管理

RSS 系统采用顺序相邻的结构体系，各模块之间均有自己独立的工作路径，这样处理虽然有一定的好处，但给模块之间的数据交换也带来了一定的困难。要通过数据文件进行模块之间的数据交换，必须开发一套高效的数据文件管理模块。RSS 系统文件管理模块拟实现的功能包括：

（1）数据文件和 CAD 图形文件的打开、保存等功能。

（2）不同模块之间的数据导入及导出功能，用于只需要系统提示下选择需要导入的文件，系统自动将文件导入到默认目录。此外，RSS 系统还支持计算结果文件（流场等文件）的批量导入功能。

在数据输入、输出及存储格式上，RSS 系统照顾到如下原则：

（1）各模块之间数据输入输出格式尽可能一致，这样不但可以减小数据处理的工作量，而且可以避免不必要的错误。

（2）数据存储格式尽可能照顾用户的使用习惯。

2）网格模块

网格模块将实现边界识别、边界提取、网格生成和网格查看功能（图5.5.3）。

（1）边界识别。

用户所绘制的计算边界包括多种（如结构网格的左、右岸边界或控制断面；非结构网格中的内边界、外边界等），因此需要对边界进行识别，边界识别实际上是对用户绘制的计算边界进行标注。RSS系统采用VB对CAD的二次开发技术来实现计算边界的自动识别功能。

（2）边界提取。

用户在软件界面下选择网格类型后，调用该程序即可生成相应的边界信息文件，信息文件里包含了计算边界的坐标、网格疏密控制参数等，用户还可在软件界面下打开边界文件进行设置。

（3）网格生成。

生成边界文件后，调用网格剖分程序即可生成需要的计算网格。不同的计算网格对计算区域具有不同的适应能力，为提高RSS系统对计算区域的适应能力，系统开发了四边形结构网格、三角形非结构网格和混合网格等河流模拟中常用的网格生成程序供用户选择。

（4）网格查看。

该功能主要为方便用户检查初始网格。

3）地形处理模块

地形处理模块用于实现河道地形信息提取、地形插值、地形修改等功能（图5.5.4）。

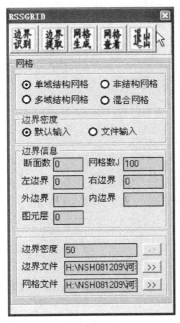

图5.5.3　网格生成对话框

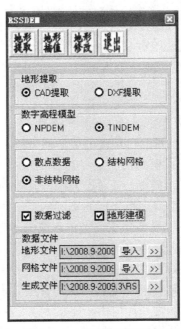

图5.5.4　地形处理对话框

（1）地形提取。

实际工程中所用的地形资料一般是 AutoCAD 电子地图，AutoCAD 软件提供了几种接口方式与外部软件进行数据交换，因此可采用适当的接口方式通过 AutoCAD 的二次开发技术提取数据。RSS 系统采用了两种方式提取数据：①采用基于 ActiveX Automation 技术的二次开发提取地形数据，该方法可直接选择拟提取的图元（如：多段线、点、直线、圆、三维多段线、文字等）并提取其信息（图 5.5.5a）；②将图形文件转化为 DXF 文件，通过编程读取 DXF 文件提取地形信息（图 5.5.5b）。此外，对于现有的纸质地图，可先将图纸扫描转为电子图像，然后用矢量化软件转为 AutoCAD 图，通过坐标和高程校正后也可用来获取地形数据。

（2）地形插值。

地形插值有多种方法，系统提供两种办法供选用：①距离倒数加权插值；②非规则三角网（TIN）线性插值。

（3）地形修改。

为满足整治工程实施前后工程湍流场计算的需要，RSS 系统提供了地形修改程序，可以对河道内任意点周围或任意线两侧一定范围内的地形进行修改。

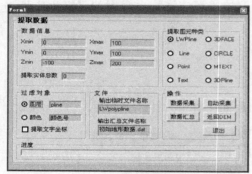

(a) 提取DWG文件地形   (b) 提取DXF文件地形

图 5.5.5　地形提取对话框

4）计算模块

RSS 系统目前已集成的数学模型如下：

（1）一维模型：一维（非）恒定水流与非均匀非饱和水沙模型；

（2）二维模型：平面二维（非）恒定水流、非均匀非饱和水沙以及水温与水环境模型，该模型可以基于四边形网格、三角形网格以及混合网格进行求解；

（3）三维模型：三维恒定水流与水沙模型，该模型也可基于四边形网格、三角形网格以及混合网格进行求解。

5）信息模块

河道基础资料（地形和水文资料）和计算结果的查询及提取是河流数值模拟系统所必备的功能之一。但由于不同河流、不同工程所关注的侧重点有所不同，因此信息查询功能的开发颇为众口难调。RSS 系统的信息模块包括基础信息、实时信息、信息提取和信息查询等功能，如图 5.5.6 所示。

（1）基础信息主要是为方便用户快速查询河道的实测水文信息而开发的功能。利用基础信息查询功能可以查询水文测站的站码、坐标、所属河流、注入河流、流量过程和水位过程等；水位过程和流量过程等将以图形和数据的形式显示，用户将鼠标在绘图区移动即可在窗体标题栏显示相应位置的水文信息。

（2）实时信息主要是为方便用户快速查询地形或计算结果而开发的功能。用户导入地形文件、网格文件或计算结果文件后，程序将自动绘制成图形，在绘图区单击鼠标左键即可查询该点的信息（地形、流速、水位等）。

（3）信息提取可方便用户提取所需的计算信息。RSS 系统将用户所需的计算信息分为监测点信息（水位过程、流速过程、地形变化过程等）、监测断面信息（流量过程、断面地形、断面流速等）和区域信息（区域流速场）三类，并开发了批量提取计算信息的程序，用户可以快速高效地获取所需的数据。

（4）信息查询，利用该功能可快速查询已提取的监测点和监测断面信息。

6）绘图模块

绘图对话框见图 5.5.7，绘图模块主要用于绘制各种计算图形，包括：彩色网格图、流场图、填充图、数据图、等值线图，该功能采用 DXF 接口直接生成 CAD 图形。此外，RSS 系统还开发了计算信息绘图程序，可直接将提取的计算信息批量绘成 CAD 图形，有效提高绘图效率。

图 5.5.6　信息提取窗口

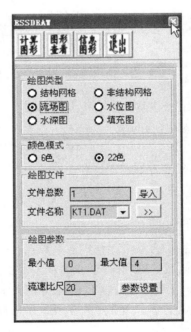

图 5.5.7　绘图对话框

7）窗口模块

该模块可方便用户调整系统的窗口布局。

8）帮助模块

该模块主要是为用户提供一些必要的操作帮助。

5.5.3 RSS 软件中典型工程流动数值模拟简述

下面分别以河道中水沙两相流的平面二维数值模拟和水流运动的三维数值模拟为例，简述 RSS 软件中对相关流动的控制方程的具体离散方法。

1. 水沙两相流的平面二维数值模拟

1）控制方程

以 u、v 分别表示 x、y 方向的水深平均流速，直角坐标系下平面二维水沙数学模型的控制方程包括：

水流连续方程

$$\frac{\partial Z}{\partial t} + \frac{\partial Hu}{\partial x} + \frac{\partial Hv}{\partial y} = q \tag{5.5.1}$$

水流运动方程

$$\frac{\partial Hu}{\partial t} + \frac{\partial Hu^2}{\partial x} + \frac{\partial Huv}{\partial y} = -gH\frac{\partial Z}{\partial x} - g\frac{n^2\sqrt{u^2+v^2}}{H^{\frac{1}{3}}}u + \frac{\partial}{\partial x}\left(\nu_T\frac{\partial Hu}{\partial x}\right)$$
$$+ \frac{\partial}{\partial y}\left(\nu_T\frac{\partial Hu}{\partial y}\right) + \frac{\tau_{sx}}{\rho} + f_0 Hv + qu_0 \tag{5.5.2}$$

$$\frac{\partial Hv}{\partial t} + \frac{\partial Huv}{\partial x} + \frac{\partial Hv^2}{\partial y} = -gH\frac{\partial Z}{\partial y} - g\frac{n^2\sqrt{u^2+v^2}}{H^{\frac{1}{3}}}v + \frac{\partial}{\partial x}\left(\nu_T\frac{\partial Hv}{\partial x}\right)$$
$$+ \frac{\partial}{\partial y}\left(\nu_T\frac{\partial Hv}{\partial y}\right) + \frac{\tau_{sy}}{\rho} - f_0 Hu + qv_0 \tag{5.5.3}$$

第 i 组悬移质泥沙输移方程

$$\frac{\partial HS_i}{\partial t} + \frac{\partial uHS_i}{\partial x} + \frac{\partial vHS_i}{\partial y} = \frac{\partial}{\partial x}\left(\nu_{TS}\frac{\partial HS_i}{\partial x}\right) + \frac{\partial}{\partial y}\left(\nu_{TS}\frac{\partial HS_i}{\partial y}\right) - \alpha\omega_i(S_i - S_{*i}) \tag{5.5.4}$$

河床变形方程

$$\gamma'\frac{\partial Z_0}{\partial t} = \sum_{i=1}^{M}\alpha\omega_i(S_i - S_{*i}) + \frac{\partial q_{bx}}{\partial x} + \frac{\partial q_{by}}{\partial y} \tag{5.5.5}$$

式中，Z、Z_0 为水位与河底高程；q 为单位面积的源汇强度；H 为水深；n 为糙率；g 为重力加速度；ν_T 为水流综合扩散系数；$f_0 = 2\omega_0\sin\psi$ 为科氏力系数；ω_0 为地球自转角速度；ψ 为计算区域的地理纬度；ρ 为水体密度；u_0、v_0 分别为水深平均源汇速度在 x、y 方向的分量；τ_{sx} 和 τ_{sy} 分别表示 x、y 方向的水面风应力；S_{*i} 为第 i 组悬移质泥沙的水流挟沙力；ν_{TS} 为泥沙扩散系数；ω_i 为第 i 组悬移质泥沙的沉速；q_{bx}、q_{by} 分别表示 x 和 y 方向上的推移质输沙率。

2）数值计算方法

（1）计算网格。

为提高计算程序对复杂区域的适应能力，选择混合网格作为二维数模的计算网格。

（2）控制方程的离散。

选择边长数为 N_{ED} 的多边形单元为控制体，待求变量存储于控制体中心。采用有限体积法对控制方程进行离散，用基于同位网格的 SIMPLE 算法处理水流运动方程中水位与速度的耦合关系。

①运动方程的离散。

对流项和扩散项的离散是求解水流运动方程的难点。对流项的离散格式直接决定了算法的稳定性和计算精度。在本书中，对流项的离散采用一阶迎风格式。沿控制体界面上扩散项的总通量可以分为沿 PE 连线的法向扩散项 D_{ej}^n 和垂直于 PE 连线的交叉扩散项 D_{ej}^c。对于准正交的非结构网格，通过控制体界面上的交叉扩散项一般很小，可以忽略，随着网格奇异度的增加，交叉扩散项也逐渐增加，但目前尚无办法准确计算这一项[1]。建议在工作中，一方面尽可能减少网格的奇异度，另一方面采用文献［17］的处理方法来计算交叉扩散项。运动方程最终的离散形式如下：

$$A_P \phi_P = \sum_{j=1}^{N_{ED}} A_{Ej} \phi_{Ej} + b_0 \tag{5.5.6}$$

式中：

$$A_{Ej} = -\min(F_{ej}, 0) + \nu_T H_{ej} \frac{\boldsymbol{d}_j \cdot n_{1j}}{|\boldsymbol{d}_j|^2}$$

$$A_P = \sum_{j=1}^{N_{ED}} A_{Ej} + g \frac{n^2 \sqrt{u^2 + v^2}}{H^{1/3}} A_{CV} + \frac{H}{\Delta t} A_{CV}$$

$$b_0 = -\sum_{j=1}^{N_{ED}} \left(gHZ_{ej} n_{1j} + \nu_T \left(H_{ej} \frac{\phi_{C_2} - \phi_{C_1}}{|l_{1,2}|} \frac{n_{1j} \cdot n_{2j}}{|n_{2j}|} \right) \right) + \frac{H}{\Delta t} A_{CV} \phi_P^0 + b_0^{uv}$$

式中，$\boldsymbol{d}_j$ 为向量 $\boldsymbol{PE}$；n_{2j} 为向量 $\boldsymbol{PE}$ 的法线；$l_{1,2}$ 为边界 12 的长度；n_{1j} 为界面的法方向；F_{ej} 为界面处的质量流量；A_{CV} 控制体的面积；H_{ej} 为控制体界面上的水深；Z_{ej} 为控制体界面上的水位，b_0^{uv} 表示由风应力、科氏力等形成的源项。源项 b_0 中等号右边第二项为交叉扩散项，上标 0 表示括号内的项采用上一层次的计算结果。

在求解过程中为了增强计算格式的稳定性，采用了欠松弛技术。将速度欠松弛因子 α_1 直接代入上式即可得到离散后的运动方程为

$$\frac{A_P}{\alpha_1} \phi_P = \sum_{j=1}^{N_{ED}} A_{Ej} \phi_{Ej} + b_0 + (1 - \alpha_1) \frac{A_P}{\alpha_1} \phi_P^0 \tag{5.5.7}$$

②水位修正方程。

在非结构网格中，由于网格形状的特殊性和网格编号的复杂性，采用交错网格处理流速和水位的耦合关系将会使程序编制变得非常复杂。因此，采用基于非结构同位网格的 SIMPLE 算法处理流速和水位的耦合关系，引入界面流速计算式和流速修正式如下：

$$u_{ej} = \frac{1}{2}(u_P + u_E) - \frac{1}{2}g \left(\left(\frac{HA_{CV}}{A_P} \right)_P + \left(\frac{HA_{CV}}{A_P} \right)_E \right) \left(\frac{Z_E - Z_P}{|\boldsymbol{d}_j|} - \frac{1}{2}(\nabla Z_P + \nabla Z_E) \cdot \frac{\boldsymbol{d}_j}{|\boldsymbol{d}_j|} \right) \frac{n_{1j}}{|n_{1j}|}$$

$$\tag{5.5.8}$$

$$u'_{ej} = \frac{1}{2}g\left(\left(\frac{HA_{CV}}{A_P}\right)_P + \left(\frac{HA_{CV}}{A_P}\right)_E\right)\left(\frac{Z'_P - Z'_E}{|\boldsymbol{d}_j|^2}\right)\frac{n_{1j}}{|n_{1j}|} \qquad (5.5.9)$$

式中，u_P、u_E 分别表示控制体和其相邻控制体上的流速；Z_P、Z_E 分别表示控制体和其相邻控制体上的水位；A_P 为运动方程的主对角元系数。

将求解运动方程得到的流速初始值和上一层次的水位初始值代入式 (5.5.8)，即可得到界面流速 u^*_{ej}。将 $u^*_{ej} + u'_{ej}$ 代入式 (5.5.1) 中，沿控制体积分可得水位修正方程为

$$A^P_P Z'_P = \sum_{j=1}^{N_{ED}} A^P_{Ej} Z'_{Ej} + b^P_0 \qquad (5.5.10)$$

式中，上标 P 表示水位修正方程中的系数，且有

$$A^P_{Ej} = \frac{1}{2}g\left(\left(\frac{HA_{CV}}{A_P}\right)_P + \left(\frac{HA_{CV}}{A_P}\right)_E\right)\frac{|n_{1j}|}{|\boldsymbol{d}_j|}H_{ej}$$

$$A^P_P = \sum_{j=1}^{N_{ED}} A^P_{Ej} + \frac{A_{CV}}{\Delta t}$$

$$b^P_0 = - \sum_{j=1}^{N_{ED}} (u^*_{ej} H_{ej}) \cdot n_{1j}$$

式中，b^P_0 为流进单元 P 的净质量流量。在获得水位修正值 Z'_P 以后，分别按如下方式修正水位和速度

$$Z_P = Z^*_P + \alpha_2 Z'_P \qquad (5.5.11)$$

$$u_P = u^*_P - \sum_{j=1}^{N_{ED}} g H_{ej} \frac{Z'_{ej} n_{1j}}{A_P} \qquad (5.5.12)$$

式中，α_2 为水位的欠松弛因子。

③悬移质泥沙输移方程的离散。

参照水流运动方程的离散形式，可以得出第 i 组悬移质不平衡输沙方程的离散形式为

$$A^S_P S_{iP} = \sum_{j=1}^{N_{ED}} A^S_{Ej} S_{iEj} + b^S_{0i} \qquad (5.5.13)$$

式中：

$$A^S_{Ej} = - \min(F_{ej}, 0) + \nu_{TS} H_{ej} \frac{\boldsymbol{d}_j \cdot n_{1j}}{|\boldsymbol{d}_j|^2}$$

$$A^S_P = \sum_{j=1}^{N_{ED}} A^S_{Ej} + \alpha\omega_i A_{CV} + \frac{H}{\Delta t} A_{CV}$$

$$b^S_{0i} = \alpha\omega_i S^*_{iP} A_{CV} + \frac{H}{\Delta t} A_{CV} S^0_{iP}$$

2. 水流运动的三维数值模拟

1）控制方程

以 $k - \varepsilon$ 两方程模型封闭雷诺时均运动方程，用 u、v、w 分别表示 x、y、z 方向的时

均流速，则直角坐标系下时均运动的控制方程包括：

连续方程

$$\frac{\partial u}{\partial x} + \frac{\partial v}{\partial y} + \frac{\partial w}{\partial z} = 0 \tag{5.5.14}$$

运动方程

$$\frac{\partial u}{\partial t} + \frac{\partial uu}{\partial x} + \frac{\partial vu}{\partial y} + \frac{\partial wu}{\partial z} = g_x - \frac{1}{\rho}\frac{\partial p}{\partial x} - \frac{2}{3}\frac{\partial k}{\partial x}$$
$$+ \frac{\partial}{\partial x}\left(2(\nu + \nu_T)\frac{\partial u}{\partial x}\right) + \frac{\partial}{\partial y}\left((\nu + \nu_T)\left(\frac{\partial u}{\partial y} + \frac{\partial v}{\partial x}\right)\right) + \frac{\partial}{\partial z}\left((\nu + \nu_T)\left(\frac{\partial u}{\partial z} + \frac{\partial w}{\partial x}\right)\right) \tag{5.5.15}$$

$$\frac{\partial v}{\partial t} + \frac{\partial uv}{\partial x} + \frac{\partial vv}{\partial y} + \frac{\partial wv}{\partial z} = g_y - \frac{1}{\rho}\frac{\partial p}{\partial y} - \frac{2}{3}\frac{\partial k}{\partial y}$$
$$+ \frac{\partial}{\partial y}\left(2(\nu + \nu_T)\frac{\partial v}{\partial y}\right) + \frac{\partial}{\partial x}\left((\nu + \nu_T)\left(\frac{\partial u}{\partial y} + \frac{\partial v}{\partial x}\right)\right) + \frac{\partial}{\partial z}\left((\nu + \nu_T)\left(\frac{\partial v}{\partial z} + \frac{\partial w}{\partial y}\right)\right) \tag{5.5.16}$$

$$\frac{\partial w}{\partial t} + \frac{\partial uw}{\partial x} + \frac{\partial vw}{\partial y} + \frac{\partial ww}{\partial z} = g_z - \frac{1}{\rho}\frac{\partial p}{\partial z} - \frac{2}{3}\frac{\partial k}{\partial z}$$
$$+ \frac{\partial}{\partial z}\left(2(\nu + \nu_T)\frac{\partial w}{\partial z}\right) + \frac{\partial}{\partial x}\left((\nu + \nu_T)\left(\frac{\partial w}{\partial x} + \frac{\partial u}{\partial z}\right)\right) + \frac{\partial}{\partial y}\left((\nu + \nu_T)\left(\frac{\partial w}{\partial y} + \frac{\partial v}{\partial z}\right)\right) \tag{5.5.17}$$

湍动能方程

$$\frac{\partial k}{\partial t} + \frac{\partial uk}{\partial x} + \frac{\partial vk}{\partial y} + \frac{\partial wk}{\partial z} = G_k - \varepsilon$$
$$+ \frac{\partial}{\partial x}\left(\left(\nu + \frac{\nu_T}{\sigma_k}\right)\frac{\partial k}{\partial x}\right) + \frac{\partial}{\partial y}\left(\left(\nu + \frac{\nu_T}{\sigma_k}\right)\frac{\partial k}{\partial y}\right) + \frac{\partial}{\partial z}\left(\left(\nu + \frac{\nu_T}{\sigma_k}\right)\frac{\partial k}{\partial z}\right) \tag{5.5.18}$$

湍动能耗散率方程

$$\frac{\partial \varepsilon}{\partial t} + \frac{\partial u\varepsilon}{\partial x} + \frac{\partial v\varepsilon}{\partial y} + \frac{\partial w\varepsilon}{\partial z} = \frac{C_{1\varepsilon}\varepsilon}{k}G_k - C_{2\varepsilon}\frac{\varepsilon^2}{k}$$
$$+ \frac{\partial}{\partial x}\left(\left(\nu + \frac{\nu_T}{\sigma_\varepsilon}\right)\frac{\partial \varepsilon}{\partial x}\right) + \frac{\partial}{\partial y}\left(\left(\nu + \frac{\nu_T}{\sigma_\varepsilon}\right)\frac{\partial \varepsilon}{\partial y}\right) + \frac{\partial}{\partial z}\left(\left(\nu + \frac{\nu_T}{\sigma_\varepsilon}\right)\frac{\partial \varepsilon}{\partial z}\right) \tag{5.5.19}$$

式中，p 为时均压强；G_k 为湍动能产生项；g_x、g_y、g_z 分别表示 x、y、z 方向的体积力。

2）数值计算方法

（1）计算网格布置。

①平面网格布置。

为提高离散方程对复杂区域的适应能力，平面网格仍采用混合网格。

②垂向网格布置。

已有的三维水沙数学模型垂向多采用直角网格或 σ 坐标网格[20,21]。考虑到目前 σ 坐标网格尚存在如下问题：进行坐标变换将使控制方程更为复杂且增加计算量；σ 坐标会导致假流动和假扩散现象[22,23]；进行 σ 坐标变换后在离散方程求解时容易出现不稳定的情况。因此采用直角网格作为垂向网格，如图 5.5.8 所示。

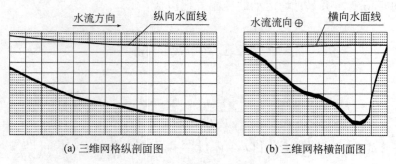

(a) 三维网格纵剖面图　　　　　(b) 三维网格横剖面图

图 5.5.8　垂向网格布置图

（2）控制方程离散。

顶层控制体的离散方法类似平面二维水流运动计算的离散方法，对顶层以下的控制体，选择如图 5.5.9 所示的多边形棱柱体为控制体，待求变量存储于控制体中心。采用有限体积法对控制方程进行离散，用基于同位网格的 SIMPLE 算法处理水流运动方程中压强和速度的耦合关系。

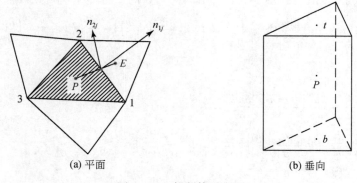

(a) 平面　　　　　　　　(b) 垂向

图 5.5.9　控制体示意图

①运动方程的离散。

将三维水流运动控制方程写成对流扩散方程的通用形式。采用有限体积法进行离散，对流项和扩散项的处理参考了二维水流运动计算的方法，其中：x、y 方向上对流项离散采用一阶迎风格式，扩散项离散采用中心格式并计入交叉扩散项的影响；z 方向对流项的离散采用一阶迎风格式，扩散项采用中心格式。运动方程最终的离散形式如下：

$$A_P \phi_P = \sum_{j=1}^{N_{ED}} A_{Ej} \phi_{Ej} + A_B \phi_B + A_T \phi_T + b_0 \qquad (5.5.20)$$

式中：

$$A_{Ej} = -\min(F_{ej}, 0) + (\nu + \nu_T) \frac{\boldsymbol{d}_j \cdot \boldsymbol{n}_{1j}}{|\boldsymbol{d}_j|^2} \Delta H_{ej}$$

$$A_B = \max(F_b, 0) + (\nu + \nu_T) \left(\frac{A_{CV}}{\Delta H} \right)_b$$

$$A_T = - \min(F_t, 0) + (\nu + \nu_T)\left(\frac{A_{\mathrm{CV}}}{\Delta H}\right)_t$$

$$A_P = \sum_{j=1}^{N_{ED}} A_{Ej} + A_B + A_T + \frac{\Delta H A_{\mathrm{CV}}}{\Delta t}$$

对 x、y 方向上的运动方程：

$$\phi = (u, v)$$

$$b_0 = - \sum_{j=1}^{N_{ED}} \left(\left(\frac{1}{\rho}p_{ej} + \frac{2}{3}k_{ej}\right)n_{1j}\Delta H_{ej} + (\nu + \nu_T)\left(\Delta H_{ej}\frac{\phi_{C_2} - \phi_{C_1}}{|l_{1,2}|}\frac{n_{2j} \cdot n_{1j}}{|n_{2j}|}\right)\right)$$

$$+ \frac{\Delta H A_{\mathrm{CV}}}{\Delta t}\phi_P^0 + g_i\Delta H A_{\mathrm{CV}} + b_0^{\mathrm{w}}$$

对 z 方向上的运动方程：

$$\phi = w$$

$$b_0 = \frac{\Delta H A_{\mathrm{CV}}}{\Delta t}\phi_P^0 + g_z\Delta H A_{\mathrm{CV}} - \left(\frac{1}{\rho}(p_t - p_b) + \frac{2}{3}(k_t - k_b)\right)A_{\mathrm{CV}} + b_0^{\mathrm{w}}$$

式中，ΔH 为控制体的厚度；N_{ED} 为多边形单元的边界数；d_j 为向量 $\boldsymbol{PE}$；n_{2j} 为向量 $\boldsymbol{PE}$ 的法线；$l_{1,2}$ 为边界 12 的长度；n_{1j} 为界面的法方向；F_{ej} 为界面处的质量流量；A_{CV} 控制体的面积；ΔH_{ej} 为控制体界面上的厚度；p_{ej} 为控制体界面处的压强；b_0^{uv}、b_0^{w} 为运动方程其他源项。x、y 方向的源项 b_0 中等号右边第二项为交叉扩散项，上标 0 表示括号内的项采用上一层次的计算结果。

在求解过程中为了增强计算格式的稳定性，采用了欠松弛技术。将速度欠松弛因子 α_{31} 直接代入上式即可得到离散后的运动方程为

$$\frac{A_P}{\alpha_{31}}\phi_P = \sum_{j=1}^{N_{ED}} A_{Ej}\phi_{Ej} + A_B\phi_B + A_T\phi_T + b_0 + (1 - \alpha_{31})\frac{A_P}{\alpha_{31}}\phi_P^0 \qquad (5.5.21)$$

②压强修正方程。

在三角形非结构网格中，由于网格形状的特殊性和网格编号的复杂性，采用交错网格处理流速和压强的耦合关系将会使程序编制变得非常复杂。因此，采用基于非结构同位网格的 SIMPLE 算法来处理流速和压强的耦合关系，引入界面流速计算式和流速修正式如下：

x、y 方向的流速 $[u, v]$ 及修正流速 $[u', v']$

$$u_{ej} = \frac{1}{2}(u_P + u_E) - \frac{1}{2}\frac{1}{\rho}\left(\left(\frac{\Delta H A_{\mathrm{CV}}}{A_P}\right)_P + \left(\frac{\Delta H A_{\mathrm{CV}}}{A_P}\right)_E\right)$$

$$\left(\frac{p_E - p_P}{|d_j|} - \frac{1}{2}(\nabla p_P + \nabla p_E) \cdot \frac{d_j}{|d_j|}\right)\frac{n_{1j}}{|n_{1j}|} \qquad (5.5.22)$$

$$u'_{ej} = \frac{1}{2}\frac{1}{\rho}\left(\left(\frac{\Delta H A_{\mathrm{CV}}}{A_P}\right)_P + \left(\frac{\Delta H A_{\mathrm{CV}}}{A_P}\right)_E\right)\left(\frac{p'_P - p'_E}{|d_j|}\right)\frac{n_{1j}}{|n_{1j}|} \qquad (5.5.23)$$

式中，u_P、u_E 分别表示控制体和其相邻控制体上的流速；p_P、p_E 分别表示控制体和其相邻控制体上的压强；A_P 为运动方程的主对角元系数。

控制体底面 z 方向的界面流速 w_b 及修正流速 w'_b

$$w_b = \frac{1}{2}(u_P + u_B) - \frac{1}{2}\frac{1}{\rho}\left(\left(\frac{\Delta HA_{CV}}{A_P}\right)_P + \left(\frac{\Delta HA_{CV}}{A_P}\right)_B\right)\left(\frac{p_P - p_B}{(\Delta H)_b} - \frac{1}{2}(\nabla p_P + \nabla p_B)\right)$$

$$\tag{5.5.24}$$

$$w'_b = \frac{1}{2}\frac{1}{\rho}\left(\left(\frac{\Delta HA_{CV}}{A_P}\right)_P + \left(\frac{\Delta HA_{CV}}{A_P}\right)_B\right)\left(\frac{p'_B - p'_P}{(\Delta H)_b}\right) \tag{5.5.25}$$

式中，u_B、p_B 分别表示控制体底部相邻控单元的流速及压强。

控制体顶部 z 方向的流速 w_t 及修正流速 w'_t

$$w_t = \frac{1}{2}(u_P + u_T) - \frac{1}{2}\frac{1}{\rho}\left(\left(\frac{\Delta HA_{CV}}{A_P}\right)_P + \left(\frac{\Delta HA_{CV}}{A_P}\right)_T\right)\left(\frac{p_T - p_P}{(\Delta H)_t} - \frac{1}{2}(\nabla p_P + \nabla p_T)\right)$$

$$\tag{5.5.26}$$

$$w'_t = \frac{1}{2}\frac{1}{\rho}\left(\left(\frac{\Delta HA_{CV}}{A_P}\right)_P + \left(\frac{\Delta HA_{CV}}{A_P}\right)_T\right)\left(\frac{p'_P - p'_T}{(\Delta H)_t}\right) \tag{5.5.27}$$

式中，u_T、p_T 分别表示控制体顶部相邻控单元的流速及压强。

将求解运动方程得到的流速初始值和上一层次的压强初始值代入式（5.5.22）～式（5.5.27）中，即可得到界面流速 u_{ej}^*、w_b^* 和 w_t^* 及相应的流速修正值。将 $u_{ej}^* + u'_{ej}$、$u_b^* + u'_b$ 和 $u_t^* + u'_t$ 代入式（5.5.14）中，沿控制体积分可得压强修正方程为

$$A_P^P p'_P = \sum_{j=1}^{N_{ED}} A_{Ej}^P p'_{Ej} + A_B^P p'_B + A_T^P p'_T + b_0^P \tag{5.5.28}$$

式中，上标 P 表示压强修正方程中的系数，且有

$$A_{Ej}^P = \frac{1}{2}\frac{1}{\rho}\left(\left(\frac{\Delta HA_{CV}}{A_P}\right)_P + \left(\frac{\Delta HA_{CV}}{A_P}\right)_E\right)\frac{|n_{1j}|}{|d_j|}\Delta H$$

$$A_B^P = \frac{1}{\rho}\left(\frac{\Delta HA_{CV}}{A_P}\right)_b\left(\frac{A_{CV}}{\Delta H}\right)_b = \frac{1}{\rho}\left(\frac{A_{CV}^2}{A_P}\right)_b$$

$$A_T^P = \frac{1}{\rho}\left(\frac{\Delta HA_{CV}}{A_P}\right)_t\left(\frac{A_{CV}}{\Delta H}\right)_t = \frac{1}{\rho}\left(\frac{A_{CV}^2}{A_P}\right)_t$$

$$A_P^P = \sum_{j=1}^{N_{ED}} A_{Ej}^P + A_B^P + A_T^P$$

$$b_0^P = -\left(\sum_{j=1}^{N_{ED}}(u_{ej}^* H_{ej})\cdot n_{1j} - (wA_{CV})_b + (wA_{CV})_t^*\right)$$

式中，b_0^P 为流进单元 P 的净质量流量。在获得压强修正值 p'_P 以后，按如下公式修正压强和速度

$$p_P = p_P^* + \alpha_{32}p'_P \tag{5.5.29}$$

$$u_P = u_P^* - \frac{1}{\rho}\sum_{j=1}^{N_{ED}}\frac{\Delta Hp'_{ej}n_{1j}}{A_P} \tag{5.5.30a}$$

$$v_P = v_P^* - \frac{1}{\rho}\sum_{j=1}^{N_{ED}}\frac{\Delta Hp'_{ej}n_{2j}}{A_P} \tag{5.5.30b}$$

$$w_P = u_P^* - \frac{1}{\rho}\frac{A_{CV}}{A_P}(p'_t - p'_b) \tag{5.5.31}$$

式中，α_{32} 为压强的欠松弛因子。

③湍动能方程。

湍动能 k 方程的离散形式如下：

$$A_P^k k_P = \sum_{j=1}^{N_{ED}} A_{Ej}^k k_{Ej} + A_B^k k_B + A_T^k k_T + b_0^k \qquad (5.5.32)$$

式中：

$$A_{Ej}^k = -\min(F_{ej},0) + \left(\nu + \frac{\nu_T}{\sigma_k}\right)\frac{\boldsymbol{d}_j \cdot n_{1j}}{|\boldsymbol{d}_j|^2}\Delta H_{ej}$$

$$A_B^k = \max(F_b,0) + \left(\nu + \frac{\nu_T}{\sigma_k}\right)\left(\frac{A_{CV}}{\Delta H}\right)_b$$

$$A_T^k = -\min(F_t,0) + \left(\nu + \frac{\nu_T}{\sigma_k}\right)\left(\frac{A_{CV}}{\Delta H}\right)_t$$

$$A_P^k = \sum_{j=1}^{N_{ED}} A_{Ej} + A_B + A_T + \frac{\Delta H A_{CV}}{\Delta t}$$

$$b_0^k = \frac{\Delta H A_{CV}}{\Delta t}k_P^0 + (G_k - \varepsilon)\Delta H A_{CV}$$

④湍动能耗散率方程。

湍动能耗散率 ε 方程的离散形式如下：

$$A_P^\varepsilon \varepsilon_P = \sum_{j=1}^{N_{ED}} A_{Ej}^\varepsilon \varepsilon_{Ej} + A_B^\varepsilon \varepsilon_B + A_T^\varepsilon \varepsilon_T + b_0^\varepsilon \qquad (5.5.33)$$

式中：

$$A_{Ej}^\varepsilon = -\min(F_{ej},0) + \left(\nu + \frac{\nu_T}{\sigma_\varepsilon}\right)\frac{\boldsymbol{d}_j \cdot n_{1j}}{|\boldsymbol{d}_j|^2}\Delta H_{ej}$$

$$A_B^\varepsilon = \max(F_b,0) + \left(\nu + \frac{\nu_T}{\sigma_\varepsilon}\right)\left(\frac{A_{CV}}{\Delta H}\right)_b$$

$$A_T^\varepsilon = -\min(F_t,0) + \left(\nu + \frac{\nu_T}{\sigma_\varepsilon}\right)\left(\frac{A_{CV}}{\Delta H}\right)_t$$

$$A_P^\varepsilon = \sum_{j=1}^{N_{ED}} A_{Ej} + A_B + A_T + \frac{\Delta H A_{CV}}{\Delta t}$$

$$b_0^\varepsilon = \frac{\Delta H A_{CV}}{\Delta t}\varepsilon_P^0 + \left(\frac{C_{1\varepsilon}^* \varepsilon}{k}G_k - C_{2\varepsilon}^* \frac{\varepsilon^2}{k}\right)\Delta H A_{CV}$$

参 考 文 献

1　王福军. 计算流体动力学分析. 北京：北京航空航天大学出版社，1998

2　CHOW P, CROSS M, PERICLEOUS K. A natural extension of the conventional finite volume method into polygonal unstructured meshes for CFD applications. App. Math. Modeling, 1996, 20（2）：170~183

3　陶文铨. 计算传热学的近代进展. 北京：科学出版社，2000

4　罗秋实. 基于非结构网格的二维及三维水沙运动数值模拟技术研究. 武汉大学博士学位论

文，2007

5　朱自强．应用计算流体力学．北京：北京航空航天大学出版社，1998

6　周龙才．泵系统水流运动的数值模拟．武汉大学博士学位论文，2002

7　槐文信，赵明登，童汉毅．河道及近海水流的数值模拟．北京：科学出版社，2004

8　刘士和，罗秋实，黄伟．用改进的 Delaunay 算法生成非结构网格．武汉大学学报（工学版），2006，38（6）：1~5

9　徐明海，张俨彬，陶文铨．一种改进的 Delaunay 三角形化剖分方法．石油大学学报，2001，25（2）：100~105

10　周培德．计算几何——算法分析与设计．北京：清华大学出版社，2000

11　朱培烨，王红建．Delaunay 非结构网格生成之布点技术．航空计算技术，1999，29（3）：21~25

12　田宝林．基于 Delaunay 三角剖分的非结构网格生成及其应用．吉林大学硕士学位论文，2000

13　Blacker T D, Stephenson M B. Paving: a new approach to automatic quadrilateral mesh generation. International Journal for Numerical Methods in Engineering, 1991, 32（4）：811~847

14　贾虹，卢炎麟，高发兴．高品质全四边形有限元网格生成的铺砌法．浙江工业大学学报．2000，28（4）：353~357

15　潘子杰，杨文通．有限元四边形网格划分的两种方法．机械设计与制造，2002，2：50~51

16　闵维东，唐泽圣．三角形网格转化为四边形网格．计算机辅助设计与图形学报，1996，8（1）：1~6

17　柏威，鄂学全．基于非结构化同位网格的 SIMPLE 算法．计算力学学报，20（2003）702~710

18　Liu Shihe, Xiong Xiaoyuan, Luo Qiushi. Theoretical analysis and numerical simulation of turbulent flow around sand waves and sand bars. Journal of Hydrodynamics（Ser. B），2009，21（2）：292~298

19　左利钦．水沙数学模型与可视化系统的集成研究与应用．南京水利科学研究院硕士学位论文，2006

20　杨向华，陆永军，邵学军．基于紊流随机理论的航槽三维流动数学模型．海洋工程，2003，21（2）：38~44

21　夏云峰．感潮河道三维水流泥沙数值模型研究与应用．河海大学博士学位论文，2002

22　Mellor G, Blumberg A. Modeling vertical and horizontal diffusivities with the sigma coordinate system. Monthly Weather Rev, 2003（113）：1379~1383

23　槐文信，赵明登，童汉毅．河道及近海水流的数值模拟．北京：科学出版社，2004

第6章 固定边界上的湍流运动

6.1 光滑表面上的湍流边界层

6.1.1 近壁湍流脉动的渐近特性

根据固壁无滑移条件和不可压缩流体的连续方程，近壁脉动速度 u_i' 沿垂向 x_3 的变化有以下渐近展开式：

$$u_1' = 0 + b_1 x_3 + c_1 x_3^2 + d_1 x_3^3 + \cdots \tag{6.1.1a}$$

$$u_2' = 0 + b_2 x_3 + c_2 x_3^2 + d_2 x_3^3 + \cdots \tag{6.1.1b}$$

$$u_3' = 0 + 0 + c_3 x_3^2 + d_3 x_3^3 + \cdots \tag{6.1.1c}$$

式中，b_i、c_i 与 d_i 都是 x_1、x_2 与 t 的函数。通过简单的代数运算可以导出雷诺应力、湍动能与湍动能耗散率的渐近表达式为

$$-\overline{u_1' u_3'} = -\overline{b_1 c_3} x_3^3 + o(x_3^4) \tag{6.1.2}$$

$$k = \frac{1}{2}(\overline{b_1 b_1} + \overline{b_2 b_2}) x_3^2 + o(x_3^3) \tag{6.1.3}$$

$$\frac{\varepsilon}{\nu} = (\overline{b_1 b_1} + \overline{b_2 b_2}) + o(x_3) \tag{6.1.4}$$

此外，由式（6.1.3）和式（6.1.4）还可进一步得到固壁上湍动能与湍动能耗散率的如下表达式：

$$k_{x_3=0} = 0 \tag{6.1.5}$$

$$\varepsilon_{x_3=0} = 2\nu \left(\frac{\partial \sqrt{k}}{\partial x_3} \right)_{x_3=0}^2 \tag{6.1.6}$$

根据标准 $k-\varepsilon$ 模式，涡粘系数的近壁估计为 $\nu_t \propto \dfrac{k^2}{\varepsilon} \propto o(x_3^4)$，但由湍流涡粘系数的定义及式（6.1.2）则得固壁附近涡粘系数的渐近估计为 $\nu_t = o(x_3^3)$。因此，标准 $k-\varepsilon$ 模式的涡粘系数比其渐近估计要小一个数量级。为此，引入阻尼系数 f_μ 来描述近壁处涡粘系数，将其表示为

$$\nu_t = C_\mu f_\mu \frac{k(k + \sqrt{\nu\varepsilon})}{\varepsilon} \tag{6.1.7}$$

根据涡粘系数的渐近特性 $\lim\limits_{x_3 \to 0} \nu_t = o(x_3^3)$，阻尼系数应具有如下性质：当 $x_3 \to 0$ 时，$f_\mu \propto x_3$；当 $\dfrac{u_* x_3}{\nu} \gg 1$ 时，$f_\mu \propto o(1)$。利用湍流边界层的统计特性拟合的经验阻尼系数

为

$$f_\mu = 1 - \exp(-(a_1\zeta + a_2\zeta^2 + a_3\zeta^3 + a_4\zeta^4 + a_5\zeta^5)) \tag{6.1.8}$$

式中：

$$\zeta = \frac{\sqrt{k}(k + \sqrt{\nu\varepsilon})^{3/2}}{\nu\varepsilon} \tag{6.1.9}$$

注意式（6.1.9）中 $\sqrt{\nu\varepsilon}$ 是 Kolmogorov 速度尺度的平方，当 $x_3 \to 0$ 时，$\sqrt{\nu\varepsilon}$ 趋于一常量，而 $\sqrt{k} \propto x_3$，故有 $\zeta \propto x_3$，$f_\mu \propto x_3$；而当 $\frac{u_* x_3}{\nu} \gg 1$ 时，$k \gg \sqrt{\nu\varepsilon}$，则有 $\zeta \gg 1$，$f_\mu \propto o(1)$。因此，式（6.1.8）满足阻尼系数的渐近特性。

6.1.2 湍流边界层的物理特征

1. 湍流边界层的分区

对边壁切变湍流，壁面对湍流存在两种效应，其一是通过无滑移条件形成时均流速梯度，而时均流速梯度又与湍流中存在的脉动量相互作用从而影响湍流场；其二是脉动流速的无滑移条件，即壁面上湍流的脉动流速也必须为零。由于壁面上存在的这种滞流作用，在壁面附近将形成边界层。当流动的特征雷诺数足够大后，边界层由层流边界层发展成湍流边界层。

图 6.1.1 给出了流动在 $x_1 = 0$ 处由粗糙表面突变为光滑表面时槽道流中雷诺应力 $-\overline{u_1' u_3'}$ 的变化。由图可知：靠近壁面附近的雷诺应力将很快调整到相应于当地壁面条件的新值；而在远离壁面处的雷诺应力则变化甚慢，新的平衡状态要到离突变点很远的下游才能建立起来。由此可见，对湍流边界层，不能像在层流边界层那样，用某个单一的组合参数去描述整个边界层中的流动现象，而应将其划分为由内层与外层两部分组成。湍流边界层的内层比外层要薄得多，其厚度约为边界层总厚度的 $10\% \sim 20\%$。

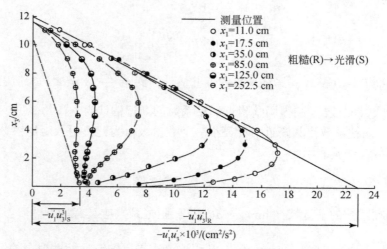

图 6.1.1 槽道流中壁面粗糙度突变时雷诺应力的变化

2. 内层与壁面律

湍流边界层内层的流动基本上由当地条件来决定，其纵向时均流速 $\bar{u}_1$ 完全由流体密度 ρ、运动粘性系数 ν、壁面切应力 τ_w、离开壁面的距离 x_3 来确定，经过量纲分析，得到内层时均流速沿垂向分布的表达式为

$$\frac{\bar{u}_1}{u_*} = f_1(x_3^+) \qquad (6.1.10)$$

式（6.1.10）称为壁面律，式中：$x_3^+ = \dfrac{u_* x_3}{\nu}$，$u_* = \sqrt{\dfrac{\tau_w}{\rho}}$ 为摩阻流速。

湍流边界层内层又可进一步细分为三层：粘性底层、过渡层及对数律层。粘性底层指 $0 < x_3^+ < 5$ 的一层，其内分子粘性应力占支配地位；随着离开壁面距离的增加，壁面对流动的约束作用逐渐减小，惯性作用不断增强，直至到某一距离后惯性对流动起主导作用，而分子粘性对流动的作用则可忽略，这一层称为对数律层，而粘性底层与对数律层之间的一层则称为过渡层。在过渡层内，分子粘性应力与雷诺应力有大致相同的量级，一般认为过渡层所处的范围为 $5 < x_3^+ < 30 \sim 40$。

3. 外层与尾流律

湍流边界层的外层约占整个边界层厚度的 $80\% \sim 90\%$，其主要特点是时均流动的分子粘性切应力很小。由于固壁的作用，边界层内的纵向时均流速 $\bar{u}_1$ 低于其外缘速度 u_e，形成速度亏损 $u_e - \bar{u}_1$。

由于在外层分子粘性作用可以忽略，再以内层反映分子粘性作用的长度尺度 $\dfrac{\nu}{u_*}$ 来作为外层的特征长度尺度已不合适，合理的替代是以整个边界层的厚度 δ 作为长度尺度。认为外层的速度亏损 $u_e - \bar{u}_1$ 仅与 u_*、δ 和 x_3 有关，通过量纲分析，得到

$$\frac{u_e - \bar{u}_1}{u_*} = f_2\left(\frac{x_3}{\delta}\right) \qquad (6.1.11)$$

式（6.1.11）称为亏损律。由于尾迹流动的速度分布也具有以上形式，所以也将其称为尾流律。

图 6.1.2 给出了通过实验得到的平板湍流边界层的纵向时均流速沿垂向分布。由图可知：用尾流律整理的数据具有通用性。进一步的实验成果表明，对于平板湍流边界层，尾流律函数 $f_2\left(\dfrac{x_3}{\delta}\right)$ 既与雷诺数无关，也与表面粗糙度无关，但受纵向压强梯度影响。对于平衡边界层，也即无量纲的纵向压强梯度参数 $\beta = \dfrac{\delta_*}{\tau_w}\dfrac{\mathrm{d}p}{\mathrm{d}x_1}$ 不随纵向坐标 x_1 而变的边界层，则 $f_2\left(\dfrac{x_3}{\delta}\right)$ 也不随 x_1 而变，见图 6.1.3。

与层流边界层不同，在湍流边界层中，无旋的自由流与有旋的湍流之间存在明显的可辨识界面，其形状很不规则，且具有非定常性，见图 6.1.4。

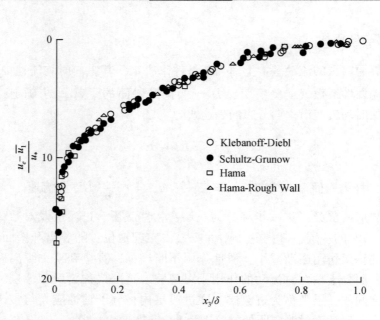

图 6.1.2 用尾流律整理的平板湍流边界层的通用速度剖面

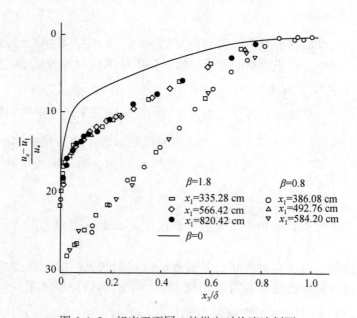

图 6.1.3 相应于不同 β 的纵向时均流速剖面

由于涡量只有通过粘性作用才能扩散到原来无旋的自由流中，因此在图 6.1.4 中的瞬时界面也是粘性起重要作用的区域，常称为粘性上层。由于粘性上层的不规则性与非定常性，在外缘附近的点，如图 6.1.4 中的点 A，其流态呈现出自由流与湍流断断续续、相互交替的状态，使得流动有时处于无旋状态，有时又处于有旋状态，也即其附近的湍流具有间歇性的特点。实验成果表明：边界层外缘界面瞬时位置的概率密

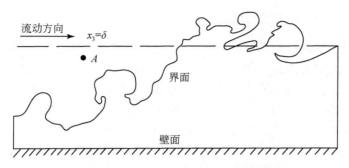

图 6.1.4 湍流边界层中湍流与非湍流之间的瞬时界面

度函数 $P\left(\dfrac{x_3}{\delta}\right)$ 符合如下的高斯分布[1]

$$P\left(\frac{x_3}{\delta}\right) = \frac{1}{\sqrt{2\pi}\sigma}\exp\left(-\frac{\left(\dfrac{x_3}{\delta} - 0.78\right)^2}{2\sigma^2}\right) \qquad (6.1.12)$$

也即界面的平均位置为 $\dfrac{x_3}{\delta} = 0.78$。式（6.1.12）中 σ 为标准偏差，其值约为 $\sqrt{2}/10$。

定义间歇因子 γ 为流动处于湍流运动状态所占的比例，则由式（6.1.12）有

$$\gamma = 0.5(1 - \mathrm{erf}(\xi)) \qquad (6.1.13)$$

式中：erf 为误差函数

$$\mathrm{erf}(\xi) = \frac{2}{\sqrt{\pi}}\int_0^\xi e^{-\eta^2}\mathrm{d}\eta \qquad (6.1.14a)$$

$$\xi = 5\left(\frac{x_3}{\delta} - 0.78\right) \qquad (6.1.14b)$$

实验所得间歇因子沿垂向的分布见图 6.1.5。

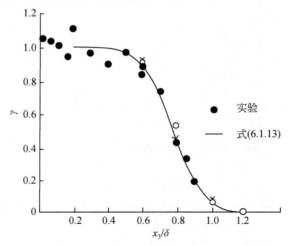

图 6.1.5 湍流边界层中间歇因子沿垂向的分布

4. 内层与外层流动特性的比较

尽管湍流边界层内层与外层的特性不同，但却彼此关联。有关湍动能变化的研究成果表明：①在内层起控制作用的项是产生项与耗散项，且两者近似相等，使湍动能达到局部平衡状态，故内层的状态主要由当地条件决定。②在外层，湍动能的产生项、耗散项、扩散项具有相同的量级，故外层的流动状态不仅与当地条件有关，而且与上游的历史条件有关，外层中大涡的寿命约为 $30\delta/u_e$ ，也即持续约 30δ 的下游距离。

湍流边界层内层与外层的不同性质也可从涡粘系数 ν_t 和混合长度 l 的变化上来反映。图 6.1.6 给出了平板边界层中 ν_t 和 l 沿垂向 x_3 的变化，由图可知：

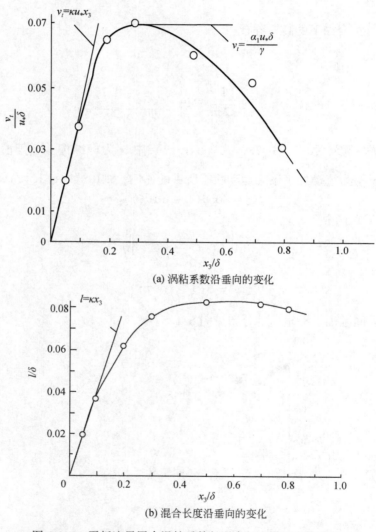

(a) 涡粘系数沿垂向的变化

(b) 混合长度沿垂向的变化

图 6.1.6 平板边界层中涡粘系数与混合长度沿垂向的变化

（1）在 $0 < x_3/\delta < 0.15 \sim 0.20$ 的范围内，ν_t 和 l 均随 x_3/δ 呈线性变化，并在

$x_3/\delta = 0.20 \sim 0.30$ 之间的某处达到最大值。因此，在离开壁面足够远距离的内层，ν_t 和 l 均可近似表示为

$$\nu_t = \kappa u_* x_3 \tag{6.1.15a}$$

$$l = \kappa x_3 \tag{6.1.15b}$$

式中，κ 为 Karman 常数。

（2）在 $x_3/\delta > 0.30$ 以后，涡粘系数开始缓慢下降，而混合长度则基本上保持为常数，且有 $l/\delta = 0.075 \sim 0.090$。在涡粘系数沿垂向的变化中，如果进一步考虑间歇性的影响，则应扣除非湍流状态所占时间，将原涡粘系数（实测值）除以间歇因子 γ，这样修正后的涡粘系数 ν_t 在外层也近似为常数，并可表示为

$$\nu_t = \alpha_2 u_* \delta \tag{6.1.16}$$

式中，系数 α_2 为 $0.060 \sim 0.075$。

6.1.3　湍流边界层中时均切应力与时均流速变化

1. 时均切应力变化

对于定常、二维、不可压缩、零压梯度的平板湍流边界层，其运动方程为

$$\bar{u}_1 \frac{\partial \bar{u}_1}{\partial x_1} + \bar{u}_3 \frac{\partial \bar{u}_1}{\partial x_3} = g\sin\theta + \frac{1}{\rho} \frac{\partial \tau_{13}}{\partial x_3} \tag{6.1.17}$$

式中，θ 为平板与水平方向之间的夹角，而切应力 τ_{13} 则为分子粘性切应力与雷诺应力之和，也即

$$\tau_{13} = \mu \frac{\partial \bar{u}_1}{\partial x_3} - \rho \overline{u_1' u_3'} \tag{6.1.18}$$

将式（6.1.17）两边对 x_3 求微分，并利用连续方程进行简化，得到

$$\bar{u}_1 \frac{\partial^2 \bar{u}_1}{\partial x_1 \partial x_3} + \bar{u}_3 \frac{\partial^2 \bar{u}_1}{\partial x_3^2} = \frac{1}{\rho} \frac{\partial^2 \tau_{13}}{\partial x_3^2} \tag{6.1.19}$$

再在壁面上利用粘附条件，由式（6.1.17）和式（6.1.19）得到

$$\left. \frac{\partial \tau_{13}}{\partial x_3} \right|_{x_3=0} = -g\sin\theta \tag{6.1.20a}$$

$$\left. \frac{\partial^2 \tau_{13}}{\partial x_3^2} \right|_{x_3=0} = 0 \tag{6.1.20b}$$

对充分发展的湍流边界层，由式（6.1.17）还可得到

$$\tau_{13} = \tau_w \left(1 - \frac{x_3}{\delta}\right) \tag{6.1.21}$$

式中，$\tau_w = \rho g \delta \sin\theta = \rho u_*^2$ 是壁面上的切应力。在非常靠近壁面处，有 $x_3/\delta \ll 1$，在此条件下式（6.1.21）可进一步简化为

$$\tau_{13} = \tau_w \tag{6.1.22}$$

2. 内层纵向时均流速分布

如前所述，湍流边界层的内层可进一步细分为粘性底层、过渡层及对数律层。下

面对充分发展的湍流边界层先介绍粘性底层与对数律层的时均流速分布，再介绍内层统一的壁面律。

1）粘性底层

在粘性底层内雷诺应力可忽略不计，联立式（6.1.18）和式（6.1.22）可得

$$\mu \frac{\mathrm{d}\bar{u}_1}{\mathrm{d}x_3} = \tau_w \tag{6.1.23}$$

对上式积分，得到

$$\frac{\bar{u}_1}{u_*} = x_3^+ \tag{6.1.24}$$

由此可见，在粘性底层中纵向时均流速沿垂向呈线性变化。

2）对数律层

如前所述，在粘性底层以上的过渡层，分子粘性切应力与雷诺应力具有同样的量级，但在进入 $x_3^+ > 30 \sim 40$ 的对数律层后，分子粘性切应力与雷诺应力相比甚小，且在一定范围内总切应力还近似为常数（约等于壁面切应力 τ_w），从而有

$$-\rho \overline{u_1' u_3'} = \tau = \rho u_*^2 \tag{6.1.25}$$

应用第 4 章中介绍的混合长度模式计算雷诺应力，有

$$-\rho \overline{u_1' u_3'} = \rho \kappa^2 x_3^2 \left| \frac{\mathrm{d}\bar{u}_1}{\mathrm{d}x_3} \right| \frac{\mathrm{d}\bar{u}_1}{\mathrm{d}x_3} \tag{6.1.26}$$

将式（6.1.26）代入式（6.1.25），经过积分，得到

$$\frac{\bar{u}_1}{u_*} = \frac{1}{\kappa}\ln x_3^+ + C \tag{6.1.27}$$

式（6.1.27）表明：在一定的垂向范围内，纵向时均流速随离开壁面的垂向距离呈对数关系变化，此即对数律。对于光滑壁面，式（6.1.27）中的系数 $C = 5.0 \sim 5.2$。

为进一步说明对数律的适用范围，将式（6.1.27）代入式（6.1.18），经整理，得到

$$\frac{\tau_w - \text{分子粘性切应力}}{\tau_w} = 1 - \frac{\mu}{\rho u_*^2}\frac{\mathrm{d}\bar{u}_1}{\mathrm{d}x_3} = 1 - \frac{1}{\kappa x_3^+} \tag{6.1.28}$$

将 $\kappa = 0.41$ 代入上式，可知只要 $x_3^+ > 30 \sim 40$，分子粘性切应力所占的比例就已经很小了。

3）统一的壁面律

前面对内层中粘性底层与对数律层纵向时均流速分布进行了介绍，能够描述整个内层纵向时均流速分布的公式也有一些，但均是半经验性的，其中用得较多的是 Spalding 及 Van-Driest 所建议的两种形式。

①Spalding 公式。

Spalding 所建议的壁面律统一表达式如下：

$$x_3^+ = u^+ - e^{-\kappa B}\left(e^{\kappa u^+} - 1 - \kappa u^+ - \frac{1}{2}(\kappa u^+)^2 - \frac{1}{6}(\kappa u^+)^3 \right) \tag{6.1.29}$$

式中，$u^+ = \bar{u}_1/u_*$，κ 为卡曼常数，$B = 5.5$。

②Van-Driest 公式。

为反映近壁处分子粘性的影响，引入衰减因子 Λ ，将混合长度 l 修正为

$$l = \kappa x_3 \left(1 - \exp\left(-\frac{x_3}{\Lambda} \right) \right) \tag{6.1.30}$$

联立式 (6.1.18) 和式 (6.1.22)，得到

$$\nu \frac{\mathrm{d}\bar{u}_1}{\mathrm{d}x_3} + (\kappa x_3)^2 \left(1 - \exp\left(-\frac{x_3}{\Lambda} \right) \right)^2 \left(\frac{\mathrm{d}\bar{u}_1}{\mathrm{d}x_3} \right)^2 = u_*^2 \tag{6.1.31}$$

将式 (6.1.31) 无量纲化，经过积分，得到

$$\frac{\bar{u}_1}{u_*} = \int_0^{x_3^+} \frac{2}{1 + \sqrt{1 + 4a(x_3^+)}} \mathrm{d}x_3^+ \tag{6.1.32}$$

式中，

$$a = (\kappa x_3^+)^2 \left(1 - \exp\left(-\frac{x_3^+}{\Lambda^+} \right) \right)^2$$

式中，$\Lambda^+ = \dfrac{u_* \Lambda}{\nu} = 26$ 。图 6.1.7 给出了对平板湍流边界层利用式 (6.1.32) 计算出的纵向时均流速分布与实验成果的比较。

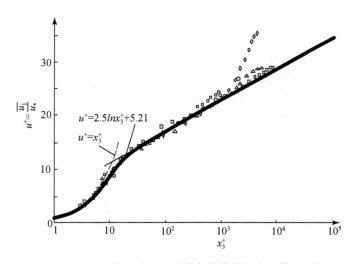

图 6.1.7　内层纵向时均流速分布计算值与实验值的比较

3. 湍流边界层中统一的纵向时均流速分布

在整个湍流边界层内，纵向时均流速沿垂向的分布也可用经验公式来表示，Coles (1956) 所建议的表达式为

$$\frac{\bar{u}_1}{u_*} = f_1(x_3^+) + \frac{\Pi(x_1)}{\kappa} W\left(\frac{x_3}{\delta} \right) \tag{6.1.33}$$

式中，f_1 即为式 (6.1.10) 中的壁面律，其表达式参见式 (6.1.32)。下面分别对型面

参数 $\varPi(x_1)$ 和表示外层纵向时均流速分布与壁面律偏离的函数 $W\left(\dfrac{x_3}{\delta}\right)$ 进行介绍。

1）型面参数 $\varPi$

对零压强梯度的湍流边界层，当动量厚度雷诺数 $Re_\theta\left(=\dfrac{u_e\theta}{\nu}\right)>5000$ 时，$\varPi=0.55$ 为常数；当 $Re_\theta<5000$ 时，Coles（1956）所得到的 $\varPi$ 随 x_1 的变化见图 6.1.8。

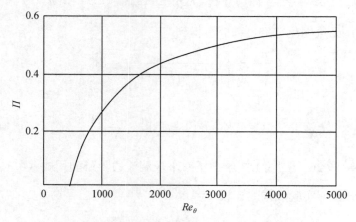

图 6.1.8 零压强梯度边界层 $\varPi\sim Re_\theta$ 关系曲线

对平衡边界层，参数 $\varPi$ 应只与压强梯度参数 β 有关，见图 6.1.9。Coles 与 Hirst（1968）经对大量的实验数据进行拟合，对平衡边界层，得到

$$\varPi=0.8(0.5+\beta)^{0.75} \tag{6.1.34}$$

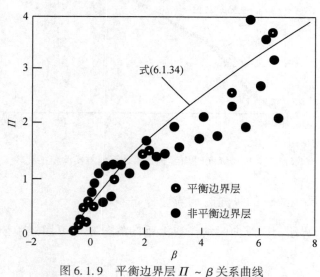

图 6.1.9 平衡边界层 $\varPi\sim\beta$ 关系曲线

2）偏离函数 W

实验成果表明：$W\left(\dfrac{x_3}{\delta}\right)$ 可近似表示为通用函数的形式，根据对实验数据的拟合，

得到

$$W\left(\frac{x_3}{\delta}\right) = 1 - \cos\left(\pi \frac{x_3}{\delta}\right) \tag{6.1.35}$$

式（6.1.35）属经验公式，下面将其改用尾流律来表示。注意到

$$\frac{u_e}{u_*} = f_1(\delta^+) + \frac{\Pi}{\kappa}W(1) \tag{6.1.36}$$

因此，有

$$\frac{u_e - \bar{u}_1}{u_*} = f_1(\delta^+) - f_1(x_3^+) + \frac{\Pi}{\kappa}\left(W(1) - W\left(\frac{x_3}{\delta}\right)\right) \tag{6.1.37}$$

此即用尾流律形式来表示的湍流边界层中纵向时均流速的统一表达式。当然，只有当参数 Π 不随 x_1 而变时，其才能称为式（6.1.11）形式的尾流律。

6.2　表面粗糙度沿程不变下的湍流边界层

6.2.1　理论零点

要描述粗糙表面上的湍流边界层，首先就必须建立恰当的坐标系统，也即确定坐标系统中垂向坐标的理论零点位置 z_0（或理论粗糙高度），见图 6.2.1。

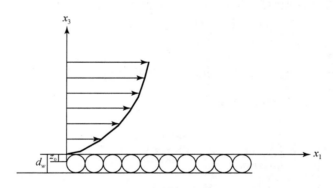

图 6.2.1　粗糙表面上理论零点示意图

对于光滑表面上的流动，由壁面无滑移条件可知：流速为零的点就在表面上，即 $z_0 = 0$。

对于粗糙表面上的流动，由于壁面高低不平，虽然在单个粗糙元表面，流速必须为零，但在不同的断面及同一断面的不同点处，由于壁面粗糙的凹凸不平使流速为零的点未必在同一垂向位置，难以由单个粗糙元上流速为零的点出发来确定描述整个粗糙表面上流动统计特性的理论零点位置。尽管粗糙表面的理论零点与粗糙元的高度、级配和平面分布有关，然因表面粗糙度对流动的影响往往只局限于距离表面一定范围的厚度内，因此，只需确定一个流速虚零点的位置即可。目前，一般由前述对数流速分布公式，将实验数据与式（6.2.1）进行比较，与其吻合最好的 z_0 即为粗糙表面的理

论零点，也即

$$\frac{\overline{u}_1}{u_*} = \frac{1}{\kappa}\ln\left(\frac{x_3' + z_0}{d_w}\right) + C \tag{6.2.1}$$

式中，x_3' 为从粗糙元顶部起算的垂向距离；d_w 为粗糙元的高度。Grass[2]、Blinco 和 Partheniades[3]、Nakagawa 等[4]分别以卵石与球体构成壁面粗糙元，通过研究得到

$$z_0 = \alpha_1 d_w \tag{6.2.2}$$

式中，系数 $\alpha_1 = 0.18 \sim 0.27$。

6.2.2 纵向时均流速分布

在粗糙表面上的湍流边界层内层，仍应该用表征粘性作用的长度尺度 ν/u_* 作为特征长度尺度，由此定义反映表面粗糙度影响的粗糙雷诺数 d_w^+ 为

$$d_w^+ = \frac{u_* d_w}{\nu} \tag{6.2.3}$$

考虑到粗糙度影响后，光滑表面上的壁面律式（6.1.10）也相应调整为

$$\frac{\overline{u}_1}{u_*} = f_1(x_3^+, d_w^+) \tag{6.2.4}$$

无论是粗糙表面还是光滑表面，其在对数律区应有完全相同的物理特征（湍动能的产生与耗散近似相等），两者的纵向时均速度剖面也应完全相同，所不同的只是粗糙表面条件下纵向时均流速有所降低。设其降低值为 $\Delta\overline{u}_1$，则可将式（6.1.27）修正为

$$\frac{\overline{u}_1}{u_*} = \frac{1}{\kappa}\ln x_3^+ + C - \Delta u^+ \tag{6.2.5}$$

式中，$\Delta u^+ = \dfrac{\Delta\overline{u}_1}{u_*}$。图 6.2.2 给出了相应于不同的粗糙元几何形状及在表面上不同的排列方式条件下 Δu^+ 与 d_w^+ 之间的关系。

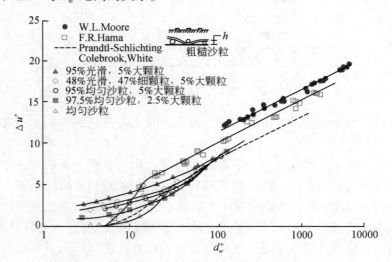

图 6.2.2　表面粗糙度对纵向时均剖面的影响

由图 6.2.2 可知：①如 $d_w^+ < 5$，在壁面均匀密集加糙条件下 Δu^+ 将趋于零，也即表面虽然存在一定程度的绝对粗糙，但其对纵向时均流速沿垂向的分布却没有影响；但若壁面为非均匀密集加糙，尤其是在粗糙元尺寸相差较大的情况下，虽然平均意义上的粗糙元特征尺寸仍很小，但尺寸较大的粗糙元仍能使其附近的纵向时均流速降低。②当 d_w^+ 很大时，Δu^+ 与 d_w^+ 之间仍存在对数关系，也即

$$\Delta u^+ \sim \frac{1}{\kappa}\ln d_w^+ \tag{6.2.6}$$

由此可定义另一变量 B_2 来描述粗糙表面上的纵向时均流速分布，相应有

$$\frac{\overline{u}_1}{u_*} = \frac{1}{\kappa}\ln\frac{x_3}{d_w} + B_2 \tag{6.2.7}$$

比较式（6.2.5）和式（6.2.7）可知

$$B_2 = \frac{1}{\kappa}\ln d_w^+ + C - \Delta u^+ \tag{6.2.8}$$

尼古拉兹（J. Nikuradse）在均匀密集加糙的管流中对 B_2 随 d_w^+ 的变化进行了实验研究，其成果表明，随着 d_w^+ 的不同，表面粗糙度对纵向时均流速分布的影响具有如下特点：

当 d_w^+ 较小时，粘性底层的厚度大于粗糙元的绝对高度，尽管壁面高低不平，但是粗糙元几乎全部被粘性底层所掩盖，以至于粘性底层以外的流动不受粗糙元的影响。在这种情况下，壁面粗糙度对粘性底层以外的纵向时均流速分布不起任何作用。壁面对水流的阻力，主要是粘性底层的粘滞阻力。从水动力学的观点来看，这种粗糙表面与光滑表面在水动力特征上是一样的，这种壁面称为水力光滑壁面，相应的流动处于水力光滑区。

当 d_w^+ 很大时，粘性底层厚度比粗糙元高度要小得多，此时，壁面的粗糙度对湍流已起主要作用。流动绕过粗糙元时将形成小旋涡，壁面对水流的阻力主要是由这些小旋涡造成的，而粘滞力的作用只占次要地位。这种壁面称为水力粗糙壁面，相应的流动处于水力粗糙区。

介于以上两者之间的情况，粘性底层已不足以完全掩盖住粗糙元的影响，但粗糙度又还没有起决定性作用，这种壁面称为水力过渡壁面，相应的流动处于水力过渡区。综合可写为

水力光滑区 $\qquad \dfrac{u_* d_w}{\nu} \leqslant 5$

水力过渡区 $\qquad 5 < \dfrac{u_* d_w}{\nu} \leqslant 70$

水力粗糙区 $\qquad \dfrac{u_* d_w}{\nu} > 70$

下面对 B_2 随 d_w^+ 的变化进行分析。文献 [5] 曾给出 B_2 与 d_w^+ 的关系为

$$B_2 = \frac{1}{\kappa}\ln d_w^+ + \frac{1}{\kappa}\ln\frac{E}{1 + \frac{1}{2}d_w^+} \tag{6.2.9}$$

式（6.2.9）是将式（6.2.7）中的纵向时均流速分布公式简化为

$$\frac{\bar{u}_1}{u_*} = \frac{1}{\kappa}\ln(Ex_3^+) + \frac{1}{\kappa}\ln\left(\frac{1}{1+\alpha_1 d_w^+}\right) \tag{6.2.10}$$

并取 $\alpha_1 = 1/2$ 而得到的。为提高含 d_w^+ 高阶项的吻合程度，黄伟[6]在式（6.2.10）的基础上，将内层的纵向时均流速表达式调整为

$$\frac{\bar{u}_1}{u_*} = \frac{1}{\kappa}\ln(Ex_3^+) + \frac{1}{\kappa}\ln\left(\frac{1+\alpha_3 d_w^+}{1+\alpha_1 d_w^+ + \alpha_2(d_w^+)^2}\right) \tag{6.2.11}$$

由此得到

$$B_2 = \frac{1}{\kappa}\ln\left(E\frac{d_w^+(1+\alpha_3 d_w^+)}{1+\alpha_1 d_w^+ + \alpha_2(d_w^+)^2}\right) \tag{6.2.12}$$

注意到当 $d_w^+ > 70$ 时，流动处于水力粗糙区，应有

$$\frac{\bar{u}_1}{u_*} = \frac{1}{\kappa}\ln\frac{x_3}{d_w} + C;\ C = 4.9, B_2 = 8.5 \tag{6.2.13a}$$

而当 $d_w^+ \leqslant 5$ 时，流动处于水力光滑区，应有

$$\frac{\bar{u}_1}{u_*} = \frac{1}{\kappa}\ln x_3^+ + C;\ C = 4.9, B_2 = \frac{1}{\kappa}\ln E = 5.2 \tag{6.2.13b}$$

取 $\kappa = 0.4$，$E = 9.8$，并考虑式（6.2.13），经拟合最后得到：$\alpha_1 = 0.0175$；$\alpha_2 = 0.002$；$\alpha_3 = 0.019$。式（6.2.9）、式（6.2.12）及尼古拉兹实验成果见图6.2.3。

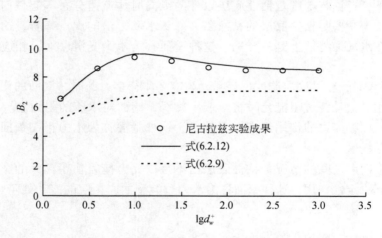

图 6.2.3 B_2 随 d_w^+ 变化的拟合关系式及与尼古拉兹实验成果的比较

6.3   表面粗糙度沿程突变下的湍流边界层

表面粗糙度的沿程突变既可表现为单一突变，也可表现为交替突变，下面分别加以描述。

6.3.1　单一突变

1. 表面粗糙度单一突变下流动的物理特征

如图 6.3.1 所示，一均匀流绕过一沿流动方向 x_1 上表（壁）面粗糙度发生单一突变的流段。在发生突变前，流动为均匀流；在离突变点足够远的位置，流动又将调整到与新的壁面条件相适应的新的均匀流状态。在以上的两均匀流段之间，存在一过渡段，其为壁面条件变化形成的扰动影响区，根据各区物理特征的不同可将扰动影响区进一步细分为 B、C 与 D 三个区域，且 C、D 区为内边界层。扰动影响区中流动发展的过程也就是新的边界条件下内边界层的形成过程。

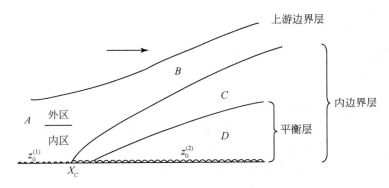

图 6.3.1　表面粗糙度单一突变下流动示意图

在图 6.3.1 所示的分区中，内边界层以外的 B 区是受壁面粗糙度变化影响很小的外部流动区，其在内边界层发展初期基本上具有来流的各种特性，但在内边界层发展后期其特性则与来流有所不同。内边界层中的 D 区为次层或平衡层，其内湍动能的产生与耗散基本平衡，而对流项的作用则小到可以忽略，即这一层流动已基本上与新的表面条件相适应。平衡层的增长一般很慢，其厚度仅为离突变点下游距离的百分之一左右。内边界层中 C 区的流动比较复杂，其内湍动能的产生、耗散、扩散与对流均起重要作用。

若定义 z_0 为理论壁面粗糙高度，突变点前、后的理论壁面粗糙高度分别为 $z_0^{(1)}$ 与 $z_0^{(2)}$，则可用参数 $M = \ln(z_0^{(2)}/z_0^{(1)})$ 来度量壁面粗糙度的突变程度。当壁面粗糙度发生突变后，流动将出现如下的调整：

（1）表面切应力突然增加（或减小），随后以减小（或增加）的趋势向新的粗糙面上完全发展的湍流边界层的表面切应力趋近。

（2）在扰动影响区内纵向时均流速将减小（或增加），该区内形成以 $l(x_1)$ 为特征厚度的内边界层。若认为壁面粗糙度突变不影响突变点上游的流动，也即该区上游包括纵向时均流速在内的统计特征量不因壁面粗糙度突变而改变，则内边界层中的扰动速度在越靠近壁面处其值也越大，并在壁面附近达到最大值。具体表现为：若 $z_0^{(2)}/z_0^{(1)}$ > 1，则在 $x_3 = z_0^{(2)}$ 时 $|\bar{u}_1^{(2)}(x_3) - \bar{u}_1^{(1)}(x_3)|$ 最大；若 $z_0^{(2)}/z_0^{(1)} < 1$，则在 $x_3 = z_0^{(1)}$ 时

$|\bar{u}_1^{(2)}(x_3) - \bar{u}_1^{(1)}(x_3)|$ 最大；一般来讲，$|\bar{u}_1^{(2)}(x_3) - \bar{u}_1^{(1)}(x_3)|$ 与 $|u_*^{(2)} - u_*^{(1)}|$ 同量级。其中，上标 1、2 分别表示突变前、后的特征量。

（3）内边界层厚度在表面粗糙度发生突变时的突变点下游附近将出现如下调整：

如 $|z_0^{(2)}/z_0^{(1)} - 1| \ll 1$，内边界层厚度与从突变点释放的示踪粒子所形成的扩散层厚度相同。

若粗糙度有较大增加，则所形成的内边界层厚度与突变点前的流动特性无关。

若粗糙度有较大减小，这时由新的粗糙面上产生的湍流脉动要小于上游湍流脉动，因此内边界层中的掺混主要由突变点上游传来的湍流脉动决定，而其内边界层的增长则由上游粗糙度来决定。

（4）尽管表面粗糙度发生突变后，速度的改变相当可观，但压强的改变却很小，约为 $\rho(u_*^{(2)})^2$ 的量级。

下面对壁面粗糙度发生单一突变时纵向时均流速的调整进行分析。假定突变点上游的来流速度为 $\bar{u}_1^{(1)}(x_3)$，且满足如下对数流速分布公式

$$\bar{u}_1^{(1)}(x_3) = \frac{u_*^{(1)}}{\kappa}\ln\frac{x_3}{z_0^{(1)}} \tag{6.3.1}$$

式中，$u_*^{(1)}$ 为突变点上游的摩阻流速。以 $\bar{u}_1(x_3)$ 表示突变后的纵向时均流速，则扰动流速为 $\Delta u = \bar{u}_1(x_3) - \bar{u}_1^{(1)}(x_3)$。在壁面粗糙度发生突变后流线将会出现抬升或下移，以 $\delta_1(x_1)$ 表示纵向坐标 x_1 处的流线抬升总高度，以 $\delta(x_3)$ 表示垂向坐标 x_3 处的流线抬升厚度，由不可压缩流体的连续条件可知，同一流动中两条流线间通过的流量应相等，也即

$$\int_0^{x_3} \bar{u}_1^{(1)}(x_3)\,\mathrm{d}x_3 = \int_0^{x_3+\delta} \bar{u}_1(x_3)\,\mathrm{d}x_3 \tag{6.3.2}$$

将式（6.3.2）两边对 x_3 求导，得到

$$\bar{u}_1(x_3) = \bar{u}_1^{(1)}(x_3) - \frac{u_*^{(1)}\delta(x_3)}{\kappa x_3} - \bar{u}_1^{(1)}\frac{\partial\delta(x_3)}{\partial x_3} \tag{6.3.3}$$

式（6.3.3）中右边最后两项为对扰动速度有贡献的项，其中第一项为扰动区内由于流动加速度所引起的速度变化，第二项则为流线位移所引起的速度改变。如表面粗糙度改变较小，则由流线位移所引起的速度改变较之由于流动加速度所引起的速度变化要小得多。在内边界层厚度满足 $\ln(l/z_{01}) \gg 1$ 和 x_3/l 较小时，Hunt 等[7] 通过理论分析，得到突变后的纵向时均流速表达式为

$$\bar{u}_1(x_3) = \frac{u_*^{(1)}}{\kappa}\ln\frac{x_3}{z_0^{(2)}} + \frac{u_*^{(1)}}{\kappa}M + \frac{u_0}{\kappa}f\left(\frac{x_3}{l}\right) \tag{6.3.4}$$

式中，u_0 为扰动影响区的特征速度尺度。当参数 $M = \ln(z_0^{(2)}/z_0^{(1)})$ 不是非常小而有内边界层形成，且 M 又不是非常大以至于流动出现边界层分离时，可将表面粗糙度变化引起的扰动视为小扰动。下面以小扰动理论为基础，对单一突变条件下湍流边界层的发展进行理论分析，主要是确定式（6.3.4）中 l 与 u_0 的表达式。

2. 表面粗糙度单一突变下流动的理论分析

如图 6.3.1 所示，流动从理论粗糙度为 $z_0^{(1)}$ 的表面流向理论粗糙度为 $z_0^{(2)}$ 的表面，

在新的壁面上，坐标原点存在 $z_H = z_0^{(2)} - z_0^{(1)}$ 的位移，新的垂向坐标为 $x_3' = x_3 - z_H$。由壁面粗糙度突变而产生的小扰动的特点如下：①近壁具有最大的扰动速度，离壁面越远，扰动速度越小，至内边界层外只存在流线抬升而无速度扰动；②扰动压强很小。根据流动的以上特点，可将控制方程进行简化以得到相应的理论解。

以 $\bar{u}_1^{(1)}$、$\tau_{13}^{(1)}$ 与 $\bar{p}^{(1)}$ 分别表示来流的纵向时均流速、切应力与时均压强，以 $\Delta \bar{u}_1$、$\Delta \bar{u}_3$、$\Delta \tau$ 与 $\Delta \bar{p}$ 分别表示纵向扰动速度、垂向扰动速度、扰动切应力与扰动压强，则新的壁面粗糙度条件下的时均流速、切应力与压强分别为

$$\bar{u}_1 = \bar{u}_1^{(1)}(x_3') + \Delta \bar{u}_1(x_1, x_3') \tag{6.3.5a}$$

$$\bar{u}_3 = \Delta \bar{u}_3(x_1, x_3') \tag{6.3.5b}$$

$$\tau_{13} = \tau_{13}^{(1)}(x_3') + \Delta \tau_{13}(x_1, x_3') \tag{6.3.5c}$$

$$\bar{p} = \bar{p}^{(1)}(x_3') + \Delta \bar{p}(x_1, x_3') \tag{6.3.5d}$$

当壁面粗糙度改变较小时，扰动量满足 $\dfrac{\partial}{\partial x_1} \ll \dfrac{\partial}{\partial x_3}$、$\Delta \bar{u}_1 \ll \bar{u}_1^{(1)}$ 的条件，且 $\Delta \bar{p}$ 可忽略不计，将以上诸条件代入雷诺时均运动方程，通过简化得到

$$\bar{u}_1 \frac{\partial \Delta \bar{u}_1}{\partial x_1} + \bar{u}_3 \frac{\partial \Delta \bar{u}_1}{\partial x_3'} = \frac{1}{\rho} \frac{\partial \Delta \tau_{13}}{\partial x_3'} \tag{6.3.6a}$$

$$\frac{\partial \Delta \bar{u}_1}{\partial x_1} + \frac{\partial \Delta \bar{u}_3}{\partial x_3'} = 0 \tag{6.3.6b}$$

式（6.3.6）即为壁面粗糙度单一突变下二维湍流边界层扰动量的控制方程，式中有 $\Delta \bar{u}_1$、$\Delta \bar{u}_3$ 及 $\Delta \tau_{13}$ 三个量，但只有两个控制方程，如果能够通过构建湍流模式确定 $\Delta \tau_{13}$，则可求出 $\Delta \bar{u}_1$、$\Delta \bar{u}_3$。下面从局部平衡假设出发来确定 $\Delta \tau_{13}$。由近壁区湍动能的产生与耗散的平衡，有

$$\frac{\tau_{13}}{\rho} \frac{\partial \bar{u}_1}{\partial x_3'} = \frac{1}{\kappa x_3'} \left(\frac{\tau_{13}}{\rho} \right)^{3/2} \tag{6.3.7}$$

将

$$\bar{u}_1 = \bar{u}_1^{(1)} + \Delta \bar{u}_1 = \frac{u_*^{(1)}}{\kappa} \ln \frac{x_3'}{z_0^{(1)}} + \Delta \bar{u}_1 \tag{6.3.8a}$$

$$\tau_{13} = \rho u_*^{(1)2} + \Delta \tau_{13} \tag{6.3.8b}$$

代入式（6.3.7），展开后略去二阶项，即可得到

$$\Delta \tau_{13} = 2\kappa u_*^{(1)} \rho x_3' \frac{\partial \Delta \bar{u}_1}{\partial x_3'} \tag{6.3.9}$$

如果扰动速度满足自相似假设，也即

$$\Delta \bar{u}_1 = \frac{u_0}{\kappa} f\left(\frac{x_3'}{l} \right) \tag{6.3.10}$$

将式（6.3.10）代入式（6.3.9），还可进一步得到

$$\Delta \tau_{13} = 2\rho u_*^{(1)} u_0 (\eta f'(\eta)) \tag{6.3.11}$$

式中，$\eta = x_3'/l$。由此可见，如内边界层中扰动速度符合自相似分布，则扰动切应力也满足自相似分布，且前者的分布函数为 $f(\eta)$，后者的分布函数为 $\eta f'(\eta)$。将式

(6.3.10)、式 (6.3.11) 代入式 (6.3.6)，经过整理，得到

$$\left(u_*^{(1)}\frac{du_0}{dx_1}\ln\frac{x_3'}{z_0^{(1)}}\right)f + \left(u_0\frac{du_0}{dx_1}\right)f^2 - \left(\frac{u_0u_*^{(1)}}{l}\frac{dl}{dx_1}\ln\frac{x_3'}{z_0^{(1)}}\right)\eta f'$$

$$+ \left(\frac{u_0}{l}\frac{d(lu_0)}{dx_1}\right)f'\int_0^\eta f d\eta = \left(\frac{2\kappa^2 u_0 u_*^{(1)}}{l}\right)(\eta f')' \qquad (6.3.12)$$

由于扰动速度满足自相似假设，式 (6.3.12) 中所有系数应均为常数，也即

$$u_*^{(1)}\frac{du_0}{dx_1}\ln\frac{x_3'}{z_0^{(1)}} = C_1 \qquad (6.3.13\text{a})$$

$$u_0\frac{du_0}{dx_1} = C_2 \qquad (6.3.13\text{b})$$

$$\frac{u_0u_*^{(1)}}{l}\frac{dl}{dx_1}\ln\frac{x_3'}{z_0^{(1)}} = C_3 \qquad (6.3.13\text{c})$$

$$\frac{u_0}{l}\frac{d(lu_0)}{dx_1} = C_4 \qquad (6.3.13\text{d})$$

$$\frac{2\kappa^2 u_0 u_*^{(1)}}{l} = C_5 \qquad (6.3.13\text{e})$$

下面对以上诸常数进行量阶分析。在 $z_0^{(2)}$、M 均很小，而 $\ln(l/z_0^{(2)})$ 很大的条件下，式 (6.3.13) 中 C_1、C_2 与 C_4 的值远小于 C_3，通过简化，求解，最后得到内边界层厚度为

$$l\left(\ln\left(\frac{l}{z_0^{(2)}}\right) - 1\right) = 2\kappa^2 x_1 \qquad (6.3.14)$$

而纵向时均流速、摩阻流速则分别为

$$\bar{u}_1 = \frac{u_*^{(1)}}{\kappa}\ln\frac{x_3'}{z_0^{(1)}} + \frac{u_0}{\kappa}f\left(\frac{x_3'}{l}\right) \qquad (6.3.15)$$

$$u_* = u_*^{(1)} + u_0 \qquad (6.3.16)$$

式中：

$$u_0 = u_*^{(1)}\frac{M}{\ln(l/z_0^{(2)})} \qquad (6.3.17)$$

$$f = \int_\eta^\infty -\frac{e^{-t}}{t}dt \qquad (6.3.18\text{a})$$

当 η 较小时，有

$$f = \ln\eta + 0.577 \qquad (6.3.18\text{b})$$

3. 表面粗糙度单一突变下流动的数值模拟

尹书冉[8]对表面粗糙度单一突变条件下的湍流运动进行了数值模拟，其采用雷诺应力模式计算雷诺应力，用有限体积法对控制方程进行离散。通过计算，得到如下成果。

1）内边界层的发展

采用1/2指数拟合分析方法来确定内边界层厚度，图6.3.2给出了根据余顺超的实

验成果[9]整理得到的内边界层厚度的实验值，由式（6.3.14）计算获得的理论值及文献［8］的数值模拟值。由图 6.3.2 可知：三者基本一致。

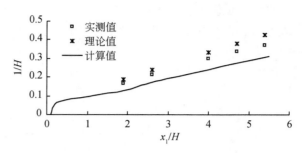

图 6.3.2　内边界层的发展（光滑—粗糙）

一般来讲，内边界层的发展既与突变前的来流条件有关，也受壁面粗糙度突变形式影响。在其他条件相同的情况下，内边界层的发展有随上游来流的雷诺数增加而减缓的趋势；而突变前的壁面粗糙度越大，内边界层的发展就越迅速。

2）壁面切应力与摩阻流速的变化

表面粗糙度的单一突变必然导致突变点附近壁面切应力与摩阻流速的突变。壁面粗糙度突变形式直接影响到突变后壁面切应力与摩阻流速的分布，表现为：若 $z_0^{(2)}/z_0^{(1)}$ > 1，在突变点附近壁面切应力突然增加，而后逐渐减小到与新的壁面条件相适应的切应力值；若 $z_0^{(2)}/z_0^{(1)}$ < 1，在突变点附近壁面切应力突然减小，而后逐渐趋近于与新的壁面条件相适应的切应力值。

Carravetta[10]对由水力光滑壁面突变为水力过渡或水力粗糙壁面后摩阻流速变化的实验成果进行了整理，见图 6.3.3。对于摩阻流速的最大突变值，尹书冉[8]的数值模拟成果及与实验成果的比较见图 6.3.4。由图可知：突变后的粗糙雷诺数 Re_* 越大，摩阻流速的最大突变值也相应增加。

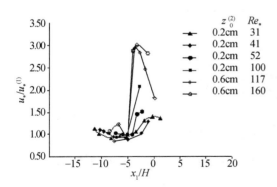

图 6.3.3　突变点附近摩阻流速的变化

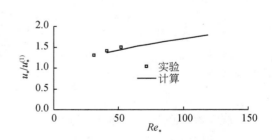

图 6.3.4　最大摩阻流速突变值随
粗糙雷诺数的变化

6.3.2　交替突变

尹书冉[8]对两种壁面交替突变条件下湍流边界层的发展进行了数值模拟。对于壁面条件由水力光滑突变为水力粗糙，经过长度为 L 的水力粗糙段后再突变为水力光滑壁面这种交替突变条件，壁面切应力的变化如图 6.3.5 所示，图中壁面切应力 τ_w 与纵向坐标 x_1 已分别用由水力光滑向水力粗糙单一突变条件下切应力的平衡值 τ_{w0} 无量纲化；水力粗糙段的长度 L 已用单一突变条件下切应力的纵向恢复长度 l_0 无量纲化（图中 $L/l_0 = 1$）。由图可知：交替突变后的壁面切应力在第一突变段仍呈先增后降的趋势。

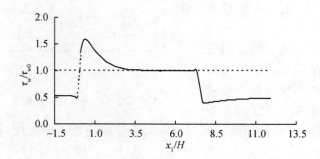

图 6.3.5　交替突变过程中壁面切应力的变化（水力光滑 – 水力粗糙 – 水力光滑）

6.4　绕体流动与分离流动

6.4.1　绕低突体的流动

下面以如图 6.4.1 所示的绕低突体流动（流动不分离）为例进行分析，估计纵向曲率对外区流动特性的影响。

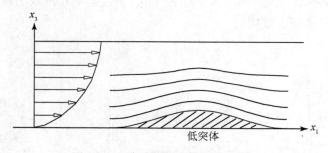

图 6.4.1　水流绕低突体流动概化图

假设流动在绕低突体前的充分远处的时均流速场为沿纵向的均匀流速 U_0 及纯切变流 αx_3 所构成，也即

$$U_i^{(0)} = (U_0 + \alpha x_3, 0, 0) \tag{6.4.1}$$

一般来讲，在绕低突体流动的外区有 $U_0 \gg \alpha x_3$，因此可将式（6.4.1）视为由一无旋流场及一纯切变流场构成，并进一步假定在外区，低突体对时均流动的作用主要反映在对无旋流场的影响上（也即弱切变作用具有持续性），以至于在流动绕过低突体顶部时，其时均流场变为

$$U_i = (U_1 + \alpha x_3, U_2, U_3) \tag{6.4.2}$$

为确定（U_1，U_2，U_3），采用 Hunt[11] 在研究湍流绕二维圆柱体时所用的方法来定

义函数 $T_X(x_1,x_3)$，其物理意义为流体质点从远离低突体上游的某点 $x_1 = -X$ 沿同一根流线到点 (x_1,x_3) 所需要的时间，也即

$$T_X(x_1,x_3) = \int_{-X}^{x_1} \frac{\mathrm{d}x_1'}{U_1(x_1',x_3')} \tag{6.4.3}$$

在式（6.4.3）中积分沿流线 $\psi(x_1',x_3') = \psi(x_1,x_3)$ 进行，而流函数 $\psi(x_1,x_3)$ 的定义则为

$$\frac{\partial \psi}{\partial x_1} = U_3 \tag{6.4.4a}$$

$$\frac{\partial \psi}{\partial x_3} = -U_1 \tag{6.4.4b}$$

类似 Hunt 的处理方法[11]，以 $\omega_i^{(1)}$ 与 ω_i 分别表示绕低突体前及绕低突体过程中的脉动涡量，则有

$$\omega_1 = \frac{U_1}{U_0}\omega_1^{(1)} - U_0\frac{\partial T_X}{\partial x_3}\omega_3^{(1)} \tag{6.4.5a}$$

$$\omega_2 = \omega_2^{(1)} \tag{6.4.5b}$$

$$\omega_3 = \frac{U_3}{U_0}\omega_1^{(1)} + U_0\frac{\partial T_X}{\partial x_1}\omega_3^{(1)} \tag{6.4.5c}$$

注意到初始时刻时均流场为无旋场，在绕体流动的外区分子粘性作用可忽略，根据 Kelvin 定理，任何时刻的流场也应是无旋场，因此

$$U_0\frac{\partial T_X}{\partial x_1} = \frac{U_0}{U_1} \tag{6.4.6a}$$

$$-U_0\frac{\partial T_X}{\partial x_3} \approx \frac{U_0^2}{U_1^2}\frac{U_3}{U_0} \approx \frac{U_3}{U_0} \tag{6.4.6b}$$

此外，在低突体上的时均流速场可表示为

$$U_1 = U_0 + \Delta u_1 \tag{6.4.7a}$$

$$U_3 = \Delta u_3 \tag{6.4.7b}$$

因此，如定义

$$\delta = \frac{\Delta u_1}{U_0} \tag{6.4.8a}$$

$$\varepsilon = \frac{\Delta u_3}{U_0} \tag{6.4.8b}$$

分别表示流动绕过低突体过程中时均流速的扰动量，则式（6.4.5）可表示为

$$\omega_1 = (1+\delta)\omega_1^{(1)} + \varepsilon\omega_3^{(1)} \tag{6.4.9a}$$

$$\omega_2 = \omega_2^{(1)} \tag{6.4.9b}$$

$$\omega_3 = \varepsilon\omega_1^{(1)} + (1-\delta)\omega_3^{(1)} \tag{6.4.9c}$$

从另一方面来看，对下式

$$U_i = (bx_1 + ax_3, 0, -bx_3 + ax_1) \tag{6.4.10}$$

的时均速度场运用快速畸变理论，得到脉动涡量的傅里叶分量的控制方程为

$$\frac{\mathrm{d}\hat{\omega}_1}{\mathrm{d}t} = b\hat{\omega}_1 + a\hat{\omega}_3 \tag{6.4.11a}$$

$$\frac{\mathrm{d}\hat{\omega}_2}{\mathrm{d}t} = 0 \tag{6.4.11b}$$

$$\frac{\mathrm{d}\hat{\omega}_3}{\mathrm{d}t} = a\hat{\omega}_1 - b\hat{\omega}_3 \tag{6.4.11c}$$

引入初始条件 $\hat{\omega}_1|_{t=0} = \hat{\omega}_1^{(1)}$、$\hat{\omega}_2|_{t=0} = \hat{\omega}_2^{(1)}$、$\hat{\omega}_3|_{t=0} = \hat{\omega}_3^{(1)}$，求解式 (6.4.11)，得到

$$\hat{\omega}_1 = \frac{\hat{\omega}_1^{(1)}}{2\sqrt{a^2+b^2}}\left(\left(\sqrt{a^2+b^2}+b\right)\exp\left(\sqrt{a^2+b^2}t\right) + \left(\sqrt{a^2+b^2}-b\right)\exp\left(-\sqrt{a^2+b^2}t\right)\right)$$

$$+ \frac{a\hat{\omega}_3^{(1)}}{2\sqrt{a^2+b^2}}\left(\exp\left(\sqrt{a^2+b^2}t\right) - \exp\left(-\sqrt{a^2+b^2}t\right)\right) \tag{6.4.12a}$$

$$\hat{\omega}_2 = \hat{\omega}_2^{(1)} \tag{6.4.12b}$$

$$\hat{\omega}_3 = \frac{a\hat{\omega}_1^{(1)}}{2\sqrt{a^2+b^2}}\left(\exp\left(\sqrt{a^2+b^2}t\right) - \exp\left(-\sqrt{a^2+b^2}t\right)\right)$$

$$+ \frac{\hat{\omega}_3^{(1)}}{2\sqrt{a^2+b^2}}\left(\left(\sqrt{a^2+b^2}-b\right)\exp\left(\sqrt{a^2+b^2}t\right) + \left(\sqrt{a^2+b^2}+b\right)\exp\left(-\sqrt{a^2+b^2}t\right)\right)$$

$$\tag{6.4.12c}$$

在式 (6.4.12) 中，如果选择畸变时间 t 满足 $\delta = bt \ll 1$，$\varepsilon = at \ll 1$，引入式 (6.4.12) 的傅里叶逆变换，也可得到和式 (6.4.9) 相同的脉动涡量表达式。因此，将式 (6.4.10) 代入式 (6.4.2)，得到

$$(U_1, U_2, U_3) = (bx_1 + ax_3, 0, -bx_3 + ax_1) \tag{6.4.13}$$

式 (6.4.13) 中的流场 (U_1, U_2, U_3) 可视为由 $(bx_1, 0, -bx_3)$ 及 $(ax_3, 0, ax_1)$ 两者的叠加。从物理意义上来看，前者反映的是低突体对外区湍流场所形成的一种无旋畸变的作用，而后者反映的则是流线曲率的影响。一般来讲，对绕低突体外区的流动，反映无旋畸变作用的因子 δ 要比反映流线曲率作用的因子 ε 的量级高得多。如果精确到 $O(\delta)$ 的量级，流线曲率作用则可忽略，与式 (6.4.2) 相应的速度场则可简化为

$$U_i(t) = (bx_1 + \alpha x_3, 0, -bx_3) \tag{6.4.14}$$

此外，由式 (6.4.12) 中脉动涡量的傅里叶分量还可求出脉动速度的傅里叶分量。定义反映无旋应变作用的参数 δ 与反映持续切变作用的参数 η 为

$$\delta = b(t_2 - t_1) \tag{6.4.15a}$$

$$\eta = \alpha(t_2 - t_1) \tag{6.4.15b}$$

在 $\delta \ll 1$ 与 $\eta \ll 1$ 的条件下，脉动速度的傅里叶分量为

$$\hat{u}_j = \hat{u}_j^{(1)} + \delta A_{jl}\hat{u}_l^{(1)} + \eta B_{jl}\hat{u}_l^{(1)} + O(\delta^2) + O(\varepsilon^2) + O(\varepsilon\delta) \tag{6.4.16}$$

根据能谱函数的定义，可由式 (6.4.16) 还可进一步得到在绕过低突体过程中相应的谱函数变化为

$$\Phi_{11} = \Phi_{11}^{(1)} + \delta\left(2\left(2\frac{n_1^2}{n^2} - 1\right)\Phi_{11}^{(1)} - \frac{4n_1 n_3}{n^2}\Phi_{13}^{(1)}\right) + \eta\left(2\left(2\frac{n_1^2}{n^2} - 1\right)\Phi_{13}^{(1)}\right)$$

$$+ O(\delta^2) + O(\eta^2) + O(\delta\eta) \tag{6.4.17a}$$

$$\Phi_{22} = \Phi_{22}^{(1)} + \delta\left(\frac{4n_1n_2}{n^2}\Phi_{12}^{(1)} - \frac{4n_2n_3}{n^2}\Phi_{23}^{(1)}\right) + \eta\left(\frac{4n_1n_2}{n^2}\Phi_{23}^{(1)}\right)$$
$$+ O(\delta^2) + O(\eta^2) + O(\delta\eta) \tag{6.4.17b}$$

$$\Phi_{33} = \Phi_{33}^{(1)} + \delta\left(\frac{4n_1n_3}{n^2}\Phi_{13}^{(1)} - 2\left(1 - 2\frac{n_3^2}{n^2}\right)\Phi_{33}^{(1)}\right) + \eta\left(\frac{4n_1n_3}{n^2}\Phi_{33}^{(1)}\right)$$
$$+ O(\delta^2) + O(\eta^2) + O(\delta\eta) \tag{6.4.17c}$$

$$\Phi_{13} = \Phi_{13}^{(1)} + \delta\left(\frac{2n_1n_3}{n^2}\Phi_{11}^{(1)} + \frac{2(n_1^2 - n_3^2)}{n^2}\Phi_{13}^{(1)} - \frac{2n_1n_3}{n^2}\Phi_{33}^{(1)}\right)$$
$$\eta\left(\frac{2n_1n_3}{n^2}\Phi_{13}^{(1)} + \left(2\frac{n_1^2}{n^2} - 1\right)\Phi_{33}^{(1)}\right) + O(\delta^2) + O(\eta^2) + O(\delta\eta) \tag{6.4.17d}$$

式中：$n = \sqrt{n_1^2 + n_2^2 + n_3^2}$。给定绕低突体前外区湍流场的能谱函数 $\Phi_{ij}^{(1)}$，对式（6.4.17）沿波数空间（n_1，n_2，n_3）积分，还可获得在绕过低突体过程中湍动强度、雷诺应力等二阶统计量的变化，详见文献［12］。

6.4.2　绕圆柱的流动

1. 绕流形态

以 U_0 表示上游来流速度，以 D 表示圆柱直径，以 ν 表示流体的运动粘性系数，由以上参数构成的雷诺数 $Re\left(=\dfrac{U_0D}{\nu}\right)$ 是描述不可压缩流体圆柱绕流特性的重要参数。随着 Re 的变化，圆柱绕流形态将出现如下几次质变。

当 $Re \leqslant 1$ 时，流动为蠕动流，与分子粘性力相比较，惯性力可忽略不计，流动没有发生分离，见图 6.4.2a。

随着 Re 的增加，流动发生了分离，在圆柱体后部出现一对滞留涡，流体在其中回旋，但直至 $Re < 40$ 时旋涡仍不脱落（见图 6.4.2b）。当 $Re > 40$ 后，出现旋涡脱落，在圆柱后形成 Karman 涡街，旋涡脱落将一直持续到 $Re \approx 3 \times 10^5$，此时圆柱附近的边界层仍为层流边界层，见图 6.4.2c。

当 $3 \times 10^5 < Re < 3 \times 10^6$ 时，出现了转捩分离泡，也即在层流边界层分离后，流动很快完成了向湍流的转捩，因湍流剪切层对分离区的流体具有很高的裹吸能力又使剪切层再附着。在流体向圆柱体后部进一步流动的过程中，更大的逆压梯度使湍流边界

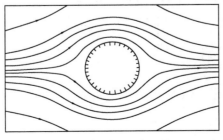

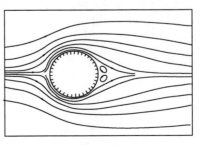

(a)低雷诺数圆柱绕流　　　　　　　　(b)圆柱绕流($Re=10$)

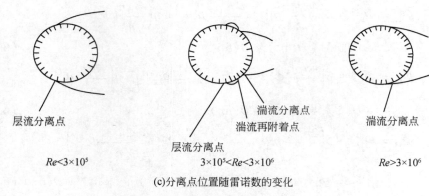

层流分离点

$Re<3×10^5$

湍流分离点
湍流再附着点

层流分离点

$3×10^5<Re<3×10^6$

湍流分离点

$Re>3×10^6$

(c)分离点位置随雷诺数的变化

图 6.4.2　不同雷诺数下圆柱绕流形态

层发生了分离，见图 6.4.2c。

当 $Re > 3 \times 10^6$ 后，流动更早地完成了向湍流边界层的转捩，直接出现了湍流边界层的分离。由于湍流边界层分离出现在更靠近圆柱后部对称点的位置，$Re > 3 \times 10^6$ 的尾迹要比 $Re < 3 \times 10^5$ 的尾迹窄，见图 6.4.2c。

2. 流动阻力

以 F 表示单位长度圆柱体所受的阻力，定义阻力系数 C_D 为

$$C_D = \frac{F}{\frac{1}{2}\rho D U_0^2} \tag{6.4.18}$$

图 6.4.3 给出了阻力系数随雷诺数的变化。由图可知：在雷诺数较小时阻力系数很大，随着雷诺数的增加，阻力系数逐渐下降，并在 $Re = 3 \times 10^5$ 附近急剧下降，对应于边界层由层流转捩为湍流，分离点后移，尾迹变窄，导致压差阻力迅速下降。

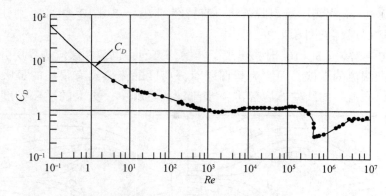

图 6.4.3　圆柱绕流阻力系数随雷诺数的变化

6.4.3　湍流边界层的分离

1. 分离条件

流动分离广泛存在于各种物体的绕流中[13]。按照描述流动的维数与流动是否定常可将分离流进一步细分为定常二维分离、非定常二维分离、三维分离等。本书只讨论定常二维分离问题。

定常二维分离是由 Prandtl 在 1904 年首先做出解释的，其所提出的分离模式见图 6.4.4。

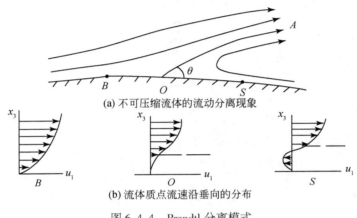

(a) 不可压缩流体的流动分离现象

(b) 流体质点流速沿垂向的分布

图 6.4.4　Prandtl 分离模式

如图 6.4.4 所示，靠近物体表面的流体质点，受表面摩擦力与逆压梯度的作用，如果没有足够大的动量维持其继续沿物面运动，质点将在物面的 O 点停止下来并在该点离开物面，其下游将出现回流区，这一现象称为流动分离，O 点称为分离点，回流区与主流区的分界线 OA 称为分离线。下面从不可压缩流体的连续方程出发讨论流动分离条件。

取分离点 O 为坐标原点建立自然坐标系，其中物面为 x_1 轴、其法线方向为 x_3 轴，沿 x_1、x_3 方向的速度分别为 u_1 和 u_3，过点 O 的流线方程为

$$\frac{1}{H_1}\frac{\mathrm{d}x_3}{\mathrm{d}x_1} = \frac{u_3}{u_1}\bigg|_0 \tag{6.4.19}$$

式中，H_1 为 x_1 方向的拉梅（Lame）系数。因在分离点 O 上，$u_1|_0 = u_3|_0 = 0$，因此分离线 OA 的倾角 θ 为

$$\tan\theta\big|_{OA} = \frac{u_3}{u_1}\bigg|_0 = \frac{\dfrac{\mathrm{d}u_3}{\mathrm{d}l}\bigg|_0}{\dfrac{\mathrm{d}u_1}{\mathrm{d}l}\bigg|_0} \tag{6.4.20}$$

式中，$\dfrac{\mathrm{d}}{\mathrm{d}l}$ 表示沿分离线 OA 的方向导数，且有

$$\frac{\mathrm{d}}{\mathrm{d}l} = H_1 \frac{\partial x_1}{\partial l} \left(\frac{1}{H_1} \frac{\partial}{\partial x_1} + \frac{1}{H_1} \frac{\partial x_3}{\partial x_1} \frac{\partial}{\partial x_3} \right)$$

$$= H_1 \frac{\partial x_1}{\partial l} \left(\frac{1}{H_1} \frac{\partial}{\partial x_1} + \tan\theta|_{OA} \frac{\partial}{\partial x_3} \right) \qquad (6.4.21)$$

利用式（6.4.21）将式（6.4.20）改写为

$$\tan\theta|_{OA} = \frac{\left.\dfrac{1}{H_1}\dfrac{\partial u_3}{\partial x_1}\right|_O + \tan\theta|_{OA}\left.\dfrac{\partial u_3}{\partial x_3}\right|_O}{\left.\dfrac{1}{H_1}\dfrac{\partial u_1}{\partial x_1}\right|_O + \tan\theta|_{OA}\left.\dfrac{\partial u_1}{\partial x_3}\right|_O} \qquad (6.4.22)$$

此外，由自然坐标系下不可压缩流体的连续方程，有

$$\frac{\partial u_1}{\partial x_1} + \frac{\partial(H_1 u_3)}{\partial x_3} = 0 \qquad (6.4.23)$$

考虑到在物面上的分离点 O，有

$$u_1|_O = u_3|_O = 0 \qquad (6.4.24\mathrm{a})$$

$$\left.\frac{\partial u_1}{\partial x_1}\right|_O = \left.\frac{\partial u_3}{\partial x_1}\right|_O = 0 \qquad (6.4.24\mathrm{b})$$

将式（6.4.24）代入式（6.4.23），得到

$$\left.\frac{\partial u_3}{\partial x_3}\right|_O = -\frac{1}{H_1}\left(\left.\frac{\partial u_1}{\partial x_1}\right|_O + \left(u_3 \frac{\partial H_1}{\partial x_3}\right)\Big|_O\right) = 0 \qquad (6.4.25)$$

由此可见，要使式（6.4.22）中 $\mathrm{tg}\theta|_{OA}$ 有非零解，必须有

$$\left.\frac{\partial u_1}{\partial x_3}\right|_O = 0 \qquad (6.4.26)$$

式（6.4.26）即为定常二维分离的普朗特判据。

由于在分离点 O 附近的流线是离开物面的，因此有 $u_3 > 0$。另外，在分离点处又有：$u_3|_O = \left.\dfrac{\partial u_3}{\partial x_3}\right|_O = 0$，故要满足 $u_3 > 0$，必须有 $\left.\dfrac{\partial^2 u_3}{\partial x_3^2}\right|_O > 0$。再次利用式（6.4.23），将其两边同时对 x_3 求导，得到

$$\frac{\partial^2 u_3}{\partial x_3^2} = -\frac{1}{H_1}\frac{\partial^2 u_1}{\partial x_1 \partial x_3} \qquad (6.4.27)$$

因此，要有 $\left.\dfrac{\partial^2 u_3}{\partial x_3^2}\right|_O > 0$，则必须有 $\left.\dfrac{\partial^2 u_1}{\partial x_1 \partial x_3}\right|_O < 0$。

综上所述，分离点附近的流动应满足如下条件：

$$\left.\frac{\partial u_1}{\partial x_3}\right|_O = 0; \left.\frac{\partial^2 u_1}{\partial x_1 \partial x_3}\right|_O < 0。 \qquad (6.4.28)$$

以上讨论的是定常二维层流分离的运动学特性，就时均特性而言，其同样也适用于描述定常二维湍流分离。然因湍流本身的复杂性，湍流边界层分离流场的结构具有其固有的特性，下面从分离过程与分离区流动的特点分别加以介绍。

2. 分离过程

定常二维来流绕过某一光滑物面时，如果物面上的边界层是湍流边界层，则在一定的逆压梯度作用下所出现的分离现象，并不像层流流动那样具有明显的分离线，而是存在一个从附着流动到分离流动的过渡区域。因此，湍流分离实际上是一个逐渐发展的过程。在过渡区域中，流动在方向上表现出间歇特点，即在给定位置上的流动方向在某段时间内表现为顺流，而在另一段时间内又表现为回流。越往过渡区的下游方向，呈现回流的时间就越长，这种现象和湍流边界层中的间歇现象非常相似，因此，可引入间歇因子 γ_{pu} 来描述过渡区中分离程度的差别，其定义为

$$\gamma_{pu} = \lim_{T \to \infty} \frac{1}{T} \int_{t_0}^{t_0+T} \alpha \mathrm{d}t \tag{6.4.29}$$

式中：

$$\alpha = \begin{cases} 0 & \text{流体倒流} \\ 1 & \text{流体顺流} \end{cases} \tag{6.4.30}$$

图 6.4.5 给出了分离区前后的流动结构与流动分离过程中有代表性的几个点[14]，其中：点 ID（incipient detachment）表示早期分离，对应于 $\gamma_{pu} = 0.99$，即流体倒流时间占 1%；点 ITD（intermittent transitory detachment）表示间歇性的短暂分离，对应于 $\gamma_{pu} = 0.80$，即流体倒流时间占 20%；点 TD（transitory detachment）表示短暂分离，对应于 $\gamma_{pu} = 0.50$，此处切应力的平均值 $\bar{\tau}_w = 0$，从时均意义上来看，可以认为流动是从此处开始分离的。从点 ID 开始，自由流的压强梯度开始较快下降。

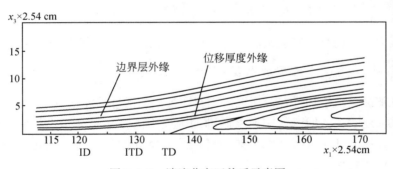

图 6.4.5　湍流分离区前后示意图

3. 分离区流动的特点

分离区流动的特点之一是雷诺正应力起着重要作用。分离区的正应力约为分离前的 5 倍，而雷诺切应力则比分离前低，在回流区内尤其如此。Simpson 等[14]引入参数 F 来描述这种不同，其定义为

$$F = 1 - \frac{(\overline{u_1'^2} - \overline{u_3'^2})\dfrac{\partial \bar{u}_1}{\partial x_1}}{- \overline{u_1' u_3'} \dfrac{\partial \bar{u}_1}{\partial x_3}} \tag{6.4.31}$$

由图可知：$F-1$ 是正应力生成的湍能与切应力生成的湍能之比。图 6.4.6 给出了流动分离前、后 F 随壁面距离 x_3/δ 的变化，注意图中为显示壁面附近 F 的变化，近壁处横坐标采用的是对数坐标。由图可知：在远离分离区的上游，正应力对湍能贡献很小；接近分离区时贡献相应增加；在分离区内不仅从量上来看贡献增加，而且存在质的变化。因为在分离区内的某一高度有 $\dfrac{\partial \bar{u}_1}{\partial x_3} = 0$，导致 $F-1 \to \pm\infty$。

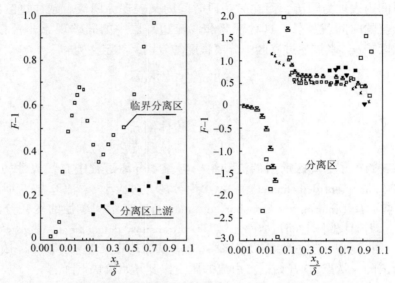

图 6.4.6 流动分离前后 F 随壁面距离 x_3/δ 的变化

分离区内流动的另一特点是湍流扩散作用增强。在湍动能方程中湍动能沿 x_3 方向的扩散为 $\dfrac{\partial}{\partial x_3}\left(\dfrac{1}{2}\overline{q^2 u_3'}\right)$。实验成果表明[15]：三阶关联项 $\dfrac{1}{2}\overline{q^2 u_3'}$ 在流动分离前其值很小；接近分离区其值增加；在分离区内则存在很大的向外的能量流率。

研究成果还表明：回流区中速度脉动的强度很大，其量级至少与回流区中的平均速度相当，其原因在于大尺度涡将湍能提供给近壁处的分离流动，同时也使回流区壁面上的脉动壁压强度大为增加[16]。

4. 分离区的壁函数

如前所述，在光滑固壁附近存在等切应力层，等切应力层中存在如下的壁面律：

$$\frac{\bar{u}_1}{u_*} = \frac{1}{\kappa}\ln\left(\frac{u_* x_3}{\nu}\right) + C \tag{6.4.32a}$$

$$\frac{\partial k}{\partial x_3} = 0 \tag{6.4.32b}$$

$$\varepsilon = \frac{u_*^3}{\kappa x_3} \tag{6.4.32c}$$

在利用湍流模式进行计算时，可用式（6.4.32）代替固壁无滑移条件。但因分离点处的切应力为零，以上壁面律在流动分离点附近不成立。为解决此问题，石灿兴[17]建议引入壁面压强梯度速度 u_p 的概念，将式（6.4.32a）用如下形式的表达式代替：

$$\frac{\bar{u}_1}{u_c} = \frac{1}{\kappa}\frac{u_*}{u_c}\ln\left(\frac{u_c x_3}{\nu}\right) + C_1 + \alpha\frac{u_p}{u_c}\ln\left(\frac{u_c x_3}{\nu}\right) + C_2 \qquad (6.4.33)$$

式中：$\alpha = 5$；

$$u_p = \left(\frac{\nu}{\rho}\left|\frac{\mathrm{d}P_w}{\mathrm{d}x_1}\right|\right)^{1/3} \qquad (6.4.34a)$$

$$u_c = \sqrt{\frac{|\tau_w|}{\rho} + \left(\frac{\nu}{\rho}\left|\frac{\mathrm{d}P_w}{\mathrm{d}x_1}\right|\right)^{1/3}} \qquad (6.4.34b)$$

$$C_1 = \frac{u_*}{u_c}\left(\frac{1}{\kappa}\ln\left(\frac{u_c}{u_*}\right) + 5.0\right) \qquad (6.4.34c)$$

$$C_2 = \frac{u_p}{u_c}\left(\alpha\ln\left(\frac{u_p}{u_c}\right) + 8.0\right) \qquad (6.4.34d)$$

6.5　典型工程流动实例

下面对水利水电工程中部分典型流动的流动特性与数值模拟进行简要介绍，包括：复式明渠流动、绕洲滩的流动、绕丁坝的流动、绕码头与桥墩的流动、矩形门槽内的分离流动及泵站进水前池的流动。

6.5.1　复式明渠流动

大多数平原河道都为具有滩地和主槽的复式河槽。在枯水季节，河道经常处于小流量状态，主要依靠主槽过流；而洪水季节水位超出平滩水位，滩地开始过水后，则形成复式明渠流动，图 6.5.1 给出了文献［6］中的复式明渠概化图。

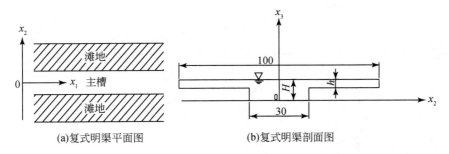

(a)复式明渠平面图　　　　(b)复式明渠剖面图

图 6.5.1　复式明渠概化图

复式明渠中主槽和滩地的粗糙度很多情况下是不一样的，一般是主槽的粗糙度小，滩地的粗糙度大。黄伟[6]对图 6.5.1 中所示的复式明渠中的水流运动进行了三维数值模拟，计算所得断面上的二次流形态见图 6.5.2。

为研究主槽和滩地粗糙度不同条件下滩槽流量分配的变化，分别选取主槽处于水

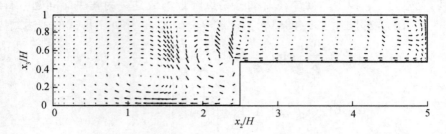

图 6.5.2　复式断面上的二次流形态

力光滑，水力过渡和水力粗糙三种情况，相应的粗糙雷诺数 $Re_* = \dfrac{u_* d_w}{\nu}$ 分别取为 2、40 和 100，而滩地与主槽的粗糙雷诺数之比则分别取为 1，5，10。相应以上计算工况下主槽过流能力（过流量与总流量之比）的变化如表 6.5.1 所示[6]。由表 6.5.1 可知：在总流量一定的条件下，如果主槽的粗糙雷诺数不变，则滩地与主槽粗糙雷诺数之比越大，主槽的过流能力也越大。图 6.5.3 则进一步给出了水深平均流速沿横向的变化，图中主槽水流运动处于水力光滑区，粗糙雷诺数为 0.45，而滩地粗糙雷诺数则分别选为 60、90 和 150 三种条件。由图 6.5.3 可知：①主槽、滩地水流流速不同，主槽流速大，滩地流速小；②如主槽粗糙雷诺数不变，随着滩地粗糙雷诺数的增加，主槽内水流的水深平均流速也增加，而滩地上的水深平均流速则相应减小。

表 6.5.1　各种粗糙度条件下主槽过流能力计算成果

主槽粗糙雷诺数	滩地与主槽粗糙雷诺数之比	主槽过流能力/%
2	1	52.41
	5	64.92
	10	70.11
40	1	59.68
	5	65.38
	10	66.65
100	1	60.52
	5	64.21
	10	65.20

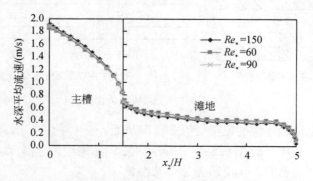

图 6.5.3　主槽与滩地粗糙度不同条件下水深平均流速沿横向的变化

6.5.2　绕洲滩的流动

天然河道绕洲滩的流动实例颇多，有的江心洲低水出露、高水被淹，有的则在防洪设计洪水条件下仍然出露，如长江的崇明岛及太平洲。本书以淮河淮滨至临淮岗河段及长江扬中河段为例，对绕洲滩流动的数值模拟分别加以介绍。

1. 淮河淮滨至临淮岗河段水流运动数值模拟

淮河淮滨至临淮岗河段长约 140km，河道边界及水系关系非常复杂，其河势图见图 6.5.4。计算河段内较大的入汇支流有洪河、白露河和史灌河。较大的蓄洪区有蒙洼、城西湖蓄洪区。胡宁宁[18]对该河段水流运动采用平面二维数学模型进行了数值计算。根据计算河段的水系特点将计算区域分为三个子区域：

①区域一为淮河干流淮滨至临淮岗干流河段，该河段主要的入流边界有：淮滨、白露河、史灌河、洪河、曹台子退水闸和城西湖退水闸；主要的出流边界有：王家坝分洪闸、城西湖分洪闸和临淮岗泄洪闸。

②区域二为蒙洼分蓄洪区，其位于淮河干流王家坝至南照集段的河道左岸，其主要进出口边界为王家坝分洪闸和曹台子退水闸。

③区域三为城西湖蓄洪区，城西湖蓄洪区位于淮河干流南照集至临淮岗段的河道右岸，和淮河主河道通过城西湖蓄洪堤相隔，其主要进出口边界为城西湖分洪闸和城西湖退水闸。

在计算过程中，考虑到计算河段主槽狭窄、滩地相对宽阔，采用混合网格对计算区域进行剖分，在河槽布置顺水流方向的结构网格，在滩地则布置三角形网格。

图 6.5.5 给出了王家坝、润河集两站水位过程计算值和实测值的比较。可知：水位计算值和实测值基本吻合，两者相对误差一般小于 5%。

计算实践表明：在对滩地宽阔的河道进行数值模拟时，采用混合网格既能有效地控制网格数量，又可使网格走向与漫滩水流方向基本一致，以尽可能小的计算工作量获得所需的计算精度。

2. 长江扬中河段水流运动数值模拟

长江扬中河段上自五峰山，下至鹅鼻嘴，全长约 92km。从平面形态上来看，河道两端束窄，中间放宽，最窄处约 1.2km，最宽处达 14km，属弯曲分汊型河道。图 6.5.6 给出了扬中河段河势图。由图可知：太平洲将水流分为左右两股，其中左汊为长江主河道，平均河宽约 2.4km，左汊上端嘶马一带还夹带着落成洲；右汊弯曲狭窄，宽约 0.6km，为支汊，且长期处于萎缩状态。

熊小元[12]对扬中河段水流运动采用平面二维数学模型进行了数值模拟。在计算过程中，以该河段 2007 年 6 月实测的地形资料与 2007 年 8 月实测的水文资料为基础资料。实测期间沿该河段布设了五峰山、高港、小炮沙、过船港、天星洲、焦土港、桃花港和江阴萧山共 8 个水位测站测量水位，此外还布置 DM1、DM2…共 10 个测速断面测量流速，见图 6.5.6。

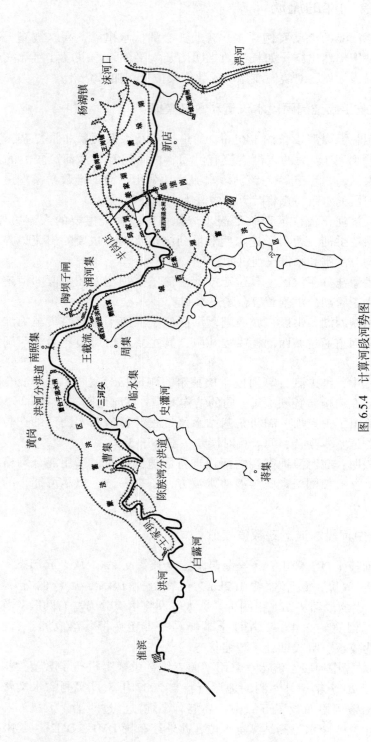

图 6.5.4 计算河段河势图

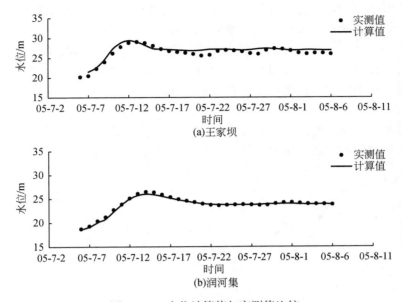

图 6.5.5   水位计算值与实测值比较

图 6.5.6   长江扬中河段河势图

选取五峰山至鹅鼻咀全长约92km的河段作为计算区域,该河段地形复杂,洲滩密布。采用曲线网格对计算区域进行了剖分,计算区域内网格总数为712×120,网格横向间距最大为150m,最小为50m,网格纵向间距最大为60m,最小为25m。

下面分验证计算、计算时间步长选取对水位计算精度的影响、计算时间步长选取对流速计算精度的影响三方面对计算成果加以表述。

1）验证计算

分别对水位与流速进行了验证计算。图6.5.7给出了计算河段部分测站水位过程的计算值与实测值的比较。由图可知:水位的计算值与实测值基本吻合,其误差不大于2cm。

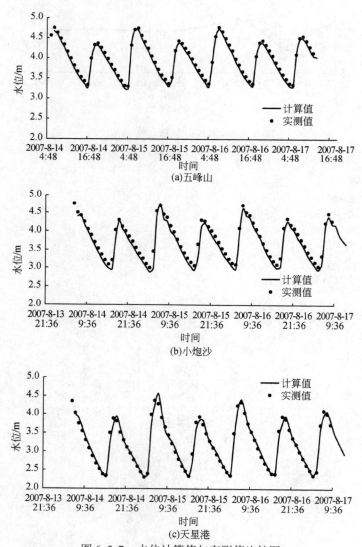

图6.5.7　水位计算值与实测值比较图

图6.5.8给出了2007年8月实测期间DM2测速断面上流速的实测成果与计算成果

的比较。由图可知：流速分布的计算值与实测值也基本一致，两者的误差一般小于 0.15m/s，其最大误差一般不超过 0.25m/s。

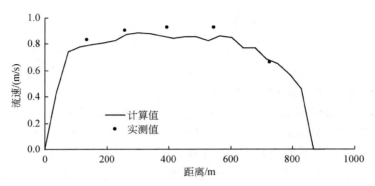

图 6.5.8　流速计算值与实测值比较图
DM2 断面，测量时间 2007-8-17 11：06

2）计算时间步长选取对水位计算精度的影响

在计算过程中，人们总是希望能以尽可能少的计算工作量获得精度尽可能高的计算成果，而合理选择时间步长 Δt 则是为达到此目的必须确定的关键计算参数之一。下面就 Δt 对非恒定流水位计算精度的影响进行分析。

定义水位计算值和实测值的平均误差 $\overline{\varepsilon_z}$ 和最大误差 $\varepsilon_{z\max}$ 分别为

$$\overline{\varepsilon_z} = \frac{1}{n_z n_T} \sum_{j=1}^{n_T} \sum_{k=1}^{n_z} (\,|\,z_{jk}^* - z_{jk}\,|\,) \tag{6.5.1}$$

$$\varepsilon_{z\max} = \max(\,|\,z_{jk}^* - z_{jk}\,|\,), j = 1, \cdots, n_P, k = 1, \cdots, n_T \tag{6.5.2}$$

式中，z_{jk}^* 与 z_{jk} 分别表示第 j 时段测点 k 处水位的计算值与实测值；n_z 与 n_T 分别表示水位测点个数及时段数。

图 6.5.9 给出了水位计算值与实测值之间的误差随 Δt 的变化。由图可知：水位的平均误差和最大误差均随时间步长的增大而增大，当时间步长为 2s 时，水位平均误差在 0.02m 左右，最大误差为 0.08m；当时间步长小于 8s 时，水位平均误差保持在 0.04m 以下，最大误差保持在 0.10m 以下；当时间步长增加到 20s 以后水位平均误差达到 0.22m，最大误差达到 0.33m。

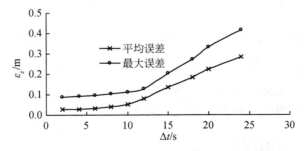

图 6.5.9　水位计算值与实测值之间的误差随时间步长的变化

3）计算时间步长选取对流速计算精度的影响

定义流速计算值和实测值之间的平均误差 $\bar{\varepsilon}_u$ 和最大误差 $\varepsilon_{u\max}$ 分别为

$$\bar{\varepsilon}_u = \frac{1}{n_u} \sum_{j=1}^{n_u} (|u_j^* - u_j|) \tag{6.5.3}$$

$$\varepsilon_{u\max} = \max(|u_j^* - u_j|), j = 1, \cdots, n_u \tag{6.5.4}$$

式中，u_j^* 与 u_j 分别表示测点 j 处流速的计算值与实测值；n_u 表示测量断面上流速测点个数。图 6.5.10 给出了不同计算时间步长下流速计算值和实测值之间的误差。由图 6.5.10 可知：流速的平均误差与最大误差也随时间步长的增大而增大，当时间步长为 2s 时，流速平均误差在 0.09m/s 左右，最大误差为 0.22m；当时间步长为 8s 时，流速平均误差为 0.10m/s，最大误差为 0.33m/s 以下；而当时间步长为 20s，流速平均误差则达到 0.40m/s，最大误差达到 1.16m/s。图 6.5.11 还进一步给出了 $\Delta t = 2s$、8s 和 20s 时 DM3 断面上流速计算值与实测值的比较。由图 6.5.11 可知，在采用隐式算法求解非恒定流时，由于数值解的收敛过程与水流运动要素随时间变化的过程是相关的，时间步长可能会对计算结果产生影响。

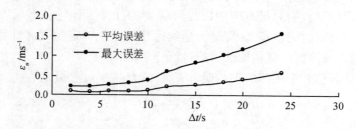

图 6.5.10　流速计算值与实测值之间的误差随计算时间步长的变化

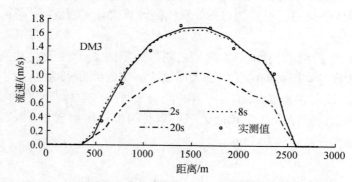

图 6.5.11　不同计算时间步长下流速计算值与实测值的比较

综上所述，当计算时间步长小于一定值时，数值计算成果与实测成果吻合较好，此后随着时间步长的增加，水位与流速计算值的误差也相应增加，因此，在计算过程中，应合理选择计算时间步长以满足数值解的精度要求。

6.5.3　绕丁坝的流动

丁坝是河道与航道整治工程中广泛使用的护岸建筑物。按各个坝之间水流是否存在相互联系可分为单丁坝与丁坝群；按丁坝轴线与水流的交角可分为上挑丁坝、下挑丁坝和正挑丁坝；按丁坝外形可分为直线形、勾头形和丁字形；按丁坝束窄枯水河床的相对宽度可分为长丁坝和短丁坝。早期关于丁坝的研究主要以试验为主，随着计算机及数值模拟技术的发展，采用数值模拟来研究丁坝附近水沙运动也得以迅速发展[19]。

1. 单丁坝附近水流运动特性

1）水流流态

因丁坝的设置，人为增加了水流的阻力，在丁坝上游会形成壅水，同时还存在一个角涡，角涡以外的水流在向丁坝运动的过程中逐渐归槽，流速逐渐增大，局部水面降低，在坝前形成下潜流。由于惯性的作用，越过丁坝的水流还将继续运行一段距离后才转为扩散，导致丁坝一侧的下游河道存在一个很大的回流区，见图 6.5.12。对于正挑丁坝，影响回流区长度的因素颇多。以 b 与 B 分别表示丁坝长度与水流宽度，以 l 表示回流区长度，图 6.5.13 给出了相对回流区长度 l/b 随缩窄率 b/B 变化的试验成果[19]。由图可知，l/b 随 b/B 的增加而减小。

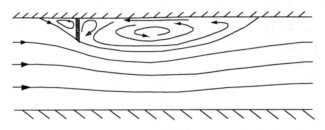

图 6.5.12　单丁坝附近水流流态示意图

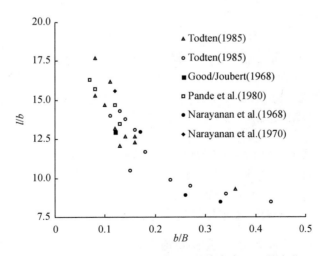

图 6.5.13　相对回流区长度 l/b 随缩窄率 b/B 的变化

窦国仁等[20]也对丁坝回流区的长度进行了理论分析与试验研究，得到

$$\frac{l}{b} = \frac{12}{1 + \frac{12gb}{C^2 H}}\left(1 + \ln\frac{B}{B - b}\right) \quad (6.5.5)$$

对宽浅明渠中的均匀流，以 U 与 i 分别表示断面平均流速与底坡，则有

$$U = C\sqrt{Hi} \quad (6.5.6)$$

将式（6.5.6）代入式（6.5.5），经整理得到

$$\frac{l}{b} = \frac{12}{1 + 12\frac{i}{Fr^2}\frac{b}{H}}\left(1 - \ln\left(1 - \frac{b}{B}\right)\right) \quad (6.5.7)$$

式（6.5.5）中 $Fr = \dfrac{U}{\sqrt{gH}}$ 为弗劳德数。

2）流速分布

由于受丁坝阻挡的水流有一部分折向河底进而绕过坝头，致使坝头附近纵向时均流速沿垂向分布也发生了变形。

图 6.5.14 给出了丁坝坝头附近纵向时均流速沿垂向分布图[21]，图中同时还给出了同样条件下无丁坝时纵向时均流速沿垂向的分布情况。由图可知：与无丁坝时的水流流速分布相比较，丁坝坝头附近靠近底部的水流纵向时均流速有所增加。进一步以 u_m 与 U 分别表示丁坝坝头附近水流纵向时均流速的最大值及断面平均流速，图 6.5.15 给出了 u_m/U 随 b/B 的变化。由图可知：u_m/U 有随 b/B 的增加而增加的趋势。

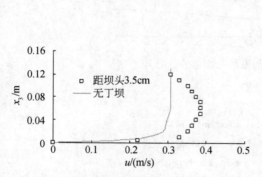

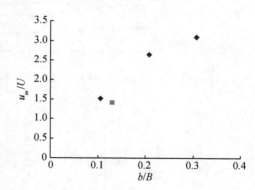

图 6.5.14　坝头附近相应位置纵向时均
　　　　　流速沿垂向分布图

图 6.5.15　u_m/U 随 b/B 的变化

在丁坝上游，因壅水导致水流流速减小。图 6.5.16 给出了在距丁坝坝头的横向距离皆为 9.5cm 的条件下，离坝头上游分别为 7cm、3cm 及 0cm（丁坝轴线上）三条垂线上的水流纵向时均流速沿垂向分布情况。由图可知，在丁坝上游，其近底部的水流流速表现为先降后升的趋势，离丁坝坝头越近，其近底部的纵向时均流速增加越甚[21]。

2. 丁坝群条件下丁坝附近水流运动特性

1）水流流态

实际工程中的丁坝多以丁坝群的方式，连续地布设在岸边。由于丁坝之间的相互

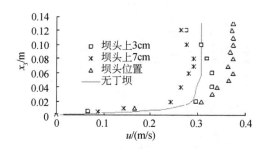

图 6.5.16　丁坝坝头附近纵向时均流速沿垂向分布

影响，丁坝群附近的水流流态和河床局部冲淤变化要比单一丁坝复杂得多，就实际工程而言，对丁坝群附近的水沙运动与河床冲淤变形的认识，更具有指导意义。图6.5.17 给出了丁坝群坝距的改变对主、回流交界面影响的示意图[22]。由图可知：当丁坝间距大于上丁坝下游回流区长度与下丁坝上游回流区长度之和一定值之后，则上、下丁坝附近的水流各自独立运动（图 6.5.17（a））；若丁坝间距略小于上丁坝下游回流区长度与下丁坝上游回流区长度之和，水流绕过上游丁坝进入坝田区，与坝田区水流相互作用，且主流与岸边不接触（图 6.5.17（b））。当丁坝间距减少到某一值之后，坝田里的旋涡区与主流区的分界面几乎沿着坝首与河岸相平行（图 6.5.17（d））。图6.5.18 进一步给出了坝群间水流运动存在相互作用时，随着丁坝相对间距 S/b（丁坝间

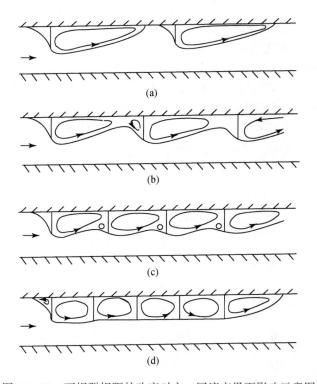

图 6.5.17　丁坝群坝距的改变对主、回流交界面影响示意图

距 S 与丁坝长度 b 之比）的不同，丁坝群绕流流态图的变化。

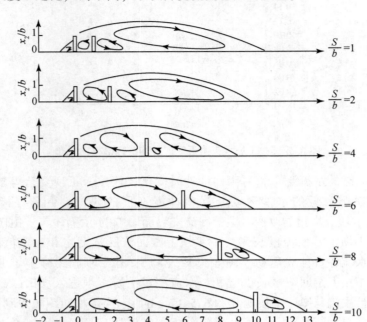

图 6.5.18　丁坝群绕流流态图

2）丁坝附近水深平均流速沿纵向的变化

图 6.5.19 给出了在连续布置的五个丁坝 SD1～SD5 坝头附近，沿坝轴线距丁坝坝头分别为 3.5cm、9.5cm 和 16.5cm 三个位置上水深平均流速 u（用单丁坝条件下同样位置处水深平均流速 $\overline{U}$ 无量纲化）的变化[21]。由图可知：①第一条丁坝坝头附近的水深平均流速最大，在距丁坝坝头分别为 3.5cm、9.5cm 和 16.5cm 的条件下，其值约为单丁坝条件下相应位置处水深平均流速的 1.06、1.07 和 1.08 倍；②第二条丁坝因处于第一条丁坝的尾流区范围内，其坝头附近水深平均流速最小。

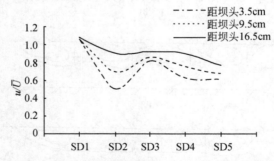

图 6.5.19　丁坝群附近水深平均流速沿纵向的变化

3）各丁坝附近纵向时均流速沿垂向的变化

图 6.5.20 给出了在 5 个丁坝坝头附近，沿坝轴线距丁坝坝头分别为 3.5cm、9.5cm

和 16.5cm 三个位置上时均流速最大值 u_{max} 的变化[21]（用单丁坝条件下同样位置处纵向流速最大值 u_m 无量纲化）。由图可知：①第一条丁坝坝头附近的纵向时均流速最大，在距丁坝坝头分别为 3.5cm、9.5cm 和 16.5cm 的条件下，其值约为单丁坝条件下相应位置处最大纵向时均流速的 1.08、1.09 和 1.11 倍；②第二条丁坝因处于第一条丁坝的尾流区范围内，其坝头附近纵向时均流速最小。

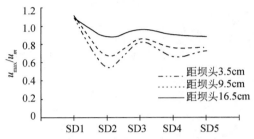

图 6.5.20　各丁坝坝头附近纵向时均流速最大值 u_{max}/u_m 的变化

6.5.4　绕码头与桥墩的流动

河道中码头与桥墩等涉水工程的修建，将占用一定的过水面积，从而对行洪、河势产生影响。目前，对一般河段上修建的结构形式比较简单的涉水工程，多采用平面二维数学模型计算来对其影响进行评价。为准确把握拟建工程建设对河道水流运动的影响，一方面要尽可能获得拟建工程河段最近实测的地形与水文资料，以对数学模型中的糙率系数与综合扩散系数进行率定，对水位、流速进行验证；另一方面则采用局部地形修正与局部糙率调整进行概化处理来反映涉水工程的影响。地形修正的主要方法是假定河底高程增加所阻挡的流量与拟建工程阻挡的流量相同，从而通过增加工程所在位置的河底高程来反映拟建工程的阻水影响。糙率调整方法如下：

（1）工程桩基或桥墩的存在，增加了过水湿周，从而引起阻力的增加。假定单元内流速分布均匀、摩阻比降相同，用以下公式对局部糙率 n_p 进行修正：

$$n_p = \alpha n_2 \left(1 + 2 \left(\frac{n_1}{n_2} \right)^2 \frac{h}{B} \right)^{0.5}$$

式中，n_p 为修正后的局部糙率；n_1 为桩壁面糙率；n_2 为河道糙率；h 为水深；B 为桩间距；α 为糙率修正系数，取值为 1.0~1.2。

（2）将被淹码头平台或引桥平台的阻水部分按断面突然缩小的建筑物考虑，并通过下式换算得到相应的附加糙率系数。

$$n_f = h^{1/6} \sqrt{\frac{\zeta}{8g}}$$

式中，h 为水深；ζ 为局部阻力系数。

（3）总糙率系数为修正后的局部糙率 n_p 与附加糙率 n_f 的几何平均。

图 6.5.21（a）给出了前述长江扬中河段某码头在防洪设计洪水条件下，工程实施前后工程附近水位的变化。由图可知：由于该码头工程对河道行洪断面面积的侵占不大，工程对水位的影响很小。码头工程实施后，河道水位的变化主要集中在码头附近

的局部区域内，具体表现为工程上游水位壅高，而在其下游水位则有所降低。图6.5.21（b）进一步给出了该码头在防洪设计洪水条件下，工程实施前后工程附近流速的变化。由图可知，码头工程实施后，码头上、下游局部区域内流速减小，而码头前沿局部区域水流流速则有所增加。

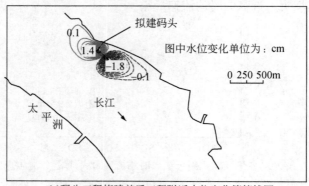

(a)码头工程修建前后工程附近水位变化等值线图

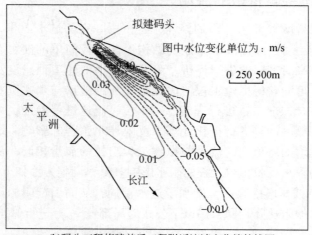

(b)码头工程修建前后工程附近流速变化等值线图

图6.5.21　码头工程修建前后工程附近水位与流速的变化

图6.5.22给出了防洪设计洪水条件下嘉陵江上某大桥工程修建前后工程附近水位与流速的变化。由图可知：工程实施后，河道水位的变化主要集中在桥位附近的局部区域内，具体表现为工程上游水位壅高，而在其下游水位则有所降低；从流速的变化来看，在桥位上游的局部区域内由于桥墩壅水导致流速减小，在桥墩下游因桥墩阻水流速也将减小，而在桥墩之间的区域内由于桥墩挤压水流导致水流流速增加。

6.5.5　矩形门槽内的分离流动

矩形门槽结构简单，可适用于水流空化数大于0.8的中小型泄水道工作闸门，也可适用于电站进水口闸门或泄水道事故闸门。门槽内的水流是比较复杂的分离流，图6.5.23给出了二维矩形门槽内的水流结构图[23]。由图可知：在点 O 由于边界突扩，产

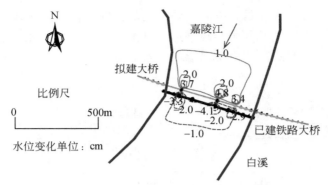

(a)桥梁工程修建前后工程附近水位变化等值线图

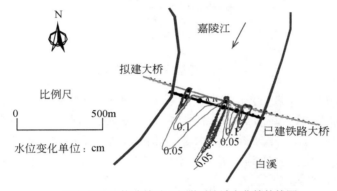

(b)桥梁工程修建前后工程附近流速变化等值线图

图 6.5.22　桥梁工程修建前后工程附近水位与流速的变化

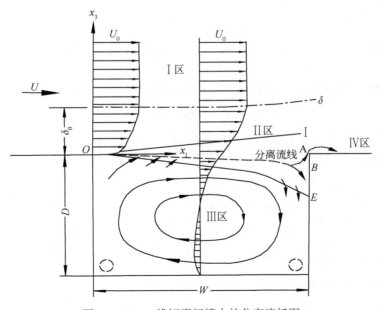

图 6.5.23　二维矩形门槽内的分离流场图

生流动分离，图中分离流线是分隔内、外流动的界线，在分离流线与下游门槽壁的交点（滞点）处是门槽内时均压强最高的点，见图 6.5.24。实际上门槽内水流运动更为复杂，通过实验曾观测到门槽内旋涡形成、发展及在离坝面约 1/4 水深的位置脱离门槽的过程[24]。

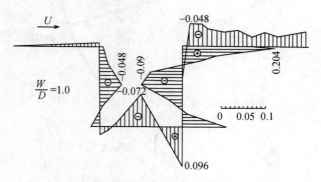

图 6.5.24　门槽内时均压强分布图

对门槽内的分离流动进行研究，有助于针对具体工程的实际情况选择门槽方案，以减免空蚀破坏。文献［24］曾结合柘溪水电站溢流坝门槽对其水流特性通过数值计算与实验研究做过工作，并分析了门槽下游角隅修圆、下游侧墙收缩外错、前缘设挑流器等方案（图 6.5.25）实施后减免空蚀的效果，见表 6.5.2 与图 6.5.26，其中图 6.5.26 给出的是下游侧墙收缩外错方案实施前后门槽侧墙上的压强系数 C_p 分布。由图 6.5.26 及表 6.5.2 可知：三种方案实施后，门槽侧墙上的压强系数，尤其是点 F 压强系数均高于现状条件下的相应值，表明均具有一定的减免空蚀破坏的效果，其中方案三效果要更好。

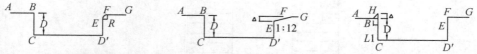

方案一：门槽下游角隅修圆方案　方案二：门槽下游侧墙收缩外错方案　方案三：门槽前缘设挑流器方案

图 6.5.25　门槽形式改进方案

表 6.5.2　门槽附近侧墙压强系数汇总表

壁面位置			A	H	B	C	D'	E	F	G
C_p		工程现状	0.06		−0.06	0.039	0.31	0.59	−0.25	−0.04
	方案	一（$R/D = 0.3$）	0.045		−0.07	0.027	0.15	0.266	−0.2	−0.03
		二（$\Delta = 12\text{cm}$）	−0.05		−0.013	0.1	0.21	0.164	−0.16	−0.03
		三	0.06	0.02	−0.014	−0.08	0.02	0.34	−0.09	−0.01

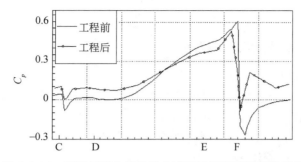

图 6.5.26　下游侧墙收缩外错方案实施前后压强系数变化

6.5.6　泵站进水前池内的流动

泵站正向进水前池形状简单，施工
方便。由于受水流固有扩散角的限制，
前池的扩散角不能过大，但如水泵机组
较多，则需要增加池长，工程量也因之
增大。如何在保证水流流态良好的情况
下尽量减少池长，确定前池的扩散角 α
是关键。周龙才[25]对泵站进水前池内
的流动采用平面二维数学模型进行了数
值模拟。所研究的前池模型如图 6.5.27

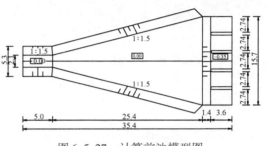

图 6.5.27　计算前池模型图

所示（图中所示前池扩散角为 $\alpha = 30°$时的情形）。在计算工况下，泵站安装了 5 台机
组，单泵设计流量 $0.25\text{m}^3/\text{s}$，设计流量运行时引渠末端水位为 1.05m。计算中假定引
渠末端水位不变，单泵运行流量不变。

1. 网格布置

由于泵站稳定运行时其抽取的流量是一定的，因此在水泵进口端可以给出流速分
布。计算中为了便于处理，将水泵进口端作为计算上游边界，且流入流量为负，引水
渠端为计算出口。在计算区域内布置 101×51 个网格点。为了便于模拟隔墩，在生成
网格时对隔墩边界进行了网格点锁定。所生成的网格平面图及其池底面三维图如图
6.5.28、图 6.5.29 所示。

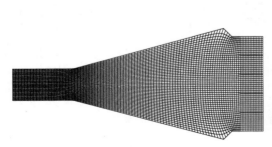

图 6.5.28　前池网格图

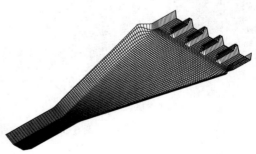

图 6.5.29　计算网格的三维地形

2. 扩散角对前池水流流态的影响

在计算过程中模拟了前池扩散角 $\alpha = 20°$、$30°$ 和 $45°$ 三种情况。图 6.5.30 ~ 图 6.5.32 分别给出了设计流量下不同前池扩散角的速度矢量图和水深平均流速分布图。由图可知：在 $\alpha > 20°$ 时，在主流两侧形成回流区。随着 α 的增大，回流区增加；特别是在扩散角 $\alpha = 45°$ 时，因池长较短，来水不能及时扩散，水流直冲中部，然后折向两侧，在两侧形成较大的回流区。

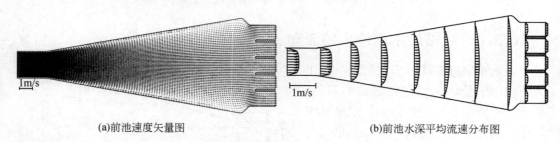

(a)前池速度矢量图　　　　　　　　　　(b)前池水深平均流速分布图

图 6.5.30　扩散角 $\alpha = 20°$ 开 5 台机组

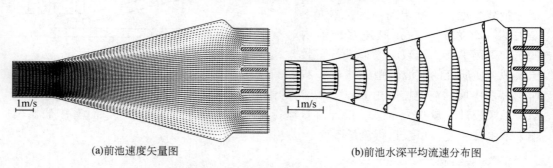

(a)前池速度矢量图　　　　　　　　　　(b)前池水深平均流速分布图

图 6.5.31　扩散角 $\alpha = 30°$ 开 5 台机组

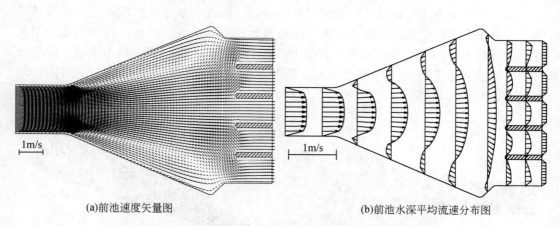

(a)前池速度矢量图　　　　　　　　　　(b)前池水深平均流速分布图

图 6.5.32　扩散角 $\alpha = 45°$ 开 5 台机组

3. 开机决策对前池水流流态的影响

为分析泵站开机运行方案对前池流态的影响，对泵站不同的开机情况也进行了计算比较。图 6.5.33、图 6.5.34 是前池扩散角 $\alpha = 30°$ 开机一台时，选择开中间的泵与边侧泵时的水流速度矢量图和水深平均流速分布图。图 6.5.35、图 6.5.36 是前池扩散角 $\alpha = 45°$ 开机一台时，选择开中间的泵与边侧泵时的水流速度矢量图和水深平均流速分布图。由图可知：如只开机一台，开边侧机组会在前池内另一侧形成比较大的回流区，而且旋涡是充分发展的，在没有运行的机组进水池内则会产生强度很小的旋涡，这与泵站实际运行的经验是相一致的，显而易见开中间一台机组的流态要好许多。

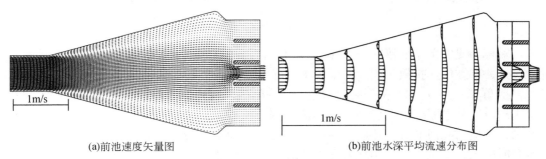

(a)前池速度矢量图　　　　　　　　(b)前池水深平均流速分布图

图 6.5.33　扩散角 $\alpha = 30°$ 开中间 1 台机组

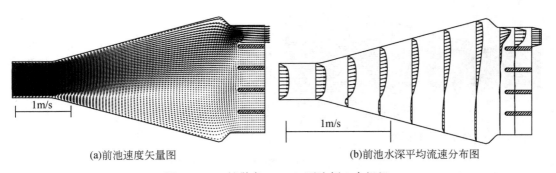

(a)前池速度矢量图　　　　　　　　(b)前池水深平均流速分布图

图 6.5.34　扩散角 $\alpha = 30°$ 开边侧 1 台机组

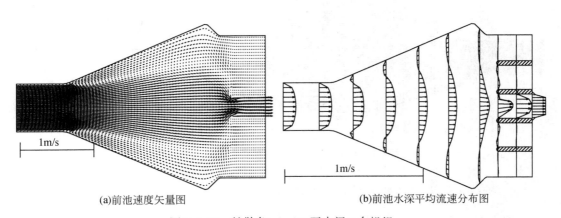

(a)前池速度矢量图　　　　　　　　(b)前池水深平均流速分布图

图 6.5.35　扩散角 $\alpha = 45°$ 开中间 1 台机组

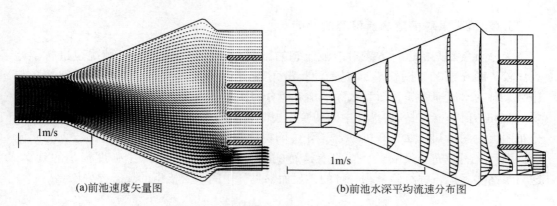

(a)前池速度矢量图　　　　　　　　(b)前池水深平均流速分布图

图 6.5.36　扩散角 α =45°开边侧 1 台机组

对称布置的泵站前池在不对称运行时，前池中主流的偏斜，将在主流侧形成回流区。这一点在前池扩散角较大，或者流速较大时尤其明显。图 6.5.37、图 6.5.38 是前池扩散角 α =30°对称开两台泵时，选择开中间的泵与边侧泵时的水流速度矢量图和水深平均流速分布图。由图可知：对称的开两边侧的两台机组时，前池内的流态也是对称的，两侧均有回流区。开边侧的两台泵时在前池边侧形成的回流范围要比开中间两台泵时的大，这也与泵站实际运行的经验是相一致的。

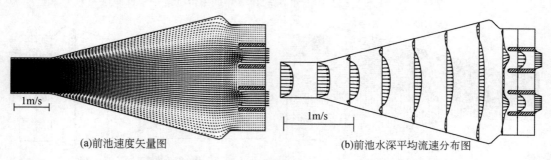

(a)前池速度矢量图　　　　　　　　(b)前池水深平均流速分布图

图 6.5.37　扩散角 α =30°开中间两台对称机组

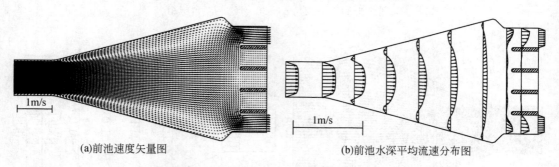

(a)前池速度矢量图　　　　　　　　(b)前池水深平均流速分布图

图 6.5.38　扩散角 α =30°开边侧两台对称机组

4. 扩散角过大时增加隔墩的整流效果

正向进水前池扩散角较大时，为改善流态，必须采取一些工程措施。主要措施包括设置倒坡、设置导流墙和设置横坎等。为此，在前池扩散角 $\alpha = 45°$ 的情况下，就增加隔墩对流态改善的效果通过数值模拟进行了评估。图 6.5.39 给出了只增加一段中间隔墩后的结果，与图 6.5.32 的流速场相比较，增加隔墩后两侧水泵的运行流态有明显的改善，但旋涡位置移至中部，中间那台水泵的进水条件变差。

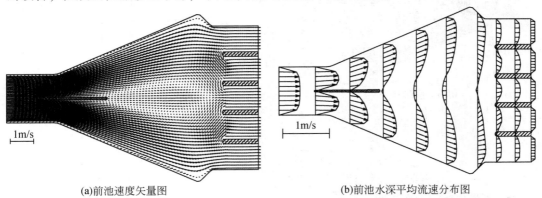

(a)前池速度矢量图　　　　　　　　　　(b)前池水深平均流速分布图

图 6.5.39　扩散角 $\alpha = 45°$ 开 5 台机组（中间增加一段隔墩）

已有试验成果表明，如果采取形状较复杂的隔墩或导流墩，中间泵的运行情况可能会更好一些。根据实际运行经验，对于对称布置且机组台数为奇数的泵站前池，在扩散角过大时可以考虑在两侧对称地布置隔墩，一般为八字形隔墩（或称作导流墩）。图 6.5.40 给出设置八字形隔墩后运行五台水泵时的计算成果。由图可知：池中不再产生旋涡，进入进水池前水流流速沿横向分布也比较均匀。由于隔墩一旦设置就是永久性的，将对泵站各种可能的开机运行方案都产生影响。为了进一步分析设置隔墩对泵站运行的影响，计算了在设置八字形隔墩后不同开机决策下的前池水流流态。图 6.5.41 是设置八字形隔墩后的只运行一台中间机组时前池速度矢量图和水深平均流速分布图，池中几乎没有产生回流。图 6.5.42 是设置八字形隔墩后的只运行一台边侧机组时前池速度矢量图和水深平均流速分布图，从图中看出仅在运行机组对侧拐角处产生微小的旋涡。图 6.5.43 是设置八字形隔墩后的只运行边侧第二台机组时前池速度矢量图和水深平均流速分布图，也仅在运行机组对侧拐角处产生尺度不大的旋涡。

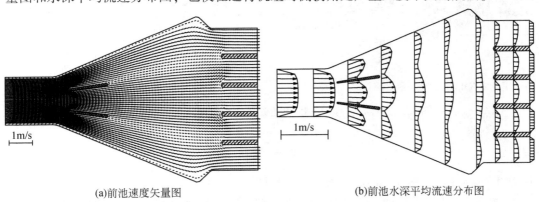

(a)前池速度矢量图　　　　　　　　　　(b)前池水深平均流速分布图

图 6.5.40　扩散角 $\alpha = 45°$ 开 5 台机组（加八字形隔墩）

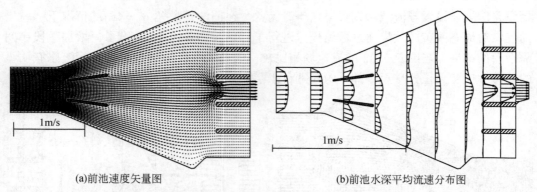

(a)前池速度矢量图　　　　　　　　　(b)前池水深平均流速分布图

图 6.5.41　扩散角 α =45°开中间 1 台机组（加八字形隔墩）

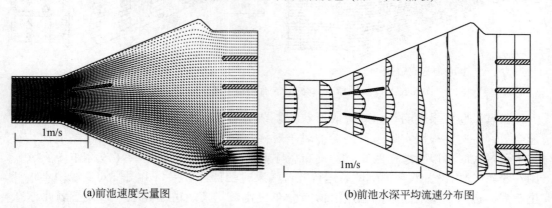

(a)前池速度矢量图　　　　　　　　　(b)前池水深平均流速分布图

图 6.5.42　扩散角 α =45°开边侧 1 台机组（加八字形隔墩）

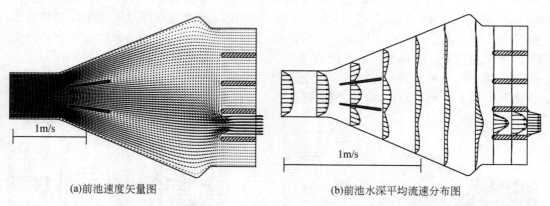

(a)前池速度矢量图　　　　　　　　　(b)前池水深平均流速分布图

图 6.5.43　扩散角 α =45°开近边侧 1 台机组（加八字形隔墩）

参 考 文 献

1　陈懋章. 粘性流体动力学基础. 北京：高等教育出版社，2002

2　Grass A J. Structural features of turbulent flow over smooth and rough boundaries. Journal of Fluid Mechanics，1971，50（2）：233～255

3　Blinco P H, Partheniades E. Turbulence characteristics in free surface flows over smooth and rough boundaries. Journal of Hydraulic Research, 1971, 9 (1): 43～71

4　Nakagawa H et al. Turbulence of open channel flow over smooth and rough beds. Proc. JSCE, 1975, 241: 155～168

5　怀特 F M. 粘性流体动力学. 北京: 机械工业出版社, 1982

6　黄伟. 复式明渠水流运动数值模拟. 武汉大学硕士学位论文, 2006

7　Hunt J C R, Simpson J E. Atmosphere Boundary Layer over Non-homogeneous Terrain. In: Plate E J. Engineering Meteorology, 1982

8　尹书冉. 河道中典型边界上湍流运动的数值模拟研究. 武汉大学博士学位论文, 2010

9　余顺超. 壁面粗糙度突变对湍流边界层的影响. 武汉水利电力大学硕士学位论文, 1996

10　Carravetta A, Morte R D. Discussion of "Response of Velocity and Turbulence to Sudden Change of Bed Roughness in Open-Channel Flow" by Xingwei Chen and Yee-Meng Chiew. Journal of Hydraulic Engineering, 2004: 587～589

11　Hunt J C R. A theory of turbulent flow round two-dimensional bluff bodies. J. Fluid Mech, 1973, 61: 625～706

12　熊小元. 河道中绕沙波及绕洲滩流动的理论分析与数值模拟研究. 武汉大学博士学位论文, 2009

13　邓学鋆. 分离流动物理特性研究进展. 力学进展, 1989, 19 (1): 5～19

14　Simpson R L, Chen Y-T, Shiva-prasad B G. The structure of a separating turbulent boundary layer. Part 1. Mean flow and Reynolds stresses. Journal of Fluid Mechanics, 1981, 113: 23～51

15　Simpson R L. AIAA Paper 85-0178. 1985

16　Dolling D S. Murphy M. AIAA Paper 82-0986. 1982

17　Shih T H. Fundamentals in Turbulence Modeling. State Key Laboratory for Turbulence Research, Beijing University, 1999

18　胡宁宁. 基于非结构网格与混合网格的平面二维水沙运动数值模拟. 武汉大学硕士学位论文, 2010

19　应强, 焦志斌. 丁坝水力学, 北京: 海洋出版社, 2004

20　窦国仁等. 丁坝回流及其相似率的研究. 水利水运科技情报, 1978 (3)

21　梅军亚. 枢纽下游带有丁坝的河道水沙运动研究. 武汉大学博士学位论文, 2008

22　格里沙宁 K B, 切格恰辽夫 B B, 谢列兹涅夫 B M. 内河航道. 交通部航道整治工程技术规范编辑委员会译, 1988

23　岳元璋. 矩形方角门槽水流流谱和空化特性的研究. 水利水电科学研究院科学研究论文集第 21 集, 1986: 277～283

24　刘士和等. 柘溪水电站溢流坝闸后水流水力特性及减免空蚀措施研究. 武汉水利电力大学研究报告, 1997-10

25　周龙才. 泵系统水流运动的数值模拟. 武汉大学博士学位论文, 2002

第7章 可动边界上的湍流运动

将壁面设置成可动壁，通过主动驱动壁面或利用模量足够低的柔性覆盖层涂在壁面上以使壁面在切应力作用下形成表面波，是壁湍流控制的措施之一。本书主要讨论两种可动边界上的工程湍流运动，一是河道中绕植被（也属柔性边界之一）的湍流运动，二是河道中的水沙两相流。在水利水电工程中，对后者人们更关心的是河床冲淤变形问题。

7.1 植被上的湍流运动

水流漫过河道中的滩地后，由于滩地上一般生长有农作物、杂草灌木、芦苇，甚至还有树木，这时水流受到的阻力是原河床阻力与植被附加阻力的叠加，其中，研究植被阻力需要区分两种情况，即草木是否倒伏，见图7.1.1。

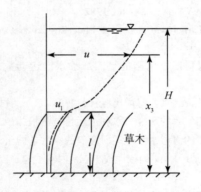

图 7.1.1　植被上的湍流运动示意图

7.1.1 草木倒伏

尽管植被具有一定的柔性，但如水流流速足够大，某些植被将逐渐弯伏卧倒，图 7.1.2 给出了不同植物与草茎高度相应于不同水流条件下（不同流速 U 与水力半径 R）糙率系数 n 的变化[1]。不同的植被糙率随水流条件的变化也不相同。图 7.1.3 则给出了有苯乙烯或天然草的壁面上水流运动阻力系数 f 的变化。由图可知：在植被倒伏的情况下，相应的水流运动特征与水力光滑区时的情况具有一定的相似性。

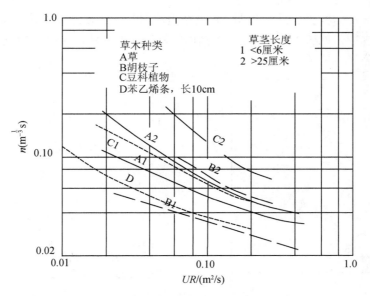

图 7.1.2　有植被的渠道中糙率系数的变化

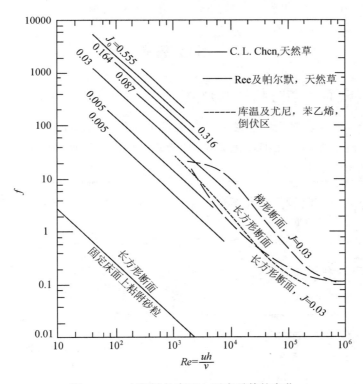

图 7.1.3　有植被的床面上阻力系数的变化

7.1.2　草木不倒伏

如图 7.1.1 所示，以 l 表示植被高度，相应植被顶部的水流纵向时均流速为 u_l。

Kouwen 和 Unny 的实验成果[2]表明，u_l 是摩阻流速 u_* 的函数，且倒伏区与挺立区的点群各自汇集成带，见图 7.1.4。在植被高度范围以外的主流区，纵向时均流速仍服从对数流速分布公式，见图 7.1.5。

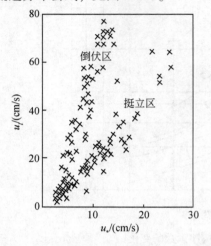

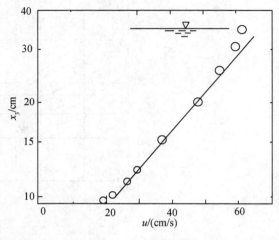

图 7.1.4　植被顶部水流纵向时均流速的变化　　　图 7.1.5　主流区纵向时均流速沿垂向的变化

7.2　水沙两相湍流

7.2.1　床面形态与判别准则

当河道中水流运动的速度达到泥沙的起动流速后，河床上的泥沙开始起动。随着水流流速的进一步增加，在河床上将出现沙纹、沙垄、沙丘、动平床、逆行沙浪等床面形态[3]，见图 7.2.1。

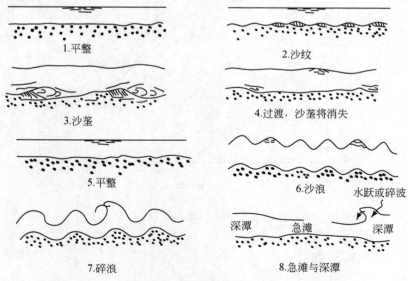

(a)床面形态示意图

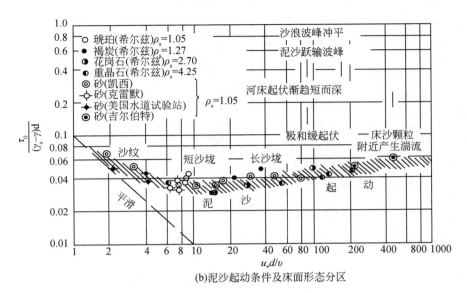

(b)泥沙起动条件及床面形态分区

图 7.2.1　床面泥沙起动过程及形态分区

詹小涌根据湖南辰水河，广东北江、东江及支流响水河、增江，湖南沙流河、江西赣江等河流的野外调查资料对天然河道中的沙波形态进行了研究[4]。研究成果表明：沙波平面形态多为新月形或平头形；迎流面呈弧面形，纵剖面近似为三角形；通常成群地分布在河槽内。从平面外形上来看，随着水流强度逐渐加大，沙波将先从顺直变为弯曲，而后逐渐成悬链和新月形，见图 7.2.2[3]。由于沙波主要发育在河道深槽的河床上，因此可以忽略边岸的影响。

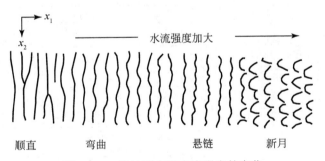

图 7.2.2　沙波形态随水流强度的变化

在河流动力学中，参数 $\Theta = \dfrac{\tau_0}{(\gamma_s - \gamma)d}$ 是反映推移质运动强度的一个重要参数。图 7.2.3 给出了以 Θ 与粗糙雷诺数 Re_* 为参数，通过整理实验资料而得到的河床平整 – 沙纹 – 沙垄区的判别准则；图 7.2.4 则给出了以 Θ 与弗劳德数为参数通过实验资料整理而得到的沙垄 – 动平床 – 沙浪区的判别准则。

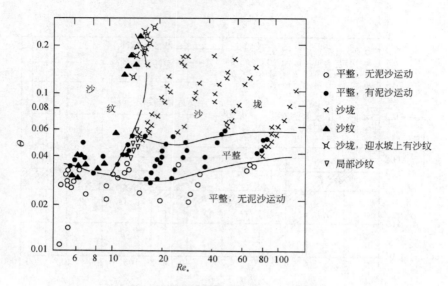

图 7.2.3　平整 – 沙纹 – 沙垄区判别准则

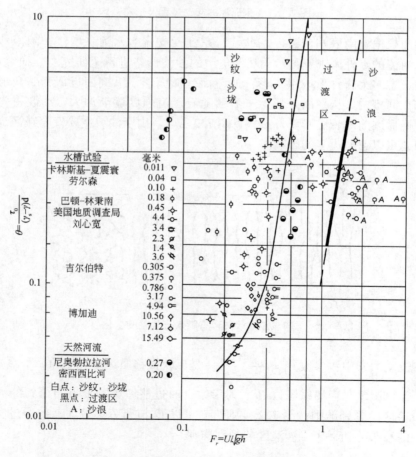

图 7.2.4　沙垄 – 平整 – 沙浪区的床面形态判别准则

7.2.2　沙粒阻力与沙波阻力

沙粒阻力与沙波阻力是冲积河流中的两种阻力构成，下面分别对其进行简要介绍。

1. 沙粒阻力

沙粒阻力 F_S 属表面阻力。如果河床上存在波高为 Δ、波长为 λ 的沙波，沙粒阻力可通过对作用在沙波表面上的切应力纵向分量 τ_{x_1} 沿沙波表面积分来得到，也即

$$F_S = \int_0^\lambda \tau_{x_1} \mathrm{d}x_1 \tag{7.2.1}$$

定义作用在单个沙波上的平均沙粒阻力系数 f_S 为

$$f_S = \frac{F_S}{\lambda} \frac{1}{0.5\rho V^2} \tag{7.2.2}$$

式中，V 为水深平均流速。已有研究成果表明，沙粒阻力系数主要与以水力半径 R_b 构成的雷诺数 $Re\left(=\dfrac{VR_b}{\nu}\right)$、相对粗糙度 d_{50}/R_b 和沙波陡度 Δ/λ 有关。

尹书冉采用雷诺应力模式对雷诺时均运动方程进行封闭，通过壁函数的调整反映组成沙波的沙粒对流动的作用，对沙波上的水流运动进行了数值模拟[5]。图 7.2.5 给出了 $\Delta/\lambda = 0.15$，床沙中值粒径 d_{50} 为 $1.75\mathrm{mm}$ 的沙波上的沙粒阻力系数随雷诺数变化的实验成果与计算成果。由图可知：①在同样的条件下，实际沙波（考虑 d_{50} 影响）上的沙粒阻力系数要高于概化沙波（$d_{50} = 0$）上的沙粒阻力系数；②沙粒阻力系数随 Re 的变化甚微，且在 Δ/λ 与 Re 一定的条件下，d_{50}/R_b 越大，沙粒阻力系数也越大。

无论是平坦床面，还是沙波河床上，沙粒阻力总是存在的。图 7.2.6 给出了 d_{50}/R_b 一定的条件下（$d_{50}/R_b = 0.0061$），平坦床面与沙波河床上的沙粒阻力系数随雷诺数的变化[5]。由图可知：①沙粒阻力系数随 Re 的变化以 5×10^4 为界，当 $Re < 5 \times 10^4$ 时，沙粒阻力系数随 Re 的增加而急剧减小，而当 $Re > 5 \times 10^4$ 后，沙粒阻力系数则基本不随 Re 而变；②在同样的条件下，沙波河床上的沙粒阻力系数要大于平坦床面上的沙粒阻力系数，且 Δ/λ 越大，相应的沙粒阻力系数也越大。

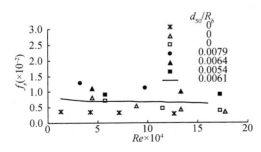

图 7.2.5　沙波上沙粒阻力系数计算
成果与实验成果的比较

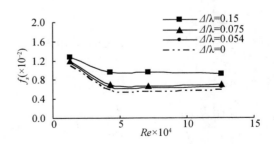

图 7.2.6　不同沙波上与平坦床面上
沙粒阻力系数的计算成果

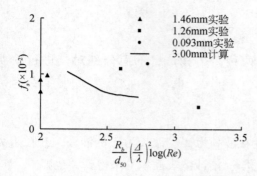

图 7.2.7　沙波上沙粒阻力系数计算成果与
实验成果的比较

已有研究成果表明，可用 Re、d_{50}/R_b 和 Δ/λ 三个独立参数重新组合成一个新的无量纲数 $\dfrac{R_b}{d_{50}}\left(\dfrac{\Delta}{\lambda}\right)^2 \log(Re)$ 来综合反映其与沙粒阻力系数之间的关系[6]。图 7.2.7 给出了沙粒阻力系数随该无量纲数变化的计算成果[5]与实验成果[6]。由图 7.2.7 可知：沙粒阻力系数有随该无量纲参数增加而减小的趋势。

2. 沙波阻力

沙波阻力 F_D 是因作用于沙波迎水面与背水面的水流压强不对称所致，其可由对沙表面上的压强 p 沿沙波波长积分来得到，也即

$$F_D = \int_0^\lambda p \cdot \sin\theta \, \mathrm{d}x_1 \tag{7.2.3}$$

式中：θ 为沙波表面与水平面之间的夹角。类似式（7.2.2），可定义作用在单个沙波上的沙波阻力系数 f_D 为

$$f_D = \frac{F_D}{\lambda} \frac{1}{0.5\rho V^2} \tag{7.2.4}$$

沙波阻力主要与沙波形状有关。文献 [6] 通过分析整理实验资料，得到沙波阻力系数 f_D 与 Δ/R_b 存在如下关系：

$$f_D = m\left(\frac{\Delta}{R_b}\right)^{\frac{3}{8}} \tag{7.2.5}$$

式（7.2.5）中 m 是与 Δ/λ 有关的参数，文献 [6] 建议取其中值为 4/9，但没有给出 m 随 Δ/λ 的变化。图 7.2.8 给出了文献 [7] 的数值模拟成果及与式（7.2.5）的比较。由图可知，两者基本一致。图 7.2.9 进一步给出了根据数值模拟成果整理得到的系数 m 随 Δ/λ 的变化。由图可知：随着 Δ/λ 的增加，m 也相应增加。

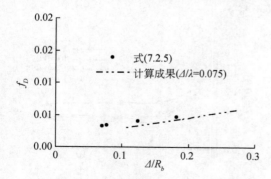

图 7.2.8　沙波阻力系数随 Δ/R_b 的变化

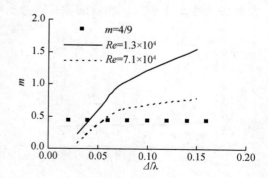

图 7.2.9　m 随 Δ/λ 的变化

3. 沙粒阻力系数与沙波阻力系数的比较

图 7.2.10 给出了在 Re、d_{50}/R_b 均一定的条件下，沙粒阻力系数、沙波阻力系数随 Δ/λ 的变化[7]。由图可知：①沙粒阻力系数随 Δ/λ 变化的幅度相对较小，而沙波阻力系数随 Δ/λ 变化的幅度则相对较大。②沙粒阻力系数与沙波阻力系数的对比以 $\Delta/\lambda = 0.07$ 为界，当 $\Delta/\lambda < 0.07$ 时，沙波阻力系数小于沙粒阻力系数；当 $\Delta/\lambda > 0.07$ 时，沙波阻力将大于沙粒阻力

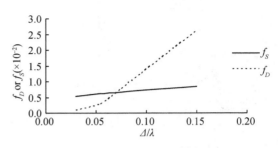

图 7.2.10　沙粒阻力系数与沙波阻力系数比较

系数。也即对前者，河床阻力以沙粒阻力为主，而对后者，则以沙波阻力为主。

7.2.3　沙波河床上的水流运动特性

1. 水流流态

通常情况下，天然冲积河流中的沙波在纵向上表现出非对称的形式。图 7.2.11 给出了沙波附近的水流流态[8]。由图可知：水流在绕过沙波时，近底的水流自 A 点循上坡达波峰 C，在那里发生分离；至 E 点再和河床相遇（这一点称为重汇点）。自波峰到重汇点的长度为 L，它反映了波峰下游水流分离区的长度。

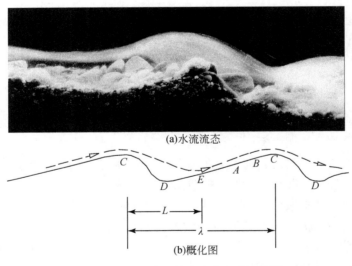

(a)水流流态

(b)概化图

图 7.2.11　沙波上的水流流态及概化图

2. 纵向时均流速

图 7.2.12 给出了沙波河床上水流纵向时均流速沿垂向分布的实验成果[3]与数值模

拟成果[5]。由图可知：在沙波的迎水面，水流处于加速区，背水面则处于减速区，在沙波波峰处纵向时均流速沿垂向的分布最为均匀。

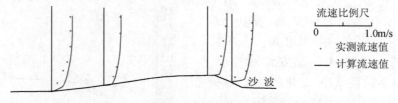

图 7.2.12　沙波河床上纵向时均流速沿垂向分布

3. 切应力

图 7.2.13 分别给出了沙波表面上时均切应力的实验成果[3]及计算成果[5]，并同时给出了正弦波表面上时均切应力的分布[5]作为比较。由图可知：在沙波表面上时均切应力具有在背流面变化急剧、在迎流面变化平缓及在沙波波峰附近达到最大值的特点。

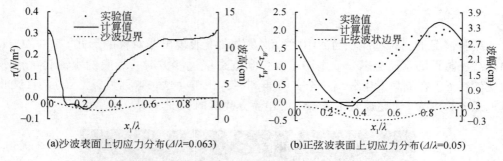

(a)沙波表面上切应力分布($\Delta/\lambda=0.063$)　　(b)正弦波表面上切应力分布($\Delta/\lambda=0.05$)

图 7.2.13　沙波与正弦波表面上切应力分布

4. 湍动扩散系数

冈部健士对平坦河床和沙波河床上的泥沙扩散系数进行了实验研究[9]。由于泥沙扩散系数的计算涉及两相流理论，且还难以从理论上准确计算，尹书冉[5]将文献［9］泥沙扩散系数的实验资料与其通过数值模拟得到的水流湍动扩散系数相比较，以分析沙波河床上水流湍动扩散系数与泥沙扩散系数的差异。图 7.2.14 分别给出了平坦床面上与沙波河床上泥沙扩散系数的实验成果与相应的水流湍动扩散系数计算成果。为便于比较，将水流湍动扩散系数和泥沙扩散系数分别用其垂向上的最大值（用下标 max 表示）进行无量纲化，图 7.2.14 中 $\nu_T^0 = \nu_T/(\nu_T)_{max}$ 和 $\nu_{Ts}^0 = \nu_{Ts}/(\nu_{Ts})_{max}$ 分别为无量纲的水流湍动扩散系数和泥沙扩散系数。由图可知：①在平坦床面上，无量纲的水流湍动扩散系数与泥沙扩散系数沿垂向的变化基本一致，用前者近似代替后者不会产生较大的误差；②在沙波河床上，水流湍动扩散系数约在 0.16 倍水深的垂向位置达到最大值，而泥沙扩散系数则在 0.24 倍水深的垂向位置达到最大值，两者相差 0.08 倍水深；无量纲的水流湍动扩散系数与泥沙扩散系数沿垂向分布的差异出现在 $x_3/H < 0.6$ 的垂

向范围内，而在 $x_3/H > 0.6$ 的垂向范围内两者则基本一致。

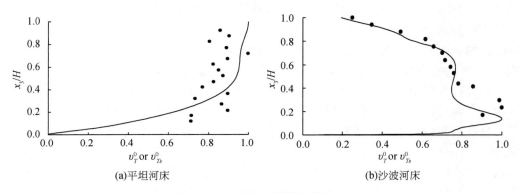

图 7.2.14　扩散系数沿垂向分布

7.2.4　水沙两相流的平面二维数值模拟

1. 数学模型

1）控制方程

以 x、y 分别表示纵向与横向坐标，水沙两相流平面二维数学模型的控制方程由水流连续方程、水流运动方程、悬移质（分为 M 组）输沙方程、河床变形方程等组成，其分别为

水流连续方程

$$\frac{\partial Z}{\partial t} + \frac{\partial uH}{\partial x} + \frac{\partial vH}{\partial y} = q \tag{7.2.6}$$

水流运动方程

$$\frac{\partial uH}{\partial t} + \frac{\partial uuH}{\partial x} + \frac{\partial vuH}{\partial y} = -g\frac{n^2\sqrt{u^2+v^2}}{H^{1/3}}u - gH\frac{\partial Z}{\partial x}$$
$$+ \nu_T H\left(\frac{\partial^2 u}{\partial x^2} + \frac{\partial^2 u}{\partial y^2}\right) + \frac{qu_0}{H} \tag{7.2.7}$$

$$\frac{\partial vH}{\partial t} + \frac{\partial uvH}{\partial x} + \frac{\partial vvH}{\partial y} = -g\frac{n^2\sqrt{u^2+v^2}}{H^{1/3}}v - gH\frac{\partial Z}{\partial y}$$
$$+ \nu_T H\left(\frac{\partial^2 v}{\partial x^2} + \frac{\partial^2 v}{\partial y^2}\right) + \frac{qv_0}{H} \tag{7.2.8}$$

第 k 组悬移质输沙方程

$$\frac{\partial HS_k}{\partial t} + \frac{\partial uHS_k}{\partial x} + \frac{\partial vHS_k}{\partial y} = \nu_{TS}H\left(\frac{\partial^2 S_k}{\partial x^2} + \frac{\partial^2 S_k}{\partial y^2}\right) - \alpha\omega_k(S_k - S_{k*}) \tag{7.2.9}$$

河床变形方程

$$\gamma'\frac{\partial z_b}{\partial t} = \sum_{k=1}^{M}\alpha_k\omega_k(S_k - S_{k*}) + \left(\frac{\partial q_{bx}}{\partial x} + \frac{\partial q_{by}}{\partial y}\right) \tag{7.2.10}$$

式中：Z、z_b 为水位与河底高程；H 为水深；u、v 为 x、y 方向的水深平均流速；n 为糙率系数；g 为重力加速度；ν_T 为水流综合扩散系数；ν_{Ts} 为泥沙扩散系数；S_k，S_{k*} 为第 k 组悬移质泥沙的含沙量及水流挟沙力（$S_k = \rho_p \overline{\phi}_k$、$S_{k*} = \rho_p \overline{\phi}_{k*}$）；$\omega_k$、$\alpha_k$ 为第 k 组悬移质泥沙的沉速和恢复饱和系数。q 为单位面积上水流的源汇强度；u_0、v_0 为动量源（汇）在 x、y 方向的分量；g_{bx}、g_{by} 为 x、y 方向的单宽推移质输沙率。

在控制方程中，还有反映床沙级配变化的方程。由于问题的复杂性，目前处理方法很多。在泥沙冲淤频繁的河段，由于水流与泥沙的相互作用，使某组泥沙发生冲刷时，另一组泥沙可能发生淤积，因此，床沙级配的调整应既能反映床沙对水沙运动的响应，也能反映对挟沙力的影响。在文献［10］中，将计算河段内河床由上至下分成四层，即表层（泥沙交换层）、中间两层（过渡层）和底层。悬沙与床沙的直接交换发生在交换层中，交换层厚度在完成级配调整后，保持不变；过渡层中泥沙级配视表层床面的冲刷或淤积相应地向下或向上移动，与表层泥沙发生交换，过渡层厚度不变；底层与过渡层相应地进行级配调整，底层的厚度视表层床面的冲刷或淤积相应地减小或增加。

2）初始条件

初始条件可细分为初始水沙条件、地形条件等。初始水沙条件可直接引用实测资料，或者通过资料分析，或者预先进行相当时间的计算等给出计算域内的初始水位、流速、床沙级配及推移质与悬移质运动的相关特征量。地形条件包括初始河底高程、天然与人工节点的分布等。

3）边界条件

（1）进、出口边界。

在进口边界上一般给定流量、沙量过程及泥沙级配，出口边界上给定水位过程。进、出口水沙边界条件可通过一维长河段水沙数学模型计算给出。

（2）河岸边界。

河岸边界按固壁边界处理。

（3）内部边界。

内部边界为闸、堰、桥孔、堤等水工建筑物的边界，应采用经验公式进行相关计算。如内部边界为堰，采用堰流经验公式进行计算。当边界为闸门式溢洪道和桥时，则视流态的不同采用相应堰流或孔流经验公式计算。当内部边界为堤时，如果水位低于堤顶，作为固壁边界处理；如果水位高于堤顶，则应采用堰流公式计算流量，此时堰的宽度即为堤长。

4）关键参数的选取

（1）糙率系数。

糙率系数是一反映水流阻力的综合系数。在计算过程中，可根据模拟河段实测的水文资料及历史水文资料，按曼宁公式计算断面平均糙率，作为初始计算的糙率值，再考虑到糙率随水深有深水区比浅水区糙率小的变化趋势，在计算中用节点水深对断面平均糙率进行修正，再根据水位、流场情况对糙率系数进行分段调试。

（2）水流综合扩散系数和泥沙扩散系数。

目前，在天然河道水沙运动与河床冲淤变形的数值模拟中，一般均对水流综合扩散系数的选取进行简化处理，采用零方程涡粘模式进行计算。

严格来讲，泥沙扩散系数与水流综合扩散系数之间应存在差异，但在河床边界变化不十分急剧，且泥沙悬浮指标 $\dfrac{\omega}{\kappa u_*}<1$ 的条件下，两者相差不大。在天然河流中，悬移质泥沙一般较细，一般情况下悬浮指标不会大于 1，因此，用水流综合扩散系数近似代替泥沙扩散系数不会引入太大的误差。

（3）分组挟沙力。

可采用文献 [11] 所建议的方法来计算分组挟沙力，其计算步骤如下：

①采用张瑞谨公式[12]计算水流总挟沙力 S_*。

$$S_* = K\left(\frac{(u^2 + v^2)^{\frac{3}{2}}}{gH\omega}\right)^m \tag{7.2.11}$$

式中：K、m 分别为挟沙力系数和指数；$\overline{\omega}$ 为非均匀沙的平均沉速，$\overline{\omega} = \sum\limits_{k=1}^{M} P_k\omega_k$；$P_k = \dfrac{S'_{*k} + S_k}{\sum\limits_{k=1}^{M}(S'_{*k} + S_k)}$，$S'_{*k} = P_{uk}S_*$，$P_{uk}$ 为第 k 组床沙级配。

②分组挟沙力。

$$S_{*k} = P_k S_* \tag{7.2.12}$$

（4）泥沙沉速。

泥沙沉速 ω_k 可采用张瑞瑾公式[12]或其他关系式计算。

（5）泥沙恢复饱和系数。

泥沙恢复饱和系数是在采用水深平均含沙量替代河底含沙量的过程中引入的。由于河底含沙量一般总是大于水深平均含沙量的，因此严格来讲，恢复饱和系数总是大于 1 的。但在实际计算中，由实测资料率定的恢复饱和系数为小于 1，甚至远小于 1 的正数，如南方河流一般淤积时为 0.25，冲刷时为 1.0；而对诸如黄河那样的细沙、多沙河流，一般在 0.004～0.30 之间。其原因在于：目前一般所采用的悬移质含沙量沿垂向的分布都是在冲淤基本平衡的饱和输沙条件下得到的，由此得出的恢复饱和系数也只能适用于冲淤平衡条件下的情况。当悬移质泥沙处于非饱和状态、河床冲淤不平衡时，含沙量沿垂向的分布应与饱和状态的情况不同。在水流条件一定的情况下，当含沙量处于次饱和、饱和、超饱和状态时的水深平均含沙量相差较大，而底部含沙量相差则较小，相应的恢复饱和系数也应相差较大，其值应分别大于 1、等于 1 和小于 1。因此，恢复饱和系数实际上是由于用水深平均含沙量替代河底含沙量而引入的修正系数，并非调整输沙由非饱到饱和状态的系数。至于恢复饱和系数的具体取值，最好根据研究河段的特点，经率定验证调试确定。

（6）推移质输沙率的计算。

将所有推移质归为一组，其单宽输沙率可采用 Van Rijn 公式[13]，或其他公式计算。Van Rijn 公式适用的泥沙粒径范围为 0.2～10mm，公式形式如下：

$$q_b = 0.053\left(\left(\frac{\rho_p}{\rho} - 1\right)g\right)^{0.5} d_{50}^{1.5} \frac{T^{2.1}}{D_*^{0.3}} \tag{7.2.13}$$

在式 (7.2.13) 中

$$D_* = d_{50}\left(\frac{\left(\frac{\rho_p}{\rho} - 1\right)g}{\nu^2}\right)^{\frac{1}{3}} \tag{7.2.14}$$

$$T = \frac{\tau'_b - \tau_{b,cr}}{\tau_{b,cr}} \tag{7.2.15}$$

$$\tau'_b = \alpha_b \tau_b \tag{7.2.16}$$

$$\alpha_b = \left(\frac{C}{C'}\right)^2 \tag{7.2.17}$$

$$C = 18 \lg\left(\frac{12H}{k_s}\right) \tag{7.2.18}$$

$$C' = 18 \lg\left(\frac{12H}{3d_{90}}\right) \tag{7.2.19}$$

式中，ρ_p 与 ρ 分别表示泥沙与水体的密度；g 为重力加速度；ν 为水的运动粘性系数；d_{50} 与 d_{90} 分别表示小于该粒径的泥沙占 50% 与 90%；D_* 为颗粒参数；T 为输移阶段变量；τ'_b 为有效河床切应力，其值与河床粗糙高度 k_s 有关；$\tau_{b,cr}$ 为临界河床切应力；C 为综合 Chezy 系数；C' 为颗粒 Chezy 系数；H 为水深。

如果河道上建有丁坝，由于推移质输沙率公式 (7.2.13) 是基于水平床面的试验成果而得到的，而丁坝附近的床面坡度一般较陡，床面形态对推移质输沙率影响很大。Van Rijn 建议[14]，应从如下两方面出发来考虑丁坝附近床面形态对推移质输沙率的影响：

① 在引用希尔兹公式对河床临界切应力进行计算时，应考虑床面纵向和横向坡度的影响，为此，进行如下修正：

$$\tau'_{b,cr} = k_\beta k_\chi \tau_{b,cr} \tag{7.2.20}$$

式 (7.2.20) 中 $\tau_{b,cr}$ 为临界河床切应力，其计算公式为

$$\tau_{b,cr} = \rho\theta_{cr}\left(\frac{\rho_p}{\rho} - 1\right)g d_{50} \tag{7.2.21}$$

式 (7.2.21) 中 θ_{cr} 为临界运动参数，其计算式为

$$\theta_{cr} = \begin{cases} 0.24(D_*)^{-1} & D_* \leqslant 4 \\ 0.14(D_*)^{-0.64} & 4 < D_* \leqslant 10 \\ 0.04(D_*)^{-0.10} & 10 < D_* \leqslant 20 \\ 0.013(D_*)^{0.29} & 20 < D_* \leqslant 150 \\ 0.055 & 150 < D_* \end{cases} \tag{7.2.22}$$

k_β 为纵向坡度影响系数，$k_\beta = \dfrac{\sin(\varphi - \beta)}{\sin\varphi}$，$\beta$ 为纵向坡角，φ 为泥沙休止角。因而，顺坡 $k_\beta < 1$，对逆坡则有 $k_\beta > 1$。

k_χ 为横向坡度影响系数，$k_\chi = \cos\chi\left(1 - \dfrac{\tan^2\chi}{\tan^2\varphi}\right)$，$\chi$ 为横向坡角。

②对推移质输沙率的计算公式也应进行修正。修正后的推移质输沙率计算公式为

$$q_{bx} = \frac{u}{\sqrt{u^2 + v^2}}\alpha_s q_b \tag{7.2.23}$$

$$q_{by} = \frac{v}{\sqrt{u^2 + v^2}}\left[1 + \varepsilon\left(\frac{\tau_{b,cr}}{\tau_b}\right)^{0.5}\tan\chi\right]\alpha_s q_b \tag{7.2.24}$$

式（7.2.23）与（7.2.24）中 α_s 为坡度影响系数，其计算式为

$$\alpha_s = \frac{\tan\varphi}{\cos\beta(\tan\varphi \pm \tan\beta)} \tag{7.2.25}$$

在计算过程中，顺坡取 + 号，逆坡取 – 号；ε 为待定参数。

2. 数值计算技巧

在对水沙两相流进行平面二维数值模拟的过程中，网格生成、控制方程离散方法均已在本书第 5 章中加以介绍。下面进一步对计算过程中工程边界处理、动岸模拟和非恒定水沙过程的概化进行简要说明。

1）工程边界处理

在天然河道内通常布置有许多控制、整治和其他涉水工程，如堤防、险工、码头等，其对河道水沙运动与河床冲淤变形等有较大的影响。由于工程建筑物的横向尺度一般小于计算网格的步长，为减小工程概化带来的误差，可以将工程边界当做线边界进行处理，即结合网格—通道的平面处理模式，将地形图上控制建筑物安排在网格通道上，通过改变网格通道的性质，如高程、面积、长度来反映建筑物对河道水沙运动与冲淤变形的影响。

2）动岸模拟技术

在河道冲淤变形过程中，受各种复杂因素的影响，岸坡也有可能发生相应的变形，包括崩岸、滑坡等。一般情况下，根据河道边界条件（冲淤状况、坡度、地质组成和水力荷载等），可采用土力学方法进行岸坡稳定计算，最典型的为瑞典圆弧法和毕肖普法，但此类方法需要在固定时刻选择一些固定断面，并且需要知道待评价位置处的详细地质组成情况，而且还要进行试算。在研究较长河段长时间冲淤变形的过程中，如采用以上方法来模拟动岸变形，判断在未知区域、未知时间的岸坡稳定情况，则计算工作量巨大，耗时长，不经济，且岸坡处地质资料一般都较为缺乏。

文献［10］建议引入"稳定临界坡度"的概念进行动岸模拟。所谓稳定临界坡度，指的是岸坡在泥沙冲淤过程中能保持稳定的最大坡度，其可根据河岸组成确定（可由泥沙颗粒稳定休止角计算），或者两（多）次地形资料对比分析确定。在河道冲淤计算过程中，如河岸实际坡度大于稳定临界坡度时，则可认为河岸已失稳崩塌，并相应修改河道地形。具体方法如下：

首先，根据各节点计算的冲淤厚度修改节点高程，然后对包括水上节点在内的断面相邻节点间的坡度进行搜索，如果由于冲淤原因导致两节点间的坡度大于稳定临界

坡度，则需要对两节点的高程进行修改，修改的原则是假定满足泥沙连续条件（节点修改前后冲淤面积不变）和稳定临界坡度条件（两节点间坡度小于或等于稳定临界坡度）。

如图 7.2.15 所示，假设稳定临界坡度为 I_c，控制坡度 $I_k = kI_c$（k 为小于或等于 1 的常数），实际坡度为 I。在某个计算时段末，如果冲淤计算后节点 i 和 $i+1$ 间的坡度（I）大于 I_c，则相应修改节点 i 和 $i+1$ 的高程值（降低节点 $i+1$ 的高程和抬高节点 i 的高程），修改前、后节点 i 和 $i+1$ 与某个基面构成的面积相等（见图 7.2.15，其为节点高程修改示意图），即

$$\frac{z_{b,i} + z_{b,i+1}}{2} \times \Delta y_i = \frac{z'_{b,i} + z'_{b,i+1}}{2} \times \Delta y_i \qquad (7.2.26)$$

式中，$z_{b,i}$、$z_{b,i+1}$ 为修改前节点处的河岸地形高程；$z'_{b,i}$、$z'_{b,i+1}$ 为修改后节点处的河岸地形高程。高程修改后，节点间河岸坡度等于控制坡度，也即

$$I_k = kI_c = \frac{z'_{b,i+1} - z'_{b,i}}{\Delta y_i} \qquad (7.2.27)$$

联立式（7.2.26）与式（7.2.27），即可得到修改后的节点地形高程为

$$z'_{b,i} = \frac{(z_{b,i+1} + z_{b,i}) - kI_c \Delta y_i}{2}$$

$$z'_{b,i+1} = \frac{(z_{b,i+1} + z_{b,i}) + kI_c \Delta y_i}{2} \qquad (7.2.28)$$

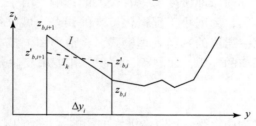

图 7.2.15　节点高程修改示意图

这样，每进行一次河床冲淤计算后，就可实时进行河岸稳定性判断，并修改节点地形。

3）非恒定水沙过程的概化

在进行长系列的河床冲淤变形计算时，为节省计算工作量，常将非恒定水沙过程概化为梯级恒定的水沙过程。以往的概化方法多以人工概化为主，带有较大的主观性，且效率较低，其对计算精度也有一定的影响。为此，罗秋实基于演化算法（也称遗传算法）的思想，提出了一种新的概化方法[15]。

（1）非恒定流水沙过程概化的基本思想。

假定有 KN 个实测资料组成的非恒定水沙过程（Q_1、$Q_2 \cdots Q_{KN}$），在计算时根据计算工作量的要求需要将其划分为 M 个梯级恒定的 $\overline{Q}_i$（$i = 1, \cdots, M$）。其中：

$$\overline{Q}_1 = \frac{1}{KN_1} \sum_{k_i=1}^{KN_1} Q_{k_i} \qquad (7.2.29)$$

$$\overline{Q}_i = \frac{1}{KN_i - KN_{i-1}} \sum_{k_i = KN_{i-1}}^{KN_1} Q_{k_i} \quad (i = 2, \cdots, M) \tag{7.2.30}$$

KN_i 表示 i 时段的划分点，水沙过程概化的任务就是寻找一种最优的划分方法使概化后的水沙过程最接近原始水沙过程，以减小计算误差。

（2）演化算法的原理和方法。

演化算法也称遗传算法，是借鉴生物界自然选择和自然遗传机制而发展起来的一种求解复杂问题的方法，即一个生物种群的进化过程中，要经过杂交、变异、优胜劣汰的自然选择过程，形成下一代群体，如此循环下去，不断进化，最后生存下来的总是最优的，将这种思想运用到算法中去，就形成了演化算法。该算法适用于任何大规模、非线性的不连续多峰函数的优化以及无解析表达式的目标函数的优化。其求解问题的一般步骤为：

①根据待求问题，确定演化的种群，并建立目标函数；

②随机生成初始化种群；

③根据目标函数确定种群的适应值；

④执行杂交、变异等操作生成新一代群体；

⑤根据优胜劣汰、适者生存的自然选择原理保留精英群体；

⑥根据种群的适应值判断是否满足终止条件，若否转至④。

（3）演化计算在非恒定水沙过程概化中的应用。

①实测资料整理。

非恒定水沙过程概化一般需要综合考虑水流、泥沙等多种因素，有时候甚至需综合多个测站的情况，为此可对实测水沙资料进行无量纲化，然后进行加权平均以形成统一的系列资料（Q_1、Q_2，$\cdots$，Q_{KN}）。

②演化种群及目标函数的确定。

将非恒定的水沙过程按照时间顺序概化为 M 个时段，在每个时段内取时间平均形成梯级恒定流，为保证梯级的水沙过程最接近非恒定水沙过程，最理想的概化方法就是将比较相近的资料归为一时段。因此，可考虑选择划分点 KN_i（$i = 1$，$\cdots$，M）作为演化的种群，并采用组内个体的二阶中心距 μ_i 作为个体归类合适与否的判别依据：

$$\mu_i = \frac{1}{KN_i - KN_{i-1}} \sum_{k_i = KN_{i-1}}^{KN_1} (Q_{k_i} - \overline{Q}_i)^2 \tag{7.2.31}$$

很显然 μ_i 越小，时段划分越合理，但是由于每个时段内个体数目是不确定的，且个体数目的改变必然会引起 $\overline{Q}_i$ 的改变，因此很难通过上式确定最优的概化方法。考虑到水沙过程概化不但要做到局部最优，而且要做到整体最优，因此可以建立目标函数如下：

$$f_g = \sum_{i=1}^{M} \lambda_i \mu_i \tag{7.2.32}$$

λ_i 表示每一组在整体中的权重，可取值为 $\lambda_i = \dfrac{KN_i - KN_{i-1}}{KN}$。

③随机生成初始化种群。

利用随机数生成函数生成 $[0，1]$ 区间上 M 个随机数 R_i $(i=1，\cdots，M)$，则每个时段内个体的数目 $KN_i - KN_{i-1}$ 可由下式确定

$$KN_1 = KN\frac{R_1}{\sum\limits_{i=1}^{M}R_i} \tag{7.2.33a}$$

$$KN_i - KN_{i-1} = KN\frac{R_i}{\sum\limits_{j=1}^{M}R_j}，\quad(i=2,\cdots,M) \tag{7.2.33b}$$

由式（7.2.29）求出 KN_i，即可形成初始化种群，将其定为临时最优种群。

④根据目标函数确定种群的适应值。

根据随机生成初始化的种群 KN_i 即可计算目标函数的适应值。

⑤新一代群体的产生。

利用④中的方法生成初始化的新种群 KN_i^* $(i=1，\cdots，M)$，并将新种群和临时最优种群杂交。为了使新一代群体既能够遗传父辈优良的基因，又可以使新一代群体能够进行变异，以免算法过早产生局部最优解，利用随机数生成函数生成遗传因子 λ_{HB}，则新一代群体可以表示为：$KN_i = \lambda_{HB}KN_i^0 + (1-\lambda_{HB})KN_i^*$。

⑥根据优胜劣汰、适者生存的自然选择原理保留精英群体，计算新一代群体的适应值，根据目标函数计算其适应值，并根据优胜劣汰、适者生存的自然选择原理保留精英群体。

⑦根据种群的适应值判断是否满足终止条件，若否转至⑤。

⑧根据最优划分点形成梯级恒定过程，检查概化结果的合理性。

（4）方法验证。

为验证上述方法的可靠性，对某水文测站 2004 年 4 月～2004 年 12 月的实测非恒定水沙过程进行概化。

①仅考虑单因素时的概化（以实测流量过程为例）。

将实测 275 天的流量过程作为分析因素进行概化，将其划分为 M 个梯级恒定流。计算时取 M 分别为 30，100 和 275，图 7.2.16 给出了概化后的流量过程。由图可知，该方法能够自动分析流量值的相似性，并将具有较为相近流量特征的时段归为一组，进而形成梯级恒定流。

②综合考虑水流、泥沙等多因素时的概化。

将实测非恒定流量过程和含沙量过程进行无量纲化，水沙过程无量纲化的方法如下：

$$\hat{Q}_{wi} = \frac{Q_{wi}}{Q_{wmax}} \tag{7.2.34}$$

$$\hat{Q}_{si} = \frac{Q_{si}}{Q_{smax}} \tag{7.2.35}$$

式中，Q_{wmax}、Q_{smax} 分别表示实测水沙过程的最大值。将 $\hat{Q}_{wi}$ 和 $\hat{Q}_{si}$ 进行加权平均形成统一的系列资料：

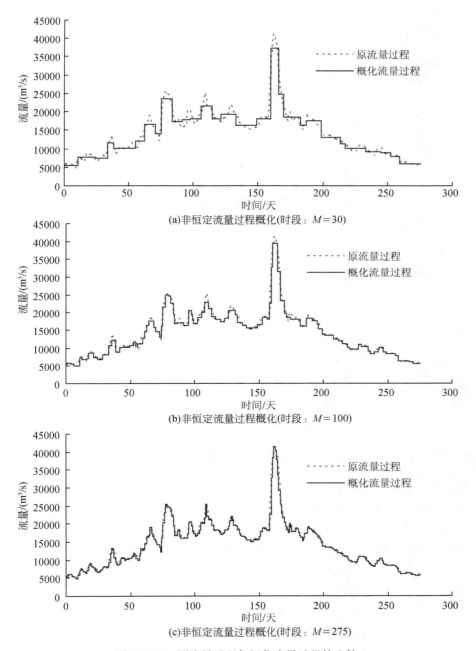

图 7.2.16　原流量过程与概化流量过程的比较

$$Q_i = \lambda_Q \hat{Q}_{wi} + (1 - \lambda_Q) \hat{Q}_{si} \qquad (7.2.36)$$

式中，λ_Q 表示权重，可根据需要自行选择，在文献 [15] 中取 $\lambda_Q = 0.5$。据此，可将非恒定的水沙系列概化为如图 7.2.17 所示的梯级恒定水沙过程。

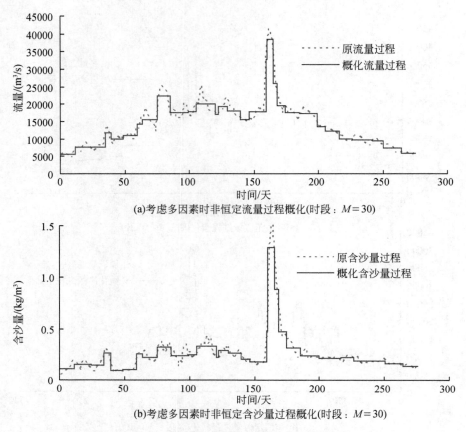

(a)考虑多因素时非恒定流量过程概化(时段：$M=30$)

(b)考虑多因素时非恒定含沙量过程概化(时段：$M=30$)

图7.2.17 原水沙过程与概化水沙过程的比较

3. 天然河道水沙运动平面二维数值模拟实例

下面分别对天然河道中典型弯曲河段和分汊河段水沙运动与河床冲淤变形的数值模拟进行介绍，同时，还将对带有丁坝的河道的河床冲淤变形数值模拟问题进行介绍。本书分别选取长江沙市河段和长江监利河段作为天然河道中的典型弯曲河段和分汊河段，并重点介绍三峡工程投运初期典型河段的河床冲淤变形问题。

1）长江沙市河段河床冲淤变形计算

（1）河段概况及网格划分。

沙市河段位于长江上荆江段，为长江中游流经江汉平原的微弯分汊河段。该河段地处江汉冲积平原西南部，其地质组成为第四系沉积层，河床中的床沙主要由较均匀的中、细沙（$0.1 \sim 0.5$mm）组成，该粒径组的床沙占整个床沙组成的95.4%。

采用正交曲线网格进行网格划分，划分网格节点数为210×80个，水流向网格间距$100 \sim 200$m，垂直水流方向网格间距$10 \sim 50$m。计算河段河势及网格布置见图7.2.18。

（2）验证计算。

①水位过程验证。

采用2003年1月3日至2003年12月29日沙市站水位实测资料进行验证。从验证计算成果（图 7.2.19）来看，除少数时段计算水位与实测水位误差相对较大外，大部分计算值与天然实测值较为吻合。

②流速分布验证。

采用沙市站 2003 年 4 月 2 日（流量 5120m³/s）、2003 年 6 月 13 日（流量 21900m³/s）和 2003 年 9 月 2 日（流量 37600m³/s）三次实测流速分布资料进行验证。验证计算成果见图 7.2.20。由图可知，流速计算值及沿河宽的变化和实测值基本相符。

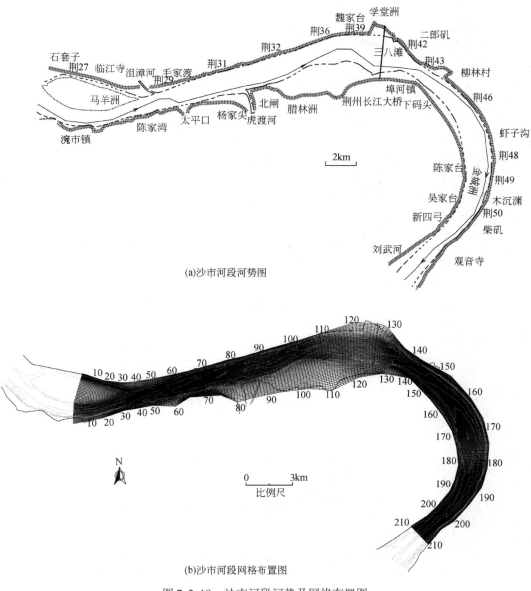

(a)沙市河段河势图

(b)沙市河段网格布置图

图 7.2.18　沙市河段河势及网络布置图

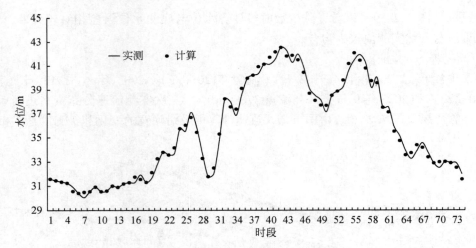

图 7.2.19　沙市站水位过程验证图

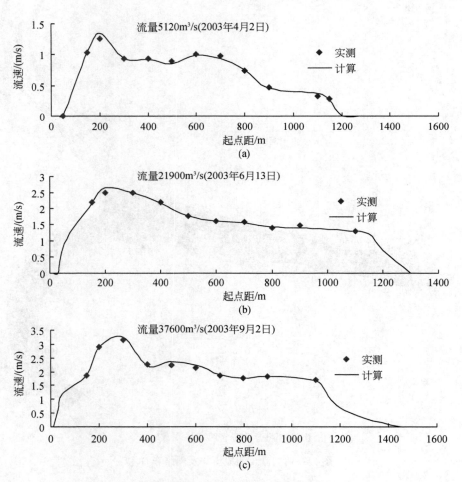

图 7.2.20　沙市断面流速分布验证图

③河床冲淤变形验证。

验证计算成果表明：计算河段总体冲淤量的计算值与实测值相差 7%；图 7.2.21进一步给出了河床冲淤量区域分布的验证计算成果。由图可知，计算所得河床冲淤变化趋势也基本与实测成果相符合。

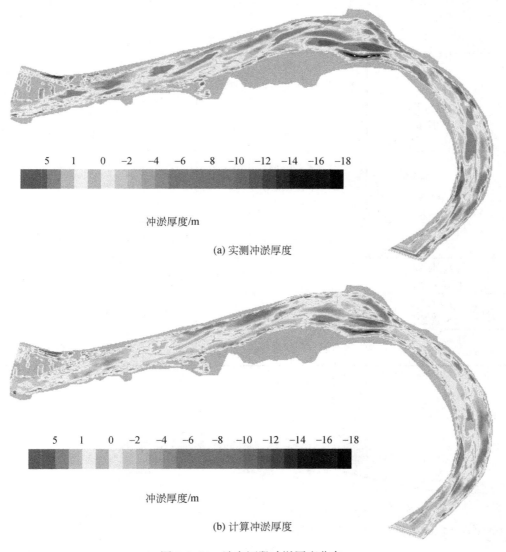

图 7.2.21 沙市河段冲淤厚度分布

（3）三峡工程运用后预测计算。

运用验证后的二维水沙数学模型对沙市河段在三峡工程运用初期的河床冲淤变形进行了预测。计算水沙系列为 1991～2000 年水沙系列；计算年限为 2003～2015 年，共13 年；计算采用的初始地形为 2002 年测量的 1/10000 地形资料；进、出口水沙边界条件则由长江科学院一维水沙数学模型计算成果给出。

①冲淤量及冲淤厚度分布。

在三峡水库蓄水运用初期，沙市河段（荆28～荆52）河床沿程冲淤交替，整体表现为冲刷，且随着运用时间的延长，冲刷量将逐渐增大（表7.2.1与图7.2.22）。至2015末，该河段共冲刷0.91亿 m³，平均冲深1.26m，年均冲刷率为696万 m³。其中，2003年6月至2009年12月，全河段共冲刷0.64亿 m³，河段平均冲深0.98m，年均冲刷率为908万 m³。

表7.2.1　三峡水库运用后沙市河段冲淤量统计表

河段	河长/km	2003.6—2009.12		2003.6—2012.12		2003.6—2015.12	
		冲淤量/万 m³	冲淤厚度/m	冲淤量/万 m³	冲淤厚度/m	冲淤量/万 m³	冲淤厚度/m
荆28-荆30（马羊洲尾－竹林子）	7.0	−1747	−1.49	−2459	−1.92	−2829	−2.21
荆30-荆32（竹林子－腊林洲头）	5.1	−954	−1.03	−1280	−1.25	−1552	−1.52
荆32-荆37（腊林洲头－魏家台）	3.9	−844	−0.96	−1038	−0.86	−1118	−0.93
荆37-荆43（魏家台－埠河镇）	6.8	−943	−0.62	−1131	−0.70	−1221	−0.76
荆43-荆48（埠河镇－盐卡）	6.4	−633	−0.64	−602	−0.57	−545	−0.51
荆48-荆52（盐卡－观音寺）	7.3	−1234	−1.21	−1653	−1.60	−1788	−1.73
荆28-荆52（马羊洲尾－观音寺）	36.5	−6356	−0.98	−8163	−1.13	−9053	−1.26

注："−"号表示冲刷。

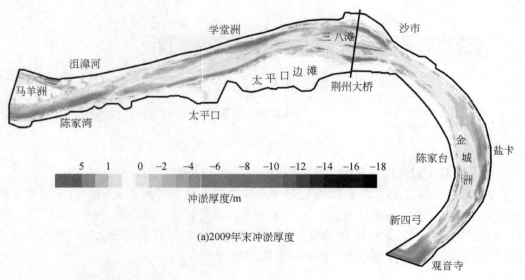

(a)2009年末冲淤厚度

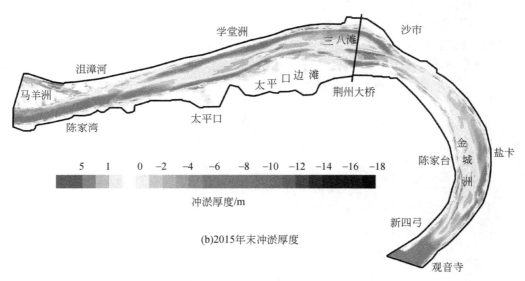

图 7.2.22　三峡水库运用初期沙市河段冲淤厚度分布预测成果

②平面变形。

在三峡水库蓄水运用初期，沙市河段总体河势未见明显变化。河床一般出现冲刷下切，深槽冲刷拓展，其中毛家渡以下左槽冲刷幅度大于右槽，左槽有成为主槽的趋势；深泓在弯道凹岸略向近岸偏移，在过渡段和分汊的汇流段深泓趋直；弯道凸岸、江心潜洲洲面和缓流区的局部区域仍可能发生淤积，但淤积幅度较小；三八滩冲刷后退；太平口心滩和金城洲略有淤高。

深泓变化：深泓线在出马羊洲右汊后趋直，分两股分别进入太平口心滩左、右泓和三八滩左、右汊，出三八滩汊道在荆44断面附近汇合后，贴左岸（凹岸）下行，过观音寺进入突起洲汊道。深泓在弯道凹岸略向近岸偏移，如在太平口心滩左泓万城至魏家台一带，深泓向左岸摆动10~250m，在盐卡至木沉渊一带深泓向左岸摆动10~80m；在局部位置，如三八滩右汊荆州大桥附近，深泓摆幅较大，向右岸最大摆动了约450m；出三八滩后深泓交汇点由于冲刷而下移左摆（图7.2.23）。

岸线变化：沿程岸线（40m与35m等高线变化见图7.2.24）总体上未发生明显的变化，仅在局部区域出现一些小规模的崩退和淤长。在马羊洲右缘出现窝崩，局部岸线崩退；万城至魏家台一带左岸岸线略后退10~60m；三八滩右汊荆州大桥附近，右岸岸线后退10~230m；盐卡至木沉渊一带，左岸岸线略后退10~30m；观音寺附近岸线略后退10~50m；其余河段岸线变化较小。总之，由于沙市河段河岸抗冲性较好，险工段受到护岸加固工程的保护，岸线总体上表现稳定，但局部区域仍可能出现一些崩退。

洲滩变化：沙市河段主要的洲、滩有马羊洲、太平口心滩和边滩、三八滩、金城洲。三峡水库运用初期，马羊洲变化不大，局部出现崩退；太平口边滩冲淤交替，但冲淤幅度较小；太平口心滩淤高展宽，并向下游延伸，但展延幅度较小，一般为100~300m，而滩头冲刷后退；三八滩冲刷后退约500m，中、上段滩面高程降低、下段滩面高程略有抬高，其右缘淤积展宽、左缘冲刷后退；金城洲洲头和上段左缘冲刷后退，其右汊淤积，中下段淤积抬高，见图 7.2.24（c）。

深槽变化：三峡水库蓄水运用初期，沙市河段 20m 高程线全河段冲刷展宽，在太平口心滩左泓新出现了 20m 槽，并有向上、下游延伸的趋势，三八滩左汊 20m 槽冲刷扩展，与上、下游 20m 槽有贯通的趋势，见图 7.2.24（d）。

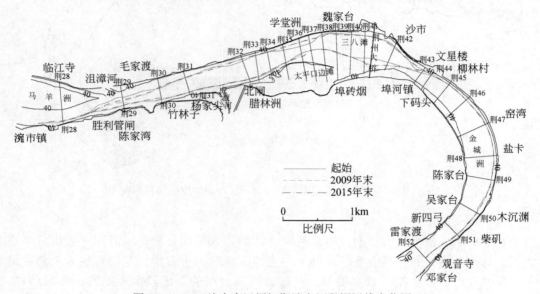

图 7.2.23　三峡水库运用初期沙市河段深泓线变化图

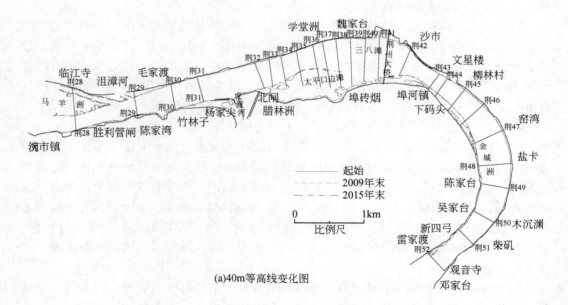

(a)40m 等高线变化图

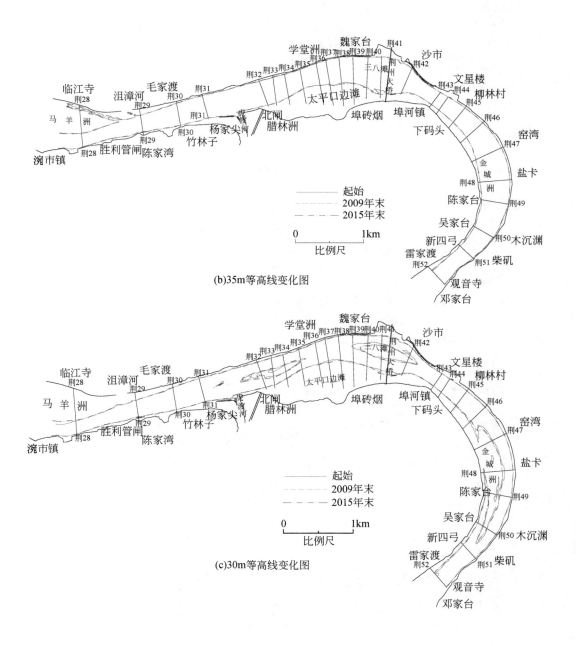

(b)35m等高线变化图

(c)30m等高线变化图

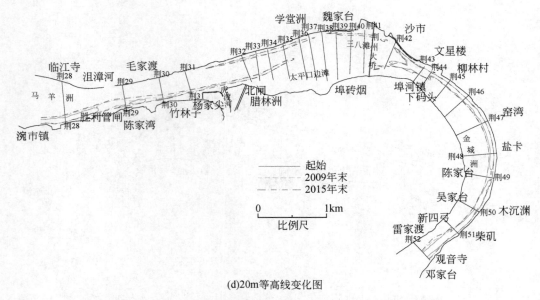

(d)20m 等高线变化图

图 7.2.24 三峡水库运用初期沙市河段岸线、洲滩与深槽变化图

③断面冲淤变形。

三峡水库运用初期，断面冲淤变化以冲刷为主，局部位置如凸岸边滩、支汊和高滩面略有淤积；宽浅断面冲刷的幅度大些，窄深断面冲淤幅度要小些。荆 29、荆 31 和荆 41 三个典型断面的冲淤变化见图 7.2.25。

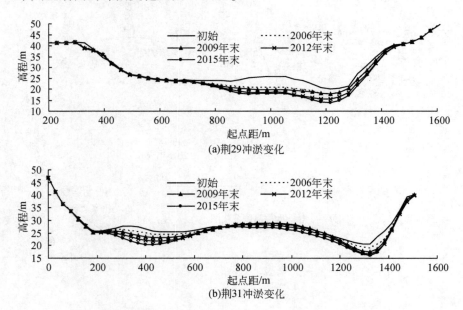

(a)荆29冲淤变化

(b)荆31冲淤变化

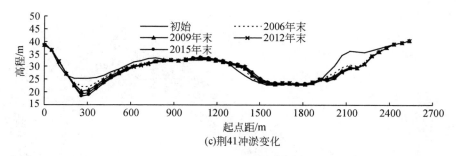

图 7.2.25　三峡水库运用初期沙市河段典型断面地形变化图

2）长江监利河段的河床冲淤变形计算

（1）河段概况及网格划分。

监利河弯段位于下荆江，上起塔市驿，下止于沙夹边。下荆江属典型的蜿蜒型河道，历史上河道变化剧烈，切滩撇弯、自然裁弯频繁发生，监利河弯 1835 年、1931 年和 1971 年均发生过切滩撇弯。

监利河段河床大都是现代河流冲积物，主要由粉质粘土、砂粘土和细砂组成。据 1996 年河床勘探资料统计得到，该河段河床表层床沙中值粒径一般在 0.10～0.22mm 之间，自岸边到深泓床沙分布一般由细到粗。乌龟洲表层床沙主要由粉质粘土和砂粘土组成，抗冲性较差。

采用正交曲线网格对计算河段进行网格划分，划分网格节点数为 238×80 个，水流向网格间距 50～200m，垂直水流方向网格间距 15～60m。计算河段河势图和网格布置见图 7.2.26。

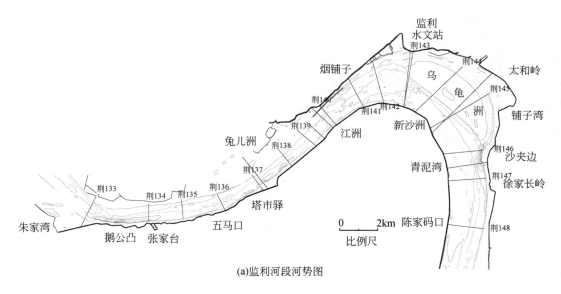

(a)监利河段河势图

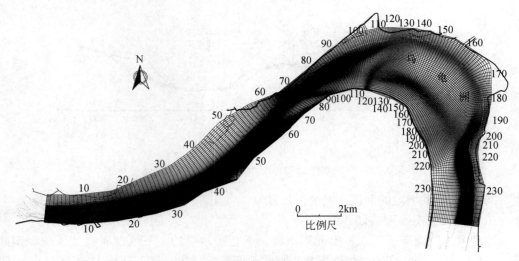

(b) 监利河段网格布置图

图 7.2.26　监利河段河势与网络布置图

（2）验证计算。

①水位验证。

采用 2002 年 10 月至 2004 年 8 月期间监利（姚圻脑）站水位过程进行验证，计算水位与实测水位吻合较好，见图 7.2.27。

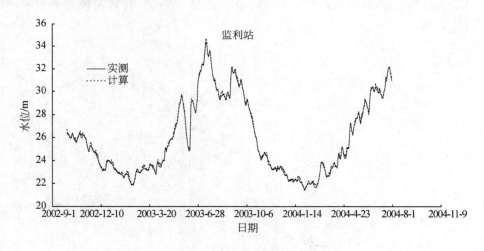

图 7.2.27　监利站水位过程验证图

②流速分布。

图 7.2.28 给出了荆 140 和荆 144 两断面上流速计算成果与实测成果的比较，两者吻合较好，误差一般在 0.1m/s 内。

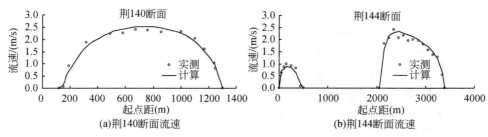

图 7.2.28　流速分布验证计算成果（$Q = 27000\text{m}^3/\text{s}$）

③河床冲淤变形验证。

计算河段内实测冲刷量 1260 万 m^3，计算冲刷量为 1241 万 m^3，相对误差仅为 1.5%。除江洲到乌龟洲头段相对误差较大外（绝对误差不大），其他各段误差均在 23% 以内，说明计算的河床冲淤变化与实际河床冲淤变化基本一致，见图 7.2.29。

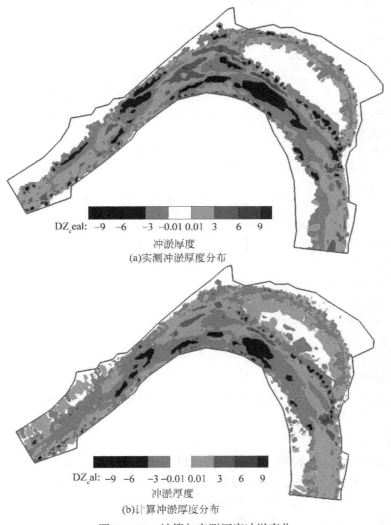

图 7.2.29　计算与实测河床冲淤变化

（3）三峡工程运用后预测计算分析。

①冲淤量及冲淤厚度分布。

三峡水库蓄水运用初期荆江监利河段（荆133—荆148）沿程出现明显冲刷，且随着运用时间的延长，冲刷量逐渐增大，见表7.2.2与图7.2.30。至2015年末，该河段共冲刷1.00亿 m³，平均冲深1.72m，年均冲刷率为771万 m³。其中，2003年6月至2009年12月，全河段共冲刷0.55亿 m³，河段平均冲深0.95m，年均冲刷率为784万 m³。

表7.2.2　三峡水库运用后监利河段冲淤量统计表

河段	河长/km	2003.6—2009.12		2003.6—2012.12		2003.6—2015.12	
		冲淤量/万 m³	冲淤厚度/m	冲淤量/万 m³	冲淤厚度/m	冲淤量/万 m³	冲淤厚度/m
荆133—荆137 （鹅公凸—塔市驿）	7.9	−475	−0.39	−769	−0.63	−1297	−1.05
荆137—荆140 （塔市驿—江洲）	5.0	−877	−0.91	−1240	−1.29	−1845	−1.91
荆140—荆143 （江洲—乌龟洲头）	4.9	−691	−0.78	−977	−1.09	−1482	−1.64
荆143—荆146 （乌龟洲右汊）	5.2	−1517	−1.85	−1764	−2.15	−2131	−2.60
荆143—荆146 （乌龟洲左汊）	7.9	−816	−0.79	−1046	−1.00	−1344	−1.25
荆146—荆148 （乌龟洲尾—陈家码口）	4.0	−1110	−1.32	−1459	−1.74	−1918	−2.28
荆133—荆148 （鹅公凸—陈家码口）	34.9	−5486	−0.95	−7256	−1.25	−10018	−1.72

注："−"号表示冲刷。

②平面变形。

在三峡水库蓄水运用初期，监利河段总体河势变化不大，但局部区域的河势变化较为剧烈。河床冲淤交替，整体表现为冲刷扩展趋势；滩、槽冲淤变化明显；深泓在弯道凹岸略向近岸偏移；单一段河床由单一断面形态向复式断面形态发展，乌龟洲右汊新沙洲边滩有切割冲开的发展趋势；局部岸段冲刷后退。

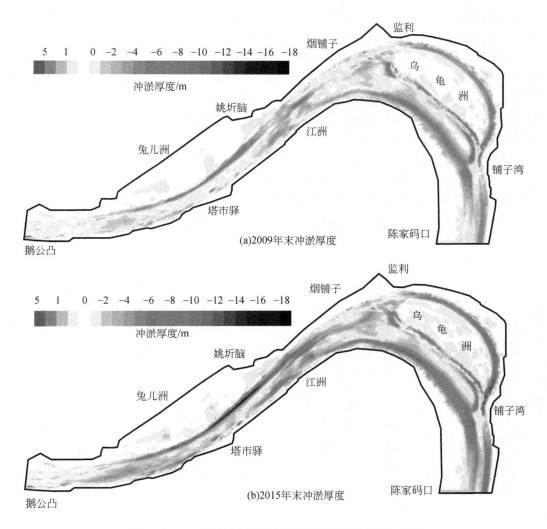

图 7.2.30　三峡水库运用初期监利河段冲淤厚度分布图

深泓变化：深泓线在江洲以上贴右岸下行，然后逐渐过渡到乌龟洲右汊，贴乌龟洲右缘下行至铺子湾后，顺左岸下行。三峡水库蓄水运用初期，深泓线逐渐向近岸偏移，但摆动幅度不大，一般约 10～200m，见图 7.2.31（a）。

岸、滩线变化：三峡水库蓄水运用初期，监利河段沿程岸线（25m 线）在单一段变化不大，在乌龟洲分汊段变化较为明显。在鹅公凸至塔市驿之间，右岸岸线变化不明显，左岸边滩线一般略后退 10～50m；塔市驿至江洲（荆 137～荆 139）之间，左、右岸的岸滩线均有不同程度的后退，其中左岸边滩后退 10～120m，右岸岸线后退 10～70m；江洲至乌龟洲头段的岸线无明显变化；乌龟洲周缘的岸滩线均发生不同程度的后退，一般后退 10～150m，其中右缘后退幅度大于左缘，最大后退部位发生右缘中段和下段，约后退 240m；乌龟洲汊道段左岸岸线变化较小，仅在太和岭一带岸线略向后退 10～30m，乌龟洲汊道段右岸下段边滩线后退较大，最大后退约 500m；铺子湾险工段

· 231 ·

主流顶冲部位,其岸线也后退约20~50m。由于监利河段河床、河岸边界抗冲性较差,局部岸段岸线、边滩可能出现一些崩退,见图7.2.31(b)。

河槽变化:从15m高程线变化来看,三峡水库运用初期,监利河段河床冲淤变化较为剧烈,15m高程线几乎全河段贯通,并冲深展宽。五马口至烟铺子之间左侧河床也出现了15m河槽,河床形成复式断面。乌龟洲右汊新沙洲边滩近岸侧也冲出了15m槽,该槽与下游15m槽有贯通趋势。乌龟洲左汊15m槽冲刷扩展并上延,与左汊入口上游15m槽有连通趋势,见图7.2.31(c)。

③断面冲淤变形。

三峡水库蓄水运用初期,监利河段断面冲淤变化以冲刷为主,局部位置如凸岸边滩、主流摆动较大的浅滩和高滩面局部位置稍有淤积;荆138和荆140断面的左岸边滩或岸线略有后退,见图7.2.32(a)、(b);乌龟洲处典型断面两侧边滩都出现崩退,

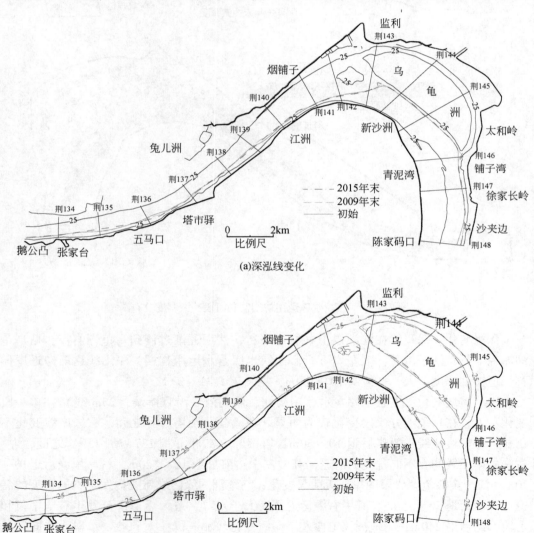

(a)深泓线变化

(b)25m等高线变化

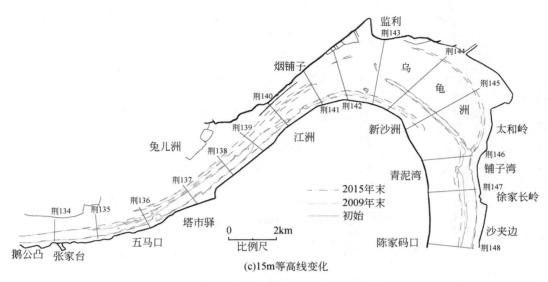

(c)15m等高线变化

图 7.2.31　三峡水库运用初期监利河段河床冲淤变化

见图 7.2.32（c）。

3）带有丁坝的河道水沙运动的数值计算

（1）计算资料。

梅军亚采用平面二维全沙模型对单丁坝附近的河道水沙运动与河床冲淤变形进行了计算[16]，其引用的资料是拉贾拉南的试验资料[17]。该试验在一长 36.6m，宽 0.91m，深 0.76m 的矩形变坡水槽中进行，试验段选在水槽的下半段。丁坝用一个 3mm 厚度的铝片模拟，丁坝长度为 0.152m 且与水槽边壁垂直。所用床沙的平均粒径为 1.4mm，铺沙厚度为 229mm，铺沙总长度为 7.6m（从丁坝以上 4.5m 开始铺起）。表 7.2.3 给出了部分试验工况。

表 7.2.3　试验工况表

试验工况	$Q / (m^3/s)$	$H / (m)$	$V / (m/s)$	Fr
工况 1	0.029	0.15	0.21	0.17
工况 2	0.029	0.12	0.26	0.22
工况 3	0.028	0.12	0.27	0.24
工况 4	0.029	0.11	0.30	0.31
工况 5	0.033	0.13	0.27	0.22

（2）计算成果。

在试验过程中，主要对丁坝坝头附近的河床最大冲刷深度和冲刷过程进行了测量，下面分别介绍试验成果与计算成果的比较。

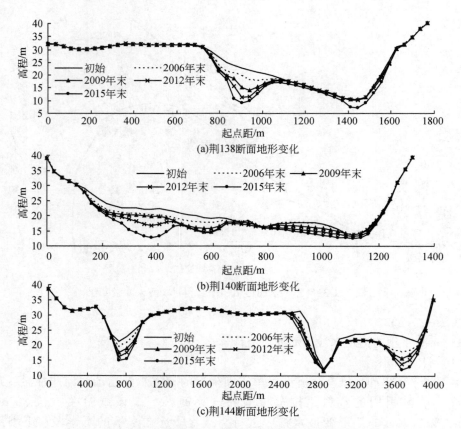

(a)荆138断面地形变化

(b)荆140断面地形变化

(c)荆144断面地形变化

图 7.2.32　三峡水库运用初期监利河段典型断面地形变化

①丁坝坝头附近的河床最大冲刷深度。

表 7.2.4 给出了丁坝坝头附近的河床最大冲刷深度的试验值与计算值的比较。由表可知，计算出的丁坝坝头附近的河床最大冲刷深度和试验结果基本吻合。

表 7.2.4　丁坝坝头附近的河床最大冲刷深度试验值与计算值的比较　　单位：m

	工况 1	工况 2	工况 3	工况 4	工况 5
试验值	0.09	0.13	0.13	0.19	0.17
计算值	0.10	0.14	0.12	0.18	0.16

②丁坝坝头附近的河床冲刷过程。

图 7.2.33 给出了工况 2 条件下丁坝坝头附近河床冲刷过程的试验成果与计算成果的比较。由图可知，在水流作用下，丁坝坝头附近出现持续冲刷，并逐渐趋近于最大冲刷深度。

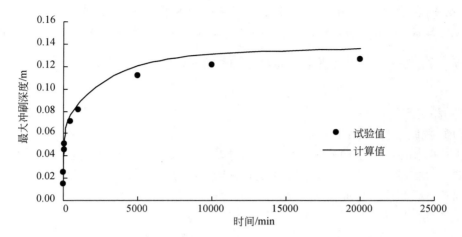

图 7.2.33　工况 2 条件下丁坝附近河床冲刷深度随时间变化

7.2.5　水沙两相流的三维数值模拟

1. 控制方程与相关问题的处理

1）控制方程

从物理机制上来看，水沙两相流存在两类耦合作用。其一是水沙混合体中各相之间的相互作用；其二是运动的泥沙与床沙通过交换形成动边界过程中的相互作用。现阶段对此两类相互作用均认识不够，因此，在构建水沙两相流三维数学模型的过程中不可避免地会进行很多简化处理，下面仅对文献 [18] 中的相关成果进行简要介绍。

对于不可压缩的水沙两相流，其时均运动的控制方程由水流连续方程、水流运动方程、悬移质（分为 M 组）输沙方程、河床变形方程等组成，分别为

水流连续方程

$$\frac{\partial \bar{u}_j}{\partial x_j} = 0 \tag{7.2.37}$$

水流运动方程

$$\frac{\partial \bar{u}_i}{\partial t} + \frac{\partial (\bar{u}_i \bar{u}_j)}{\partial x_j} = \left(1 + \sum_{l=1}^{M} \left(\frac{\rho_p}{\rho} - 1\right) \bar{\phi}_l\right) g_i - \frac{1}{\rho} \frac{\partial \bar{p}}{\partial x_i} + \nu \frac{\partial^2 \bar{u}_i}{\partial x_j \partial x_j} - \frac{\partial}{\partial x_j} (\overline{u'_i u'_j}) \tag{7.2.38}$$

第 l 组悬移质泥沙输沙方程

$$\frac{\partial \bar{\phi}_l}{\partial t} + \frac{\partial (\bar{\phi}_l \bar{u}_j)}{\partial x_j} = -\frac{\partial}{\partial x_j} (\overline{\phi'_l u'_j}) + \frac{\partial \bar{\phi}_l}{\partial x_j} \omega_l \delta_{j3} \tag{7.2.39}$$

河床变形方程

$$(1 - e) \frac{\partial z_b}{\partial t} + \frac{\partial q_{sj}}{\partial x_j} + \frac{\partial q_{bj}}{\partial x_j} = 0 \tag{7.2.40}$$

式中：$\bar{u}_i$、$\bar{p}$、$\bar{\phi}_l$ 分别表示时均流速、时均压强与第 l 组悬移质泥沙的时均含沙浓度；ν、

ω_l、e 分别表示水体的分子粘性系数、第 l 组悬移质泥沙的沉速与床沙的孔隙率；$-\overline{u'_i u'_j}$、$-\overline{\phi'_l u'_j}$ 分别表示雷诺应力与第 l 组悬移质泥沙的输沙通量；g_{bj}、g_{sj} 分别表示 j 方向（$j = 1$、2）上的单宽推移质输沙率和悬移质输沙率，且有 $q_{sj} = \sum\limits_{l=1}^{M} \int_{\delta_b}^{H+\delta_b} (\overline{u_j}\,\overline{\phi_l} + \overline{u'_j \phi'_l}) \mathrm{d}x_3$。

2）相关问题的处理

（1）控制方程的封闭。

水沙两相流时均运动控制方程中的雷诺应力和悬移质泥沙输沙通量可采用雷诺应力模式、代数应力模式、$k-\varepsilon$ 模式等进行封闭。经综合考虑，文献［18］采用 $k-\varepsilon$ 两方程模式进行封闭，也即

$$- \overline{u'_i u'_j} = \frac{2}{3} k\delta_{ij} + \nu_T \left(\frac{\partial \overline{u}_i}{\partial x_j} + \frac{\partial \overline{u}_j}{\partial x_i} \right) \tag{7.2.41}$$

$$- \overline{\phi'_l u'_j} = \frac{\nu_T}{Sc_T} \frac{\partial \overline{\phi}_l}{\partial x_j} \tag{7.2.42}$$

式中，ν_T 为水流湍动扩散系数，取为 $C_\mu \dfrac{k^2}{\varepsilon}$；$Sc_T$ 为施密特数，反映的是泥沙扩散与水流湍动扩散的差异；k、ε 分别为湍动能和湍动能耗散率。

（2）推移质输沙层的厚度。

对于推移质输沙层的厚度，前人已经做了大量的研究[19]：Einstein（1950）认为推移质层厚度为床沙中值粒径的 2 倍，即 $\delta_b = 2d_{50}$；Einstein，Wilson（1966 和 1988）通过试验进一步得到，$\delta_b = 10\theta d_{50}$，$\theta = \dfrac{U_*^2}{\left(\dfrac{\rho_s}{\rho} - 1 \right) g d}$；Van Rijn（1984），Garcia 和 Parker 则取 $\delta_b = 0.01 \sim 0.05 H$（$H$ 为水深）；Bagnold 分析了泥沙跳跃运动轨迹资料，认为推移质泥沙运动的平均高度 $\delta_b = md_{50}$，其中，$m = K \left(\dfrac{U_*}{U_{*C}} \right)^{0.6}$，$K$ 为常数，水槽试验（Willians，1970）成果表明 $K = 1.4$，从天然河流资料分析来看（Bagnold，1977），K 值可能大到 2.8，对卵石河流甚至达到 7.3 以上；Rodi 和 Thomas 认为对平整床面取 $\delta_b = 2d_{50}$，对粗糙床面取 $\delta_b = \dfrac{2}{3}\Delta$，$\Delta$ 为床面当量粗糙度，如果床面存在沙波，也可取 Δ 为沙波高度，张瑞瑾曾得到 $\Delta = 0.086 \dfrac{UH^{\frac{3}{4}}}{g^{\frac{1}{2}} d_{50}^{\frac{1}{4}}}$，文献［18］采用 Rodi 和 Thomas 所建议的方法来计算推移质输沙层厚度。

（3）推移质输沙率。

推移质输沙率是推移质颗粒速度、推移质输沙层厚度 δ_b 以及推移质输沙层内平均泥沙体积浓度 $\overline{\phi}_b$ 的函数，推移质输沙率的原始计算公式为

$$q_b = \overline{U}_b \delta_b \overline{\phi}_b \tag{7.2.43}$$

目前 Van Rijn 的推移质输沙率公式在三维数模中应用较多，见式（7.2.13）。

（4）悬移质泥沙近底平衡体积含沙量 $\overline{\phi}_{lb*}$ 。

可由以下两种方法来计算 $\overline{\phi}_{lb*}$ 。

①Van Rijn 方法。

$$\overline{\phi}_{lb*} = 0.015 \frac{d_{50}\tau_+^{1.5}}{\alpha_\phi D_*^{0.3}} \tag{7.2.44}$$

式中，$\alpha_\phi = \max(0.01H, \Delta)$；颗粒参数 D_* 的计算见式（7.2.14）；$\tau_+ = \dfrac{\tau_* - \tau_{b,cr}}{\tau_{b,cr}}$，$\tau_* = \alpha_b \tau_b$，$\tau_{b,cr}$ 的计算见式（7.2.21），α_b 的计算见式（7.2.17）。

②采用水深平均挟沙力和含沙浓度垂线分布公式来反求。

在输沙平衡时，如采用 Rouse 公式来描述悬移质含沙浓度沿垂线分布，则有

$$\overline{\phi}_{lb} = \overline{\phi}_{lb*} \left(\frac{\delta_b}{H + \delta_b}\right)^{Z_s} \left(\frac{H + x_3}{x_3}\right)^{Z_s} \tag{7.2.45}$$

式中，$\overline{\phi}_{lb*}$ 为近底平衡含沙浓度；$Z_s = \dfrac{\omega}{\kappa u_*}$ 为悬浮指标；x_3 为距河底的距离；$\overline{\phi}_{lb}$ 为垂向位置 x_3 处的时均含沙浓度。将 $\overline{\phi}_{lb}$ 沿垂向积分得到水深平均挟沙力 Φ_* 为

$$\Phi_* = \frac{\overline{\phi}_{lb*}}{H} \int_{\delta_b}^{H+\delta_b} \left(\frac{\delta_b}{H + \delta_b}\right)^{Z_s} \left(\frac{H + x_3}{x_3}\right)^{Z_s} dx_3 \tag{7.2.46}$$

则悬移质泥沙近底平衡含沙浓度 $\overline{\phi}_{lb*}$ 为

$$\overline{\phi}_{lb*} = \frac{H}{\int_{\delta_b}^{H+\delta_b} \left(\frac{\delta_b}{H + \delta_b}\right)^{Z_s} \left(\frac{H + x_3}{x_3}\right)^{Z_s} dx_3} \Phi_* \tag{7.2.47}$$

代入已有的平面二维水沙数学模型中的水深平均挟沙力计算公式，即可求得 $\overline{\phi}_{lb*}$ 。文献［18］采用式（7.2.47）计算 $\overline{\phi}_{lb*}$ 。

（5）床面边界条件。

床面边界包括时均流速、湍动能、湍动能耗散率及悬移质输沙区底部的边界条件设定。

时均流速边界条件：

对水流运动方程，可直接在床面边界处的控制体上附加一壁面切应力 $\overline{\tau}_{bi}$ ，其计算方法为

$$\overline{\tau}_{bi} = \rho C_f u_{bi} \sqrt{u_{b1}^2 + u_{b2}^2} \tag{7.2.48}$$

式中，C_f 为床面摩阻系数，其计算式为

$$C_f = \frac{1}{\left(\dfrac{1}{\kappa}\ln\dfrac{E u_* x_{3b}}{\nu}\right)^2} \tag{7.2.49}$$

式中，u_* 为摩阻流速；x_{3b} 为计算点距壁面的距离；κ 为卡曼常数；E 为床面粗糙度参数。

湍动能与湍动能耗散率边界条件：

近壁处的湍动能 k_{wb} 和湍动能耗散率 ε_{wb} 可分别取为

$$k_{wb} = \frac{(u_*)^2}{\sqrt{C_\mu}} \tag{7.2.50a}$$

$$\varepsilon_{wb} = \frac{(u_*)^3}{(\kappa x_{3b})} \tag{7.2.50b}$$

近底含沙浓度边界条件：

在悬移质输沙区域的底部（床面以上 δ_b 处）附近，沿垂向上的悬移质输沙净通量为

$$\frac{\nu_T}{SC_T}\frac{\partial \overline{\phi}_l}{\partial x_3} + \omega_l \overline{\phi}_l = \omega_l(\overline{\phi}_{lb} - \overline{\phi}_{lb*}) \tag{7.2.51}$$

式中，$\overline{\phi}_{lb}$ 表示交界面处的体积含沙浓度；$\overline{\phi}_{lb*}$ 表示输沙平衡时推移质输沙层上界面处的体积含沙浓度（也是悬移质泥沙近底平衡含沙浓度）。将上式沿垂向积分即可得

$$\overline{\phi}_l = \overline{\phi}_{lb} - \overline{\phi}_{lb*} + ce^{\frac{\omega_l Sc_T}{\nu_T}x_3} \tag{7.2.52}$$

利用 $x_3 = \delta_b$ 时，$\overline{\phi}_l = \overline{\phi}_{lb}$ 即可确定式（7.2.52）中的系数 c，最后得到

$$\overline{\phi}_l = \overline{\phi}_{lb} - \overline{\phi}_{lb*}(1 - e^{\frac{\omega_l Sc_T}{\nu_T}(x_3-\delta_b)}) \tag{7.2.53}$$

根据式（7.2.53）即可根据内部点的含沙浓度推求近底处的含沙浓度 $\overline{\phi}_{lb}$

$$\overline{\phi}_{lb} = \overline{\phi}_l\big|_{x_3=x_{3b}} + \overline{\phi}_{lb*}(1 - e^{\frac{\omega_l Sc_T}{\nu_T}(x_{3b}-\delta_b)}) \tag{7.2.54}$$

（6）自由表面边界条件。

在三维水沙数学模型中，自由面边界条件的合理选取非常重要。在早期，一般采用静压假定和刚盖假定；目前处理自由表面问题的主要方法有：标记点法、空度函数法、标高函数法。在大容量水体非恒定流自由面模拟中一般采用标高函数法。标高函数法用水位高度函数描述自由面位置，其高度函数是单值的，其中，压强 Poisson 方程法和水深积分法是最常用的方法。

2. 单纯冲刷问题的数值计算

1）计算资料

选择 Van. Rijn 的清水冲刷试验资料[19]对单纯冲刷问题通过数值模拟进行研究。该实验主要研究在清水来流条件下，床面泥沙冲刷上扬，直至形成稳定含沙浓度分布的过程。试验水槽长 30m，宽 0.5m，高 0.7m；试验水深 $H = 0.25$m，平均流速为 0.67m/s；床面泥沙组成为 $d_{50} = 0.23$mm，$d_{90} = 0.32$mm。图 7.2.34 给出了清水冲刷试验示意图。

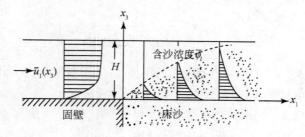

图 7.2.34　清水冲刷试验示意图

2）计算网格

在平面上采用四边形网格对计算区域进行剖分，共布置 400 × 20 个网格单元；垂向共布置 15 层网格。

3）计算成果

图 7.2.35 给出了清水冲刷条件下床面泥沙上扬直至达到平衡状态的过程中，时均含沙量 $\bar{s}$（$= \rho_p \sum\limits_{l=1}^{M} \bar{\phi}_l$）沿垂向的分布。由图可知：在底部，时均含沙量很快达到平衡状态；而在表层，时均含沙量则需经过一段纵向距离的冲刷上扬后才能逐步增加，直至达到平衡状态。

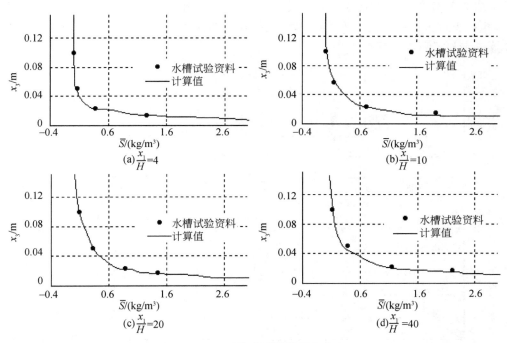

图 7.2.35　时均含沙量沿垂向分布

3. 单纯淤积问题的数值计算

1）计算资料

选择文献［20］中的水槽试验资料对单纯淤积问题通过数值模拟进行研究。试验条件为：水深 0.215m；平均流速 0.56m/s；泥沙特征粒径分别为 $d_{10} = 0.075\text{mm}$，$d_{50} = 0.95\text{mm}$，$d_{90} = 0.105\text{mm}$。图 7.2.36 为单纯淤积试验示意图。在试验过程中，在水槽上游进口加沙，并通过多孔床面捕捉沉降泥沙。

2）计算网格及参数取值

在平面上采用四边形网格对计算区域进行剖分，共布置 400 × 20 个网格单元；在垂向共布置 15 层网格。

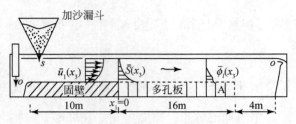

图 7.2.36　单纯淤积试验示意图

3）计算成果

图 7.2.37 给出了时均含沙量 $\bar{S}$ 沿垂向的分布。由图 7.2.37 可知：位于进口下游 $x_1 = 6 \sim 12\mathrm{m}$ 之间的断面上，时均含沙量的计算值略大于实测值；但在进口附近和远区，计算成果和实测成果基本吻合。

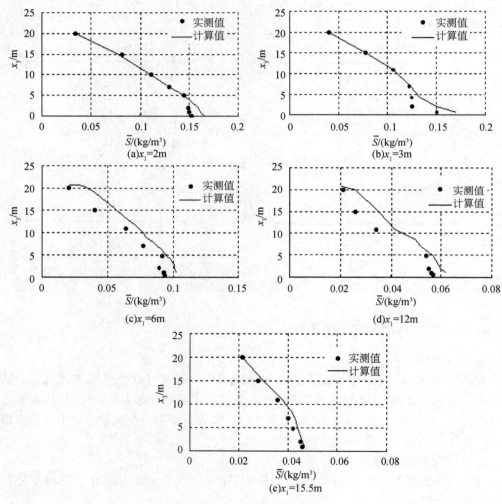

图 7.2.37　时均含沙量沿垂向分布

4. 天然河流水沙运动的数值计算

1）河段概况与计算资料

选择长江城陵矶河段作为典型河段，其位于长江与洞庭湖的交汇口。该河段悬移质中值粒径在 0.003~0.02mm，床沙中值粒径为 0.15~0.18mm，河势图见图 7.2.38。

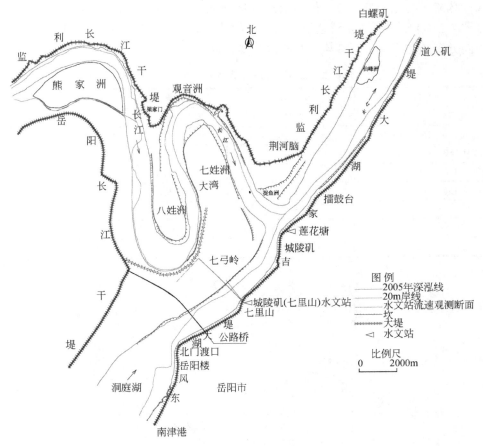

图 7.2.38　长江城陵矶河段河势图

地形资料：采用该河段 2004 年 12 月的实测地形资料作为验证计算的地形资料。

水文资料：水沙运动验证计算采用计算河段 2008 年 11 月实测的水位、流速以及含沙量资料，实测时长江流量为 12000m³/s，洞庭湖流量为 13100m³/s，下游南阳洲附近水位为 24.80m，沿该河段布置了荆 178、荆 180+1、荆 182+1、利 12、公路桥、城陵矶（七里山）、桥址、荆 186 和南阳洲共 8 个断面，进行水位和流速测量。此外，对荆 186、桥址和荆 186 三个断面的含沙量分布也进行了观测；河床变形验证计算采用计算河段 2004 年 4 月~2004 年 12 月的实测日平均水沙过程。

2）计算网格

采用非结构三角网格对计算区域进行网格剖分。在平面上布置了 38898 个计算单元，并对地形变化较为剧烈的区域进行了加密，加密后网格间距最大为 100m，最小为

32m；在垂向布置了15层网格，网格间距2m。

3）水沙运动计算成果

根据2008年11月的实测水文资料进行水流运动计算，计算时进口采用流量控制，出口采用水位控制。表7.2.5给出了计算水位和实测水位的比较。由表可知，计算值与实测值基本吻合，其误差一般不大于3cm。图7.2.39给出了计算河段流场图，由图可知计算流场变化平顺，滩、槽水流运动区分明显，长江和洞庭湖汇流处水流衔接良好。图7.2.40给出了时均流速沿垂向分布的计算成果；图7.2.41还给出了时均含沙量沿垂向分布的计算成果，其均与实测值基本一致。

表7.2.5　水位计算值与实测值比较　　　　　　　　（单位：m）

断面	实测水位	计算水位	误差
荆178	26.19	26.22	0.03
荆180+1	25.90	25.94	0.04
荆182+1	25.53	25.52	−0.01
利12	25.64	25.50	−0.04
荆186	25.57	25.58	−0.01
桥址	25.69	25.72	0.03
城陵矶（七里山）	25.76	25.73	−0.02
公路桥	25.79	25.77	−0.02

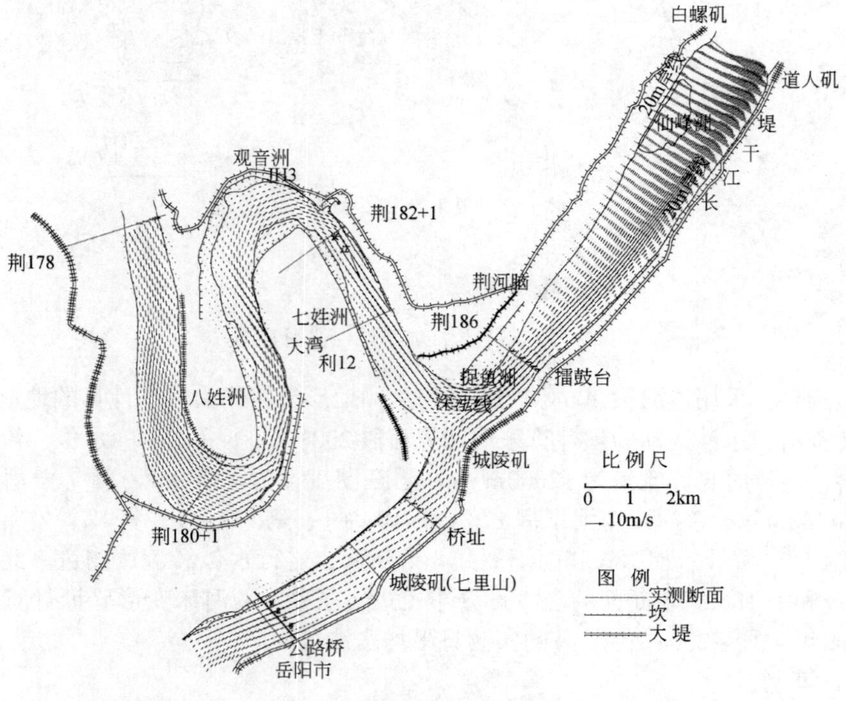

(a)验证计算流场图(表层流场)

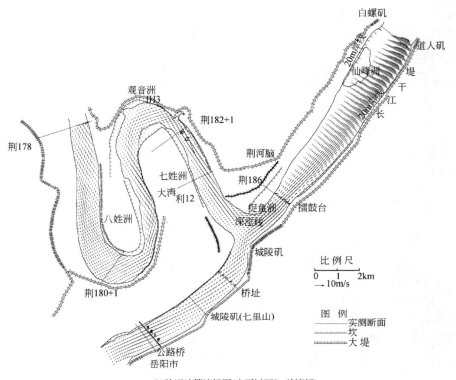

(b)验证计算流场图(水面以下9m处流场)

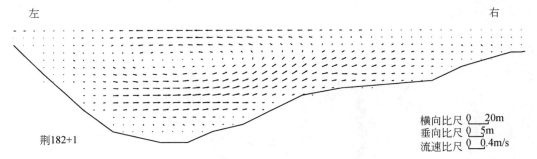

(c)断面流场图

图 7.2.39　计算河段流场图

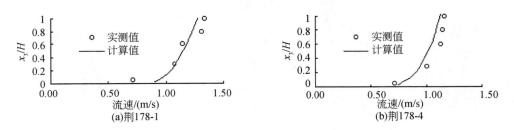

图 7.2.40　纵向时均流速沿垂向分布计算成果

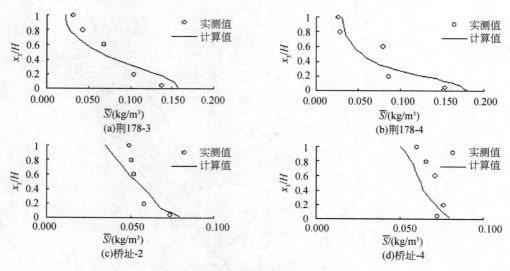

(a)荆178-3   (b)荆178-4

(c)桥址-2   (d)桥址-4

图 7.2.41   时均含沙量沿垂向分布

4）河床冲淤变形计算

采用城陵矶河段 2004 年 4 月~2004 年 12 月的实测水沙过程与地形资料进行河床冲淤变形计算。在计算过程中，首先将非恒定水沙过程概化为 20 个时段的梯级恒定流，再进行河床冲淤变形计算。

图 7.2.42 给出了计算河段河床冲淤变形成果。由图可知：在计算时段末该河段总

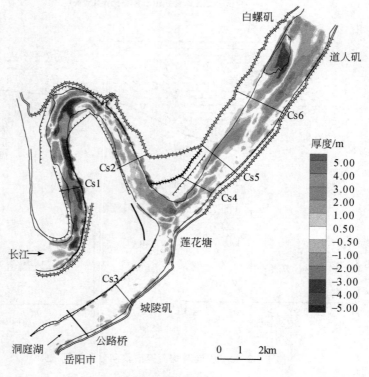

(a)冲淤变化实测值

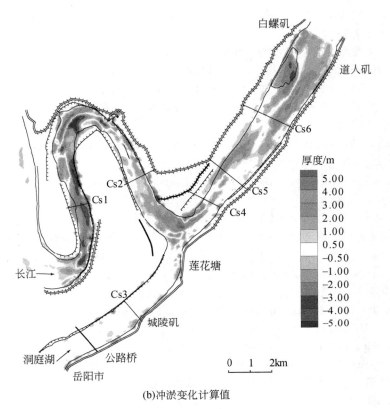

(b)冲淤变化计算值

图 7.2.42　计算河段冲淤变化平面图计算值

体表现为淤积，如图 7.2.42 所示的区域内实测淤积量为 566 万 m³，而计算淤积量为 533 万 m³，计算值与实测值吻合较好。图 7.2.43 则进一步给出了实测典型断面 Cs6 上河床冲淤变形计算成果与实测成果的比较，两者也基本一致。

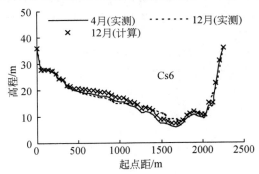

图 7.2.43　河床冲淤变形计算成果与实测成果的比较

参 考 文 献

1　Ree W O, Palmer V J. Flow of water in channels protected by vegetative linings. US Soil Conservation Bulletin, 1949, (967): 1~115

2　Kouwen N, Unny T E. Flexible roughness in open channels. J. of the Hydraulics Division, 1973, 99 (HY5): 713~728

3　钱宁, 万兆惠. 泥沙运动力学. 北京: 科学出版社, 1983

4　詹小涌. 天然河道沙波分类研究. 地理科学, 1984, 4 (2): 177~183

5　尹书冉. 河道中典型边界上湍流运动的数值模拟研究. 武汉大学博士学位论文, 2010

6　Hsieh W S. Bed form resistances in open channel flows. Journal of Hydraulic Engineering, 1990, 116 (6): 799~815

7　Liu Shihe, Yin Shuran. Study on turbulent flow around sand dunes in alluvial rivers. Journal of Hydrodynamics (Ser. B.), 2010, 22 (1): 103~109

8　Maddux T B. Turbulent open channel flow over fixed three-dimensional dune shapes. Ph. D. thesis, University of Califonia, Santa Barbara, UMI/proquest Pub, 2002

9　岡部健士. 貯水池におげる堆砂過程とその予測に關する基礎的研究. 京都大学学位论文, 1982

10　张细兵, 张杰, 黄悦等. 三峡工程运用后初期江湖关系变化研究报告. 长江科学院报告, 2009

11　Liu Shihe, Luo Qiushi, Mei Junya. Simulation of sediment-laden flow by depth-averaged model based on unstructured collocated grid. Journal of Hydrodynamics (Ser. B), 2007, 19 (4): 525~532

12　张瑞瑾等. 河流泥沙动力学. 北京: 水利电力出版社, 1998

13　Van Rijn L C. Sediment transport, Part Ⅰ: Bed load transport. J. of Hydraulic Engineering, ASCE, 1984, 110 (10): 1431~1456

14　Van Rijn, L C, Principles of sediment transport in rivers, estuaries and coastal seas. AQUA Publications, Amsterdam, The Netherlands, 1993

15　罗秋实. 基于非结构网格的二维及三维水沙运动数值模拟技术研究. 武汉大学博士学位论文, 2009

16　梅军亚. 枢纽下游带有丁坝的河道水沙运动研究. 武汉大学博士学位论文, 2008

17　拉贾拉南. 丁坝冲刷问题计算. 童亮译. Journal of Hydraulic Research, 1983, (4)

18　刘士和, 罗秋实, 张细兵等. 长江塔市驿至城陵矶河段二、三维水沙数学模型关键技术研究. 武汉大学研究报告, 2010

19　Van Rijn L C. Entrainment of fine sediment particles: development of concentration profiles in a steady, uniform flow without initial sediment load. Rep. No. M1531, part Ⅱ. Delft, The Netherlands: Delft Hydraulic Laboratory, 1981

20　Wu W M, Rodi W, Wenka T. 3D numerical modeling of flow and sediment transport in open channels. J. of Hydraulic Engineering, ASCE, 2000, 126 (1): 4~15

第 8 章　湍流中异质粒子的运动

8.1　异质粒子在湍流场中的跟随性

在流场中与流体密度不同的粒子，如泥沙、气泡或其他输运物质，称之为异质粒子。如果异质粒子的体积浓度很低，则可认为粒子呈散粒体各自独立地运动，其对湍流场的作用，则主要由粒子的密度与尺寸来决定。在密度一定的条件下，如果粒子粒径比湍流微尺度大，则粒子所受的流体阻力将增加；如果粒子的粒径比湍流微尺度要小，则粒子将趋向于跟随流体质点的运动。下面引用 BBO 方程来对异质粒子在湍流场中的跟随性问题进行探讨[1]。

以 ρ_p、d_p 与 u_p 分别表示异质粒子的密度、直径与运动速度；以 ρ、μ 与 u 分别表示流体的密度、动力粘性系数及运动速度，由 BBO 方程，有

$$\frac{\pi}{6}d_p^3\rho_p\frac{\mathrm{d}u_p}{\mathrm{d}t} = \frac{\pi}{6}d_p^3\rho\frac{\mathrm{d}u}{\mathrm{d}t} + 3\pi\mu d_p(u - u_p) + \frac{1}{12}\pi d_p^3\rho\left(\frac{\mathrm{d}u}{\mathrm{d}t} - \frac{\mathrm{d}u_p}{\mathrm{d}t}\right)$$

$$+ \frac{3}{2}d_p^2\sqrt{\pi\mu\rho}\int_{-\infty}^{t}\frac{\dfrac{\mathrm{d}}{\mathrm{d}\tau}(u - u_p)}{\sqrt{t - \tau}}\mathrm{d}\tau \tag{8.1.1}$$

式（8.1.1）中，左边第一项为惯性力，右边四项分别为压强梯度力、粘性阻力、附加质量力与 Basset 力，其中 Basset 力描述的是粒子运动偏离定常状态时的附加力。

引入湍流统计理论中的湍谱分析方法，将流体流速 u、异质粒子的运动速度 u_p 用如下湍谱的形式表示

$$u = \int_{-\infty}^{+\infty}A(\omega)\mathrm{e}^{-i\omega t}\mathrm{d}\omega \tag{8.1.2a}$$

$$u_p = \int_{-\infty}^{+\infty}\eta(\omega)A(\omega)\mathrm{e}^{-i(\omega t+\varphi)}\mathrm{d}\omega \tag{8.1.2b}$$

式中，$\eta(\omega)$ 与 $\varphi(\omega)$ 分别表示粒子运动速度与流体运动速度在幅值和相位上的差异。将式（8.1.2）代入式（8.1.1），得到

$$\eta = \sqrt{\frac{\left(a + c\sqrt{\dfrac{\pi\omega}{2}}\right)^2 + \left(b\omega + c\sqrt{\dfrac{\pi\omega}{2}}\right)^2}{\left(a + c\sqrt{\dfrac{\pi\omega}{2}}\right)^2 + \left(\omega + c\sqrt{\dfrac{\pi\omega}{2}}\right)^2}} \tag{8.1.3a}$$

$$\varphi = \mathrm{tg}^{-1}\left(\frac{\omega\left(a + c\sqrt{\dfrac{\pi\omega}{2}}\right)(b - 1)}{\left(a + c\sqrt{\dfrac{\pi\omega}{2}}\right)^2 + \left(b\omega + c\sqrt{\dfrac{\pi\omega}{2}}\right)\left(\omega + c\sqrt{\dfrac{\pi\omega}{2}}\right)}\right) \tag{8.1.3b}$$

式（8.1.3）中参数 a、b、c 取值如下：

$$a = \frac{36\mu}{(2\rho_p + \rho)d_p^2} \tag{8.1.4a}$$

$$b = \frac{3\rho}{2\rho_p + \rho} \tag{8.1.4b}$$

$$c = \frac{18}{(2\rho_p + \rho)d_p}\sqrt{\frac{\rho\mu}{\pi}} \tag{8.1.4c}$$

充分发展的湍流应包含从低频到高频的各种脉动成分，图 8.1.1 与图 8.1.2 给出了反映幅值与相位跟随性的指标 η、φ 随参数 ρ_p/ρ 及 $d_p^2\omega/\nu$ 的变化。由图可知：①如 $\rho_p/\rho > 1$，对相同的 $d_p^2\omega/\nu$，η、φ 均随密度比 ρ_p/ρ 的增加而增加；而如 $\rho_p/\rho < 1$，对相同的 $d_p^2\omega/\nu$，η、φ 则将随密度比 ρ_p/ρ 的减小而增加。②对相同的异质粒子，频率 ω 越高，跟随性也越差。当然，对粒子输运起主要作用的是低频大尺度涡体，如果异质粒子与流体的密度比相差不大，则尺度足够小的粒子对低频大尺度运动还是有可能有较好的跟随性的。

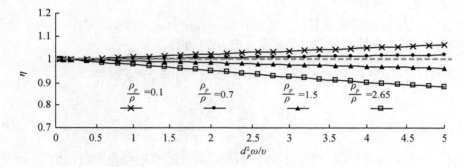

图 8.1.1　幅值指标 η 随 ρ_p/ρ 和 $d_p^2\omega/\nu$ 的变化

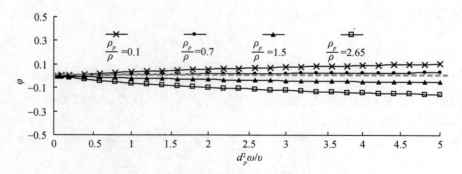

图 8.1.2　相位指标 φ 随 ρ_p/ρ 及 $d_p^2\omega/\nu$ 的变化

8.2　气流中溅抛水滴的运动

在高坝泄流中，当挑流水舌出挑坎以后，由于水舌表面强烈掺气与扩散，水舌厚度将逐渐增加，以至于当挑流水舌到达下游水面时，水舌外缘基本上表现为碎裂的水滴或水块。因此，挑流水舌将以如下两种形式进入下游水体：其一为水舌的中心部分，其直接进入下游水体中，并有可能导致下游河床的冲刷；其二是水舌外缘的碎裂水块，因水体的压弹效应，这部分水体将不能完全进入下游水体中，其中的大部分将以溅抛的形式向四周抛射，形成雾化水流的溅水区。溅水区的雾流降雨强度非常大，其对下游两岸边坡的稳定直接构成威胁，并有可能影响到下游建筑物的正常运行。有鉴于此，人们曾对溅水区开展过众多的研究，例如：李奇伟[2]曾将溅激水块近似看成是弹性刚体，并对其在一定的水舌风作用下做斜抛运动所形成的溅水区进行了探讨；随后，王翔[3]对溅水区的范围进行了进一步的修正；刘永川[4]的研究成果表明，水舌入水区后确实存在稳定的溅水区，且其溅水范围可近似用李奇伟[2]所建议的估算式进行估算。虽然人们对溅水区范围的估算已进行了相对较多的研究，但所得到的估算式经验成分较多，其原因在于对溅水机理的认识仍显不足。

8.2.1　水滴与水面的碰撞

1. 碰撞过程的实验研究

水具有易变形的特性。水滴在与水面的碰撞过程中必然会产生一系列变形行为。Engle[5]、王翔[3]及蔡一坤[6]曾分别对液滴与液面的垂直碰撞过程进行过研究，对以上实验成果进行综合分析，可得如下几点有关水滴与水面高速碰撞的认识：

（1）在碰撞过程中，水滴将由球形变成碰撞初期平底陡壁状的圆柱形，并进而迅速变成半球形，至最大冲坑形成后，又进一步被压缩直至破裂成两部分。破裂水滴的一部分以一定的速度溅抛脱离水面，而另一部分则带起一股水柱，并重新返回至碰撞点附近；

（2）碰撞前的水滴仅有一部分溅抛起来，溅抛出的水滴质量比碰撞前水滴的质量要小，且溅抛出的水滴中还包含有原水面上的水体[6]；

（3）水滴与水面高速碰撞的过程中，随着水滴的变形在水面下将形成冲坑，其所形成的最大冲坑深度 H_m 为[5]

$$H_m = \sqrt{\frac{\sigma}{\rho g}\left(\left(0.15\left(\frac{\rho du^2}{\sigma}\right)^2 \frac{gd}{u^2} - 311.49\right)^{\frac{1}{2}} - 17.649\right)^{\frac{1}{2}}} \qquad (8.2.1)$$

式中，ρ、σ 分别为水的密度及表面张力系数；d 及 u 分别为碰撞前水滴的直径与入水速度；g 为重力加速度；

（4）在与水面高速碰撞的过程中，水滴除形成冲坑外，还以压力波的形式将其能量向四周传播，此种压力波最后在阻尼作用下逐渐衰减、消失，将碰撞点下方压力波刚消失时的水深称为最大影响水深，试验结果表明[3]，压力波衰减的速度非常快，最大影响水深一般较小。

2. 碰撞过程的数值模拟

水滴与水面碰撞现象在自然界与工程技术中极为普遍。罗朝霞等[7]曾对半径为 R

的球形水滴以垂直下降的初速度 u_R 与无限大水平水面的碰撞问题进行过数值模拟。罗朝霞等引用 Prosperetti[8] 与 Weiss[9] 的研究成果，认为：①当 $Re = \dfrac{u_R R}{\nu} > 10^3$ 时，冲击过程非常迅速，可压缩性及粘性的影响均可忽略不计；②水滴与水面刚开始接触时表现为多点接触，相当于在接触面上存在一涡层，根据 Prosperetti 的研究，这一涡层的强度很小，其对整个冲击过程的影响可忽略不计，因而可认为水滴与水面碰撞过程中流动是无旋的，因此速度势函数 Φ 满足如下的拉普拉斯方程

$$\frac{\partial^2 \Phi}{\partial x_j \partial x_j} = 0 \tag{8.2.2}$$

初始条件：假设初始时刻水滴与水面是在一条直线上接触，水面静止，水滴运动速度为 u_R。以水滴半径 R、运动速度 u_R 及 R/u_R 分别为特征长度、特征速度与特征时间，则初始时刻无量纲化后的势函数 Φ 满足

$$\Phi = \begin{cases} -x_3 & x_3 > 0 \\ 0 & x_3 \leq 0 \end{cases} \tag{8.2.3}$$

边界条件：

在水滴与大气交界面上应满足拉格朗日积分方程。分别以 x_3、ζ 与 u_{aw} 表示水滴与大气交界面上的垂向坐标、曲率及速度，定义弗劳德数 $Fr = \dfrac{u_R^2}{2gR}$ 及韦伯数 $We = \dfrac{2\rho u_R^2 R}{\sigma}$，则交界面上的拉格朗日积分方程的无量纲形式为

$$\frac{\mathrm{d}\Phi}{\mathrm{d}t} = \frac{u_{aw}^2}{2} - \frac{x_3}{2Fr} - \frac{2}{We}\zeta \tag{8.2.4a}$$

此外，交界面的坐标 x_i 还应满足

$$\frac{\mathrm{d}x_i}{\mathrm{d}t} = \frac{\partial \Phi}{\partial x_i} \tag{8.2.4b}$$

采用边界元法进行计算，图 8.2.1 给出了罗朝霞等[7]对半径为 1.75mm 的水滴以速度 6m/s 冲击水面后水气界面变形情况。由图可知：水滴与水面碰撞时首先形成一空腔，随着时间的推移，空腔逐渐增大，直至达到某一极值点。随后，空腔壁继续向四周扩散，而处于最低位置的水面则开始向上运动，形成水柱。在其计算时间范围内，水柱高度一直在增加，其顶部越来越粗，而底部则越来越细。可以推断，如果有扰动存在，水柱顶部的水团将脱离水面，向上溅抛。

3. 碰撞前后水滴运动的理论分析

如前所述，水滴与水面的碰撞过程非常复杂，下面对其建立一个概化模型，其目的在于获得碰撞前后水滴运动特征量之间的近似表达式。

与上述水滴和水面垂直碰撞的描述相似，以入水速度 u_R 及入水角 θ_R 的水滴在与水面碰撞后，一方面将形成一个以速度 u_S 沿反射角 θ_S 方向运动的溅抛水滴，同时，在水面上还将出现水柱。由于碰撞所带起的水柱基本上垂直于水面（用 η 反映其对水平方

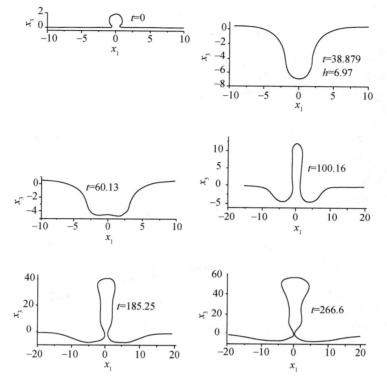

图 8.2.1　水滴冲击水面后水气界面变形情况

向动量的影响），因此如果以 V、$\xi_1 V$ 分别表示碰撞前的原有水滴及碰撞后的溅抛水滴的体积，则由与水面平行的水平方向的动量守恒可得

$$\rho V u_R \cos\theta_R = \eta \xi_1 \rho V u_S \cos\theta_S \qquad (8.2.5)$$

在水滴与水面的碰撞过程中，能量也应是守恒的。如以 d_p 表示碰撞后溅抛水滴的等容直径，也即 $\xi_1 V = \frac{1}{6}\pi d_p^3$，并类似 Engle[5] 近似取上升水柱的重力势能 $U_1 = C_1 \rho g d_p^4$（对垂直碰撞，至最大冲坑时，$C_1 = \frac{\pi}{576}$[5]）；碰撞过程中表面势能的变化为 $U_2 = C_2 d_p^2 \sigma$（对垂直碰撞，至最大冲坑时，$C_2 = 2.4513\pi$[5]）；以及忽略碰撞过程中声能及耗散能[5]，则由碰撞前后的能量守恒，有

$$\frac{1}{2}\rho V u_R^2 = \frac{1}{2}\xi_1 \rho V u_S^2 + C_1 \rho g d_p^4 + C_2 d_p^2 \sigma \qquad (8.2.6)$$

对式（8.2.6）进行简化，得到

$$\frac{u_S}{u_R} = \frac{1}{\sqrt{\xi_1}}\sqrt{1 - \frac{12\xi_1}{\pi}\left(C_1 \frac{g d_p}{u_R^2} + C_2 \frac{\sigma}{\rho u_R^2 d_p}\right)} \qquad (8.2.7\text{a})$$

此外，如果碰撞前水滴的弗劳德数 $Fr_p = \frac{u_R}{\sqrt{g d_p}} \gg 1$，则可忽略表面张力的影响，式（8.2.7a）可进一步简化为[10]

$$\frac{u_S}{u_R} = \frac{1}{\sqrt{\xi_1}} - \frac{6}{\pi}\frac{C_1}{\sqrt{\xi_1}}Fr_p^{-2} \qquad (8.2.7b)$$

式（8.2.5）和式（8.2.7）即构成了水滴与水面碰撞的简化模型，但其中的参数 ξ_1、C_1 及 C_2 与水舌入水条件及下游水垫的水力特性有关，需通过试验才能确定。下面对水滴与水面垂直碰撞及斜碰撞两种情形分别加以讨论。

（1）垂直碰撞。

图 8.2.2 给出了根据实验成果[3]整理得到的碰撞前、后水滴速度的变化及与式（8.2.7b）的比较。由图可知：对于水滴与水面的垂直碰撞，在试验范围内（$4.28 \leqslant Fr_p \leqslant 15.9$）有

$$\frac{u_S}{u_R} = 0.4722 - 1.7883Fr_p^{-2} \qquad (8.2.8)$$

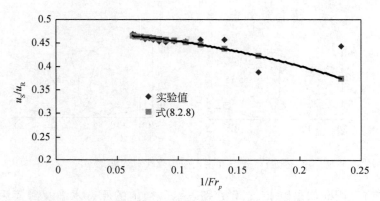

图 8.2.2　垂直碰撞试验成果与理论分析成果的比较

（2）斜碰撞。

图 8.2.3 与图 8.2.4 给出了根据试验与原型观测成果整理得到的碰撞前后水滴速度、溅抛角的变化及与式（8.2.7b）的比较。由图可知，在原型观测与模型试验范围内（$17.6 \leqslant Fr_p \leqslant 193.6$，$37.5^0 \leqslant \theta_R \leqslant 55.9^0$），有

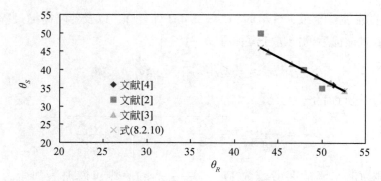

图 8.2.3　溅水角实测成果与理论分析成果的比较

$$\frac{u_S}{u_R} = 0.5545 + 343.17 Fr_p^{-2} \tag{8.2.9}$$

$$\theta_S = 98.347^0 - 1.216\theta_R \tag{8.2.10}$$

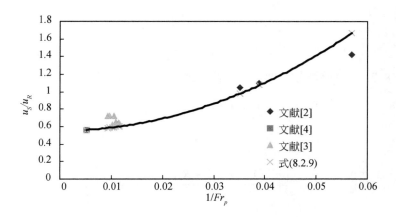

图 8.2.4　溅水速度实测成果与理论分析成果的比较

8.2.2　溅抛水滴运动的确定性描述

水滴经过碰撞而离开水面后，将在重力、浮力与风阻力等的作用下做反弹斜抛运动。以水滴与水面的碰撞点为坐标原点，以 X_{p1}、X_{p2} 与 X_{p3} 分别表示纵向（水舌风方向）、横向和垂向坐标，以 U_{pi} 表示水滴运动速度，则等容直径为 d_p，密度为 ρ 的水滴在密度为 ρ_a 的时均风速场（U_{f1}, U_{f2}, U_{f3}）中运动的控制方程为

$$\frac{\mathrm{d}U_{pi}}{\mathrm{d}t} = -\frac{3}{4}\frac{\rho_a}{\rho}\frac{C_D}{d_p}|U_p - U_f|(U_{pi} - U_{fi}) - \left(1 - \frac{\rho_a}{\rho}\right)g\delta_{3i} \tag{8.2.11}$$

$$\frac{\mathrm{d}X_{pi}}{\mathrm{d}t} = U_{pi} \tag{8.2.12}$$

式中，$|U_p - U_f| = \sqrt{(U_{p1} - U_{f1})^2 + (U_{p2} - U_{f2})^2 + (U_{p3} - U_{f3})^2}$；$C_D$ 为阻力系数，其值与相对雷诺数 Re_d 有关。

1. 小水滴溅抛运动的理论分析

为简化起见，将水舌风速场简化为（U_{f1}, U_{f2}, U_{f3}）=（U_w, 0, 0），对于 $Re_d \ll 1$ 的小水滴，由式（2.2.14）有

$$C_D = \frac{8}{3C_1C_2}\frac{1}{Re_d} \tag{8.2.13}$$

将式（8.2.13）代入式（8.2.11），并定义

$$K_1 = \frac{2}{C_1C_2}\frac{\rho_a}{\rho}\frac{\nu_a}{d_p^2} \tag{8.2.14a}$$

$$K_2 = 1 - \frac{\rho_a}{\rho} \qquad (8.2.14b)$$

通过积分，得到

$$U_{p1} = U_{p1}\big|_{t=0} \exp(-K_1 t) + U_w(1 - \exp(-K_1 t)) \qquad (8.2.15a)$$

$$U_{p2} = U_{p2}\big|_{t=0} \exp(-K_1 t) \qquad (8.2.15b)$$

$$U_{p3} = U_{p3}\big|_{t=0} \exp(-K_1 t) - \frac{K_2 g}{K_1}(1 - \exp(-K_1 t)) \qquad (8.2.15c)$$

对式（8.2.15）再积分，即可得到溅抛水滴运动的轨迹为

$$X_{p1} = X_{p1}\big|_{t=0} + U_w t + (U_{p1}\big|_{t=0} - U_w)\frac{1 - \exp(-K_1 t)}{K_1} \qquad (8.2.16a)$$

$$X_{p2} = X_{p2}\big|_{t=0} + U_{p2}\big|_{t=0}\frac{1 - \exp(-K_1 t)}{K_1} \qquad (8.2.16b)$$

$$X_{p3} = X_{p3}\big|_{t=0} + U_{p3}\big|_{t=0}\frac{1 - \exp(-K_1 t)}{K_1} + \frac{K_2 g}{K_1}\left(\frac{1 - \exp(-K_1 t)}{K_1} - t\right)$$
$$(8.2.16c)$$

值得说明的是，如果不考虑水滴溅抛过程中空气阻力的作用，也即 $K_1 = 0$，注意到

$$\lim_{K_1 \to 0} \frac{1 - \exp(-K_1 t)}{K_1} = t \qquad (8.2.17a)$$

$$\lim_{K_1 \to 0} \frac{1}{K_1}\left(\frac{1 - \exp(-K_1 t)}{K_1} - t\right) = -\frac{1}{2}t^2 \qquad (8.2.17b)$$

再考虑到 $\rho_a \ll \rho$，取 $K_2 = 1$，式（8.2.16）将简化为一般抛射体运动的轨迹方程。

2. 一般水滴溅抛运动的数值模拟

对于一般水滴，其阻力系数 C_D 不能用式（8.2.13）来表示。文献［11］建议采用下式来计算 C_D：

$$C_D = \frac{4}{3C_2}\frac{(1 + \frac{1}{C_1}Re_d)^2 - 1}{Re_d^2} \qquad (8.2.18)$$

式中，C_1、C_2 为待定系数。注意到，如 $Re_d \ll 1$，对式（8.2.18）进行展开，得到

$$C_D \to \frac{8}{3C_1 C_2}\frac{1}{Re_d} \qquad (8.2.19)$$

而当 Re_d 很大时，对式（8.2.18）进行展开，得到

$$C_D \to \frac{4}{3C_1^2 C_2} \qquad (8.2.20)$$

根据雨滴末速度与阻力系数的研究成果，经拟合得到式（8.2.18）中的系数为 $C_1 = 23.32$；$C_2 = 0.004253$。图 8.2.5 给出了以式（8.2.18）为阻力系数，通过计算得到的雨滴下降末速度与实验成果的比较，由图可知，两者也较为一致。

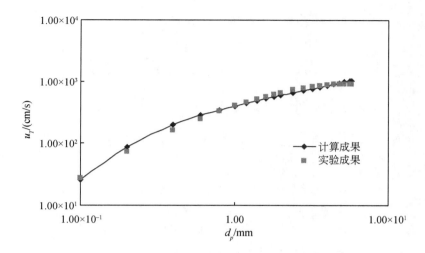

图 8.2.5　雨滴下降末速度计算成果与实验成果的比较

将水舌风速场简化为 $(U_{f1},U_{f2},U_{f3}) = (U_w,0,0)$，则一般水滴运动的控制方程 (8.2.11) 可改写为

$$\frac{\mathrm{d}U_{pi}}{\mathrm{d}t} = F_i(U_{p1},U_{p2},U_{p3},t) \tag{8.2.21}$$

式中：

$$F_1 = -\frac{3}{4}\frac{\rho_a}{\rho}\frac{C_D}{d_p}|U_p - U_f|(U_{p1} - U_w) \tag{8.2.22a}$$

$$F_2 = -\frac{3}{4}\frac{\rho_a}{\rho}\frac{C_D}{d_p}|U_p - U_f|U_{p2} \tag{8.2.22b}$$

$$F_3 = -\frac{3}{4}\frac{\rho_a}{\rho}\frac{C_D}{d_p}|U_p - U_f|U_{p3} - (1 - \frac{\rho_a}{\rho})g \tag{8.2.22c}$$

将水滴的溅抛运动划分成时间间隔为 Δt 的 N 个时间段，利用局部化近似，在 m 时刻和 $m+1$ 时刻（相应于 $t_m < t < t_m + \Delta t$）内对溅抛水滴运动的控制方程进行数值积分，其中对方程右端第一项采用四阶龙格—库塔方法积分，得到

$$U_{p1}|_{m+1} = U_{p1}|_m + \frac{\Delta t}{6}(K_{11} + 2K_{12} + 2K_{13} + K_{14}) \tag{8.2.23a}$$

$$U_{p2}|_{m+1} = U_{p2}|_m + \frac{\Delta t}{6}(K_{21} + 2K_{22} + 2K_{23} + K_{24}) \tag{8.2.23b}$$

$$U_{p3}|_{m+1} = U_{p3}|_m + \frac{\Delta t}{6}(K_{31} + 2K_{32} + 2K_{33} + K_{34}) \tag{8.2.23c}$$

式中：

$$K_{11} = F_1(U_{p1m},U_{p2m},U_{p3m},t_m) \tag{8.2.24a}$$

$$K_{12} = F_1(U_{p1m} + \frac{\Delta t}{2}K_{11},U_{p2m},U_{p3m},t_m + \frac{1}{2}\Delta t) \tag{8.2.24b}$$

$$K_{13} = F_1(U_{p1m} + \frac{\Delta t}{2}K_{12},U_{p2m},U_{p3m},t_m + \frac{1}{2}\Delta t) \tag{8.2.24c}$$

$$K_{14} = F_1(U_{pxm} + \Delta t K_{13}, U_{pym}, U_{pzm}, t_m + \Delta t) \tag{8.2.24d}$$

$$K_{21} = F_2(U_{p1m}, U_{p2m}, U_{p3m}, t_m) \tag{8.2.25a}$$

$$K_{22} = F_2\left(U_{p1m}, U_{p2m} + \frac{\Delta t}{2}K_{21}, U_{p3m}, t_m + \frac{1}{2}\Delta t\right) \tag{8.2.25b}$$

$$K_{23} = F_2\left(U_{p1m}, U_{p2m} + \frac{\Delta t}{2}K_{22}, U_{p3m}, t_m + \frac{1}{2}\Delta t\right) \tag{8.2.25c}$$

$$K_{24} = F_2(U_{p1m}, U_{p2m} + \Delta t K_{23}, U_{p3m}, t_m + \Delta t) \tag{8.2.25d}$$

$$K_{31} = F_3(U_{p1m}, U_{p2m}, U_{p3m}, t_m) \tag{8.2.26a}$$

$$K_{32} = F_3\left(U_{p1m}, U_{p2m}, U_{p3m} + \frac{\Delta t}{2}K_{31}, t_m + \frac{1}{2}\Delta t\right) \tag{8.2.26b}$$

$$K_{33} = F_3\left(U_{p1m}, U_{p2m}, U_{p3m} + \frac{\Delta t}{2}K_{32}, t_m + \frac{1}{2}\Delta t\right) \tag{8.2.26c}$$

$$K_{34} = F_3(U_{p1m}, U_{p2m}, U_{p3m} + \Delta t K_{33}, t_m + \Delta t) \tag{8.2.26d}$$

对速度再积分一次还可进一步得到水滴的运动轨迹。在雾化水流的研究中，人们尤其关注落在下游水面或岸坡上溅抛水滴范围，也即雾化水流的溅水区，其计算详见文献［10］、［11］。

8.2.3 溅抛水滴运动的随机模拟

由于受水舌入水及自然风所形成的下游水面波动等的影响，实际的溅水问题存在着一定的随机性，包括水滴出水的随机性（受水滴入水前的随机性与碰撞过程中的随机性所影响）和水滴溅抛过程中的随机性。

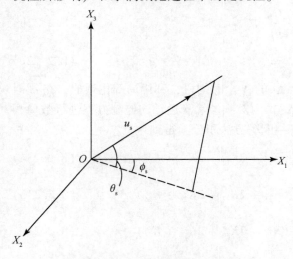

图 8.2.6 水滴出水条件描述

1. 溅抛水滴出水随机性的描述

如图 8.2.6 所示，以水滴与水面的碰撞点为坐标原点，以水滴初始溅抛速度 u_s、初始溅抛角 θ_s（初始溅抛速度与 X_1OX_2 平面之间的夹角）和 ϕ_s（初始溅抛速度在 X_1OX_2 平面上的投影与 X_1 轴之间的夹角）表示水滴的出水状态，则水滴出水的随机性可通过水滴等容直径 d_p、初始溅抛速度 u_s、初始溅抛角 θ_s 和 ϕ_s 的随机性来反映，其相应的概率密度分布函数概化如下：

（1）水滴直径 d_p 服从 Γ 分布

水滴（团）在空气中运动的尺寸取决于其运动速度。小雨滴呈球形；直径在 1mm 以上的雨滴呈扁球形；雨滴越大，形状越扁平；雨滴超过一定大小即破碎（单个水滴在空气中运动的最大稳定半径约为 3.8mm）。考虑到水滴（水团）的粒径分布很广，可将其概化为 Γ 分布，即

$$f(d_p) = \frac{\lambda_d^{\alpha}}{\Gamma(\alpha)} d_p^{\alpha-1} e^{-\lambda_d d_p} \tag{8.2.27}$$

式中，$\lambda_d > 0$ 为水滴（团）的尺寸参数，α 为水滴（团）直径分布的形状参数。

（2）水滴初始溅抛角 ϕ_s 服从正态分布

$$f(\phi_s) = \frac{1}{\sqrt{2\pi}\sigma_\phi} e^{-\frac{(\phi_s-\overline{\phi})^2}{2\sigma_\phi^2}} \tag{8.2.28}$$

式中，$\overline{\phi}$ 为水滴平均出水横向角；σ_ϕ 与消能形式有关。

（3）水滴初始溅抛速度 u_s 与初始溅抛角 θ_s 均服从 Γ 分布（或威布尔分布）

无论采用哪种分布，参数确定原则均是使 u_s、θ_s 概率密度分布函数的峰值与水滴和水面碰撞确定性描述中得到的水滴溅抛速度与溅抛角相等。如 u_s 与 θ_s 采用 Γ 分布，则有

$$f(u_s) = \frac{\lambda_u^{m}}{\Gamma(m)} u_s^{m-1} e^{-\lambda_u u_s} \tag{8.2.29a}$$

$$f(\theta_s) = \frac{\lambda_\theta^{n}}{\Gamma(n)} \theta_s^{n-1} e^{-\lambda_\theta \theta_s} \tag{8.2.29b}$$

如 u_s 与 θ_s 采用威布尔分布，则有

$$f(u_s) = \frac{m}{\beta_u}\left(\frac{u_s}{\beta_u}\right)^{m-1} \exp\left(-\left(\frac{u_s}{\beta_u}\right)^m\right) \tag{8.2.30a}$$

$$f(\theta_s) = \frac{n}{\beta_\theta}\left(\frac{\theta_s}{\beta_\theta}\right)^{n-1} \exp\left(-\left(\frac{\theta_s}{\beta_\theta}\right)^n\right) \tag{8.2.30b}$$

由此得到水滴溅抛速度的初始条件为

$$U_{p1}\big|_{t=0} = u_s\cos\theta_s\cos\phi_s \tag{8.2.31a}$$

$$U_{p2}\big|_{t=0} = u_s\cos\theta_s\sin\phi_s \tag{8.2.31b}$$

$$U_{p3}\big|_{t=0} = u_s\sin\theta_s \tag{8.2.31c}$$

2. 溅抛水滴运动过程中的随机性

以 u_{pi}、x_{pi} 分别表示水滴运动速度与位置中相应于水滴溅抛过程中随机性部分的分量，类似均匀湍流中粒子运动的随机描述，用 Langevin 方程来模拟水滴运动过程中因水舌风的脉动等导致的水滴溅抛过程中的随机性，得到相应于水滴溅抛过程中随机性部分的分量 u_{pi}、x_{pi} 的控制方程为

$$\frac{\mathrm{d}u_{pi}}{\mathrm{d}t} = -\frac{u_{pi}}{T_L} + \sigma_p\sqrt{\frac{2}{T_L}}\frac{\mathrm{d}W_i}{\mathrm{d}t} \tag{8.2.32}$$

$$\frac{\mathrm{d}x_{pi}}{\mathrm{d}t} = u_{pi} \tag{8.2.33}$$

式中，T_L、σ_p 分别表示水滴运动的拉格朗日时间尺度与水滴脉动速度的均方根值；$\mathrm{d}W_i$ 则为相互独立的白噪声过程。

文献［11］曾对溅抛水滴的运动进行了实验研究，图 8.2.7 给出了以其实验工况为背景对 5×10^5 个水滴的溅抛运动进行随机模拟所得到的降雨强度 P 在 X_1OX_2 平

面上的分布，图8.2.8与图8.2.9则分别给出了降雨强度沿纵向及横向上的变化。实验成果与数值模拟成果表明：①在溅水区范围内，地面上最大降雨强度出现在沿水舌风方向下游的某一位置上，在该位置周围，降雨强度沿纵、横两个方向均沿程递减。②描述水滴初始溅抛状态的参数 σ_ϕ 对溅抛水滴的降雨强度分布有较大影响。随着 σ_ϕ 的增加，降雨强度最大值相应减小，且沿纵向的衰减加快；而横向上的降雨区域则相应展宽。

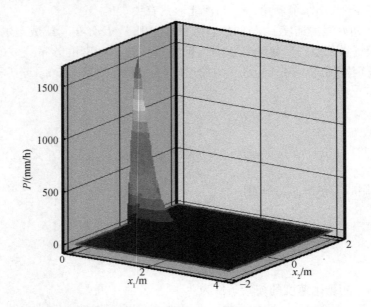

图 8.2.7　溅抛水滴降雨强度在 X_1OX_2 平面上的分布（$\sigma_\phi = 10°$）

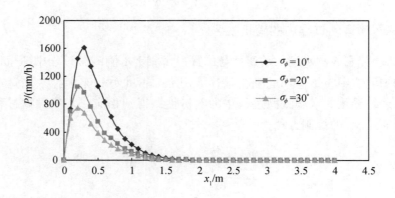

图 8.2.8　溅抛水滴降雨强度沿纵向变化（$X_2 = 0$）

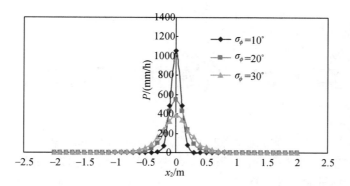

图 8.2.9　溅抛水滴降雨强度沿横向变化（$X_1 = 0.5\mathrm{m}$）

参 考 文 献

1　梁在潮. 紊流力学. 郑州：河南科学技术出版社，1988

2　李奇伟. 库区雾化运动规律研究. 武汉水利电力学院硕士学位论文，1985

3　王翔. 挑流雾化溅水区范围的确定. 武汉水利电力学院硕士学位论文，1989

4　刘永川. 安康水电站厂区雾化预报. 水电部西北水科所研究报告，1988

5　Engle O G. Crater depth in fluid impacts. J. Applied Physics, 1966, 37（4）

6　蔡一坤. 液滴和液面碰撞. 力学学报，1989，21（3）：273～279

7　罗朝霞，李会雄，陈听宽等. 液滴冲击无限大液面过程的边界元模拟. 工程热物理学报，2002，23（6）：749～752

8　Prosperetti A, Oguz H N. The impact of drops on liquid surfaces and the underwater noise of rain. Annual Review of Fluid Mechanics, 1993, 25：577～602

9　Weiss D A, Yarin A L. Single drop impact onto liquid films：neck distortion, jetting, tiny bubble entrainment and crown formation. Journal of Fluid Mechanics, 1999, 385：229～254

10　曲波. 水电站泄洪雾化深化研究. 武汉大学博士学位论文，2005

11　孙笑非. 溅抛水滴与悬浮雾流运动的统一模拟研究. 武汉大学博士学位论文，2008

第 9 章　湍流中的标量输运

流动过程中的传热、传质是自然界与工程技术中常见的现象，湍流脉动对流动过程中的热能和物质输运起到了强化作用。本章先对温差和浓度较小的情况下均匀湍流场、切变湍流场中的标量输运进行介绍，而后对天然河道中的温度与浓度输运问题进行介绍。

9.1　均匀湍流中的被动标量输运

9.1.1　谱空间中标量脉动的输运分析

均匀湍流中脉动速度 u'_i 与脉动标量 θ' 可用谱分解表示为

$$u'_i(\boldsymbol{x},t) = \sum_k \hat{u}_i(\boldsymbol{k},t)\exp(ik_lx_l) \tag{9.1.1a}$$

$$\theta'(\boldsymbol{x},t) = \sum_k \hat{\theta}(\boldsymbol{k},t)\exp(ik_lx_l) \tag{9.1.1b}$$

式中，$\boldsymbol{k}$ 为波数。将式（9.1.1）代入式（2.1.11），得到谱空间中脉动标量输运方程为

$$\frac{\partial\hat{\theta}(\boldsymbol{k},t)}{\partial t} = -ik_j\sum_{k'}\hat{u}_j(\boldsymbol{k}-\boldsymbol{k}',t)\hat{\theta}(\boldsymbol{k}',t) - Dk^2\hat{\theta}(\boldsymbol{k},t) \tag{9.1.2}$$

式中，右边第一项表示脉动速度携带标量的对流输运，第二项是分子扩散项。由该式可知，均匀湍流场中被动标量的输运由两部分组成：随脉动速度的对流和标量本身的分子扩散。

定义标量脉动谱 $S_{\theta\theta}(\boldsymbol{k}) = \hat{\theta}(\boldsymbol{k})\hat{\theta}^*(\boldsymbol{k})$，并称其为波数 $\boldsymbol{k}$ 上的标量谱，标量谱在谱空间球面上的积分 $E_\theta(k) = \int S_{\theta\theta}(\boldsymbol{k})\mathrm{d}A(\boldsymbol{k})$ 称为标量的拟能谱，或简称标量能谱。由式（9.1.2）可得到脉动标量谱的输运方程为

$$\frac{\partial S_{\theta\theta}(\boldsymbol{k},t)}{\partial t} = \Gamma_\theta(\boldsymbol{k},t) - 2Dk^2S_{\theta\theta}(\boldsymbol{k},t) \tag{9.1.3}$$

式中：

$$\begin{aligned}\Gamma_\theta(\boldsymbol{k},t) = -ik_j\sum_{k'}\Big(&\hat{u}_j(\boldsymbol{k}-\boldsymbol{k}',t)\hat{\theta}(\boldsymbol{k}',t)\hat{\theta}^*(\boldsymbol{k},t)\\&-\hat{u}_j^*(\boldsymbol{k}-\boldsymbol{k}',t)\hat{\theta}(\boldsymbol{k},t)\hat{\theta}^*(\boldsymbol{k}',t)\Big)\end{aligned} \tag{9.1.4}$$

而标量能谱的输运方程则为

$$\frac{\partial E_\theta(k,t)}{\partial t} = T_\theta(k,t) - 2Dk^2E_\theta(k,t) \tag{9.1.5}$$

式（9.1.5）中，$T_\theta(k,t) = \int\Gamma_\theta(\boldsymbol{k})\mathrm{d}A(\boldsymbol{k})$ 是谱空间中对流作用的贡献，称为标量能量

的传输谱；$-2Dk^2E_\theta(k,t)$ 是分子耗散项，其与扩散系数及波数的平方成正比。

9.1.2   标量输运形式与特性

均匀湍流中被动标量的输运形式有对流输运、分子扩散及湍动扩散。为分析标量输运的特性，暂且忽略分子扩散的作用，将标量输运方程简化为 $\dfrac{\partial \theta}{\partial t} + u_j \dfrac{\partial \theta}{\partial x_j} = 0$，由该式可知：标量将随流体质点的迁移而不改变其值，也即如果某一时刻存在局部均匀的标量分布，随着时间的推移，在湍流脉动作用下流场中也将形成具有随时间变化的标量分布。由于速度脉动存在各种尺度的成分，标量脉动也将形成相应的分布。研究表明：湍流脉动速度的迁移作用使标量谱中大尺度成分向小尺度传递，这一过程类似于湍动能传输链中的惯性输运。为和湍动能输运加以区别，将标量随速度脉动的迁移称为对流输运，而将湍流动量传输称为惯性输运。与脉动速度的动量输运过程相似，对流作用将大尺度的标量脉动"能量"向小尺度脉动传递。考虑分子扩散作用后，因标量谱方程中标量"能量"耗散项与波数的平方成正比，小尺度的标量脉动将很快衰减。

如前所述，湍流中分子扩散也导致标量输运，反映为分子热运动形成的热扩散或质量扩散。由气体分子运动理论可知，完全气体热扩散系数和质量扩散系数都与分子粘性系数（属分子动量输运的量度）成正比，且可分别用普朗特数 Pr 和施密特数 Sc 表示，它们都是物性常数，气体的普朗特数 Pr 为 $0.7\sim0.8$。

为度量湍动扩散导致的标量输运，在工程计算中也借用分子输运的概念来定义湍流普朗特数 Pr_T 和湍流施密特数 Sc_T。在湍流的代数涡粘模式中，曾引入涡粘系数 ν_T 将雷诺应力表示为

$$- \overline{u'_1 u'_3} = \nu_T \frac{\mathrm{d}\,\overline{u}_1}{\mathrm{d}x_3} \tag{9.1.6}$$

类似式（9.1.6），对标量 θ 引入相同的输运模型，并以 κ_T、D_T 分别表示湍流的热量扩散系数与质量扩散系数，在湍流通量与其平均梯度成正比的假设下，有

$$- \overline{u'_i \theta'} = \kappa_T \frac{\partial \overline{\theta}}{\partial x_i} \tag{9.1.7a}$$

$$- \overline{u'_i \theta'} = D_T \frac{\partial \overline{\theta}}{\partial x_i} \tag{9.1.7b}$$

由此即可定义湍流普朗特数 Pr_T 和湍流施密特数 Sc_T 分别为

$$Pr_T = \frac{\nu_T}{\kappa_T} \tag{9.1.8a}$$

$$Sc_T = \frac{\nu_T}{D_T} \tag{9.1.8b}$$

以热量输运为例，均匀湍流中的标量输运过程与分子普朗特数有关。在大雷诺数湍流场中，$Pr_T \gg 1$ 的输运由对流－惯性过程主宰，而 $Pr_T \ll 1$ 的输运则以惯性－扩散作用为主。由于不同分子普朗特数的标量输运机制不同，因此湍流普朗特数和分子普朗特数有关，下面对均匀各向同性湍流与平均等梯度的标量湍流条件下湍流普朗特数与分子普朗特数之间的关系进行分析。

在各向同性湍流中，用 $k - \varepsilon$ 模型计算涡粘系数 $\nu_T = C_\mu \dfrac{k^2}{\varepsilon}$；在平均等梯度的标量湍流中，平均标量通量 $- \overline{u'_3 \theta'}$ 可直接计算，以 G 表示平均标量梯度，则湍流热扩散系数 κ_T 可用下式计算

$$\kappa_T = - \frac{\overline{u'_3 \theta'}}{G} \tag{9.1.9}$$

将 ν_T 除以 κ_T，即可得到湍流普朗特数。在给定分子普朗特数分别为 0.1、0.3、0.8 和 1.2 的条件下，湍流普朗特数与分子普朗特数之间的关系如图 9.1.1a 所示，其可采用倒数线性拟合表示为

$$Pr_T = A(Re_\lambda) + B(Re_\lambda) \frac{1}{Pr} \tag{9.1.10}$$

图 9.1.1（b）中给出了拟合曲线，表 9.1.1 中则进一步给出了拟合系数。

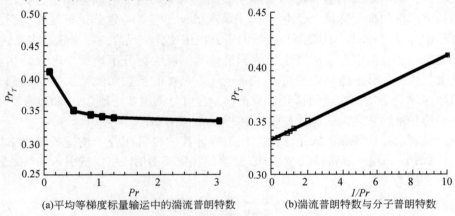

(a)平均等梯度标量输运中的湍流普朗特数　　　　(b)湍流普朗特数与分子普朗特数

图 9.1.1　各向同性湍流场中的湍流普朗特数

表 9.1.1　式（9.1.10）中的系数

Re_λ	A	B
30	0.309	0.0154
50	0.333	0.0077

9.1.3　标量能谱的经典理论

根据湍流统计理论中的 Kolmogorov 假设，湍流中最大可能的波数（Kolmogorov 耗散波数）$k_d = \left(\dfrac{\varepsilon}{\nu^3} \right)^{\frac{1}{4}}$，相应的标量能谱的截断波数 $k_c = \left(\dfrac{\varepsilon}{D^3} \right)^{\frac{1}{4}}$，这一波数在 $\nu \ll D$ 时成立，当 $\nu \gg D$ 时，Batchelor（1959）的研究成果表明，相应的截断波数应为 $k_B = \left(\dfrac{\varepsilon}{\nu D^2} \right)^{\frac{1}{4}}$。下面分 $\nu \ll D$ 和 $\nu \gg D$ 两种情形讨论标量能谱的形式。

1. $\nu \ll D$ 的情形

此时有 Pr、$Sc \ll 1$；$k_c \ll k_d$。将高波数区划分成惯性—对流标量输运区（$k \ll k_c \ll$

k_d) 及惯性 – 扩散标量输运区 ($k_c \ll k \ll k_d$)。在惯性—对流标量输运区，动量输运和标量输运的尺度分别大于各自的耗散尺度，这时脉动速度的能谱服从 – 5/3 次律，可以推测标量脉动的能谱也服从 – 5/3 次律。Obukhov[1] 和 Corrsin[2] 曾独立地提出如下假定。

$$E_\theta(k) \ \sim \ \frac{\varepsilon_\theta}{\varepsilon} E(k) \tag{9.1.11}$$

式中，ε_θ 是标量能量耗散率，即 $\varepsilon_\theta = D \overline{\dfrac{\partial \theta'}{\partial x_i} \dfrac{\partial \theta'}{\partial x_i}}$。将速度脉动的 – 5/3 次方谱 $E(k) = \alpha \varepsilon^{\frac{2}{3}} k^{-\frac{5}{3}}$ 代入上式，得到

$$E_\theta(k) \ = \ C_0 \varepsilon^{-\frac{1}{3}} k^{-\frac{5}{3}} \tag{9.1.12}$$

式中，C_0 为 Obukhov-Corrsin 常数。对大气边界层中的温度谱，实测数据表明 $C_0 = 0.64$。

在惯性—扩散标量输运区，需要考虑标量的分子扩散，而不必考虑分子粘性影响。也即，脉动速度的能谱仍然服从 – 5/3 次律。当标量输运处于扩散占优的强耗散区时，Batchelor（1959）假定：①谱空间标量输运方程中的时间导数项可以忽略；②速度脉动和标量脉动是准正则过程。由以上假设得到

$$E_\theta(k) \ \sim \ \frac{1}{3} \varepsilon_\theta D^{-3} k^{-4} E(k) \tag{9.1.13}$$

将速度脉动的 – 5/3 次方谱代入上式，得到

$$E_\theta(k) \ = \ \frac{\alpha}{3} \varepsilon_\theta D^{-3} \varepsilon^{\frac{2}{3}} k^{-\frac{17}{3}} \tag{9.1.14}$$

2. $\nu \gg D$ 的情形

此时有 Pr、$Sc \gg 1$；$k_d \ll k_B$，因而有三个波数区需要考虑。除前述的惯性—对流标量输运区（ $k \ll k_d \ll k_B$，由式（9.1.12）描述）外，还有粘性—对流标量输运区（ $k_d \leqslant k \ll k_B$ ）和粘性—扩散标量输运区（ $k_d \ll k \leqslant k_B$ ）。

当 $k > k_d$ 时，Batchelor（1959）的研究成果表明[3]

$$E_\theta(k) \ = \ \left(\frac{\nu}{\varepsilon}\right)^{\frac{1}{2}} \frac{\varepsilon_\theta}{2k} \exp\left(- 2\left(\frac{k}{k_B}\right)^2\right) \tag{9.1.15}$$

再考虑 $k \ll k_B$ 的情况，此时式（9.1.15）中的指数项趋于1，变为如下相对简单的形式

$$E_\theta(k) \ = \ \left(\frac{\nu}{\varepsilon}\right)^{\frac{1}{2}} \frac{\varepsilon_\theta}{2k} \tag{9.1.16}$$

以上推断是基于量纲分析，并没有从动力学角度予以考虑。近年来，大量直接数值模拟和实验成果对以上的论断提出了质疑[4]，表现在：①标量脉动具有较大的间歇性。比如，在均匀各向同性湍流中，速度脉动分量的概率密度分布几乎是高斯的，而在这种速度脉动场中的标量脉动梯度则偏离高斯分布；标量耗散率的间歇性也大于湍动能耗散率的间歇性，用量纲分析法导出的能谱中，并没有考虑湍动能耗散与标量耗散的

间歇性；②根据 Kolmogorov 理论和 Obukhov-Corrsin 理论，只有当雷诺数和贝克来数很大时，速度脉动和标量脉动才能有 $-5/3$ 次的能谱。实验和数值模拟结果则表现出"异常"的情况：在 $Pr \sim 1$ 的流体介质中低雷诺数均匀各向同性湍流的标量输运过程因雷诺数较低在速度脉动的能谱中没有明显的 $-5/3$ 次方的波段；而在这一湍流场中的标量脉动的能谱中却有明显的 $-5/3$ 次方的波段。因此，文献 [5] 认为，标量的湍流输运需要进一步研究。

9.2　切变湍流中的被动标量输运

9.2.1　标量输运的形式

与均匀湍流中的被动标量输运不同，在切变湍流中标量的输运除有分子扩散与湍动扩散两种形式外，还存在着剪切弥散。在水利水电工程中，分子扩散作用一般比较小，因而可不考虑；湍动扩散比之剪切弥散作用也小得多，如在浅海区域中污染物的扩散中，剪切弥散系数要比分子扩散系数大 $4 \sim 5$ 个数量级，也比湍动扩散系数大 $2 \sim 3$ 个数量级。此外，在大江、大河中污染物的扩散中，剪切弥散系数也要比湍动扩散系数高一个数量级。因此，在水利水电工程中，剪切弥散是污染物的主要扩散形式。

9.2.2　槽道流中的湍动扩散

如前所述，湍流普朗特数是描述标量湍动扩散与流体动量的湍动扩散差异的一个特征量。在槽道流中，湍流场沿流向和横向是均匀的，沿垂向 x_3 则是非均匀的，因此，湍流普朗特数也将沿垂向变化，见图 9.2.1。由图可知：当分子普朗特数在 $0.3 \sim 1.2$ 之间变化时，同一垂向位置上湍流普朗特数的改变达 20%。槽道流中湍流普朗特数也与分子普朗特数的倒数呈线性关系[6]，见图 9.2.2。

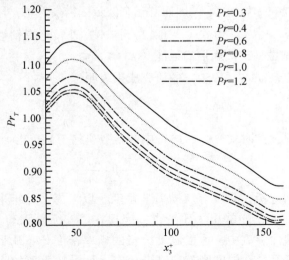

图 9.2.1　湍流普朗特数沿垂向的变化

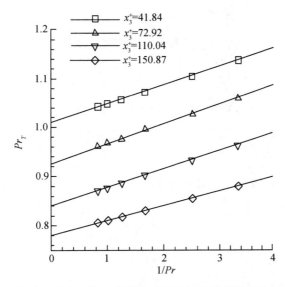

图 9.2.2　槽道流中湍流普朗特数随分子普朗特数倒数变化的拟合曲线

9.2.3　单向切变流的剪切弥散

标量在切变湍流中的剪切弥散，是时均流速沿空间分布的不均匀所致[7]。下面对单向切变湍流中的剪切弥散进行介绍。

对于仅在垂向 x_3 存在切变效应的单向切变湍流，标量 θ 的时均输运方程可写成（式中已省略表示时均值的平均符号 "—"）

$$\frac{\partial \theta}{\partial t} + u_1 \frac{\partial \theta}{\partial x_3} = \frac{\partial}{\partial x_3}\left(D_T \frac{\partial \theta}{\partial x_3}\right) \tag{9.2.1}$$

将时均值 u_1、θ 作如下分解

$$\theta = \tilde{\theta} + \theta' \tag{9.2.2a}$$

$$u_1 = \tilde{u}_1 + u'_1 \tag{9.2.2b}$$

式中，$\tilde{u}_1$ 和 $\tilde{\theta}$ 分别表示流速和输运标量的垂向平均值。引入如下变换

$$\zeta = x_1 - \tilde{u}_1 t \tag{9.2.3a}$$

$$\tau = t \tag{9.2.3b}$$

则有

$$\frac{\partial}{\partial x_1} = \frac{\partial \zeta}{\partial x_1}\frac{\partial}{\partial \zeta} + \frac{\partial \tau}{\partial x_1}\frac{\partial}{\partial \tau} = \frac{\partial}{\partial \zeta} \tag{9.2.4a}$$

$$\frac{\partial}{\partial t} = \frac{\partial \zeta}{\partial t}\frac{\partial}{\partial \zeta} + \frac{\partial \tau}{\partial t}\frac{\partial}{\partial \tau} = -\tilde{u}_1 \frac{\partial}{\partial \zeta} + \frac{\partial}{\partial \tau} \tag{9.2.4b}$$

利用式（9.2.3）与式（9.2.4）将式（9.2.1）变为

$$\frac{\partial}{\partial \tau}(\tilde{\theta} + \theta') + u'_1 \frac{\partial}{\partial \zeta}(\tilde{\theta} + \theta') = \frac{\partial}{\partial x_3}\left(D_T \frac{\partial \theta'}{\partial x_3}\right) \tag{9.2.5}$$

以 H 表示单向切变流沿垂向的特征尺寸（在槽道流中对应于水深），对式（9.2.5）各项进行垂向平均，注意到 θ'、$\widetilde{\theta}\, u'_1$ 等的垂向平均值为零，有

$$\frac{\partial \widetilde{\theta}}{\partial \tau} + u'_1 \frac{\partial \widetilde{\theta}'}{\partial \zeta} = 0 \tag{9.2.6}$$

将式（9.2.5）与式（9.2.6）相减，得到

$$\frac{\partial \theta'}{\partial \tau} + u'_1 \frac{\partial \widetilde{\theta}}{\partial \zeta} + u'_1 \frac{\partial \theta'}{\partial \zeta} - \overline{u'_1 \frac{\partial \theta'}{\partial \zeta}} = \frac{\partial}{\partial x_3}\left(D_T \frac{\partial \theta'}{\partial x_3}\right) \tag{9.2.7}$$

一般来讲，输运量（如浓度）$\widetilde{\theta}$ 和 θ' 的变化比较缓慢，而且 θ' 的值要比 $\widetilde{\theta}$ 小，可近似认为

$$u'_1 \frac{\partial \theta'}{\partial \zeta} - \overline{u'_1 \frac{\partial \theta'}{\partial \zeta}} \ll u'_1 \frac{\partial \widetilde{\theta}}{\partial \zeta}$$

则式（9.2.7）可简化为

$$\frac{\partial \theta'}{\partial \tau} + u'_1 \frac{\partial \widetilde{\theta}}{\partial \zeta} = \frac{\partial}{\partial x_3}\left(D_T \frac{\partial \theta'}{\partial x_3}\right) \tag{9.2.8a}$$

对于恒定流，上式还可进一步简化为

$$u'_1 \frac{\partial \widetilde{\theta}}{\partial \zeta} = \frac{\partial}{\partial x_3}\left(D_T \frac{\partial \theta'}{\partial x_3}\right) \tag{9.2.8b}$$

求解式（9.2.8b），得到

$$\theta'(x_3) = \frac{\partial \widetilde{\theta}}{\partial x_1}\int_0^{x_3} \frac{1}{D_T}\int_0^{x_3} u'_1 \mathrm{d}x_3 \mathrm{d}x_3 + \theta'(0) \tag{9.2.9}$$

注意到在相应于变换式（9.2.4）的动坐标系中，沿流动方向 x_1 的物质输运率为

$$M = \int_0^H u'_1 \theta' \mathrm{d}x_3 = \frac{\partial \widetilde{\theta}}{\partial x_1}\int_0^H u'_1 \int_0^{x_3} \frac{1}{D_T}\int_0^{x_3} u'_1 \mathrm{d}x_3 \mathrm{d}x_3 \mathrm{d}x_3 + \int_0^H u'_1 \theta'(0) \mathrm{d}x_3$$

由于

$$\int_0^H u'_1 \mathrm{d}x_3 = 0$$

从而

$$\int_0^H u'_1 \theta'(0) \mathrm{d}x_3 = 0$$

进而有

$$M = \int_0^H u'_1 \theta' \mathrm{d}x_3 = \frac{\partial \widetilde{\theta}}{\partial x_1}\int_0^H u'_1 \int_0^{x_3} \frac{1}{D_T}\int_0^{x_3} u'_1 \mathrm{d}x_3 \mathrm{d}x_3 \mathrm{d}x_3 \tag{9.2.10}$$

根据梯度输运假设，认为沿流动方向 x_1 的物质输运率与该方向上的浓度梯度成正比，也即

$$M = -HK \frac{\partial \widetilde{\theta}}{\partial x_1} \tag{9.2.11}$$

式 (9.2.11) 中, K 称为纵向弥散系数, 简称弥散系数。比较式 (9.2.10) 和式 (9.2.11), 得到弥散系数 K 的表达式为

$$K = -\int_0^H \frac{1}{H} u'_1 \int_0^{x_3} \frac{1}{D_T} \int_0^{x_3} u'_1 \mathrm{d}x_3 \mathrm{d}x_3 \mathrm{d}x_3 \qquad (9.2.12)$$

显然, 如果沿垂向上时均流速分布是均匀的, 则有 $K = 0$。因此, 弥散系数反映了时均流速沿垂向分布不均匀所引起的标量输运。

综上所述, 单向切变流中标量 θ 的剪切弥散方程可写成

$$\frac{\partial \tilde{\theta}}{\partial t} + \tilde{u}_1 \frac{\partial \tilde{\theta}}{\partial x_1} = K \frac{\partial^2 \tilde{\theta}}{\partial x_1 \partial x_1} \qquad (9.2.13)$$

式 (9.2.13) 中的弥散系数是垂向上不均匀速度差 u'_1 与湍动扩散系数的函数, 采用不同的时均流速沿垂向分布公式, 其值也有所不同。如采用对数流速分布公式计算时均流速, 则弥散系数为

$$K = 5.93 u_* H \qquad (9.2.14)$$

式中, u_* 为摩阻流速。

9.3　天然河道中的温度输运

9.3.1　温排水及其影响

电厂循环冷却水的排水温度比进水温度有所上升, 排放到受纳水域中称为温排水。据统计, 在火力发电中, 约有 40% 的能量转化为电能; 而在核电站, 仅有 33% 转化为电能, 其余的均变为废热, 若采用表面冷却方式, 将有大量废热通过冷却水排入附近水域。温水排入河道、湖泊或海洋后会引起受纳水域水体温度升高, 相应地带来以下几方面的问题。

(1) 对电厂自身产生影响。

如果取排水口布置不恰当, 有可能出现热回归现象, 从而会影响到发电厂机组的效率。冷却水温度每升高 2℃, 汽机效率降低约 1%。当水温超过一定限度, 汽耗超过最大通过量时, 还将强迫降低负荷, 成为机组安全运行、满发的巨大障碍。不少电厂夏季供电量减少, 原因之一就是冷却水温度过高。因此, 选择适宜的取排水构筑物型式和工程布置方案成为电厂规划设计阶段必须研究解决的首要问题之一。

(2) 对生态环境产生影响。

水温的升高扰乱了水中原有的生态平衡系统, 会对河道内微生物、动植物的活动产生影响, 也会对水域的水质和生态产生很大的影响: 在局部地区, 因温水的不断排入, 大量的热量来不及扩散, 水体便会逐渐升温, 造成热富集; 水温的升高会使饱和溶解氧降低, 加快了有机污染物的分解速度和水生物呼吸, 引起耗氧量显著增加, 一些有毒的浮游生物大量繁殖, 可能引发赤潮; 许多对温升敏感的生物, 当水温升高后, 可能会不能繁殖, 或导致死亡。

受纳水域的温升分布、冷却能力等不仅与人工热负荷的强度和工程布置有关, 还

取决于水文气象、水质等条件。因此，有必要通过一定的手段研究排水口附近水域的流场，并对水体温升变化程度及范围做出预测，以便在新建或改扩建电厂时，作为工程规划和设计的依据，并为环境影响评价和水资源论证工作提供参考。

9.3.2 天然河道温度输运的平面二维数值模拟

1. 数学模型

1）控制方程

天然河道中的温度输运在近区和远区具有不同的机理。在近区，输运方程中的源项、对流项和扩散项均是主要项，温度在河道中的分布呈现出空间上的三维非均匀性和时间上的非恒定性；而在远区，温升已扩展至全水深（或足够深度的水体），温度输运方程通过水深平均可以进行极大的简化。目前，从河道环境影响评价和工程论证的层面上来看，应用最为广泛的平面二维数学模型的控制方程包括水流连续方程、水流运动方程和温度输运方程。

水流连续方程

$$\frac{\partial Z}{\partial t} + \frac{\partial uH}{\partial x} + \frac{\partial vH}{\partial y} = q \tag{9.3.1}$$

水流运动方程

$$\frac{\partial Hu}{\partial t} + \frac{\partial Huu}{\partial x} + \frac{\partial Hvu}{\partial y} = -g\frac{n^2\sqrt{u^2+v^2}}{H^{\frac{1}{3}}}u - gH\frac{\partial Z}{\partial x} + \frac{\partial}{\partial x}\left(\nu_T\frac{\partial(Hu)}{\partial x}\right) + \frac{\partial}{\partial y}\left(\nu_T\frac{\partial(Hu)}{\partial y}\right)$$
$$+ fv + qu_0 \tag{9.3.2a}$$

$$\frac{\partial Hv}{\partial t} + \frac{\partial Huv}{\partial x} + \frac{\partial Hvv}{\partial y} = -g\frac{n^2\sqrt{u^2+v^2}}{H^{\frac{1}{3}}}v - gH\frac{\partial Z}{\partial y} + \frac{\partial}{\partial x}\left(\nu_T\frac{\partial(Hv)}{\partial x}\right) + \frac{\partial}{\partial y}\left(\nu_T\frac{\partial(Hv)}{\partial y}\right)$$
$$- fu + qv_0 \tag{9.3.2b}$$

温度输运方程

$$\frac{\partial H\Delta T}{\partial t} + u\frac{\partial H\Delta T}{\partial x} + v\frac{\partial H\Delta T}{\partial y} = \frac{\partial}{\partial x}\left(\nu_{TS}\frac{\partial(H\Delta T)}{\partial x}\right) + \frac{\partial}{\partial y}\left(\nu_{TS}\frac{\partial(H\Delta T)}{\partial y}\right) - \frac{k_s\Delta T}{\rho C_P} + qT_0 = 0$$
$$\tag{9.3.3}$$

式中，Z 为水位；H 为水深；u、v 为 x、y 方向的流速；n 为糙率系数；g 为重力加速度；f 为柯氏力系数；ν_T 为水流综合扩散系数；q 为源（汇）单位面积的流量；u_0、v_0 为源（汇）在 x、y 方向的流速；ΔT 为温升；ν_{TS} 为热扩散系数；ρ 为水的密度；C_P 为水比热；T_0 为热源处的温升；k_s 为水面综合散热系数。

2）参数取值

（1）热扩散系数。

按照经验公式一般取为 $\nu_{TS} = \alpha u_* H$。Elder 和费希尔等曾对 α 的取值做过一系列试验，给出了一些经验取法，具体取值还应视具体情况或通过模型率定和验证来确定。

（2）水面综合散热系数。

水面综合散热系数是对热量在水体中降减速率的描述，指的是水面上每昼夜单位面积，单位气、水温差的散热量，其是描述水体废热自净能力的基本参数。水面综合散热系数综合体现水、气交界面上的对流、蒸发、辐射三种散热能力，其中以蒸发散热为主。水面综合散热研究一直是国内外有关学者十分关注的问题，并在实验基础上取得一定的成果，总结了许多散热系数的计算公式。如应用较多的 Gunneberg 经验公式为

$$k_s = 2.2 \times 10^{-7}(T_S + 273.15)^3 + (0.0015 + 0.00112U_2)$$

$$\left((2501.7 - 2.366T_S)\frac{25509}{(T_S + 239.7)^2} \times 10^{\frac{7.56T_S}{T_S+239.7}} + 1621\right) \qquad (9.3.4)$$

式中，U_2 为水面以上 2m 处的风速；T_S 为各个特征点的温升与环境水温之和。

2. 数值模拟

对天然河道中的温排水运动进行平面二维数值模拟，就网格布置来看可采用矩形网格、正交曲线网格、一般曲线网格和三角形网格等。不同的计算网格具有不同的优缺点，如：矩形网格不需要从物理空间到计算空间的转化，因而网格生成简单、省时，但最大的缺点是其生成的齿状边界会造成流动失真；正交曲线网格和一般曲线网格是处理复杂边界最常用的网格之一，可以使网格边界和计算区域的边界相重合，既能够防止流动失真还便于处理边界条件，但坐标变换往往使控制方程离散和程序编制变得异常复杂；非结构网格具有不规则的拓扑结构，网格和节点布置比较灵活，易于处理复杂地形，但是其计算量和存储量都较大，程序编制也比较复杂。总之，采用结构网格与非结构网格进行温排水计算各有优缺点，下面分别就此两类网格计算实例进行说明。

算例 1：长江中游城陵矶河段温排水运动数值模拟

周成成建立了在曲线网格上直接对直角坐标系下温排水运动控制方程进行离散的方法，并以长江城陵矶河段某电厂为例，采用该方法对其水流流场与温度场进行了数值模拟[8]。图 9.3.1 给出了计算河段水深平均流速分布实测成果与计算成果的比较；图 9.3.2 与表 9.3.1 给出了相应于热扩散系数中 α 取值不同的条件下实测温升与计算温升的比较。从计算结果与实测值的比较来看：α 值较小时，近区高温升区面积较大，远区低温升区变化不明显；α 值较大时，近区高温升区偏小。总体来看，α 值取 0.4 时，计算值与实测成果吻合较好。

表 9.3.1　监测点温升计算值与实测值的比较　　　　　　　　单位：℃

项目	监测点				
	P1	P2	P3	P4	P5
实测	0	0.1	1.5	0.1	0.3
$\alpha = 0.4$	0	0.2	1.39	0.1	0.32
$\alpha = 0.6$	0	0.2	1.37	0.1	0.31
$\alpha = 1.0$	0	0.2	1.32	0.1	0.31
$\alpha = 2.0$	0	0.2	1.23	0.1	0.29

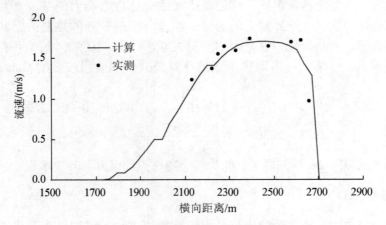

图 9.3.1　流速实测值与计算值的比较

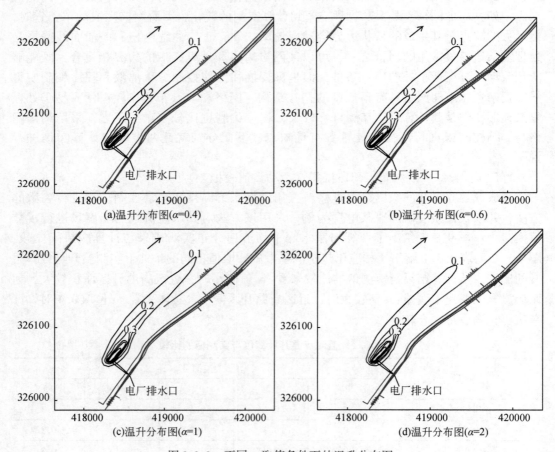

图 9.3.2　不同 α 取值条件下的温升分布图

算例2：长江下游感潮河段温排水运动数值模拟

张细兵采用非结构三角形网格对南京河段某电厂的温排水问题进行了数值模拟[9]，下面对其进行简要介绍。

河道及工程概况：

拟建电厂位于长江下游镇扬河段世业洲汊道段进口右岸。电厂一期工程建设规模为2台600MW燃煤机组，取水水源为长江。两台机组布置排水口一个，为喇叭形明渠，取水头两个，为蘑菇头形。

计算河段网格划分：

选取三江口～六圩河口长约40km河段作为计算河段，计算河段为弯曲分汊河道，中间为世业洲汊道，目前右汊为主汊。将计算河段划分为16589个三角形单元，8744个网格节点，见图9.3.3。在网格布置过程中，三角形边长一般为50～200m；同时对取排水口局部区域进行了网格加密，三角形边长约为10m。此外，为提高计算精度，疏密网格间保持了良好的渐变性。

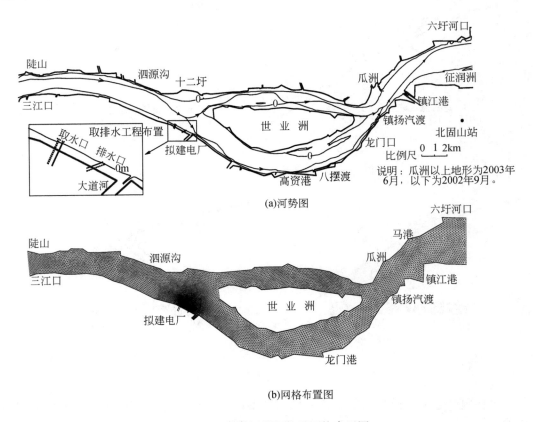

图9.3.3 计算河段河势及网格布置图

计算条件：

水流条件为长江多年97%频率流量条件，对应大通流量为5680m³/s。在计算河段进出口给定相应条件的潮位过程。

电厂排水方式为喇叭形明渠，排水口按开边界考虑，给定排水流量、温升值，并考虑热回归影响。排水流量为 29 m³/s，温升为 13℃。

计算成果：

在计算过程中，时间步长根据 Courant 条件进行选取，流场计算时间步长取为 1s，温度场计算取为 10s。计算成果表明，电厂温排水的温升影响范围主要分布在电厂排水口上、下游，为扁长状沿岸热污染带。图 9.3.4 给出了温升等值线在一个潮周期内（约 12h）的动态变化过程，由图可知：温排水运动与潮流运动关系密切；涨潮时，温水舌回缩，并贴岸向上游扩散（图 9.3.4（a）、（b）、（c））；落潮时，温水出排水口后贴岸向下游扩散（图 9.3.4（d））；在一个潮周期内，温水在厂址一侧河道岸边上、下回荡。

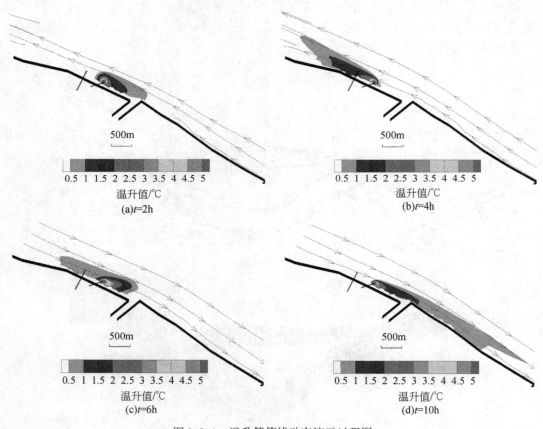

图 9.3.4　温升等值线动态演示过程图

为检验数学模型计算成果的合理性，采用该项目比尺为 1:100 的温排水物理模型试验成果进行了验证。图 9.3.5 给出了落急时刻数学模型计算得到的温升等值线分布与物理模型试验成果的对比情况。由图可知：两者总体上差别不大，但在排水口附近（近区），由于温升分层影响，两者略有差异；而在远区，温水得到充分掺混后两者差别很小，见图 9.3.5 中的 1℃ 温升线。

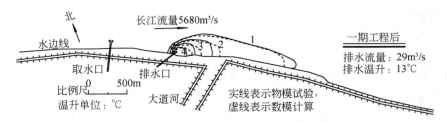

图9.3.5 落急时刻数学模型计算与物理模型试验温升分布对比图

9.3.3 天然河道温度输运的三维数值模拟

天然河道中的水流都是三维湍流，特别是在取、排水口附近，水力、热力等要素的变化较大，需要通过更精细的三维数值模拟来研究温排水运动的特性。有鉴于此，张细兵等建立了温度输运的三维数学模型，在该模型中采用 $k-\varepsilon$ 模型对雷诺时均方程进行封闭，并进行了相应的数值计算[10]，所采用的数学模型构建与数值计算技术具有以下特点：①对温排水的全域（包括近区和远区）均进行三维计算，以便能更精细地模拟温度场在平面及沿垂向的变化情况；②采用非结构网格对计算区域进行剖分，以便能较好地贴合天然河道不规则的边界，同时对所关注的局部区域进行充分的加密处理；③在垂向上采用动网格技术，以便适应水位变动问题的模拟。下面以长江镇扬河段某电厂温排水计算为例对温排水的三维数值模拟进行简要介绍，并用已建电厂实测潮位与温度资料进行验证计算。

河道概况：

已建电厂位于长江镇扬河段北岸卞港处，北距扬州市区约11km，下游3.5km处为京杭大运河与长江的交汇口。电厂厂址正处于河道凹岸。河演分析成果表明，该江段岸线稳定，有利于取、排水口的布置。

计算河段选取及网格划分：

选取瓜洲至六圩河口长约8km的河段作为计算河段。地形采用2006年5月实测1/10000地形。采用三角形网格进行地形的平面剖分，三角形网格边长在 $10 \sim 200$m 之间，并对排水口局部进行了多级加密处理。垂向上分为10层，各层网格节点按水深均匀分布。排水口按开边界处理，取水口则按汇项考虑。计算河段范围及网格划分见图9.3.6。

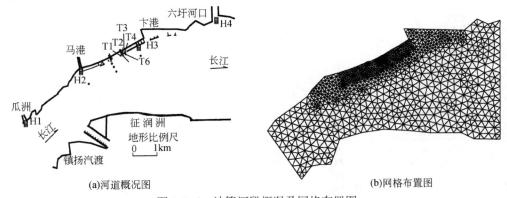

(a)河道概况图 (b)网格布置图

图9.3.6 计算河段概况及网格布置图

工程概况：

已建电厂一期 2×600MW 亚临界燃煤机组已分别在 1998 年 11 月和 1999 年 6 月相继投运，电厂已形成稳定的生产能力。该电厂冷却水采用直流供水方式，水源来自长江。取水口位于排水口上游 50m 处。取排水工程采用差位式布置方式，深取浅排，取水口布置在 −14.0m 等深线附近，排水口布置在 −3.0m 等高线附近，取水头相对排水口末端向江中伸出 60m。按照设计方案，在夏季运行时，一期工程冷却水量为 42m³/s，温升 9℃；在冬季运行时，冷却水量为 29m³/s，温升 13℃。

水流运动计算：采用 2006 年 8 月实测的潮位过程资料进行验证。表 9.3.2 给出了马港和煤码头两临时水尺潮位过程的验证计算结果。由表 9.3.2 可知：计算与实测潮位波峰、波谷值及其出现时间相差不大。

表 9.3.2　潮位过程验证　　　　　　　　　　　　　　单位：m

位置		波峰	出现时间	波谷	出现时间	波峰	出现时间
马港 H2	实测	4.17	8 − 10 8：00	2.91	8 − 11 5：00	4.38	8 − 11 8：00
	计算	4.22	8 − 10 8：05	3.03	8 − 11 4：50	4.32	8 − 11 7：30
煤码头 H3	实测	4.13	8 − 10 8：00	2.88	8 − 11 5：00	4.34	8 − 11 8：00
	计算	4.16	8 − 10 8：10	2.85	8 − 11 4：30	4.27	8 − 11 7：30

温度场计算：在天然河道中，影响水温的因素较多，如风力、太阳辐射等，在模型中不可能一一精确反映。图 9.3.7 给出了 $T_1 \sim T_6$ 共六个采样点上水温过程的计算成果与实测成果的比较。由图 9.3.7 可知：水温计算成果基本上与实测值一致，但波动幅度比实测值稍小。

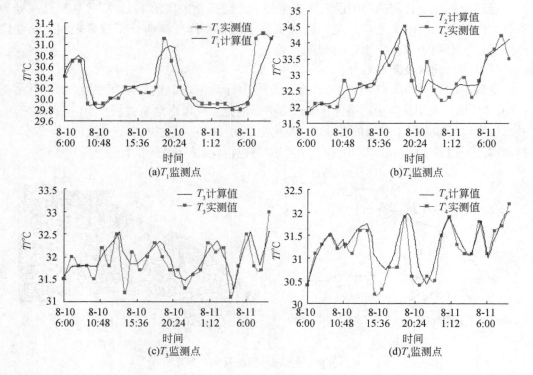

(a)T_1监测点　　　　　　　(b)T_2监测点

(c)T_3监测点　　　　　　　(d)T_4监测点

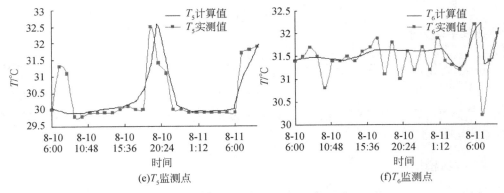

(e)T_5监测点　　　　　　　　　　　(f)T_6监测点

图 9.3.7　监测点 $T_1 - T_6$ 表层水温的变化过程

9.4　天然河道中的浓度输运

9.4.1　污染物的扩散输移与转化

进入水域的污染物质通常经历三种净化过程，即物理、化学和生物过程。在这三种过程中，物理过程是最基本的和最重要的，其主要是指污染物在水域中的混合与输运过程，包括时均流动引起的污染物输移与湍流脉动引起的污染物湍动扩散，而生物和化学过程对于确定污染物的归宿和危害是很重要的。这些过程受到水域时均流动、湍流效应、水文气象条件、水域边界要素、化学及生物作用等诸多因素的影响，使得污染物在水域中的迁移转化规律变得相当复杂。目前，黄河、淮河等河流，包括洞庭湖、太湖在内的湖泊都遭受了不同程度的污染，在治理水体污染时，必须掌握污染物是如何随水流掺混、迁移的，这样才能有的放矢。

9.4.2　天然河道浓度输运的平面二维数值模拟

1. 数学模型

浓度输运平面二维数学模型的控制方程包括水流连续方程、水流运动方程和浓度输运方程，其分别为

水流连续方程

$$\frac{\partial Z}{\partial t} + \frac{\partial uH}{\partial x} + \frac{\partial vH}{\partial y} = q \tag{9.4.1}$$

水流运动方程

$$\frac{\partial Hu}{\partial t} + \frac{\partial Huu}{\partial x} + \frac{\partial Hvu}{\partial y} = -g\frac{n^2\sqrt{u^2+v^2}}{H^{\frac{1}{3}}}u - gH\frac{\partial Z}{\partial x} + \frac{\partial}{\partial x}\left(\nu_T\frac{\partial(Hu)}{\partial x}\right) + \frac{\partial}{\partial y}\left(\nu_T\frac{\partial(Hu)}{\partial y}\right)$$
$$+ fv + qu_0 \tag{9.4.2a}$$

$$\frac{\partial Hv}{\partial t} + \frac{\partial Huv}{\partial x} + \frac{\partial Hvv}{\partial y} = -g\frac{n^2\sqrt{u^2+v^2}}{H^{\frac{1}{3}}}v - gH\frac{\partial Z}{\partial y} + \frac{\partial}{\partial x}\left(\nu_T\frac{\partial(Hv)}{\partial x}\right) + \frac{\partial}{\partial y}\left(\nu_T\frac{\partial(Hv)}{\partial y}\right)$$

$$- fu + qv_0 \tag{9.4.2b}$$

浓度输运方程

$$\frac{\partial HC_i}{\partial t} + u\frac{\partial HC_i}{\partial x} + v\frac{\partial HC_i}{\partial y} = \frac{\partial}{\partial x}\left(E_x\frac{\partial(HC_i)}{\partial x}\right) + \frac{\partial}{\partial y}\left(E_y\frac{\partial(HC_i)}{\partial y}\right) - K_cHC_i + qC_{i0} = 0$$
$$\tag{9.4.3}$$

式中，C_i 为第 i 组污染物的浓度；E_x，E_y 分别为 x，y 方向的浓度扩散系数；K_c 为降解系数；C_{i0} 为源、汇的浓度。

2. 数值模拟

在电力工业中，需要大量的冷却水供冷却塔和冷凝器对发电机组进行冷却，为防止冷凝器附着生物形成绝热层，影响冷却效果甚至堵塞冷却系统，需定时向循环冷却水中加入一定量的物质，以清除管道中附着的藻类微生物。最常用的是投放氯气，从而使冷却水中含有余氯。余氯对水生生物毒性较大，主要是破坏水生生物从水中获取溶解氧的能力，当含有余氯的冷却水排入邻近水域，将会对受纳水体的生态环境造成一定的影响。本书选取长江下游安庆河段某电厂为例，利用前述浓度输运的平面二维数学模型预测了受纳水域余氯的浓度分布，并分析了余氯排放对排水口邻近水域水环境的影响。

河道概况：

待评价电厂位于长江下游安庆河段鹅眉洲左汊中部左岸。该河段属微弯分汊河道，其包括安庆单一段和鹅眉洲分汊型河段。安庆单一段自皖河口以下长约 10km，河道顺直稳定，河宽在 900~1500m 之间；从安庆单一段至鹅眉洲洲头，河道明显展宽，洲头处河宽约 4km，鹅眉洲汊道属微弯分汊河型，有鹅眉洲和江心洲并列处于江中，两洲之间夹夹江。1981 年后夹江在中枯水情况下已基本不过流，江心洲与鹅眉洲连成一体，鹅眉洲形成了左、右汊的格局，左汊较为顺直，长约 10.5km，右汊微弯，长约 15km，曲率 1.37，多年来左汊为主汊，左汊深泓紧靠左岸。

计算范围及网格划分：

计算河段为小闸口上游 1km（进口边界）至前江口（出口边界）长约 25km 的河段。计算网格采用正交曲线网格形式，网格节点数为 203×70 个，其中沿水流向网格间距 10~200m，垂直水流方向网格间距 10~150m。在取排水工程局部区域的网格相对较密，网格尺度为 10m×10m。计算河段河势及网格布置见图 9.4.1。

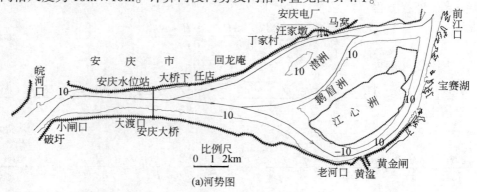

(a)河势图

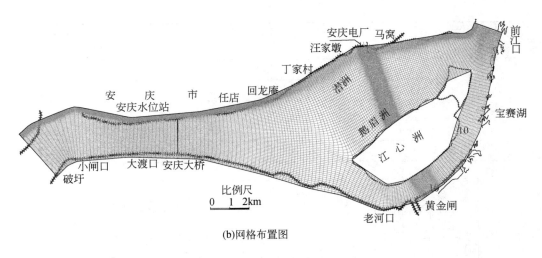

(b)网格布置图

图 9.4.1 计算河段河势及网格布置图

计算条件：

分别选取多年 97% 频率流量（5700m³/s）和夏季 90% 频率流量条件进行计算；冷却水排水流量夏季为 42m³/s，冬季为 28m³/s；排水口氯离子浓度为 0.3mg/L。

通过实测资料率定调试，得到本河段河道主槽糙率为 0.018 ~ 0.022，滩地糙率为 0.026 ~ 0.032；余氯扩散系数根据大量工程经验，取 $E_x = 5.0$，$E_y = 0.5$；取余氯的半衰期为 1h，则通过余氯的一级衰减模型计算得到降解系数为 0.69。

计算成果：

表 9.4.1 给出了氯离子浓度扩散范围及包络面积，图 9.4.2 则进一步给出了余氯排放浓度分布。根据 Matlice 和 Zittel 的大量研究[11]，对海洋生物以及淡水生物的余氯浓度和作用时间的安全阈限为 0.02mg/L。计算成果表明：在冬季 5700m³/s 流量条件下，超 0.02mg/L 最大包络面积仅为 0.037km²，在夏季 26800m³/s 流量条件下，超 0.02mg/L 最大包络面积仅为 0.103km²，因此可认为安庆电厂二期工程排放余氯对邻近水域水生生物影响较小。

表 9.4.1 氯离子浓度扩散范围及包络面积统计表

长江流量 / (m³/s)	浓度等值线 / (mg/L)	沿岸扩散 长度/m	离岸扩散 宽度/m	扩散宽度占水 面宽比例/%	包络面积 /km²
5700	0.01	1800	100	17.2	0.159
	0.02	520	65	11.2	0.037
	0.03	340	50	8.6	0.025
	0.05	250	40	6.9	0.019
	0.10	210	30	5.2	0.013

长江流量 / (m^3/s)	浓度等值线 / (mg/L)	沿岸扩散 长度/m	离岸扩散 宽度/m	扩散宽度占水 面宽比例/%	包络面积 /km^2
	0.01	4000	120	15.0	0.464
	0.02	1560	75	9.4	0.103
26800	0.03	690	60	7.5	0.040
	0.05	420	50	6.3	0.026
	0.10	260	35	4.4	0.016

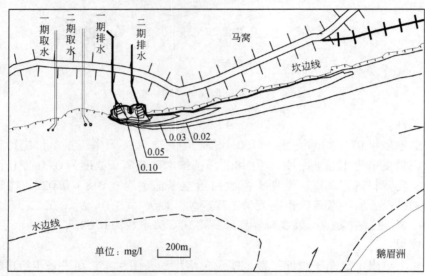

(a)流量Q=5700m³/s时的浓度分布

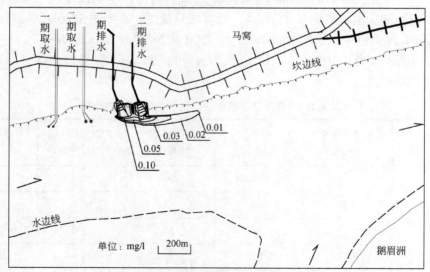

(b)流量Q=26800m³/s时的浓度分布

图9.4.2　安庆电厂余氯排放浓度分布图

9.4.3　天然河道浓度输运的三维数值模拟

张细兵等曾建立了天然河道中浓度输运的三维数学模型，在数学模型中采用零方程模型对雷诺时均方程进行封闭，并以长江中游宜都河段某拟建电厂为例进行了水流运动与氯离子浓度输运的三维数值计算[10]。

河道及工程概况：

宜都河段上起清江口，承白洋河段，下迄枝城，接洋溪河段关洲汊道，全长 16.5km，河道平面形态为反"S"弯道。该河段河道为单一河道，横断面呈"U"形，水面宽 900～1400m。深泓沿程变化较大，高程变化为 10～30m。拟建电厂位于长江宜都河段下段右岸弯顶部位，排水口为明渠形式，位于岸边。

计算河段及网格划分：

选取工程上下游长约 12km 河段作为计算河段。采用三角形网格对计算区域进行剖分，网格布置见图 9.4.3。三角形网格边长在 10～100m 之间，对排水口局部进行了多级加密处理。垂向上分为 10 层，各层网格节点按水深均匀分布。

计算条件：

选取多年冬季平均流量（5000m³/s）进行计算；电厂一期工程排水流量为 13.8 m³/s，氯离子浓度 0.3mg/L，在计算过程中不考虑因生化作用引起的物质衰减。

计算结果：

图 9.4.4 分别给出了表层与底层氯离子浓度等值线平面分布图。由图可知：浓度影响主要位于排水口下游的近岸区域，沿程浓度不断减小，且越靠近排水口浓度减小的梯度越大。由于系近表层排放，表层浓度等值线范围明显

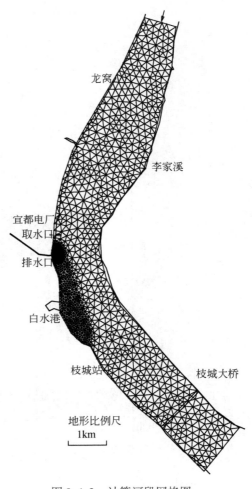

图 9.4.3　计算河段网格图

大于底层。计算结果表明，0.02mg/L 浓度线沿岸扩散长度为 900m，离岸扩散最大宽度为 150m，包络面积为 0.1km²。

图 9.4.5（a）为氯离子浓度横剖面图，图 9.4.5（b）为氯离子浓度纵剖面图。图中均反映出氯离子浓度在排水口近区存在明显的分层现象。从纵剖面图来看，在排水口下游 150m 以外，氯离子经充分掺混后，浓度沿垂向已接近于均匀分布。

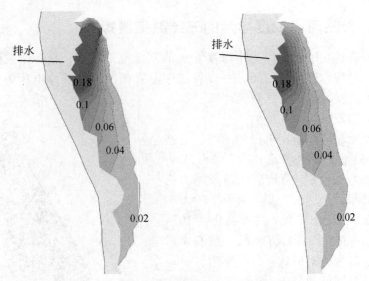

图 9.4.4　表层与底层浓度平面分布图

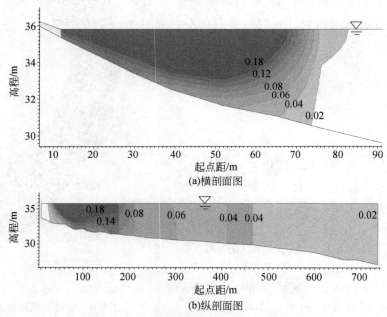

图 9.4.5　排水口附近浓度分布剖面图

参 考 文 献

1　Obukhov A M. Structure of the temperature field in turbulent flow. Izv. Akad. Nauk. SSSR Ser. Geography and Geophysics, 1949, 13: 58

2　Corrsin S. On the spectrum of isotropic temperature fluctuations in an isotropic turbulence. Journal of Applied Physics, 1951, 22 (4): 469～473

3　Batchelor G K. Small-scale variation of convected quantities like temperature in turbulent field. Part 1 General discussion and the case of small conductivity, JFM, 1959, 5: 113

4　Shraiman B I, Siggia E D. Scalar turbulence. Nature, 2000, 304: 639

5　张兆顺, 崔桂香, 许春晓. 湍流理论与模拟. 北京: 清华大学出版社, 2005

6　Zhou Haibing, Cui Guixiang, Zhang Zhaoshun. Dependence of turbulent scalar flux on molecular Prandtl number. Phys. Fluids, 2002, 14 (7): 2388~2394

7　梁在潮, 刘士和, 张红武等. 多相流与紊流相干结构. 武汉: 华中理工大学出版社, 1994

8　周成成. 基于曲线网格的温排水运动数值模拟. 武汉大学硕士学位论文, 2009

9　张细兵, 金琨, 林木松. 潮流河段温排水影响的平面二维数值模拟. 长江科学院院报, 2006, (3): 13~16

10　张细兵等. 浓度及温度场问题三维数值模拟报告. 长江水利委员会长江科学院研究报告, 2008

11　Matlice J S, Zittel H E. Site-specific evaluation of power plant chlorination. Journal Water Polution Control Federation, 1976, 44 (10): 2284~2308

第10章 水气两相流

10.1 水气分界面

水气分界面,即通常所说的自由面,广泛存在于自然界及工程技术中。分界面附近的流动结构又有其独特的性质,如分界面通常不平整,在水流运动速度非常高时会形成自然掺气,在水流速度较高时水面上有波出现,而在水流速度较低时虽然分界面本身变形不大,其在靠近气流一侧的特性也与气流绕过固体边界的流动特性相似,但在靠近水流一侧的特性却并非如此。其主要原因在于分界面水流侧的时均流速梯度很小,因而在自由面附近耗散的湍能只能来源于自由面以下水流一侧所产生的湍能及自由面以上通过压强场而传递来的湍能。从这一点上来看,自由面附近的流动结构,既极大地依赖于水流一侧湍涡与自由面的碰撞,同时在气流速度较高时也与气流一侧的湍流运动特性有关,而在水流速度很高时则形成掺气水流这种特殊的分界面。下面对水气分界面靠水流一侧的流动特性进行分析。

10.1.1 水气分界面附近的流动结构

在水流运动速度不高,自然掺气尚未形成的条件下自由面通常通过两种方式来影响水流的流动结构:一是水流中湍涡与自由面的碰撞,二是由波或气流场中的速度切变与压强脉动导致的表面变形。

对于重力场中的流体,斜压与粘性将导致涡量的产生。如暂不考虑粘性的作用,则对二维分层流动,其涡量 $\boldsymbol{\omega}$ 为

$$\boldsymbol{\omega} = \nabla \times \boldsymbol{u} \tag{10.1.1}$$

而涡量与速度的控制方程则为

$$\frac{\mathrm{d}\boldsymbol{\omega}}{\mathrm{d}t} = -\frac{\nabla \rho}{\rho} \times \frac{\mathrm{d}\boldsymbol{u}}{\mathrm{d}t} - g\frac{\nabla \rho}{\rho} \times \boldsymbol{j} \tag{10.1.2}$$

$$\boldsymbol{u} = \frac{1}{2\pi}\int \boldsymbol{\omega}(\bar{\boldsymbol{x}}') \frac{\boldsymbol{k} \times \boldsymbol{r}}{r^2}\mathrm{d}A' \tag{10.1.3}$$

式中,$\boldsymbol{r} = \boldsymbol{x} - \boldsymbol{x}'$,$r = |\boldsymbol{r}|$,$\boldsymbol{k}$ 与 $\boldsymbol{j}$ 分别为单位矢量。式 (10.1.2) 为 $\boldsymbol{\omega}$ 的积分微分方程,对自由面附近的流动,设想其是一强分层流动,也即除自由面以外其密度为常数。为模拟涡运动所导致的自由面变形,可将自由面与涡皆离散成按式 (10.1.3) 对流的离散单元,而其强度则由式 (10.1.2) 计算。图 10.1.1 (a) 与图 10.1.1 (b) 给出了 Gretar 通过数值模拟所得到的涡层与自由面相互作用的成果[1]。其中,图 10.1.1 (a) 为周期性涡层所导致的自由面变形,图 10.1.1 (b) 则给出了尾涡所导致的自由面

变形。

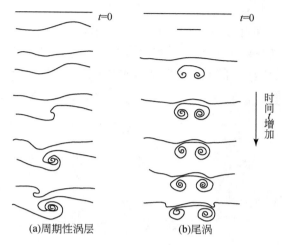

图 10.1.1　涡层与自由面相互作用

考虑一尺度为 l_e 的湍涡以 u_e 的向上速度与自由面相碰撞，设其所导致的自由面变形为 δ。对大尺度湍涡，δ 可由自由面变形的势能与湍涡动能之间的平衡来计算，即[2]

$$\delta \approx \frac{u_e^2}{2g} \tag{10.1.4}$$

而对尺度足够小的湍涡，其动能则是由表面张力所致的变形能来平衡的，对变形的自由表面，其相应的曲率半径为 $R \approx \frac{l_e^2}{8\delta}$，从而有[2]

$$\frac{1}{2}\rho_w u_e^2 \approx \frac{12\sigma}{\left(\frac{l_e^2}{8\delta}\right)} + \rho_w g\delta \tag{10.1.5}$$

式中，ρ_w 为水的密度，而 δ 则为 $\frac{1}{16}\rho_w u_e^2 \frac{l_e^2}{\sigma}$，注意其适用条件为 $l_e^2 \ll \frac{16\sigma}{\rho_w g}$。由此可见，对水—气自由面而言，如果 $l_e \leqslant \frac{1}{3}\left(\frac{10^4}{16 \times 0.073}\right)^{-\frac{1}{2}} \approx 3 \times 10^{-3} m$，则自由面的变形仅由表面张力所控制；而当 $l_e \approx 10^{-2}$ m 时，自由面的变形也仅为涡尺度的一部分（当 $u_e \approx 0.3$ m/s 时，$\delta/l_e \approx 1$）；而对江河中尺度为 1 m 的大涡，如果 $u_e \geqslant 4$ m/s，则有 $\delta/l_e \approx 1$。

高雷诺数湍涡的一个重要特性是有旋流动所占据的区域要远远小于尺度 l_e 内无旋流动所占据的区域。因而，当湍涡向分界面趋近时，首先影响到的是涡体的无旋部分[2]。按照无旋流动的分析方法，在离自由面垂直距离为 x_3 处对垂向速度 u_3 有主要贡献的涡尺度 $l_e \approx x_3$，从而

$$\overline{u_3^2} \propto x_3^{\frac{2}{3}} \tag{10.1.6}$$

如从另一角度来分析，考虑到自由面附近切变效应很弱，根据湍流快速畸变理论中无切变边界层的研究成果，也可得到垂向脉动流速的均方值为

$$\overline{u_3^2} \propto \beta_s \varepsilon^{\frac{2}{3}} x_3^{\frac{2}{3}} \tag{10.1.7}$$

式中，ε 为湍动能耗散率，$\beta_s \approx 1.8$。

至于自由面附近垂向脉动流速的一维谱密度函数 $\Phi_{33}(k_1)$，考虑到当 $k_1 \geqslant 1/x_3$ 时，因湍涡太小不致被自由面所影响，其谱函数应为通常的惯性子区的谱函数；而当 $k_1 \leqslant 1/x_3$ 时，向上的流动受自由面所抑制，故当 k_1 减小时不会导致能量的增加，可近似认为 $\Phi_{33}(k_1)$ 为常数，且取其值为 $k_1 = 1/x_3$ 时的 $\Phi_{33}(k_1) \approx \varepsilon^{\frac{2}{3}} x_3^{\frac{5}{3}}$，从而有[2]

$$\Phi_{33}(k_1) = \begin{cases} \varepsilon^{\frac{2}{3}} x_3^{\frac{5}{3}} & k_1 \leqslant \dfrac{1}{x_3} \\[3mm] \varepsilon^{\frac{2}{3}} k_1^{-\frac{5}{3}} & k_1 > \dfrac{1}{x_3} \end{cases} \tag{10.1.8}$$

对式（10.1.8）进行积分，有

$$\overline{u_3^2} = \int_0^\infty \Phi_{33}(k_1)\,\mathrm{d}k_1 \approx \varepsilon^{\frac{2}{3}} x_3^{\frac{2}{3}} \tag{10.1.9}$$

其在水平方向的积分长度尺度为

$$L_{x_1}^{(u_3)} = \pi \frac{\Phi_{33}(k_1 = 0)}{\overline{u_3^2}} \approx x_3 \tag{10.1.10}$$

其拉格朗日积分时间尺度为

$$T_L^{(u_3)} = \frac{L_{x_1}^{(u_3)}}{\sqrt{\overline{u_3^2}}} \approx \varepsilon^{-\frac{1}{3}} x_3^{\frac{2}{3}} \tag{10.1.11}$$

与此相异的是，对于固定边界附近的切变湍流，其垂向脉动强度 $\overline{u_3^2}$，水平方向的积分长度尺度 $L_{x_1}^{(u_3)}$ 与拉格朗日积分时间尺度 $T_L^{(u_3)}$ 分别为[2]

$$\overline{u_3^2} \approx u_*^2 \tag{10.1.12a}$$

$$L_{x_1}^{(u_3)} \approx 0.5 x_3 \tag{10.1.12b}$$

$$T_L^{(u_3)} \propto \frac{x_3}{u_*} \tag{10.1.12c}$$

10.1.2 上层气流对下层水流运动的影响

如果上层气流运动速度小于 1 m/s，则海洋中风生波坡度的均方根值将小于0.1[3]，因而对海洋内的流动结构影响不大。但对明渠流或江河中的水流而言，因其时均速度梯度要大于上层海洋中的时均速度梯度，因而涡量对表面波的形状及破碎肯定有影响。但一般来说，当上层气流速度较小时，其对下层水流的流动结构影响不大[2]。

当气流运动速度较大时，自由面上将存在切应力 τ_s。如 τ_s 较小，则因自由面附近时均速度梯度的增加将导致湍能的增加，同时自由面以下的水流也有湍能扩散至此[2]。如果认为这两种过程在统计上是独立的，则对自由面附近水流一侧的垂向脉动强度 $\overline{u_3^2}$，有

$$\overline{u_3^2} = \beta \varepsilon_0^{\frac{2}{3}} x_3^{\frac{2}{3}} + 1.3 \frac{\tau_s}{\rho_w} \tag{10.1.13}$$

式中，ε_0 为表面切应力 τ_s 不存在时自由面附近的湍动能耗散率。如 τ_s 很大，以至于在明渠流中与壁面切应力同数量级，当然这只有在气流运动速度远远大于水流运动速度，或气流的摩阻流速 u_{*g} 足够大，以至于 $u_{*g} \approx (\dfrac{\rho_w}{\rho_g})^{\frac{1}{2}} u_*$ 时才会出现。此时气流诱导的切应力与表面变形及水流运动生成的湍动能将处于同一数量级。

10.1.3　卷吸掺气

如果水气界面附近的水流运动速度与周围空气的运动速度之差超过临界速度 U_c，气体将通过水气界面进入水体中，也即出现卷吸掺气。下面建立一个近似模型，以描述在水利水电工程中，沿单位面积的水气交界面上进入挑流水舌中的气体量。

依据湍流运动的随机理论，可将挑流水舌运动视为由众多不同尺度的涡体运动所构成的随机运动，在水气交界面附近，由于时均速度的切变率很小，更可将其运动用均匀湍流来近似。挑流水舌运动的速度一般很高，认为其雷诺数已充分高，以至于含能范围与耗散范围相距很远，如以 k_0 和 k_d 分别表示含能涡的波数与耗散涡的特征波数，则有 $k_d \gg k_0$，在此条件下，引用湍流随机理论中的普适平衡理论，存在一个只占有小部分能量却担负绝大部分粘性耗散，并在统计上平衡，与含能涡无关而各向同性的高波数（小尺度涡）范围，称之为平衡范围。

平衡范围内的小涡运动与整个湍流的初件与边件均无关，也与大涡的性质无关，而仅取决于直接作用于它的外界参数。这种外部参数有两个，一个是在其低波数端通过惯性作用从含能范围输入的能量；另一个是在其高波数端通过粘性耗散失去的能量。根据范塞科和海森堡的假设，得到能谱密度函数 $E(k)$ 与波数 k 之间的关系为

$$E(k) = \left(\frac{8}{9\gamma}\right)^{\frac{2}{3}} (\varepsilon \nu^5)^{0.25} \left(\frac{k}{k_d}\right)^{-\frac{5}{3}} \left(1 + \frac{8}{3\gamma^2}\left(\frac{k}{k_d}\right)^4\right)^{-\frac{4}{3}} \quad (10.1.14)$$

式中，ε 是单位质量水体在单位时间内的湍动能耗散率；$\gamma = 0.4$ 是一通用常数；ν 是水的运动粘性系数；k_d 是受粘滞力影响显著的耗散涡的特征波数，其为 Kolmogorov 微尺度 l_d 的倒数，也即

$$k_d = \frac{1}{l_d} = \left(\frac{\varepsilon}{\nu^3}\right)^{\frac{1}{4}} \quad (10.1.15)$$

由式（10.1.14）可知，

如 $\dfrac{k}{k_d} \ll 1$，则有 $E(k) = \left(\dfrac{8\varepsilon}{9\gamma}\right)^{2/3} k^{-\frac{5}{3}}$ \quad (10.1.16a)

如 $\dfrac{k}{k_d} \gg 1$，则有 $E(k) = \left(\dfrac{\gamma\varepsilon}{2\nu^2}\right)^2 k^{-7}$ \quad (10.1.16b)

对于挑流水舌水气交界面的卷吸掺气，每一与波数 k 相对的特征尺度为 $l\left(=\dfrac{1}{k}\right)$ 的涡体仅对某一种尺度的气泡具有最大的卷吸掺气率。设想被卷吸进挑流水舌的气体是由很多不同半径的球形气泡所构成的，则与其相对的涡体尺度即构成了从含能涡到耗散涡的尺度区间 $l_d \sim l_0 \left(= \dfrac{1}{k_d} \sim \dfrac{1}{k_0}\right)$，而单位时间内从挑流水舌单位面积

上进入水舌中的气体量则正比于单位时间内在尺度区间 $l_d \sim l_0$（与波数区间 $k_0 \sim k_d$ 相对应）内形成的能卷吸气体的涡体数。

如以 $N(k)$ 表示单位质量水体在波数为 k 的单位波数区间的涡体数，并以

$$e = \rho_w \frac{4}{3}\pi\left(\frac{1}{k}\right)^3 (u_e^2/2) \tag{10.1.17}$$

表示尺度为 $\frac{1}{k}$ 的单个涡体的湍动能量，式中 ρ_w 是水体的密度，u_e 是涡体运动的特征速度 $[u_e = \sqrt{8.2}(\varepsilon/k)^{1/3}]$，则可将式（10.1.14）中的能谱函数 $E(k)$ 用涡体数 $N(k)$ 和单个涡体的能量 e 来表示为

$$E(k) = N(k)e \tag{10.1.18}$$

在涡体数 $N(k)$ 中，能卷吸气体的涡体数 $M(k)$ 应正比于 $N(k)$，同时还与挑流水舌的卷吸掺气条件有关，取其为

$$M(k) = \begin{cases} 0 & U < U_c \\ N(k)\left(1 - \dfrac{U_c}{U}\right) & U > U_c \end{cases} \tag{10.1.19}$$

式中，U 为挑流水舌运动的纵向时均速度，U_c 则为临界卷吸掺气速度，由此得到单位时间内从挑流水舌单位面积进入水舌中的气体量 q_a 为

$$q_a = \frac{c}{k_d - k_0}\int_{k_0}^{k_d} M(k)\frac{4}{3}\pi\frac{\rho_w}{k^3}\frac{dk}{\tau(k)} \tag{10.1.20}$$

式中，c 为系数，$\tau(k)\left(= \dfrac{1}{ku_e(k)}\right)$ 为尺度为 $\dfrac{1}{k}$ 的涡体的弛豫时间。将式（10.1.16a）和式（10.1.17）代入式（10.1.18）求出 $N(k)$，并进一步由式（10.1.19）求出 $M(k)$，最后由式（10.1.20）求出 q_a，有

$$q_a = \frac{1.1878c\varepsilon^{1/3}}{k_d - k_0}\left(1 - \frac{U_c}{U}\right)\int_{k_0}^{k_d}\frac{dk}{k^{1/3}} \tag{10.1.21}$$

定义 $\eta = \dfrac{k_0}{k_d}$，利用湍动能与能谱函数之间的关系将挑流水舌在水气交界面附近的纵向湍动强度 $\overline{u^2}$ 表示为

$$\overline{u^2} = c_k\left(\frac{8}{9\gamma}\right)^{\frac{2}{3}}\varepsilon^{\frac{2}{3}}\left(k_0^{-\frac{2}{3}} - k_d^{-\frac{2}{3}}\right) \tag{10.1.22}$$

经过简化即可得到挑流水舌单位时间单位面积上卷吸掺气体积的计算公式

$$q_a = c'_k\frac{\sqrt{\overline{u^2}}}{U}(U - U_c) \tag{10.1.23a}$$

而挑流水舌单位时间单位面积上卷吸掺气质量的计算公式则为

$$\rho_a q_a = c'_k\rho_a\frac{\sqrt{\overline{u^2}}}{U}(U - U_c) \tag{10.1.23b}$$

式（10.1.23）中 c'_k 为一综合系数，其表达式为

$$c'_k = 1.3653 \frac{c}{\sqrt{c_k}} \eta^{\frac{1}{3}} \frac{\sqrt{1 - \eta^{\frac{2}{3}}}}{1 - \eta} \tag{10.1.24}$$

由式（10.1.23）可知：①在同样的条件下，挑流水舌的湍动强度越大，其掺气量也越大。②对同质射流，有 $U_c = 0$；描述卷吸量的式（10.1.23）简化为通常的湍流卷吸假设关系式。③对高速挑流水舌有 $U \gg U_c$，从而进一步有 $U - U_c \approx U$，此时描述卷吸掺气量的关系式也可简化为通常的湍流卷吸假设关系式的形式。

胡小宝[4]曾对挑流水舌的湍动强度对水舌厚度沿程变化的影响进行过实验研究。在实验过程中，水槽底部一为光滑的木板，一为木板上铺设铜丝网。由于铜丝网的粗糙度明显要高于木板的粗糙度，因此带有铜丝网的挑流水舌的湍动强度要明显高于从木板上挑射出的挑流水舌的湍动强度。在实验过程中，水槽的坡度为 18°，挑坎挑角为 29°，反弧半径为 30cm。图 10.1.2 给出了挑流水舌垂向厚度的沿程变化。由于在图中除挑坎上游水槽底部的边界条件相异外，其他水力参数均相同，因而可认为图中挑坎底部有铜丝网时挑流水舌厚度比底部为木板时的挑流水舌厚度沿程增加要快的原因是底部有铜丝网时挑流水舌的湍动强度要比底部为木板时挑流水舌的湍动强度大。也即挑流水舌的湍动强度越大，其卷吸掺气能力也越强，相应的水舌厚度的沿程展宽也越大。

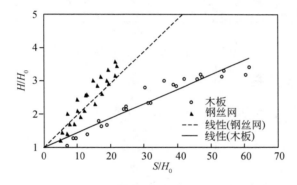

10.1.2　挑流水舌湍动强度对水舌厚度变化的影响

10.2　明渠掺气水流

10.2.1　明渠掺气水流的结构

从纵向上看可将明渠掺气水流分为无气区、掺气发展区及掺气充分发展区三个区域；而从垂向上来看，又可将明渠掺气水流分为 4 个区域：①水滴飞溅的上部区；②水面呈连续面的掺混区；③气泡在水体中扩散的下部区；④无气区，见图 10.2.1。

无气区出现在掺气现象还未充分发展的明渠段，无气区与下部区的界面很难准确确定。一般来说，在此界面上，含气量很小，同时含气量沿垂向的变化也很小。

下部区指波浪未侵入的区域，该区与掺混区的交界面至无气区上部的距离以 h_t 表示。影响该区含气量分布的主要因素是水流的湍动强度。水流掺气后有可能导致水流湍动强度的减小，然而目前对含气量与气泡尺度的分布及湍动强度之间的关系还不是十分清楚。

掺混区的水面表现为随机波动，在掺混区外边界上，含气浓度达到 0.99。掺入及逸出水体的空气都要通过掺混区。

上部区由掺混区抛出的水团组成，虽然水团可以抛离平均水面很远，但该区的含水量一般很小。

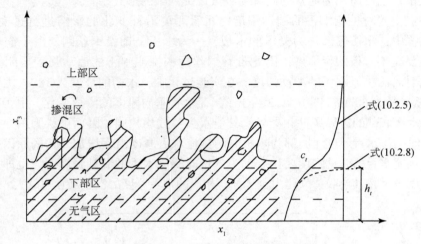

图 10.2.1　掺气水流垂向结构图

10.2.2　浓度分布

水流中某点的掺气程度可用时均掺气浓度 c 或时均含水浓度 β 来表示，其定义为

$$c = \frac{W_a}{W + W_a} \tag{10.2.1}$$

$$\beta = \frac{W}{W + W_a} \tag{10.2.2}$$

式中，W 表示掺气水流中水的体积，而 W_a 则表示掺气水流中气体的体积。显然有 $c = 1 - \beta$。

1. 掺混区的含气浓度分布

掺混区与下部区交界面以上任一点的时均含水浓度，取决于从交界面上抛至该点的水滴频率。如设不同高度 x'_3 遇到水滴的频率符合正态分布，也即

$$f(x'_3) = \frac{1}{\sigma \sqrt{2\pi}} \exp\left(-\frac{1}{2}\left(\frac{x'_3}{\sigma}\right)^2\right) \tag{10.2.3}$$

式中，$x'_3 = x_3 - h_t$ 为距掺混区交界面的垂直距离；σ 为水滴自界面上抛高度的均方根值。认为任一点 x'_3 上的时均含水浓度 $1 - c$ 均与该点以上的水滴上抛概率成正比，从而得到

$$\frac{1 - c}{1 - c_t} = \frac{\int_{x'_3}^{\infty} f(x'_3)\,dx'_3}{\int_0^{\infty} f(x'_3)\,dx'_3} \tag{10.2.4}$$

由于 $\int_0^\infty f(x'_3)\,\mathrm{d}x'_3 = 0.5$ ，因此有

$$\frac{1-c}{2(1-c_t)} = \frac{1}{\sigma\sqrt{2\pi}}\int_{x'_3}^\infty \exp\left(-\frac{1}{2}\left(\frac{x'_3}{\sigma}\right)^2\right)\mathrm{d}x'_3 \tag{10.2.5}$$

式中，c_t 为掺混区界面上的时均含气浓度。上式对于正在掺气的水流及已充分掺气的水流均有效。

2. 下部区的含气浓度分布

在下部区，一方面由于水流湍动的作用将空气输运到水流内部，另一方面由于气泡浮力的作用使气泡上升从交界面逸出，以 q_a 表示掺气水流中单位面积空气的摄入与逸出总量，则有

$$\nu_{ta}\frac{\mathrm{d}c}{\mathrm{d}x_3} - u_a c = q_a \tag{10.2.6}$$

式中，u_a 为气泡上升速度；ν_{ta} 为气泡的湍动扩散系数。对于充分发展的掺气水流，有 $q_a = 0$ 及

$$\nu_{ta} = \xi\kappa u_* \left(\frac{h_t - x_3}{h_t}\right)x_3 \tag{10.2.7}$$

式中，κ 为卡曼常数；ξ 是反映气泡的扩散系数与水流湍动扩散系数之间差异的一个系数；u_* 为摩阻流速。将气泡扩散系数代入式（10.2.6），求得

$$c = c_1\left(\frac{x_3}{h_t - x_3}\right)^m \tag{10.2.8}$$

式中，$m = \dfrac{u_a}{\xi\kappa u_*}$；$c_1$ 则为 $0.5h_t$ 处的时均含气浓度。

明渠流中时均含气浓度沿垂向分布的示意图见图 10.2.1。

10.3　高速挑流水舌

10.3.1　高速挑流水舌概述

在水利水电工程中，从溢流坝挑坎挑射出的水流，即挑流水舌，也可视为射流。如挑流水舌运动速度不高，其水气界面上扰动波波长 λ 与水体的表面张力 σ 、密度 ρ 、水舌出口处的面积 A 以及出口处的压强水头 $P = \rho U^2$ 有关，通过量纲分析得到

$$\lambda = \sqrt{A}f(\sigma A^{-0.5}P^{-1})$$
$$= \frac{A^{\frac{3}{4}}\sqrt{P}}{\sqrt{\sigma}}F\left(\frac{\sqrt{A}P}{\sigma}\right) \tag{10.3.1}$$

因此，参数 $\dfrac{\sqrt{A}\rho U^2}{\sigma}$ 表征了有表面张力作用的低速挑流水舌扰动波的特征。对高速挑流水舌，水气界面上将存在程度不同的掺气散裂现象。高速挑流水舌的研究，有助于加深人们对泄洪消能与泄洪雾化问题的认识。

10.3.2　挑流水舌运动的理论分析

1. 运动轨迹

为简单起见，本文仅讨论 $B \gg H$ 的宽薄射流的运动轨迹，并不计水舌宽度的横向变化，挑流水舌在 x、y 方向的运动速度 u_x、u_y 的控制方程（参见式（10.3.66））为

$$\frac{\mathrm{d}u_x}{\mathrm{d}t} = -\frac{1}{2}C_f\frac{u^3}{q}\cos\theta \tag{10.3.2a}$$

$$\frac{\mathrm{d}u_y}{\mathrm{d}t} = -g - \frac{1}{2}C_f\frac{u^3}{q}\sin\theta \tag{10.3.2b}$$

式中，C_f 为阻力系数。下面应用式（10.3.2）对挑流水舌的运动轨迹进行讨论[5]。为表达简化起见，在讨论中略去了断面平均符号。

考虑到挑流水舌的运动速度 u_x、u_y 与其总体速度 u 及 θ（水舌运动方向与水平方向的夹角）之间存在如下关系：

$$u_x = u\cos\theta \tag{10.3.3a}$$

$$u_y = u\sin\theta \tag{10.3.3b}$$

将式（10.3.3）代入式（10.3.4），得到

$$\cos\theta\frac{\mathrm{d}u}{\mathrm{d}t} - u\sin\theta\frac{\mathrm{d}\theta}{\mathrm{d}t} = -\frac{1}{2}C_f\frac{u^3}{q}\cos\theta \tag{10.3.4a}$$

$$\sin\theta\frac{\mathrm{d}u}{\mathrm{d}t} + u\cos\theta\frac{\mathrm{d}\theta}{\mathrm{d}t} = -g - \frac{1}{2}C_f\frac{u^3}{q}\sin\theta \tag{10.3.4b}$$

将式（10.3.4a）两边同乘 $\sin\theta$，将式（10.3.4b）两边同乘 $\cos\theta$，然后将此两式相减，得到

$$-u\frac{\mathrm{d}\theta}{\mathrm{d}t} = g\cos\theta \tag{10.3.5}$$

从而有

$$\frac{\mathrm{d}\theta}{\mathrm{d}t} = -\frac{g\cos\theta}{u} \tag{10.3.6}$$

将式（10.3.2a）与式（10.3.6）两边同时相除，即可得到

$$\frac{\mathrm{d}u_x}{\mathrm{d}\theta} = \frac{1}{2}C_f\frac{u^4}{gq} \tag{10.3.7}$$

将式（10.3.3a）代入式（10.3.7），还可进一步得到

$$\frac{\mathrm{d}u_x}{u_x^4} = \frac{C_f}{2gq}\frac{\mathrm{d}\theta}{\cos^4\theta} \tag{10.3.8}$$

对式（10.3.8）两边积分，并取

$$f(\theta) = \int\frac{1}{\cos^4\theta}\mathrm{d}\theta = \frac{1}{3}\frac{\sin\theta}{\cos^3\theta} + \frac{2}{3}\tan\theta$$

则有

$$\frac{1}{u_x^3} = \frac{1}{u_{x0}^3} - \frac{3C_f}{2gq}(f(\theta) - f(\theta_0)) \tag{10.3.9}$$

如取参数 K 为

$$K = \frac{2gq}{3C_f} \frac{1}{u_{x0}^3} = \frac{2}{3C_f} \frac{\beta_0}{Fr_0^2 \cos^3 \theta_0} \tag{10.3.10}$$

式中，$Fr_0 = \dfrac{u_0}{\sqrt{gH_0}}$ 为挑流水舌出挑坎时的弗劳德数；θ_0 为挑流水舌出挑坎时的初始挑角；β_0 为挑流水舌出挑坎时的初始含水浓度，则有

$$u_x^3 = \frac{2gq}{3C_f} \frac{1}{K + f(\theta_0) - f(\theta)} \tag{10.3.11}$$

从而进一步有

$$u^3 = \frac{2gq}{3C_f} \frac{1}{K + f(\theta_0) - f(\theta)} \frac{1}{\cos^3 \theta} \tag{10.3.12}$$

此外，由挑流水舌运动的几何关系，有

$$\mathrm{d}x = u_x \mathrm{d}t = u\cos\theta \mathrm{d}t$$
$$\mathrm{d}y = u_y \mathrm{d}t = u\sin\theta \mathrm{d}t$$

利用式（10.3.6）对式（10.3.12）进行变换，得到

$$\mathrm{d}x = -\frac{u^2}{g}\mathrm{d}\theta \tag{10.3.13a}$$

$$\mathrm{d}y = -\frac{u^2}{g}\tan\theta \mathrm{d}\theta \tag{10.3.13b}$$

将式（10.3.12）代入式（10.3.13），并以 x_0 与 y_0 分别表示挑流水舌出挑坎时的初始坐标值，对式（10.3.13）进行积分，得到

$$x - x_0 = -\frac{1}{g}\left(\frac{2gq}{3C_fK}\right)^{\frac{2}{3}} F_1(\theta) \tag{10.3.14a}$$

$$y - y_0 = -\frac{1}{g}\left(\frac{2gq}{3C_fK}\right)^{\frac{2}{3}} F_2(\theta) \tag{10.3.14b}$$

式中：

$$F_1(\theta) = \int_{\theta_0}^{\theta} \frac{\mathrm{d}\theta}{\left(1 + \frac{1}{K}(f(\theta_0) - f(\theta))\right)^{\frac{2}{3}} \cos^2 \theta} \tag{10.3.15a}$$

$$F_2(\theta) = \int_{\theta_0}^{\theta} \frac{\tan\theta \mathrm{d}\theta}{\left(1 + \frac{1}{K}(f(\theta_0) - f(\theta))\right)^{\frac{2}{3}} \cos^2 \theta} \tag{10.3.15b}$$

下面分两种情况（对应于两种模式）对式（10.3.14）进行进一步的讨论。

模式 I：

如果不计挑流水舌运动过程中的空气阻力，则有 $C_f \to 0$，从而 $K \to \infty$，而 $KC_f \to \dfrac{2}{3}\dfrac{\beta_0}{Fr_0^2 \cos^3 \theta_0}$，则式（10.3.15）变为

$$F_1(\theta) = \int_{\theta_0}^{\theta} \frac{\mathrm{d}\theta}{\cos^2 \theta} = \tan\theta - \tan\theta_0 \tag{10.3.16a}$$

$$F_2(\theta) = \int_{\theta_0}^{\theta} \frac{\tan\theta \mathrm{d}\theta}{\cos^2\theta} = \frac{1}{2}(\tan^2\theta - \tan^2\theta_0) \tag{10.3.16b}$$

将式（10.3.16）代入式（10.3.14），经过整理，得到

$$x - x_0 = \frac{u_0^2\cos^2\theta_0}{g}(\tan\theta_0 - \tan\theta) \tag{10.3.17a}$$

$$y - y_0 = \frac{u_0^2\cos^2\theta_0}{2g}(\tan^2\theta_0 - \tan^2\theta) \tag{10.3.17b}$$

由式（10.3.17）中消去 $\tan\theta$，最后得到挑流水舌运动的轨迹方程为

$$y - y_0 = \tan\theta_0(x - x_0) - \frac{g}{2u_0^2\cos^2\theta_0}(x - x_0)^2 \tag{10.3.18}$$

由此可见，在不计空气阻力的情况下，挑流水舌的运动可由抛射体公式来描述。

模式 Ⅱ：

在式（10.3.15）中，空气阻力系数 C_f 为一远小于 1 的系数，故可通过近似计算来得到 $F_1(\theta)$ 与 $F_2(\theta)$，并由此求得水舌运动的近似轨迹。

对式（10.3.15）作变换 $\xi = \tan\theta$，注意到在该式中 $f(\theta)$ 可改写为

$$f(\theta) = \frac{1}{3}\tan\theta\Big(2 + \frac{1}{\cos^2\theta}\Big)$$

$$= \frac{1}{3}\tan\theta(3 + \tan^2\theta)$$

从而有

$$F_1(\xi) = \int_{\xi_0}^{\xi} \frac{\mathrm{d}\xi}{\Big(1 + \frac{1}{3K}(\xi_0(3 + \xi_0^2) - \xi(3 + \xi^2))\Big)^{\frac{2}{3}}} \tag{10.3.19a}$$

$$F_2(\xi) = \int_{\xi_0}^{\xi} \frac{\xi\mathrm{d}\xi}{\Big(1 + \frac{1}{3K}(\xi_0(3 + \xi_0^2) - \xi(3 + \xi^2))\Big)^{\frac{2}{3}}} \tag{10.3.19b}$$

式（10.3.19）中 $\xi_0 = \tan\theta_0$，注意到该式中参数 K 为

$$K = \frac{2gq}{3C_f}\frac{1}{u_{x0}^3} = \frac{2}{3C_f}\frac{\beta_0}{Fr_0^2\cos^3\theta_0} \tag{10.3.20}$$

因此，如定义新参数 K_1 为

$$K_1 = \frac{2}{3}\frac{\beta_0}{Fr_0^2\cos^3\theta_0} \tag{10.3.21}$$

也即

$$K = \frac{K_1}{C_f} \tag{10.3.22}$$

则以 C_f 为小参数，可将式（10.3.19）中的积分式展开为

$$\frac{1}{\Big(1 + \frac{1}{3K}(\xi_0(3 + \xi_0^2) - \xi(3 + \xi^2))\Big)^{\frac{2}{3}}} \approx 1 - \frac{2C_f}{9K_1}(\xi_0(3 + \xi_0^2) - \xi(3 + \xi^2)) + O(C_f^2)$$

$$\tag{10.3.23}$$

从而精确到 $O(C_f)$ 可将 $F_1(\theta)$ 与 $F_2(\theta)$ 表示为

$$F_1(\theta) = F_{10}(\theta) + C_f F_{11}(\theta) + \cdots\cdots \tag{10.3.24a}$$

$$F_2(\theta) = F_{20}(\theta) + C_f F_{21}(\theta) + \cdots\cdots \tag{10.3.24b}$$

式中:

$$F_{10}(\theta) = \xi - \xi_0 \tag{10.3.25a}$$

$$F_{20}(\theta) = \frac{1}{2}(\xi^2 - \xi_0^2) \tag{10.3.25b}$$

$$F_{11}(\theta) = -\frac{2}{9K_1}\Big((3\xi_0 + \xi_0^3)(\xi - \xi_0) - \frac{3}{2}(\xi^2 - \xi_0^2) - \frac{1}{4}(\xi^4 - \xi_0^4)\Big)$$

$$\tag{10.3.25c}$$

$$F_{21}(\theta) = -\frac{2}{9K_1}\Big(\frac{1}{2}(3\xi_0 + \xi_0^3)(\xi^2 - \xi_0^2) - (\xi^3 - \xi_0^3) - \frac{1}{5}(\xi^5 - \xi_0^5)\Big)$$

$$\tag{10.3.25d}$$

由式 (10.3.14a) 可知

$$x - x_0 = -\frac{u_0^2\cos^2\theta_0}{g}F_1(\theta)$$

$$= -\frac{u_0^2\cos^2\theta_0}{g}(F_{10}(\theta) + C_f F_{11}(\theta))$$

因而, 如取

$$X = \frac{g(x - x_0)}{u_0^2\cos^2\theta_0} \tag{10.3.26}$$

并将式 (10.3.25) 代入式 (10.3.26), 则精确到 $O(C_f)$, 有

$$\xi - \xi_0 = -X + C_f G_1(X) \tag{10.3.27}$$

式中: G_1 为一以 X 为自变量的函数, 其表达式为

$$G_1 = \frac{2}{9K_1}\big(-(3\xi_0 + \xi_0^3)X - \frac{3}{2}((\xi_0 - X)^2 - \xi_0^2) - \frac{1}{4}((\xi_0 - X)^4 - \xi_0^4)\big)$$

$$\tag{10.3.28}$$

将式 (10.3.24) 与 (10.3.25) 代入式 (10.3.14), 并精确到 $O(C_f)$, 得到

$$\frac{y - y_0}{x - x_0} = \xi_0 - \frac{1}{2}X + C_f G_2(X) \tag{10.3.29}$$

式 (10.3.29) 中:

$$G_2(X) = \frac{1}{2}G_1(X) - \frac{1}{9K_1}\Big(\frac{3}{2}(2\xi_0 - X)^2 - 2((\xi_0 - X)^2 + \xi_0(\xi_0 - X) + \xi_0^2)\Big)$$

$$- \frac{1}{9K_1}\Big(0.25((\xi_0 - X)^2 + \xi_0^2)(2\xi_0 - X)^2 + \frac{2}{5}\frac{(\xi_0 - X)^5 - \xi_0^5}{X}\Big)$$

$$= \frac{1}{9K_1}\Big(-(1 + \xi_0^2)X^2 + \frac{1}{2}\xi_0 X^3 - \frac{1}{10}X^4\Big) \tag{10.3.30}$$

因此, 精确到 $O(C_f)$ 的挑流水舌运动的轨迹方程为

$$y - y_0 = \tan\theta_0(x - x_0) - \frac{g}{2u_0^2\cos^2\theta_0}(x - x_0)^2$$

$$+ \frac{C_f}{3\beta_0} Fr_0^2 \cos^3\theta_0 \Big(-(1+\xi_0^2)X^2 + \frac{1}{2}\xi_0 X^3 - \frac{1}{10}X^4 \Big)(x-x_0) \qquad (10.3.31)$$

本来由精确到 $O(C_f)$ 的挑流水舌运动的轨迹方程式（10.3.31）能够得到水舌运动诸参数，如弧长、速度、入水角等的变化，然因其过于复杂，对一些量难以得到理论解，而挑流水舌出挑坎初期其运动轨迹与抛射体运动偏离不是太大，下面对处于这一运动阶段的挑流水舌运动速度、垂向厚度与含水浓度的沿程变化进行分析。

由式（10.3.18）可知，挑流水舌在作抛射体运动时其运动轨迹方程为

$$y - y_0 = \tan\theta_0 (x-x_0) - \frac{g}{2u_0^2\cos^2\theta_0}(x-x_0)^2 \qquad (10.3.32)$$

取 $\xi_0 = \mathrm{tg}\theta_0$，$\zeta = \dfrac{gx}{u_0^2\cos^2\theta_0} - \xi_0$，根据定义得到挑流水舌的弧长 s 的表达式为

$$\mathrm{d}s = \frac{u_0^2\cos^2\theta_0}{g}\sqrt{1+\zeta^2} \qquad (10.3.33a)$$

$$s = \int_{-\xi_0}^{\zeta} \sqrt{1+\zeta^2}\,\frac{u_0^2\cos^2\theta_0}{g}\mathrm{d}\zeta \qquad (10.3.33b)$$

通过积分，得到

$$s = \frac{u_0^2\cos^2\theta_0}{2g}\Bigg(\zeta\sqrt{1+\zeta^2} + \xi_0\sqrt{1+\xi_0^2} + \ln\left|\frac{\zeta+\sqrt{1+\zeta^2}}{\sqrt{1+\xi_0^2}-\xi_0}\right|\Bigg) \qquad (10.3.33c)$$

而挑流水舌的运动速度 u_n 则为

$$\frac{u_0}{u_n} = \frac{\sqrt{1+\xi_0^2}}{\sqrt{1+\zeta^2}} \qquad (10.3.34)$$

式中，u_0 为水舌出挑坎时的初始速度。

2. 垂向厚度

由挑流水舌运动控制方程（式（10.3.91））可知，其垂向厚度 H 满足

$$\frac{\mathrm{d}}{\mathrm{d}s}\int_{-H}^{+H}\bar{u}\,\mathrm{d}x_3 = 2\alpha_1\bar{u}_m \qquad (10.3.35)$$

式中，$\bar{u}$ 为水舌断面上沿轴线方向的时均流速，其为

$$\frac{\bar{u}}{u_m} = \exp\Big(-\alpha_2\big(\frac{x_3}{H}\big)^2\Big) \qquad (10.3.36)$$

将式（10.3.36）代入式（10.3.35），取常数 c_k 为

$$c_k = \int_0^1 \exp(-\alpha_2\eta^2)\,\mathrm{d}\eta$$

则有

$$\mathrm{d}(\bar{u}_m H) = \frac{\alpha_1}{c_k}\bar{u}_m \qquad (10.3.37)$$

对上式积分，得到

$$\bar{u}_m H - \bar{u}_{m0}H_0 = \frac{\alpha_1}{c_k}\int_0^s \bar{u}_m\,\mathrm{d}s \qquad (10.3.38)$$

经移项合并，最后得到

$$\frac{H}{H_0} = \frac{\overline{u}_{m0}}{\overline{u}_m} + \frac{\alpha_1}{c_k} \frac{1}{\overline{u}_m H_0} \int_0^s \overline{u}_m \, ds \tag{10.3.39}$$

式中，$\overline{u}_{m0}$ 为水舌出挑坎时中线上的初始时均流速，其与水舌出挑坎时断面平均流速 u_0 之间的关系为 $u_0 = c_k \overline{u}_{m0}$，同理可将其他位置挑流水舌运动的断面平均速度 u_n 表示为 $u_n = c_k \overline{u}_m$，而 H_0 则为水舌出挑坎时的初始厚度的半值。将式（10.3.34）与式（10.3.33a）代入式（10.3.39），并积分，得到

$$\frac{H}{H_0} = \frac{1}{\sqrt{1+\zeta^2}} \left(\sqrt{1+\xi_0^2} + \frac{\alpha_1}{c_k} \frac{u_0^2 \cos^2\theta_0}{gH_0} \int_{-\xi_0}^{\zeta} (1+\zeta^2) \, d\zeta \right)$$

$$= \frac{1}{\sqrt{1+\zeta^2}} \left(\sqrt{1+\xi_0^2} + \frac{\alpha_1}{c_k} \frac{u_0^2 \cos^2\theta_0}{gH_0} \left((\zeta+\xi_0) + \frac{1}{3}(\zeta^3+\xi_0^3) \right) \right) \tag{10.3.40}$$

定义水舌出挑坎时的初始弗劳德数 $Fr_0 = \dfrac{u_0}{\sqrt{gH_0}}$，则对水舌厚度的沿程变化率 $\dfrac{dH}{ds}$，有

$$\frac{dH}{ds} = \frac{g}{u_0^2 \cos^2\theta_0} \frac{1}{\sqrt{1+\zeta^2}} \frac{dH}{d\zeta}$$

$$= -\frac{1}{Fr_0^2 \cos^3\theta_0} \frac{\zeta}{(1+\zeta^2)^2} + \frac{\alpha_1}{c_k} \left(1 - \left((\zeta+\xi_0) + \frac{1}{3}(\zeta^3+\xi_0^3) \right) \frac{\zeta}{(1+\zeta^2)^2} \right)$$

$$\tag{10.3.41}$$

由式（10.3.41）可知，对不计沿水舌宽度横向变化的宽薄水舌，引起其垂向厚度沿程变化的原因有以下两种：其一是质量守恒（水量守恒）的要求，宽薄水舌运动速度的变化必然导致垂向厚度的变化；其二是水舌卷吸掺气所致。实验成果表明，在水舌出挑坎初期，其垂向厚度将沿程增加，将其表示为

$$\frac{H}{H_0} = 1 + \lambda_H \frac{s}{H_0} \tag{10.3.42}$$

由式（10.3.33c）可知

$$\frac{s}{H_0} = \frac{u_0^2 \cos^2\theta_0}{2gH_0} \left(\zeta\sqrt{1+\zeta^2} + \xi_0\sqrt{1+\xi_0^2} + \ln\left| \frac{\zeta+\sqrt{1+\zeta^2}}{\sqrt{1+\xi_0^2}-\xi_0} \right| \right) \tag{10.3.43}$$

从而有

$$\lambda_H = \frac{2}{Fr_0^2 \cos^2\theta_0} \frac{1}{\sqrt{1+\zeta^2}} \frac{\sqrt{1+\xi_0^2} - \sqrt{1+\zeta^2} + \frac{\alpha_1}{c_k}Fr_0^2\cos^2\theta_0\left((\zeta+\xi_0)+\frac{1}{3}(\zeta^3+\xi_0^3)\right)}{\zeta\sqrt{1+\zeta^2} + \xi_0\sqrt{1+\xi_0^2} + \ln\left|\dfrac{\zeta+\sqrt{1+\zeta^2}}{\sqrt{1+\xi_0^2}-\xi_0}\right|}$$

$$= f(\theta_0, Fr_0, \alpha_1, \zeta) \tag{10.3.44}$$

在水舌出挑坎初期有 $x \to 0$，$\zeta \to -\xi_0$，上式可进一步简化为

$$\lambda'_H \big|_{\zeta \to -\xi_0} = \frac{\sin\theta_0}{Fr_0^2} + \frac{\alpha_1}{c_k} \tag{10.3.45}$$

文献［6］通过试验对水舌的垂向扩散进行了探讨，其用自制测厚仪测量水舌厚

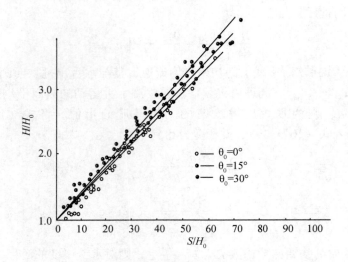

图 10.3.1 挑流水舌垂向厚度沿程变化图

度，并将用照相法实测厚度与之相比较，图 10.3.1 给出了其试验成果。由图 10.3.1 可知，在 $\theta_0 = 0°$、15°和 30°的三种挑角下，根据试验成果拟合得到的挑流水舌垂向厚度沿程变化为

$$\frac{H}{H_0} = 1 + \lambda_{HS} \frac{s}{H_0} \tag{10.3.46}$$

且其系数 λ_{HS} 有

$$\lambda_{HS} = 0.038 + 0.0144 \frac{\theta_0}{180°} \tag{10.3.47}$$

比较式（10.3.45）与式（10.3.47）可知，λ_H 与 λ_{HS} 两者之间在随挑角的变化上有相近的变化趋势，即皆随挑角的增加而增加。

3. 含水浓度

由挑流水舌的一维数学模型可得描述断面平均含水浓度 β 变化的控制方程（本章式（10.3.69））为

$$\frac{\mathrm{d}\beta}{\beta} = -\alpha \frac{\chi}{A} \mathrm{d}s \tag{10.3.48}$$

将挑流水舌概化为宽 $2B$、厚 $2H$ 的矩形，对 $B \gg H$ 的宽薄水舌，式（10.3.48）可进一步简化，经求解得到

$$\frac{\beta}{\beta_0} = \exp\left(-\alpha Fr_0^2 \cos^3\theta_0 \left((\zeta + \xi_0) + \frac{1}{3}(\zeta^3 + \xi_0^3)\right)\right) \tag{10.3.49}$$

类似式（10.3.41），得到含水浓度 β 的沿程变化率为

$$\frac{\mathrm{d}\beta}{\mathrm{d}s} = -\alpha \frac{\beta_0}{H_0} \cos\theta_0 \sqrt{1 + \zeta^2} \exp\left(-\alpha Fr_0^2 \cos^3\theta_0 \left((\zeta + \xi_0) + \frac{1}{3}(\zeta^3 + \xi_0^3)\right)\right)$$

$$\tag{10.3.50}$$

在水舌出挑坎初期如设

$$\frac{\beta}{\beta_0} = 1 + \lambda_\beta \frac{s}{H_0}$$
(10.3.51)

由 $x \to 0$ ，$\zeta \to -\xi_0$ ，有

$$\lambda_\beta = -\alpha$$
(10.3.52)

10.3.3　挑流水舌断面形态演化的实验研究

文献 ［7］ 曾对挑流水舌断面形态的演化进行了实验研究。为使实验成果贴近工程实际，采用湖南省东江水电站右岸滑雪式溢洪道为研究背景，取长度比尺 $\lambda_L = 62.5$ 。在实验过程中，水舌以一定的角度从挑坎挑射而出，挑流水舌的断面形态由 12 根测针所组成的测架读取。由该装置实测出挑流水舌断面特征点的坐标，由其即可获得不同下游位置处的挑流水舌断面面积 A 、湿周 χ 及水力半径 $R = A / \chi$ 。

1. 等宽挑坎

实验成果表明：水舌从挑坎挑出后，其横向宽度将沿程增加；从其垂向厚度的沿程变化上可将其大致分为如下三个阶段：紧密段、扩散段和破碎段。

（1）紧密段：挑流水舌自出坎断面起，在一定的范围内，由于水流运动速度大，惯性作用很强，水舌基本上保持着与反弧段曲线一致的运动，其上缘呈下凹型，凹的幅度较小，下缘则基本上保持为一平面，且水舌上缘挑角一般要比下缘挑角大。在这一阶段，水舌的两边缘厚度略高于中间厚度，见图 10.3.2 （a）。该段水舌直接受挑坎边界与水舌出坎前的水流运动特性所影响。

（2）扩散段：挑流水舌在过了紧密段以后，挑坎边壁对水舌的影响已基本消失。在这一阶段内水舌本身的湍动扩散作用、重力作用和空气阻力作用是影响水舌运动的主要因素。由于湍动扩散作用，水舌断面面积沿程增大；重力作用 （在

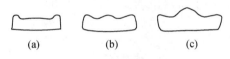

图 10.3.2　断面形态

水舌上升段）和空气阻力作用使得水舌断面平均流速沿程减小。在该段内，由于流速的下降比宽度的增加要快得多，因此，水舌的厚度在该阶段是沿程增加的，尤其是处于中间位置的水舌，其厚度增加更快，见图 10.3.2 （b）与图 10.3.2 （c）。

（3）破碎段：在扩散段的末端，已有大量空气掺入水舌内部，以至于水舌基本上呈海绵状结构，其断面形状则很不规则。如果破碎状况继续发展下去，则水舌将完全破碎成水滴降落，而水舌的运动则可视为粒子驱动的流体运动[8]。

挑流水舌出挑坎后，其断面要素如断面面积、湿周等将沿程变化。图 10.3.3 给出了上游水位为 56.55cm 、挑角为 11° 的条件下挑流水舌无量纲断面面积 A/A_0 与湿周 χ/χ_0 的沿程变化。其中，x 为距挑坎的水平距离，L 为挑距。由图 10.3.3 可知，A/A_0 与 χ/χ_0 皆随 x/L 的增加而增加，且近似有

$$\frac{A}{A_0} = 1 + \lambda_1 \frac{x}{L}$$
(10.3.53)

$$\frac{\chi}{\chi_0} = 1 + \lambda_2 \frac{x}{L} \tag{10.3.54}$$

实验成果表明，当上游水位为 48.35cm 时，λ_1 为 1.5173，λ_2 为 0.3526；而当上游水位增加为 56.55cm 时，λ_1 变为 3.2372，λ_2 变为 1.0814。由于 $\lambda_1 > \lambda_2$，因而水舌断面面积随流程的相对增加率要高于湿周的相对增加率；且上游水位愈高，断面面积相对于湿周的增长愈快。

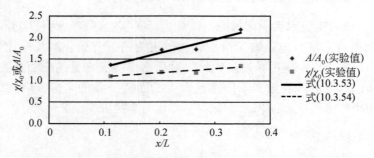

图 10.3.3　等宽挑坎挑流水舌 A/A_0 与 χ/χ_0 的沿程变化

图 10.3.4 给出了上游水位为 52.97cm 和 56.55cm 两种情况下挑流水舌无量纲参数 $\chi H/A$ 的沿程变化。由于 χ/A 即为水力半径 R 的倒数，因此，$\chi H/A = H/R$。由图可知：参数 $\chi H/A$ 将沿程增加，且在其他条件相同的情况下，上游水位越高，其增加愈甚。

图 10.3.5 给出了上游水位为 52.97cm 和 56.55cm 两种情况下挑流水舌无量纲参数 H/B 的沿程变化。由图可知：在实验参数变化范围内，参数 H/B 将随沿程增加，但其随上游水位的变化则不甚明显。

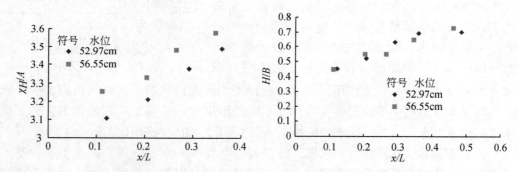

图 10.3.4　等宽挑坎挑流水舌参数 $\chi H/A$ 的
　　　　　　沿程变化

图 10.3.5　等宽挑坎挑流水舌参数 H/B 的
　　　　　　沿程变化

2. 窄缝挑坎

对窄缝挑坎，文献 [7] 共进行了挑角为 11° 和 0° 两组实验。实验成果表明，挑流水舌出挑坎后，将在重力、空气阻力的作用下运动，同时由于水舌的强烈湍动在其外缘还存在扩散掺气。窄缝挑坎上的挑流水舌运动也可分为紧密段、扩散段与破碎段三段，详见图 10.3.6。

（1）紧密段：水舌刚出挑坎时，由于其运动流速较大，水流受惯性的影响较大，水舌一方面沿纵向拉开，同时在一定的纵向范围内在横向上还将继续收缩。水舌上缘两侧的冲击波对撞后逐渐消失，水流湍动强烈，水舌的四周出现少量的散水。在此段内水舌断面形状基本不变，近似呈长方形，见图 10.3.6（a）。

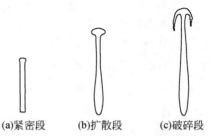

(a)紧密段　　(b)扩散段　　(c)破碎段

图 10.3.6　窄缝挑坎挑流水舌断面形态

（2）扩散段：水舌上缘湍动剧烈，掺气充分，且其横向扩散甚为明显，由此导致水舌顶部宽度明显增大。从整个水舌的发展来看，由于受重力作用的影响，上半部分的水体往下沉，使得大部分的水体逐渐集中于断面的下部，水舌上半部分的断面宽度变小，下半部分的宽度变大。综合以上的特点，该段水舌的断面形状特点表现为：头大、颈细、腹肥，呈"垒球棒"形状，见图 10.3.6（b）。

（3）破碎段：随着挑流水舌的发展，水舌上缘的水体在其下部流速相对较高的主体水舌的带动下，继续沿横向扩展，直至逐渐破碎，并从水舌的两侧下跌。水舌湍动比较明显，其从两侧下跌的水体并不对称，有时从两边下跌，有时从一边下跌。该部分的水舌掺气充分，水流基本上失去整体性，其断面的外形轮廓呈"蘑菇"状，见图 10.3.6（c）。

在水舌沿程发展过程中，任一断面上的水舌形态都与上游水位、挑坎挑角及挑坎型式有关。

在上游水位较高、挑坎宽度较小的情况下，水舌的纵向拉开较大，水舌上缘挑得较高，基本上呈 45°角射出（但一般都达不到 45°），水舌湍动剧烈，掺气较充分。相反，在上游水位较低、挑坎宽度较大的情况下，水舌上缘的出射角一般较小，水舌的整体性较好，其掺气扩散的程度也较小。

如上游水位、水舌出坎条件等不变，水舌垂向厚度的变化表现为：先沿程增大，待水舌接近入水区时其厚度又有所减少。挑坎挑角的不同直接影响到水舌的挑距和水舌的垂向厚度。实验成果表明，在上游水位相同的情况下，挑坎挑角越大，水舌挑距也越大，水舌的垂向厚度则越小。事实上，实际工程中窄缝挑坎的挑角一般都是取 0°，这样可以使水舌纵向充分拉开，加大水舌的入水宽度，以减少挑流水舌单位面积的入水能量，进而减少其对下游河床的冲刷。

图 10.3.7 给出了窄缝挑坎出口宽度为 4cm，挑角为 11°，上游水位为 49.73cm 时挑流水舌断面面积与湿周的沿程变化。由图可知，无量纲断面面积 A/A_0 与湿周 χ/χ_0 皆随 x/L 的增加而增加，且近似有

$$\frac{A}{A_0} = 1 + \xi_1 \frac{\chi}{L} \tag{10.3.55}$$

$$\frac{\chi}{\chi_0} = 1 + \xi_2 \frac{\chi}{L} \tag{10.3.56}$$

实验成果表明：当上游水位为 49.73cm 时，$\xi_1 = 6.0735$，$\xi_2 = 5.1285$；而当上游水

位增加为 56.04cm 时，ξ_1 变为 8.4268，ξ_2 变为 5.7021。由于在两种水位下皆有 $\xi_1 > \xi_2$，因此，断面面积随流程的相对增加率要高于湿周的相对增加率；而就断面面积与湿周随上游水位的变化而言，则存在上游水位愈高，面积与湿周随流程相对增加愈快的趋势，且面积的相对增加率要高于湿周的相对增加率。

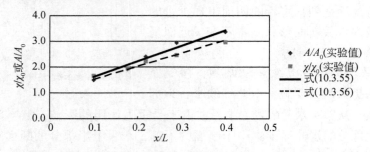

图 10.3.7 窄缝挑坎挑流水舌 A/A_0 与 χ/χ_0 的沿程变化

图 10.3.8 给出了窄缝挑坎出口宽度为 4cm，挑角为 11°，上游水位为 49.73cm 和 56.04cm 两种情况下挑流水舌无量纲参数 $\chi H/A$ 的沿程变化。由图 10.3.8 可知：参数 $\chi H/A$ 将沿程增加，且在其他条件相同的情况下，上游水位越高，其增加愈甚。

图 10.3.9 给出了窄缝挑坎出口宽度为 4cm，挑角为 11°，上游水位为 49.73cm 和 56.04cm 两种情况下挑流水舌无量纲参数 H/B 的沿程变化。由图 10.3.9 可知：参数 H/B 将沿程增加，但其随上游水位的变化则与等宽挑坎时不同，上游水位越高，其增加愈甚。

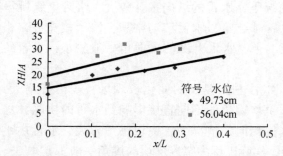

图 10.3.8 窄缝挑坎挑流水舌 $\chi H/A$ 的沿程变化 10.3.9 窄缝挑坎挑流水舌 H/B 的沿程变化

10.3.4 挑流水舌运动的一维数值模拟

1. 数学模型

以挑坎末端为坐标原点，以水舌轴线为纵向坐标轴（s）建立自然坐标系，自然坐标系中一维挑流水舌运动的控制方程为

①水量守恒方程：

$$\frac{\mathrm{d}}{\mathrm{d}s}\left(\int_A \rho_w \,\overline{u}\, \overline{\beta} \mathrm{d}A\right) = 0 \tag{10.3.57}$$

②连续方程：

$$\frac{\mathrm{d}}{\mathrm{d}s}\left(\int_A \rho_m \bar{u}\mathrm{d}A\right) = \alpha\rho_a u\chi \tag{10.3.58}$$

③运动方程：

$$\frac{\mathrm{d}}{\mathrm{d}s}\left(\int_A \rho_m \bar{u}^2 \mathrm{d}A\right) = \int_A (\rho_a - \rho_m)g\mathrm{d}A\sin\theta - \frac{1}{2}C_f\rho_w\chi u^2 \tag{10.3.59}$$

以上各式中，A 为水舌断面面积；χ 为湿周；$\bar{u}$ 为水舌时均流速；$\bar{\beta}$ 为水舌时均含水浓度；θ 为水舌运动方向与水平方向的夹角；u 为水舌断面平均流速；ρ_a、ρ_w 与 ρ_m 分别表示空气、水体与水气两相混合物的密度。以 β 表示水舌的断面平均含水浓度，将式（10.3.57）~（10.3.59）改写为

$$u\beta A = u_0 \beta_0 A_0 \tag{10.3.60}$$

$$u_0 \beta_0 A_0 \frac{\mathrm{d}}{\mathrm{d}s}\left(\frac{1}{\beta}\right) = \alpha\chi u \tag{10.3.61}$$

$$\frac{\mathrm{d}}{\mathrm{d}s}(\beta u^2 A) = -\beta g A\sin\theta - \frac{1}{2}C_f\chi u^2 \tag{10.3.62}$$

再以挑坎末端为坐标原点，以水平方向与垂直方向为 x 与 y 轴的正向建立直角坐标系，考虑到对时间 t 而言有 $\dfrac{\mathrm{d}s}{\mathrm{d}t} = u$，将其代入式（10.3.62），并将其转换为直角坐标系中相应的分量形式，得到

水平方向运动方程：

$$\frac{\mathrm{d}u_x}{\mathrm{d}t} = -\frac{1}{2}C_f\frac{\chi u^3}{u\beta A}\cos\theta \tag{10.3.63a}$$

垂直方向运动方程：

$$\frac{\mathrm{d}u_y}{\mathrm{d}t} = -g - \frac{1}{2}C_f\frac{\chi u^3}{u\beta A}\sin\theta \tag{10.3.63b}$$

式中，u_x、u_y 分别表示水舌断面平均流速沿直角坐标系 x、y 方向的分量。如将挑流水舌概化为宽为 $2B$、厚为 $2H$ 的矩形，则其断面面积与湿周分别为

$$A = 4BH \tag{10.3.64a}$$

$$\chi = 4B + 4H \tag{10.3.64b}$$

此时挑流水舌运动方程（10.3.63）可简化为

$$\frac{\mathrm{d}u_x}{\mathrm{d}t} = -\frac{1}{2}C_f\frac{B}{B_0}\left(1 + \frac{H}{B}\right)\frac{u^3}{q}\cos\theta \tag{10.3.65a}$$

$$\frac{\mathrm{d}u_y}{\mathrm{d}t} = -g - \frac{1}{2}C_f\frac{B}{B_0}\left(1 + \frac{H}{B}\right)\frac{u^3}{q}\sin\theta \tag{10.3.65b}$$

而对 $B \gg H$ 的宽薄水舌，如果不计水舌宽度的横向变化，则式（10.3.65）还可进一步简化为

$$\frac{\mathrm{d}u_x}{\mathrm{d}t} = -\frac{1}{2}C_f\frac{u^3}{q}\cos\theta \tag{10.3.66a}$$

$$\frac{\mathrm{d}u_y}{\mathrm{d}t} = -g - \frac{1}{2}C_f\frac{u^3}{q}\sin\theta \tag{10.3.66b}$$

式（10.3.65）与式（10.3.66）中 $q = u_0 \beta_0 H_0$ 为挑流水舌出挑坎时的单宽流量。

④水舌位置 X、Y 的几何关系：

$$\frac{\mathrm{d}X}{\mathrm{d}x} = \cos\theta \qquad (10.3.67a)$$

$$\frac{\mathrm{d}Y}{\mathrm{d}x} = \sin\theta \qquad (10.3.67b)$$

综上所述，在以挑坎末端为坐标原点，以水平方向与垂直方向为 x 与 y 轴正向的直角坐标系中，宽为 $2B$、厚为 $2H$ 的一维挑流水舌运动的控制方程为

①水量守恒方程：

$$u \beta A = u_0 \beta_0 A_0 \qquad (10.3.68)$$

②连续方程：

$$u_0 \beta_0 A_0 \frac{\mathrm{d}}{\mathrm{d}s}\left(\frac{1}{\beta}\right) = \alpha \chi u \qquad (10.3.69)$$

③水平方向运动方程：

$$\frac{\mathrm{d}u_x}{\mathrm{d}t} = -\frac{1}{2}C_f \frac{B}{B_0}\left(1 + \frac{H}{B}\right)\frac{u^3}{q}\cos\theta \qquad (10.3.70)$$

④垂直方向运动方程：

$$\frac{\mathrm{d}u_y}{\mathrm{d}t} = -g - \frac{1}{2}C_f \frac{B}{B_0}\left(1 + \frac{H}{B}\right)\frac{u^3}{q}\sin\theta \qquad (10.3.71)$$

⑤水舌位置的几何关系：

$$\frac{\mathrm{d}X}{\mathrm{d}s} = \cos\theta \qquad (10.3.72)$$

$$\frac{\mathrm{d}Y}{\mathrm{d}s} = \sin\theta \qquad (10.3.73)$$

对于 $B \gg H$ 的宽薄水舌，可以不计水舌运动过程中特征量沿横向的变化，考虑到 $\frac{\mathrm{d}s}{\mathrm{d}t} = u$ 及 $u = \sqrt{u_x^2 + u_y^2}$，则上述水舌运动的控制方程还可进一步简化为

①水量守恒方程：

$$u \beta H = q \qquad (10.3.74)$$

②连续方程：

$$q \frac{\mathrm{d}}{\mathrm{d}s}\left(\frac{1}{\beta}\right) = \alpha u \qquad (10.3.75)$$

③水平方向运动方程：

$$\frac{\mathrm{d}u_x}{\mathrm{d}s} = -\frac{C_f \sqrt{u_x^2 + u_y^2}\, u_x}{2q} \qquad (10.3.76)$$

④垂直方向运动方程：

$$\frac{\mathrm{d}u_y}{\mathrm{d}s} = -\frac{g}{\sqrt{u_x^2 + u_y^2}} - \frac{C_f \sqrt{u_x^2 + u_y^2}\, u_y}{2q} \qquad (10.3.77)$$

⑤水舌位置的几何关系：

$$\frac{\mathrm{d}X}{\mathrm{d}x} = \cos\theta \qquad (10.3.78)$$

$$\frac{\mathrm{d}Y}{\mathrm{d}x} = \sin\theta \qquad (10.3.79)$$

以上控制方程的定解条件为

上游条件：挑流水舌出挑坎时的断面平均流速 u_0，断面平均含水浓度 β_0，初始挑角 θ_0，初始水舌半厚 H_0 以及起挑点坐标（X_0, Y_0）为已知量。

下游条件：水流落入下游河床，有 $Y = Y_d$，其中 Y_d 为下游水位。

2. 数值模拟

我国柘溪、桓仁、丰满等 6 个工程曾先后实测过挑流鼻坎末端至下游水位或冲坑最深点的水平距离。这些工程泄洪时，水舌宽度要远大于厚度，可将其视为宽薄水舌，此外，水舌从鼻坎挑出后，在空中掺气扩散，外观如白色棉絮，水舌为水气两相流，因此计算挑距时应按两相流考虑。表 10.3.1 给出了原型观测得到的挑距值与运用前述数学模型计算所得水舌挑距的对比。图 10.3.10 则给出了原型观测挑距 L_y 与数学模型计算挑距 L_j 的偏差程度。

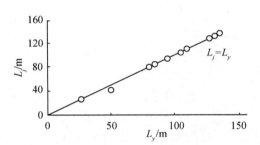

图 10.3.10　水舌挑距原型观测值与计算值的偏离程度

计算成果表明，对于等宽挑坎下的挑流水舌，卷吸系数 α 可考虑选择为 0.002，但空气阻力系数 C_f 则须根据挑流水舌出坎速度的大小来决定，对于一般的挑流水舌，可选取 $C_f \cong 0.004$。

表 10.3.1　原型观测得到的挑距值与计算成果的比较

工程名称	观测时间	鼻坎挑角/°	鼻坎单宽流量 / (m³/s·m)	观测值 L_y/m	计算值 L_j/m	相对误差 $\dfrac{\mid L_y - L_j \mid}{L_y} \Big/ \%$
上犹江	1971	22	46.1	80.0	81.51	1.89
东马庄	1966	21.5	5.0	26.4	24.21	8.3
丰满	1953	25	38.2	110.0	110.01	0.01
双牌	1973	25	49.3	84.0	82.78	1.46
柘溪	1970	30	84.8	133.0	134.16	0.87
柘溪	1964	30	36.9	105.0	105.62	0.59
桓仁	1973	25	56.0	80.15	79.67	0.60
桓仁	1973	25	58.3	94.0	95.13	1.20

10.3.5　挑流水舌运动的二维数值模拟

1. 数学模型

挑流水舌掺气后，必须考虑气泡和水流运动之间的相互影响。一般挑流水舌主体段的含气浓度不是太大，作为近似，可将掺气后挑流水舌主体段的运动视为以水体为主同时掺有一定空气的水气两相流。

以 ρ_w 与 ρ_a 分别表示水与空气的密度，并以气泡直径为参考将掺入挑流水舌中的气泡分为 N 组，每一组气泡的体积含气浓度为 c_k，则整个水气混合物（挑流水舌）的密度为

$$\rho_m = \rho_w + \sum_{k=1}^{N} \rho_a c_k$$

$$= \rho_w + \sum_{k=1}^{N} \rho_k \qquad (10.3.80)$$

采用正交曲线坐标系来描述挑流水舌的运动，以水舌轴线为纵向坐标轴（x_1）并以 x_2 和 x_3 分别表示横向和垂向坐标，以 H 与 R 分别表示水舌的垂向半厚（厚度的一半）及曲率半径，以含水浓度 β 来反映挑流水舌的掺气程度，其定义为

$$\beta = 1 - \sum_{k=1}^{N} c_k \qquad (10.3.81)$$

通过推导，得到不可压缩挑流水舌时均运动的控制方程如下[9]：

（1）水相连续方程：

$$\frac{\partial \bar{\beta} \bar{u}_i}{\partial x_i} = 0 \qquad (10.3.82)$$

（2）气相连续方程：

$$\frac{\partial \bar{u}_i}{\partial x_i} = 0 \qquad (10.3.83)$$

（3）运动方程：

不考虑挑流水舌水气两相之间的速度滑移，考虑曲率一阶影响的挑流水舌时均运动的控制方程为

$$\frac{\partial}{\partial t}(\bar{\rho}_m \bar{u}_i) + \frac{\partial(\bar{\rho}_m \bar{u}_i \bar{u}_j)}{\partial x_j} = \bar{\rho}_m g_i - \frac{\partial \bar{p}}{\partial x_i} + \frac{\partial \bar{\tau}_{ij}}{\partial x_j} + \frac{\bar{\rho}_m \bar{u}_1^2}{R} \delta_{i3} \qquad (10.3.84)$$

式中，$\bar{\tau}_{ij}$ 为时均切应力张量。对恒定二维挑流水舌的运动有 $\frac{\partial}{\partial t} = 0$；$\frac{\partial}{\partial x_2} = 0$；$\bar{u}_2 = 0$，将这些简化条件代入式（10.3.82 ~ 10.3.84）即可得到恒定二维挑流水舌运动的控制方程，下面对其做进一步的简化，以便能用于高速挑流水舌时均运动的工程计算。简化的方法为对水相连续、气相连续与运动方程沿垂向（$-H$, H）积分，并用相似解来描述挑流水舌特征量的垂向变化。

（1）水相连续方程

由式（10.3.82）可知，恒定二维挑流水舌的水相连续方程为

$$\frac{\partial \bar{\beta} \bar{u}_1}{\partial x_1} + \frac{\partial \bar{\beta} \bar{u}_3}{\partial x_3} = 0 \qquad (10.3.85)$$

对式（10.3.85）沿垂向积分，得到

$$\frac{\mathrm{d}}{\mathrm{d} x_1} \int_{-\infty}^{+\infty} \bar{u}_1 \bar{\beta} \mathrm{d} x_3 + \bar{u}_3 \bar{\beta} \big|_{-\infty}^{+\infty} = 0 \qquad (10.3.86)$$

由外边界处的时均含水浓度条件可知，式（10.3.86）左边第二项为零，因此，水相连续方程简化为

$$\frac{\mathrm{d}}{\mathrm{d} x_1} \int_{-\infty}^{+\infty} \bar{u}_1 \bar{\beta} \mathrm{d} x_3 = 0 \qquad (10.3.87)$$

（2）气相连续方程

由式（10.3.83）可知，恒定二维挑流水舌的气相连续方程为

$$\frac{\partial \bar{u}_1}{\partial x_1} + \frac{\partial \bar{u}_3}{\partial x_3} = 0 \qquad (10.3.88)$$

对上式沿垂向（$-H, H$）积分，得到

$$\frac{\mathrm{d}}{\mathrm{d} x_1} \int_{-H}^{+H} \bar{u}_1 \mathrm{d} x_3 + \bar{u}_3 \big|_{-H}^{+H} = 0 \qquad (10.3.89)$$

利用本章有关挑流水舌卷吸掺气量的计算式，可得

$$\bar{u}_3 \big|_{x_3=H} = - \bar{u}_3 \big|_{x_3=-H} = \alpha_1 \bar{u}_m \qquad (10.3.90)$$

式中，α_1 为卷吸系数，$\bar{u}_m$ 为挑流水舌轴线上的纵向时均流速。因此，气相连续方程可简化为

$$\frac{\mathrm{d}}{\mathrm{d} x_1} \int_{-H}^{+H} \bar{u}_1 \mathrm{d} x_3 = 2\alpha_1 \bar{u}_m \qquad (10.3.91)$$

（3）运动方程

挑流水舌主体段属于以水体为主的稀疏两相流，且因水的密度 ρ_w 要远大于空气的密度 ρ_a，故混合物的时均密度 $\bar{\rho}_m$ 为

$$\bar{\rho}_m = \bar{\beta}\rho_w + (1-\bar{\beta})\rho_a = \bar{\beta}(\rho_w - \rho_a) + \rho_a$$
$$\approx \bar{\beta}\rho_w \qquad (10.3.92)$$

运用上式对考虑曲率一阶影响的挑流水舌运动的控制方程式（10.3.84）进行简化，得到相应的控制方程为

$$\frac{\partial (\bar{\beta} \bar{u}_1^2)}{\partial x_1} + \frac{\partial (\bar{\beta} \bar{u}_1 \bar{u}_3)}{\partial x_3} = -\bar{\beta}g\sin\theta - \frac{1}{\rho_w}\frac{\partial \bar{p}}{\partial x_1} + \frac{\partial \bar{\tau}_{13}}{\partial x_3} \qquad (10.3.93\mathrm{a})$$

$$\frac{\partial \bar{p}}{\partial x_3} = \rho_w \bar{\beta} \frac{\bar{u}_1^2}{R} - \bar{\beta}g\cos\theta \qquad (10.3.93\mathrm{b})$$

下面先对式（10.3.93）中时均压强 $\bar{p}$ 的变化进行估计。已有试验研究成果[10]表明，挑流水舌的纵向时均流速与时均含水浓度沿垂向上的变化可近似表示为

$$\frac{\bar{u}_1}{\bar{u}_m} = \exp\left(-\alpha_2 \left(\frac{x_3}{H}\right)^2\right) \qquad (10.3.94\mathrm{a})$$

$$\frac{\bar{\beta}}{\bar{\beta}_m} = \exp\left(-\pi \left(\frac{x_3}{H}\right)^2\right) \qquad (10.3.94\mathrm{b})$$

将式（10.3.94）代入式（10.3.93b），并沿垂向 x_3 从 0 到 H 积分，得到

$$\bar{p}(H) - \bar{p}(0) = \frac{\rho_w}{R}\int_0^H \bar{u}_1^2\bar{\beta}\mathrm{d}x_3 - \int_0^H \bar{\beta}g\cos\theta\mathrm{d}x_3$$

$$= \xi_1\frac{\rho_w}{R}\bar{u}_m^2\bar{\beta}_m H - \xi_2\bar{\beta}_m gH\cos\theta \tag{10.3.95}$$

式中：

$$\xi_1 = \int_0^H \exp(-(\pi + 2\alpha_2)\eta^2)\mathrm{d}\eta \tag{10.3.96a}$$

$$\xi_2 = \int_0^H \exp(-\pi\eta^2)\mathrm{d}\eta \tag{10.3.96b}$$

将挑流水舌运动近似视为抛射体运动，如以 u_0 与 θ_0 分别表示其初始出坎时的断面平均流速与初始挑角，则得其曲率半径的最小值为

$$R_{\min} = \frac{u_0^2\cos^2\theta_0}{g} \tag{10.3.97}$$

在式（10.3.95）中，由于 $\xi_2 > 0$，且 $-90° < \theta < 90°$，故其右边第二项为负，从而有

$$\frac{\bar{p}(H) - \bar{p}(0)}{\rho_w\bar{u}_m^2} \leqslant \xi_1\bar{\beta}_m\frac{H}{R} \leqslant \xi_1\bar{\beta}_m\frac{H}{R_{\min}}$$

$$= \xi_1\bar{\beta}_m\frac{H}{H_0}\left(\frac{u_0^2}{gH_0}\right)^{-1}\cos^2\theta_0$$

$$= \xi_1\bar{\beta}_m\frac{H}{H_0}\frac{1}{Fr_0^2}\cos^2\theta_0 \tag{10.3.98}$$

由于 $\xi_1 = O(1)$，$\dfrac{H}{H_0} = O(1)$，$\cos^2\theta_0 \leqslant 1$，$\bar{\beta}_m \leqslant 1$，由式（10.3.98）可知，只要水舌出挑坎的初始弗劳德数 $Fr_0 \gg 1$，则有

$$\frac{\bar{p}(H) - \bar{p}(0)}{\rho_w\bar{u}_m^2} \ll 1 \tag{10.3.99}$$

也即可忽略时均压强 $\bar{p}$ 沿垂向的变化，又因 $\bar{p}(H)$ 为大气压强，故在式（10.3.93a）中同时也有

$$\frac{\partial\bar{p}}{\partial x_1} \approx 0 \tag{10.3.100}$$

由此得到自然坐标系中挑流水舌运动的动量方程为

$$\frac{\partial(\bar{\beta}\bar{u}_1^2)}{\partial x_1} + \frac{\partial(\bar{\beta}\bar{u}_1\bar{u}_3)}{\partial x_3} = -\bar{\beta}g\sin\theta + \frac{\partial\bar{\tau}_{13}}{\partial x_3} \tag{10.3.101}$$

将式（10.3.101）在垂向上沿 $(-H,H)$ 积分，注意到

$$\bar{\beta}\bar{u}_1\bar{u}_3\big|_{\pm H} = 0 \tag{10.3.102a}$$

$$\bar{\tau}_{13}\big|_H - \bar{\tau}_{13}\big|_{-H} = -\frac{1}{2}C_f\bar{u}_m^2 \tag{10.3.102b}$$

式中，C_f 为反映空气阻力影响的阻力系数。此外，以挑坎末端为坐标原点，以水平方向向右与垂直方向向上为 x 与 y 轴的正向建立直角坐标系，将自然坐标系中挑流水舌运动

的动量方程积分式转换为直角坐标系中的分量形式，有

$$\frac{\mathrm{d}}{\mathrm{d}x_1}\int_{-H}^{H}\bar{\beta}\,\bar{u}_1^{\,2}\cos\theta\mathrm{d}y = -\frac{1}{2}C_f\bar{u}_m^2\cos\theta \tag{10.3.103a}$$

$$\frac{\mathrm{d}}{\mathrm{d}x_1}\int_{-H}^{H}\bar{\beta}\,\bar{u}_1^{\,2}\sin\theta\mathrm{d}y = \int_{-H}^{H}\bar{\beta}g\mathrm{d}y - \frac{1}{2}C_f\bar{u}_m^2\sin\theta \tag{10.3.103b}$$

（4）水舌轴线上的几何关系

$$\frac{\mathrm{d}X}{\mathrm{d}x} = \cos\theta \tag{10.3.104a}$$

$$\frac{\mathrm{d}Y}{\mathrm{d}x} = \sin\theta \tag{10.3.104b}$$

在从工程要求出发求解上述挑流水舌二维数学模型控制方程的过程中，还需给出其纵向时均流速和时均含水浓度沿垂向的分布，其中纵向时均流速沿垂向的分布见式（10.3.94a），时均含水浓度沿垂向的变化则视水舌掺气散裂程度可进行如下概化[11]：

（1）挑流水舌时均含水浓度沿垂向分布也存在相似性，根据水舌掺气程度的不同可将其分为部分掺气水舌和充分掺气水舌，部分掺气水舌存在水核区（时均意义上无气泡掺入的区域），其在垂向上还可进一步细分为水核区、水挟气泡区（时均含水浓度很高，同时水气密度比也很大，掺入气泡对水流流动结构影响可忽略的区域）与掺混区（时均含气浓度与含水浓度皆较高）三个区域，而充分掺气水舌则不存在水核区。

（2）对部分掺气水舌，如以 $\bar{\beta}$ 与 $\bar{\beta}_m$ 分别表示其时均含水浓度值及其最大值，以 H_w 表示水核区外边界距水舌轴线的距离；以 H_m 表示水挟气泡区外边界距水舌轴线的距离；以 H 表示掺混区外边界距水舌轴线的距离，参照明渠掺气水流的研究成果，将部分掺气挑流水舌时均含水浓度分布表示为

$$\frac{1-\bar{\beta}}{1-\bar{\beta}_m} = \begin{cases} 1 - \mathrm{erf}\left(1.2\,\dfrac{H_m-|y|}{H_m-H_w}\right) & (H_w \leqslant |y| \leqslant H_m) \\[3mm] 1 + \dfrac{\bar{\beta}_m}{1-\bar{\beta}_m}\mathrm{erf}\left(\dfrac{|y|-H_m}{H-H_m}\right) & (H_m \leqslant |y| \leqslant H) \end{cases} \tag{10.3.105a}$$

（3）对充分掺气挑流水舌，其时均含水浓度分布表达式为

$$\frac{\bar{\beta}}{\bar{\beta}_m} = \exp\left(-\pi\left(\frac{y}{H}\right)^2\right) \tag{10.3.105b}$$

将式（10.3.94a）与式（10.3.105）代入挑流水舌运动的控制方程，经过整理即可得到一封闭的微分方程组，在一定的初始条件下进行数值积分即可得到挑流水舌各特征量随纵向坐标 x 的变化，进而确定水舌入水条件。

2. 数值模拟

为检验前面所建立的综合考虑掺气和空气阻力影响的挑流水舌二维数学模型的正确性，运用柘溪水电站挑流水舌模型试验与原型观测资料进行了验证计算。

柘溪水电站位于湖南省安化县境内的资水河段上，水库控制流域面积 22640km²，总库容 35.65 亿 m³，为不完全年调节水库。该电站的水力枢纽包括拦河坝、水电站与通航建筑物等。拦河坝为单支墩溢流式大头坝和非溢流的宽缝重力坝组成，最大坝高

104m，坝长299m（溢流坝段长146m，左、右两边的挡水坝段长分别为78m与75m）。溢流坝共9孔，每孔宽12m，堰顶高程153m，末端采用差动式鼻坎挑流消能。

图10.3.11和图10.3.12分别给出了上游水位为160.02m，坝顶单宽流量为34.4m³/s.m时模型试验实测出及计算出的水舌轴线位置和水舌半宽H随挑坎水平距离x的变化。由图可知，两者甚为一致。

图10.3.13和图10.3.14分别给出了相应条件下原型观测实测出及计算出的水舌轴线位置和水舌半宽H随挑坎水平距离x的变化。由图可知：两者也甚为一致。

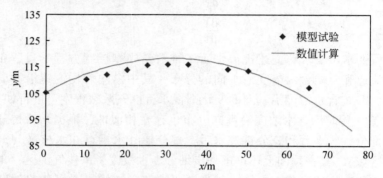

图10.3.11　柘溪水电站模型试验实测水舌轴线位置与计算成果的比较

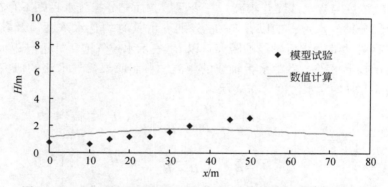

图10.3.12　柘溪水电站模型试验实测水舌半宽与计算成果的比较

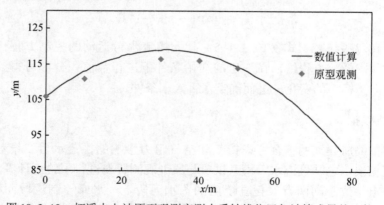

图10.3.13　柘溪水电站原型观测实测水舌轴线位置与计算成果的比较

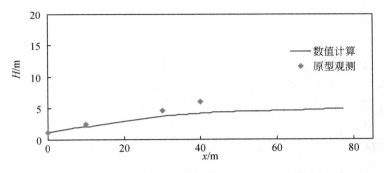

图 10.3.14　柘溪水电站原型观测实测水舌半宽与计算成果的比较

10.4　强迫掺气水流

强迫掺气水流的特点是一旦离开扰动区，水流中的空气将很快逸出。下面对跌落水流的掺气和水跃的掺气加以简要介绍。

10.4.1　跌落水流的掺气

跌落水流的特点是存在水股与自由面的相互作用，其又可细分为自由跌落水流和附壁跌落水流两种。前者由水流入水所致，后者则存在水流与固壁的相互作用。

1. 自由跌落水流的掺气

沙柯洛夫[12]与 Elsawy 等[13]曾分别对水舌跌落进入水池的掺气问题进行了试验研究，得到如下成果：

1）自由跌落水流掺气机理

自由跌落水流能否掺气，关键在于跌落水流流态及其入水流速，其各种流态如图 10.4.1 所示。如果射流为层流，其掺气特征反映为射流边界与自由水面相碰撞时的环形摆动，由此形成环形凹陷而挟入气泡（图 10.4.1（a））；当射流处于层、湍流过渡期间时，由于射流及其空气边界层的作用，在射流边界上形成一间歇性的旋涡，通过旋涡的作用以卷吸的形式掺气（图 10.4.1（b））；如果射流为充分湍流，由于射流边界不再规则，其在与水面碰撞过程中将因湍动吸附而掺气，至于射流外缘的水团，在与水面碰撞过程中则将空气直接带入水体中（图 10.4.1（c））。

2）最小卷吸速度

研究成果表明，最小卷吸速度 u_e 与射流长度尺度无关，但却与射流的湍动强度关系极大。当湍动强度为 1% 时，u_e 约为 2.8m/s；但当湍动强度为 5% 时，u_e 却减小为 0.8m/s。

3）水体中含气浓度

水体中的含气浓度在空间上的分布并不均匀，其具有如下特征：在射流与水面碰撞处附近含气浓度最大；在平面上离开碰撞点越远，其含气浓度越小；而在垂直方向上含气浓度则很快衰减。

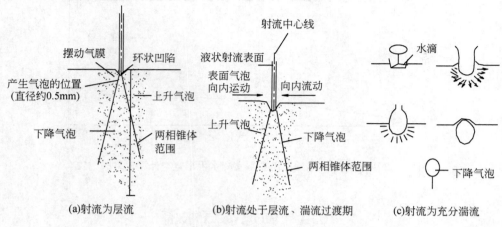

图 10.4.1   自由跌落水流流态

2. 附壁跌落水流的掺气

Sene[14]对平面射流与水面的碰撞进行了试验研究，其主要成果如下：

1）流动形态

附壁跌落水流的流态除与碰撞前跌落水流及自由面的特性有关外，还极大地依赖于入水角 α，其可能出现的流动形态见图 10.4.2，其有表面流、波状流、附着流及穿透流四种。

2）挟气量

附壁跌落水流仅当其流速大于某一值，也即临界掺气流速 u_i^* 时才能使下游水流掺气。根据附壁跌落水流入水前的流速 u_i 与临界掺气流速 u_i^* 之比的变化，其掺气机理与挟气量变化很大。

当附壁跌落水流入水速度较低时，随着射流表面的扰动波穿过下游水体的自由面，空气主要以离散气泡的形式被卷吸至水体中，见图 10.4.3。气泡进入下游水体的速率随着流速 u_i 的增加而增加，当然一些气泡还可能会从下游水面逸出，有些气泡甚至会返回射流入水点再被重新带入水流中。已有研究成果表明，气泡进入下游水体的速率正比于入水流速的三次方。在此基础上，Sene 进一步推测气泡进入下游水体的单宽流量 q_a 与进入下游水体中的水流单宽流量 q_w 之比存在如下关系：

$$\frac{q_a}{q_w} = K\frac{\left(\dfrac{u_*}{u_i}\right)^4}{\left(\dfrac{u_r}{u_i}\right)^2}F_{ri}^{\,2} \tag{10.4.1}$$

式中，F_{ri} 为射流与自由水面碰撞点的弗劳德数；u_r 为卷吸速度，其值约为射流入水速度的 0.035 倍（Brown & Roshko[15]）；u_* 为涡体与水面碰撞的速度，其值对低湍流度射流约为 $\dfrac{u_*}{u_i} \approx 0.01$，而对高湍流度射流约为 $\dfrac{u_*}{u_i} \approx 0.1$；$K$ 则为一系数。

如果附壁跌落水流的入水速度较高，在射流入水点附近的水流将被一层很厚的气泡覆盖，如图 10.4.4 所示。研究成果表明，此时空气的掺入率随着速度的增加而缓慢增加，并有 $q_a \approx u_i^m$，式中指数 m 变化如下：当 $u_i \leqslant 5\text{m/s}$ 时，其值约为 3；当 $5 \leqslant u_i \leqslant 10\text{m/s}$ 时，其值为 $1.0 \sim 1.5$；当 $u_i \geqslant 10\text{m/s}$ 时，其值为 $1.5 \sim 2.0$。

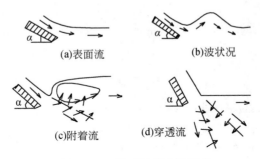

(a)表面流　　　　　　(b)波状况

(c)附着流　　　(d)穿透流

图 10.4.2　附壁跌落水流流态

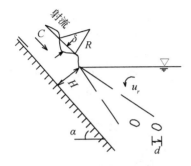

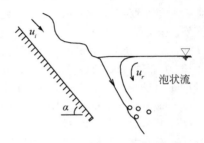

图 10.4.3　速度较低时的附壁跌落水流　　　图 10.4.4　速度较高时的附壁跌落水流

10.4.2　水跃的掺气

水跃掺气是非常典型的强迫掺气。与明渠自掺气水流的掺气机理不同，水跃掺气主要是通过散裂及与缓流水体的冲击来掺入空气。文献 [16 ~ 18] 曾对水跃掺气及其影响进行过探讨，研究成果表明：

（1）水跃掺气的临界弗劳德数 $Fr_c = 1.7$，其掺气范围为 $x < 1.1(h_2 - h_1)$ 的区域内。掺入的空气一部分随着水流向下游运动，直到水跃下游逸出水面，另一部分空气则在水流作用下卷入旋滚区被回流带回跃首或逸出水面。式中 x 为距跃首距离，h_1 与 h_2 分别为跃前与跃后水深。

（2）空气由水跃跃首掺入后，向下游及壁底扩散。佛劳德数 Fr_1 较大时，到达底部的空气更多，而当 $Fr_1 < 5$ 时，掺气区到达不了壁底。

（3）断面平均含气浓度在水跃跃首附近急剧增加，至距跃首的纵向长度 $x = 0.7(h_2 - h_1)$ 左右达到最大值，而后沿程逐渐衰减。

（4）淹没度增加导致水体中含气浓度减小，当淹没度达到 1.3 时，试验中几乎观测不到掺气现象。

（5）定义掺气出现处至含气浓度为 2% 处的最大水平距离为掺气区长度 L_a，试验资料表明：

$$L_a = 11.75h_1(Fr_1 - 2) \tag{10.4.2}$$

当 Fr_1 大于 7 时，L_a 超过水跃区长度，而如 Fr_1 小于 7，掺气区长度则小于水跃长度。

（6）掺气可降低水跃的第二共轭水深，减弱跃后水面的波动，并调整跃后水流的动向时均流速沿垂向分布。试验成果表明，当掺气浓度达到 30% 时可使水跃横断面上的纵向时均流速分布接近渠道中的正常流速分布，从而减轻水跃对护坦下游河床的冲刷。

参 考 文 献

1 Gretar T. Vortex dynamics of stratified flows. Society for Industrial and Applied Mathematics，1989：160～170

2 Hunt J C R. Turbulence structure and turbulent diffusion near gas-liquid interfaces. Gas Transfer at Water Surface，1984：67～82

3 Phillips. The dynamics of upper ocean. Cambridge University Press，1977

4 胡小宝. 挑流水舌断面形态的发展. 武汉水利电力学院学士学位论文，1983

5 曲波. 水电站泄洪雾化深化研究. 武汉大学博士学位论文，2005

6 刘宣烈，张文周. 空中水舌运动特性研究. 水力发电学报，1988，（2）

7 刘士和，曲波. 挑流水舌断面形态的演化. 武汉大学学报（工学版），2004，37（5）：5～8

8 刘士和，祝根领. 粒子驱动流体运动. 水动力学研究与进展（A缉），1994，9（5）：574～580

9 Liu Shihe，Ye Qing. Numerical simulation of 3-D aerated jet behind the flip bucket of the overflow dam in hydraulic engineering. Journal of Hydrodynamics（Ser. B），2000，12（1）

10 吴持恭，杨永森. 空中自由射流断面含水浓度分布规律研究. 水利学报，1994，（7）

11 刘士和，梁在潮. 平面掺气散裂射流特性. 水动力学研究与进展（A缉），1995，10（3）

12 沙柯洛夫. 在溢流式水电站模型上的水流掺气的研究. 高速水流论文译丛，第一期，第一册，北京：科学出版社，1958

13 Elsawy E M，McKeogh E J. Air retained in pool by plunging water jet. ASCE，J. Hyd. Div.，1980，106（HY10）：1577～1593

14 Sene K J. Aspects of bubbly two-phase flow. Cambridge，U K：PhD thesis，Trinity College，1984

15 Brown G L，Roshko A. On density effects and large structure in turbulent mixing layers. J Fluid Mech，1974，64：775～816

16 郭子中，应新亚. 二元混合流掺气特性初步研究. 河海大学学报，1986，（3）

17 周安良. 齿墩式掺气坎与消力池联合应用水力特性试验研究. 陕西机械学院硕士学位论文，1990

18 张声鸣. 掺气对水跃消能影响的试验研究. 高速水流，1988，（2）